"十二五"普通高等教育本科国家级规划教材

普 通 高 等 教 育 精 品 教 材

21世纪大学本科计算机专业系列教材

计 算 机 导 论

（第4版）

黄国兴　丁岳伟　张瑜　编著

U0253204

清华大学出版社

北京

内 容 简 介

作为一名计算机科学与技术专业的学生,当他进入大学校门时就有着对这门学科所学内容的无限向往。到底计算机科学与技术学科是什么? 在未来的学习生涯中有哪些专业知识要学? 计算机科学与技术专业的学生将来应该成为怎样的人? 他们可以从事哪些工作? 所有这些都是读者关心的问题。人们十分关心的这些问题在本书中都有比较详细的阐述。

本书是计算机科学与技术专业学生的第一门和所学专业有关的入门课程教材,介绍了计算机科学与技术学科中有关专业课程的入门知识点以及和信息技术有关的社会人文知识,力求使学习者对所学专业有比较广泛而深入的了解,树立专业学习的责任感和自豪感。本书对于相近专业的读者了解和学习计算机科学技术也是一本很好的入门教材。此外,本书对于想概要了解计算机科学与技术学科内涵的人士也是一本很好的参考书。

图书在版编目(CIP)数据

计算机导论/黄国兴,丁岳伟,张瑜编著.—4 版.—北京:清华大学出版社,2019 (2023.8重印)
(21 世纪大学本科计算机专业系列教材)
ISBN 978-7-302-53588-1

Ⅰ.①计⋯ Ⅱ.①黄⋯ ②丁⋯ ③张⋯ Ⅲ.①电子计算机-高等学校-教材 Ⅳ.①TP3

中国版本图书馆 CIP 数据核字(2019)第 167553 号

责任编辑:张瑞庆
封面设计:何凤霞
责任校对:李建庄
责任印制:丛怀宇

出版发行:清华大学出版社
　　　　　网　　　址:http://www.tup.com.cn,http://www.wqbook.com
　　　　　地　　　址:北京清华大学学研大厦 A 座　　　　　邮　　编:100084
　　　　　社 总 机:010-83470000　　　　　　　　　　　邮　　购:010-62786544
　　　　　投稿与读者服务:010-62776969,c-service@tup.tsinghua.edu.cn
　　　　　质量反馈:010-62772015,zhiliang@tup.tsinghua.edu.cn
　　　　　课件下载:http://www.tup.com.cn,010-62795954

印 装 者:三河市科茂嘉荣印务有限公司
经　　销:全国新华书店
开　　本:185mm×260mm　　　印　张:24.25　　　字　　数:589 千字
版　　次:2004 年 5 月第 1 版　　2019 年 10 月第 4 版　　印　　次:2023 年 8 月第 11 次印刷
定　　价:59.90 元

产品编号:081319-01

前　言

FOREWORD

　　计算机科学技术的发展极大地影响着人类社会的发展,大数据、云计算、物联网、人工智能等各类新技术让人目不暇接,但这些技术都离不开计算机系统。目前,我国有 1000 多所大学开设有计算机科学与技术及相关专业,作为一名计算机科学与技术专业的学生,当进入大学校门时既有对这门学科所学内容的无限向往,也很想知道计算机科学与技术学科的内涵和外延。学生在未来的学习生涯中需要掌握哪些专业知识? 把自己培养成什么样的人? 学成后可以从事哪些工作? 本书针对这些人们十分关心的问题进行了比较详细的阐述。

　　本书作为计算机科学与技术专业学生的第一门和所学专业有关的入门课程教材,介绍了计算机科学与技术学科中有关计算机技术、程序设计语言、软件工程等专业课程的入门知识点以及和信息技术相关的社会人文知识,力求使学生对所学专业有比较深入的了解,树立学习本专业的责任感和自豪感。与此同时,使学生对后继课程的学习有一个初步了解,为今后的学习打下基础。为了达到上述目的,本教材在内容和形式上都力求实现以下目标:

- 以国际、国内教学研究成果为指导,内容涵盖学科教育中对“计算机导论”课程所要求的知识点,并且注意反映近期信息技术发展的新成就。
- 除了介绍基本专业知识外,对学科的研究范畴及学习方法也进行了介绍,力求在大学学习的开始阶段就培养学生对计算机科学技术的学习和研究兴趣。
- 体现“以学生为主体”的教育思想,强调学生自己的活动和体会,让学生具备主动获取知识(特别是从网络上获取知识)的能力。
- 体现对学生有关人文方面的要求,介绍了社会对 IT 技术人员的要求,对学生的择业和就业进行初步指导。
- 每个章节中都有在计算机科学与技术学科做出重大贡献的图灵奖获得者或有关 IT 知识的介绍,力图用领域中大师的辉煌成果激励学生,使他们了解学科发展的历史,开拓他们的视野。

　　本书共分 12 章,教学中可采用 36 学时或 54 学时模式,以下括号中的数字为 54 学时的建议教学学时,括号前的数字则为 36 学时的建议教学学时。第 1 章介绍计算机的基本概念、计算机科学与技术学科的定义、计算机科学与技术学科的教育、对计算机科学与技术学科毕业生的基本要求以及计算机科学与技术学科知识体系等,建议教学学时为 2(3)。第 2 章介绍计算机的基础知识,包括数制与码制、数的定点与浮点表示、信息的编码,逻辑代数基础,计算机的基本结构与工作原理,程序设计基础,以及算法与数据结构的基础知识等,为进一步学习本书的后续各章和后继课程打好基础,建议教学学时为 7(8)。第 3 章以微型计算机为例介绍计算机硬件系统的组成,使读者掌握计算机系统的基本结构和工作原理,建议教学学时为 7(8)。第 4 章介绍计算机系统软件,包括程序设计语言翻译系统和操作系统等系统软件及几个常用的工具软件,建议教学学时为 2(3)。第 5 章介绍常用应用软件的基本功能和使用方法,包括文字处理软件、电子表格软件和文稿演示软件,建议教学学时为 3(8),学生应在课后增加练习。第 6 章阐述数据库系统的定义、发展、体系结构以及数据库管理系统和数据库语言等基本概念,并且介绍部分使用方法,建议教学学时为 3(4)。第 7 章主要介绍多媒体技术、多媒体创作工具及其应用,包括多媒体、超媒体、超文本的概念,视频、音频等各种媒体技术及其制作工具,并且描述了多媒体的主要应用、超文本和超链接以及全息幻影成像技术等,建议教学学时为 3(5)。第 8 章介绍计算机通信与网络的基本知识、计算机网络的应用和操作以及物联网的相关技术,并且描述了计算机网络各种应用及其相关工具软件,建议教学学时为 5(7)。第 9 章介绍软件工程中相关的概念和内容,力求使学生了解软件开发的工程化方法,知道软件开发的各种模型以及软件过程工程和过程改进的概念,对软件开发能力成熟度模型有所了解,建议教学学时为 2(3)。第 10 章介绍计算机信息安全和计算机病毒,包括计算机系统和信息所面临的各种攻击手段以及主要的计算机病毒,并且重点讲述各种防御计算机信息受到攻击的技术,建议教学学时为 2(3)。第 11 章从行业的角度,介绍计算机在制造业、商业、银行与证券业、交通运输业、办公自动化与电子政务、教育、医学、科学研究以及艺术与娱乐等领域中的综合应用,其中既包括传统的应用,也包括许多新的应用领域,同时也介绍了将计算机应用于各行各业所使用的主要技术和方法,建议教学学时为 0(1)。第 12 章介绍信息产业界的道德准则以及与计算机科学技术领域密切相关的职业种类和择业原则,包括"绿色"信息产业、计算机专业人员的道德标准、企业道德标准、用户道德准则、安全与隐私、信息产业的法律法规、计算机软件产权保护、软件价值评估、专业岗位和择业等。力求使学生懂得终生学习的重要性,树立终生学习的理念,建议教学学时为 0(1)。

本教材中所给学时是建议学时,由于本教材所涉及的内容繁多,各学校的教师和学生的情况也不一样,在学习本书时各个学校可以适当调整学时,对其中一些章节的内容也可以根据各个学校的实际情况进行裁减处理。例如,对第 5 章中的内容可以根据不同的学生提不同的要求。又如,对第 11 章的内容可以采用自学的方式,对第 12 章的内容可以采用讨论的方式,等等。

本书由黄国兴教授担任主编,并且编写了第 1 章、第 4 章、第 5 章、第 9 章和第 12 章;张瑜教授在原陶树平教授编写的基础上改编了第 2 章、第 6 章和第 11 章;丁岳伟教授编写了第 3 章、第 7 章、第 8 章和第 10 章。耿红琴教授对本次改编提出了许多建设性的建议,清华大学出版社的领导和张瑞庆编审对本书的编写十分关心,在此一并致谢。

由于计算机科学技术发展迅速,加上作者水平有限,对书中存在的不妥之处恳请批评指正。

作 者

2019 年 7 月

目 录

CONTENTS

第 1 章

绪 论

计算机的出现是 20 世纪最卓越的成就之一,计算机的广泛应用极大地促进了生产力的发展。在当今信息化社会中,计算机已经成为必不可少的工具。本章在介绍计算机的定义、分类、特点、用途和发展等基本概念的基础上,介绍计算机科学与技术学科的教育以及对计算机科学与技术学科毕业生的基本要求。本章还将分析信息化社会的基本特征、Internet 对信息化社会的影响以及信息化社会对计算机人才及其知识结构的基本要求,概要介绍计算机科学与技术学科的内涵、知识体系和研究范畴。通过本章的学习,应该理解计算机的基本概念、信息化社会的特征以及信息化社会对计算机人才的需求,初步了解计算机科学与技术的研究范畴和作为一名计算机科学与技术专业毕业的学生应具有的知识和能力,明确今后学习的目标和内容,树立作为一名未来计算机科学技术工作者的自豪感和责任感。

1.1 计算机的基本概念

20 世纪 40 年代诞生的电子数字计算机(简称计算机)是 20 世纪最重大的发明之一,是人类科学技术发展史中的一个里程碑。近一个世纪以来,计算机科学技术有了飞速发展,计算机的性能越来越高、价格越来越便宜、应用越来越广泛。时至今日,计算机已经广泛地应用于国民经济以及社会生活的各个领域,特别是因特网技术的发展和智能手机的普及,极大地改变了人们的生活方式,对人们的社会生活产生了越来越大的影响。计算机科学技术的发展水平、计算机的应用程度已经成为衡量一个国家现代化水平的重要标志。

1.1.1 什么是计算机

计算机在诞生的初期主要是被用来进行科学计算的,因此被称为"计算机"。然而,现在计算机的处理对象已经远远超过了"计算"这个范围,它可以对数字、文字、声音及图像等各种形式的数据进行处理。实际上,计算机是一种能够按照事先存储的程序,自动、高速地对数据进行输入、处理、输出和存储的系统。一个计算机系统包括硬件和软件两大部分:硬件是由电子的、磁性的、机械的器件组成的物理实体,包括运算器、存储器、控制器、输入设备和输出设备 5 个基本组成部分;软件则是程序和有关文档的总称,包括系统软件和应用软件等。系统软件是为了对计算机的软硬件资源进行管理、提高计算机系统的使用效率以及方便用户而编制的各种通用软件,一般由计算机生产厂商提供,常用的系统软件有操作系统、程序设计语言翻译系统、连接程序、诊断程序等。应用软件是指专门为某一应用目的而编制的软件,常用的应用软件有字处理软件、表处理软件、统计分析软件、数据库管理系统、计算机辅助软件、实时控制与实时处理软件以及其他应用于国民经济各行各业的应用程序。

计算机能够完成的基本操作及其主要功能如下。

(1) 输入:接收由输入设备(如键盘、鼠标、扫描仪等)提供的数据。

(2) 处理:对数值、字符、图像等各种类型的数据进行操作,按指定的方式进行转换。

(3) 输出:将处理所产生的结果送到相关输出设备(如显示器、打印机、绘图仪等)。

(4) 存储:计算机可以存放程序和各种数据。

1.1.2 计算机的分类

由于计算机科学技术的迅猛发展,计算机已经形成一个庞大的家族。从计算机处理的对象、计算机的用途及计算机的规模等不同的角度可进行如下分类。

1. 按处理对象分类

按照计算机处理的对象及其数据的表示形式,计算机可分为数字计算机(digital computer)、模拟计算机(analog computer)和数字模拟混合计算机(hybrid computer)3 类。

(1) 数字计算机:该类计算机输入、处理、输出和存储的数据都是数字量,这些数据在时间上是离散的。非数字量的数据(如字符、声音、图像等)只要经过编码后也可以处理。

(2) 模拟计算机:该类计算机输入、处理、输出和存储的数据是模拟量(如电压、电流、温度等),这些数据在时间上是连续的。

(3) 数字模拟混合计算机:该类计算机将数字技术和模拟技术相结合,兼有数字计算机和模拟计算机的功能。

2. 按用途分类

按照计算机的用途及其使用的范围,计算机可分为通用计算机(general purpose computer)和专用计算机(special purpose computer)两类。

(1) 通用计算机:该类计算机具有广泛的用途和使用范围,可以应用于科学计算、数据处理和过程控制等。

(2) 专用计算机:该类计算机适用于某一特殊的应用领域,如智能仪表、生产过程控制、军事装备的自动控制等。

3. 按规模分类

按照计算机的规模,计算机可分为巨型计算机(supercomputer)、大/中型计算机(large/medium-scale computer)、小型计算机(minicomputer)、微型计算机(microcomputer)、工作站(workstation)、服务器(server)以及手持式移动终端、智能手机、网络计算机(net computer)等类型。

(1) 巨型计算机:该类计算机主要应用于复杂的科学计算及军事等专门的领域。例如,由我国研制的"天河""神威""银河"和"曙光"系列计算机就属于这种类型。

(2) 大/中型计算机:该类计算机也具有较高的运算速度,并具有较大的存储容量以及较好的通用性,但价格较贵,通常被用来作为银行、铁路等大型应用系统中的计算机网络的主机来使用。

(3) 小型计算机:该类计算机的运算速度和存储容量略低于大/中型计算机,但与终端和各种外部设备连接比较容易,适合于作为联机系统的主机,或者工业生产过程的自动控制。

（4）微型计算机：由于微电子技术的飞速发展，使得计算机的体积越来越小、功能越来越强、价格越来越便宜。微型计算机使用大规模集成电路芯片制作的微处理器、存储器和接口，并配置相应的软件，从而构成完整的微型计算机系统。它的问世在计算机的普及与应用中发挥了重大的推动作用。如果把这种微型计算机制作在一块印刷线路板上，则称其为单板机。如果在一块芯片中包含了微处理器、存储器和接口等微型计算机的最基本的配置，则这种芯片称为单片机。

（5）工作站：是为了某种特殊用途，由高性能的微型计算机系统、输入输出设备以及专用软件组成的。例如，图形工作站包括高性能的主机、扫描仪、绘图仪、数字化仪、高精度的屏幕显示器、其他通用的输入输出设备以及图形处理软件，它具有很强的对图形进行输入、处理、输出和存储的能力，在工程设计和多媒体信息处理中有广泛的应用。

（6）服务器：是一种在网络环境下为多个用户提供服务的共享设备，可分为文件服务器、通信服务器、打印服务器、数据库服务器等。

（7）网络计算机：一种在网络环境下使用的终端设备，其特点是内存容量大、显示器的性能高、通信功能强，但本机中不一定配置外存，所需要的程序和数据存储在网络中的有关服务器中。

1.1.3　计算机的特点

各种类型的计算机虽然在规模、用途、性能、结构等方面有所不同，但它们都具有以下特点：

（1）运算速度快。目前的巨型机运算速度已经达到每秒钟几千万亿甚至几亿亿次运算，即使是微型计算机，其运算速度也已经大大超过了早期大型计算机。因此，计算机可以快速地进行计算和信息处理。

（2）运算精度高。由于计算机内部采用浮点数表示方法，而且计算机的字长从 8 位、16 位增加到 32 位、64 位甚至更长，从而使处理的结果具有很高的精确度。

（3）具有记忆能力。计算机具有内存储器和外存储器，内存储器用来存储正在运行中的程序和有关数据，外存储器用来存储需要长期保存的数据。

（4）具有逻辑判断能力。能够进行各种逻辑判断，并根据判断的结果自动决定下一步应该执行的指令。

（5）存储程序。由于计算机内可以存储程序，从而使得计算机可以在程序的控制下自动地完成各种操作，无须人工干预。

1.1.4　计算机的用途

由于计算机具有以上特点，因而它对人类科学技术的发展产生了深远的影响，极大地增强了人类认识世界、改造世界的能力，在国民经济和社会生活的各个领域有着非常广泛的应用。按照应用领域划分，计算机有以下几个方面用途：科学计算、数据处理、实时控制、人工智能、计算机辅助工程和辅助教育、娱乐与游戏等。

1. 科学计算

所谓科学计算，是指使用计算机来完成科学研究和工程技术中所遇到的数学问题的计算,也称为数值计算。在科学研究和工程技术中通常要将实际问题归结为某一数学模型,这些数学模型内容复杂、计算量大、要求的精度高,只有以计算机为工具来计算才能快速地取得满意的结果。诸如天气预报、宇宙飞船和火箭的发射与控制、人造卫星的研制、原子能的利用以及生命科学、材料科学、海洋工程等现代科学技术研究成果无一不是在计算机的帮助下才取得的。

2. 数据处理

所谓数据处理,就是使用计算机对数据进行输入、分类、加工、整理、合并、统计、制表、检索以及存储等,是计算机又一重要的应用领域。在当今信息化的社会中,每时每刻都在生成大量的信息,只有利用计算机才能管理和充分利用浩如烟海的信息。目前,社会所面临的大数据和云计算等新概念和新技术也正是数据处理的重要组成部分。

3. 实时控制

所谓实时控制,是指及时地采集检测数据,使用计算机快速地进行处理并自动地控制被控对象的动作,实现生产过程的自动化。此外,计算机实时控制中还具有故障检测、报警和诊断等功能。在钢铁、石油、化工、制造业等工业企业都需要进行实时控制,以提高生产效率和产品质量。

4. 人工智能

所谓人工智能,是由计算机来模拟或部分模拟人类的智能。传统的计算机程序虽然具有逻辑判断能力,但它只能执行人预先设计好的动作,而不能像人类那样进行思维。例如,专家系统属于人工智能的应用范畴,但现在的专家系统还远不能具备像人类那样的分析问题、解决问题的能力。人工智能研究和应用的主要领域包括自然语言理解、智能制造、物联网、专家系统、机器人、定理自动证明等。自从阿尔发狗打败世界上几乎所有的围棋大师后,新一轮人工智能的热潮方兴未艾,人类社会将面临智能时代的新一轮挑战。

5. 计算机辅助教育

计算机辅助教育(computer-aided instruction,CAI)所涉及的层面很广,从校园网到Internet,从 CAI 课件的制作到远程教学,从辅助儿童的智力开发到中小学和大学的教学,从辅助学生自学到辅助教师授课,从计算机辅助实验到学校的教学管理,等等,都可以在计算机的辅助下进行,从而提高教学质量和学校管理水平与工作效率。

6. 娱乐与游戏

计算机技术、多媒体技术、动画技术以及网络技术的不断发展,使得计算机能够以图像与声音的集成形式向人们提供最新的娱乐和游戏的方式。在计算机上可以观看影视节目,播放歌曲和音乐。许多影视节目、歌曲和音乐也可以从计算机网络上下载,供人们免费或有偿地欣赏。

1.1.5 计算机的发展

自古以来人类就在不断地发明和改进计算工具,从古老的"结绳计数"到算盘、计算尺、手摇计算机,直到 1946 年第一台电子计算机诞生,经历了漫长的岁月。然而,电子计算机问世至今虽然只有短短的近一个世纪,却取得了惊人的发展,已经经历了 5 代的变革。回顾计算机的发展史可以从中得到许多有益的启示。

计算机的发展与电子技术的发展密切相关,每当电子技术有突破性的进展,就会导致计算机的一次重大的变革。因此,计算机发展史中的"代"通常以其所使用的主要器件(如电子管、晶体管、集成电路、大规模集成电路和超大规模集成电路)来划分。此外,在计算机发展的各个阶段,所配置的软件和使用方式也有不同的特点,成为划分"代"的标志之一。

1. 第一代计算机(1946—1957 年)

电子计算机的早期研究是从 20 世纪 30 年代末开始的。当时英国的数学家艾伦·图灵在一篇论文中描述了通用计算机应具有的全部功能和局限性,这种机器被称为图灵机。1939 年,美国依阿华州立大学的约翰·阿塔纳索夫教授和他的研究生克利福德·贝里一起制作了一台称为 ABC(Atanasoff-Berry computer)的机器,它是一台仅能求解方程式的专用电子计算机。1944 年,哈佛大学的霍华德·艾肯博士和 IBM 公司的一个工程师小组合作,以 100 万美元的巨资研制了一台称为 Mark-I 的计算机,它的体积很大(高 8 英尺,长 55 英尺),速度也很慢(执行一次乘法操作需 3~5 秒),而且 Mark-I 仅一部分是电子式的,另外一部分仍然是机械式的。

1946 年,宾夕法尼亚大学的约翰·莫克莱博士和他的研究生普雷斯帕·埃克特一起研制了称为 ENIAC(电子数字积分计算机)的计算机,它被公认为是世界上第一台电子计算机。ENIAC 是一个庞然大物,全机共使用了 18 000 多个电子管,1500 多个继电器,占地 167 平方米。ENIAC 的运算速度比 Mark-1 有了很大的提高,达到每秒钟 5000 次,这是划时代的"高速度"。特别是采取了普林斯顿大学数学教授冯·诺依曼"存储程序"的建议,即把计算机程序与数据一起存储在计算机中,从而可以方便地返回前面的指令或反复执行,解决了 ENIAC 在操作上的不便。ENIAC 的诞生,开创了第一代电子计算机的新纪元。1953 年,IBM 公司生产了第一台商业化的计算机 IBM701。随后,IBM 公司共计生产了 19 台这种型号的计算机,满足了当时的需求。

第一代计算机的共同特点是:逻辑器件使用电子管;用穿孔卡片机作为数据和指令的输入设备;用磁鼓或磁带作为外存储器;使用机器语言编程。虽然第一代计算机的体积大、速度慢、能耗高、使用不便且经常发生故障,但是它显示了强大的生命力,预示了将要改变世界的未来。

图灵奖 世界上第一台电子计算机 ENIAC 在 1946 年诞生于美国宾夕法尼亚大学,但学术界公认电子计算机的理论和模型是由英国数学家艾伦·图灵在此 10 年前发表的一篇论文"论可计算数及其在判定问题中的应用"中奠定的基础。因此,当美国计算机协会(ACM)在 1966 年纪念电子计算机诞生 20 周年时,决定设立计算机界的第一个奖项,并很自然地将其命名为"图灵奖",以纪念这位计算机科学理论的奠基人。图灵奖被称为"计算机界的诺贝尔奖",图灵奖每年评选一次。2001 年 2 月 1 日,目前在清华大学工作的姚期智先生获得了 2000 年度图灵奖,他也是唯一获此殊荣的华人计算机科学家。

2. 第二代计算机(1958—1964 年)

第二代计算机的主要特点是:用晶体管代替了电子管;内存储器采用了磁心体;引入了变址寄存器和浮点运算硬件;利用 I/O 处理机提高了输入输出能力;在软件方面配置了子程序库和批处理管理程序,并且推出了 FORTRAN、COBOL、ALGOL 等高级程序设计语言及相应的编译程序。

由于第二代计算机使用了晶体管,与第一代计算机相比,它的体积小、速度快、能耗低、可靠性高。高级程序设计语言的广泛使用,将计算机从少数专业人员手中解放出来,成为广大科技人员都能够使用的工具,推进了计算机的普及与应用。这个时期典型的计算机有 IBM 公司生产的 IBM7094 和 CDC(Control Data Corporation,控制数据公司)生产的 CDC1640 计算机等。

但是,第二代计算机的输入输出设备速度很慢,无法与主机的计算速度相匹配。这个问题在第三代计算机中得到了解决。

3. 第三代计算机(1965—1971 年)

1958 年,第一个集成电路(integrated circuit,IC)问世。所谓集成电路是将大量的晶体管和电子线路组合在一块硅晶片上,故又称其为芯片。小规模集成电路每个芯片上的元件数为 100 个以下,中规模集成电路每个芯片上则可以集成 100～1000 个元件。1965 年,DEC(Digital Equipment Corporation,数字设备公司)推出了第一台商业化的使用集成电路为主要器件的小型计算机 PDP-8,从而开创了计算机发展史上的新纪元。

第三代计算机的共同特点是:用小规模或中规模的集成电路来代替晶体管等分立元件;用半导体存储器代替磁心存储器;使用微程序设计技术简化处理机的结构;在软件方面则广泛引入多道程序、并行处理、虚拟存储系统以及功能完备的操作系统,同时还提供了大量的面向用户的应用程序。

典型的第三代计算机有 IBM 公司的 IBM-360 和 IBM-370 系列,DEC 的 PDP-X 系列和我国生产的 DJS-100 系列等。这些类型的计算机在应用中曾经发挥了重要作用。

4. 第四代计算机(1972 年至今)

第四代计算机最为显著的特征是使用了大规模集成电路和超大规模集成电路。大规模集成电路(large scale integration,LSI)每个芯片上的元件数为 1000～10 000 个;而超大规模集成电路(very large scale integration,VLSI)每个芯片上则可以集成 10 000 个以上的元件。此外,使用了大容量的半导体存储器作为内存储器;在体系结构方面进一步发展了并行处理、多机系统、分布式计算机系统和计算机网络系统;在软件方面则推出了数据库系统、分布式操作系统以及软件工程标准等。

在第四代计算机中微型计算机最为引人注目。微型计算机的诞生是超大规模集成电路应用的直接结果。1975 年,第一台商业化的微型计算机 MITS Altair 问世,它使用了 Intel 公司的 8080 芯片。不过,当时的微型计算机并未形成主流,仅仅是面向计算机业余爱好者而已。1977 年苹果计算机公司成立,并先后成功地开发了 APPLE-1 和 APPLE-2 型微型计算机系统,使得苹果计算机公司成为微型计算机市场的主导力量之一。1980 年 IBM 公司与微软公司合作,为个人微型计算机 IBM-PC 配置了专门的操作系统,1981 年 IBM-PC 机问世。此后许多厂商陆续生产了现在称之为 IBM 兼容机的类似产品。

时至今日,奔腾系列微处理器应运而生,目前的微型计算机的内存容量可以达到几千兆字节(MB),硬盘容量可以达到几百吉字节(GB)。现在的微型计算机体积越来越小、性能越来越强、可靠性越来越高、价格越来越低、应用范围越来越广。出现了笔记本型和掌上型等超微型计算机。完善的系统软件、丰富的系统开发工具和商品化的应用程序的大量涌现,通信技术和计算机网络的飞速发展,使得计算机进入了一个大发展的阶段。

5. 第五代计算机

目前使用的计算机都属于第四代计算机,第五代计算机尚在研制之中,而且进展比较缓慢。第五代计算机的研究目标是试图打破计算机现有的体系结构,使得计算机能够具有像人那样的思维、推理和判断能力。也就是说,第五代计算机的主要特征是人工智能,它具有一些人类智能的属性,例如自然语言理解能力、模式识别能力和推理判断能力等。

世界上第一台存储式计算机的研制者——莫里斯·威尔克斯　莫里斯·威尔克斯(Maurice Vincent Wilkes)是英国皇家科学院院士、计算技术的先驱。由于他在设计与制造出世界上第一台存储程序式计算机以及其他方面杰出的贡献而获得1967年图灵奖。威尔克斯1913年出生于英国,从小喜爱数学、物理和无线电。1934年以优异成绩毕业于剑桥大学的圣约翰学院。1938年获得剑桥大学博士学位。1946年起,他以冯·诺依曼提出的存储程序式计算机的设计方案EDVAC为蓝本,设计与制造了计算机,并命名为EDSAC(electronic delay storage automatic calculator)。1949年5月,EDSAC首次运行成功,并进而生产出了世界上第一批型号为LEO的商品化的计算机。在设计与制造EDSAC的过程中,威尔克斯创造了许多新的技术和概念,如变址、宏指令、微程序设计、子例程与子例程库、高速缓冲存储器等。这些技术和概念对于现代计算机的体系结构和程序设计方法产生了深远的影响。

1.2　计算机科学与技术学科的定义

1.2.1　计算机科学与技术学科

计算机科学与技术是研究计算机的设计与制造和利用计算机进行信息获取、表示、存储、处理、控制等的理论、原则、方法和技术的学科。它包括科学与技术两个方面。科学侧重于研究现象,揭示规律;技术则侧重于研制计算机和研究使用计算机进行信息处理的方法与技术手段。科学是技术的依据,技术是科学的体现;技术得益于科学,它又向科学提出新的课题。科学与技术相辅相成、互为作用,二者高度融合是计算机科学与技术学科的突出特点。计算机科学与技术除了具有较强的科学性外,还具有较强的工程性,因此,它是一门科学性与工程性并重的学科,表现为理论性和实践性紧密结合的特征。

计算机科学与技术学科虽然只有短短几十年的历史,而且与数学、电子学等学科相比,还是一门很年轻的学科,但是,它已经具有相当丰富的内容,并且正在成长为一个覆盖面最广的基础技术学科。

1.2.2　计算机科学与技术学科的根本问题

计算机科学与技术学科包含计算机科学、计算机工程、软件工程、信息工程等领域,计算机科学技术的迅猛发展,除了源于微电子学等相关学科的发展外,主要源于其应用的广泛性与强烈需求。它已逐渐渗透到人类社会的各个领域,成为经济发展的倍增器,科学文化与社会的催化剂。应用是计算机科学技术发展的动力、源泉和归宿,而计算机科学技术又不断为应用提供日益先进的方法、设备与环境。所以,简单地讲,计算机科学与技术学科的根本问题是:什么能被有效地自动化。

计算机科学与技术学科与电子科学、工程以及数学有很深的渊源。计算机科学家一向被认为是独立思考、富有创造性和想象力的。问题求解建立在高度的抽象级别上,问题的符号表示及其处理过程的机械化、严格化的固有特性,决定了数学是计算机科学与技术学科的重要基础之一,数学及其形式化描述、严密的表达和计算是计算机科学与技术学科的重要工具,建立物理符号系统并对其实施变换是计算机科学与技术学科进行问题描述和求解的重要手段。

1.2.3 计算机科学与技术的研究范畴

计算机科学与技术的研究范畴包括计算机理论、硬件、软件、网络及应用等,按照研究的内容也可以划分为基础理论、专业基础和应用 3 个层面。在这些研究领域中,有些方面前人已经研究得比较透彻,取得了许多成果;有些方面则还不够成熟和完备,需要进一步去研究、完善和发展。

1. 计算机理论的研究内容

(1) 离散数学:由于计算机所处理的对象是离散型的,所以离散数学是计算机科学的理论基础,主要研究数理逻辑、集合论、近世代数和图论等。

(2) 算法分析理论:主要研究算法设计与分析中的数学方法与理论,如组合数学、概率论、数理统计等,用于分析算法的时间复杂性和空间复杂性。

(3) 形式语言与自动机理论:研究程序设计语言和自然语言的形式化定义、分类、结构等有关理论以及识别各类语言的形式化模型(自动机模型)及其相互关系。

(4) 程序设计语言理论:运用数学和计算机科学的理论研究程序设计语言的基本规律,包括形式语言文法理论、形式语义学(如代数语义、公理语义、操纵语义、指称语义等)和计算语言学等。

(5) 程序设计方法学:研究如何从好结构的程序定义出发,通过对构成程序的基本结构的分析,给出能保证高质量程序的各种程序设计规范化方法等。

2. 计算机硬件的研究内容

(1) 元器件与存储介质:研究构成计算机硬件的各类电子的、磁性的、机械的、超导的元器件和存储介质。

(2) 微电子技术:研究构成计算机硬件的各类集成电路、大规模集成电路、超大规模集成电路芯片的结构和制造技术等。

(3) 计算机组成原理:研究通用计算机的硬件组成结构以及运算器、控制器、存储器、输入和输出设备等各部件的构成和工作原理。

(4) 微型计算机技术:研究目前使用最为广泛的微型计算机的组成原理、结构、芯片、接口及其应用技术。

(5) 计算机体系结构:研究计算机软硬件的总体结构、计算机的各种新型体系结构(如并行处理机系统、精简指令系统计算机、共享存储结构计算机、阵列计算机、集群计算机、网络计算机、容错计算机等)以及进一步提高计算机性能的各种新技术。

3. 计算机软件的研究内容

(1) 程序设计语言的设计:根据实际需求设计新颖的程序设计语言,即定义程序设计语言的词法规则、语法规则和语义规则。

(2) 数据结构与算法:研究数据的逻辑结构和物理结构以及它们之间的关系,并对这些结构定义相应的运算,设计出实现这些运算的算法,而且确保经过这些运算后所得到的新结构仍然是原来的结构类型。

（3）程序设计语言翻译系统：研究程序设计语言翻译系统（如编译程序）的基本理论、原理和实现技术。研究的内容包括词法规则和语法规则的形式化定义、程序设计语言翻译系统的体系结构及其各模块（如词法分析、语法分析、中间代码生成、优化和目标代码生成）的实现技术。

（4）操作系统：研究如何自动地对计算机系统的软硬件资源进行有效的管理，并最大限度地方便用户。研究的内容包括进程管理、处理机管理、存储器管理、设备管理、文件管理以及现代操作系统中的一些新技术（如多任务、多线程、多处理机环境、网络操作系统、图形用户界面等）。

（5）数据库系统：主要研究数据模型以及数据库系统的实现技术。研究的内容包括层次数据模型、网状数据模型、关系数据模型、E-R 数据模型、面向对象数据模型、基于逻辑的数据模型、数据库语言、数据库管理系统、数据库的存储结构、查询处理、查询优化、事务管理、数据库安全性和完整性约束、数据库设计、数据库管理、数据库应用、分布式数据库系统、多媒体数据库以及数据仓库等。

（6）算法设计与分析：研究计算机领域及其他相关领域中的常用算法的设计方法，并分析这些算法的时间复杂性和空间复杂性，以评价算法的优劣。

（7）软件工程学：是指导计算机软件开发和维护的工程学科，研究如何采用工程的概念、原理、技术和方法来开发和维护软件。研究的内容包括软件开发和维护中所使用的技术和描述工具。

（8）可视化技术：可视化技术是研究如何用图形和图像来直观地表征数据，即用计算机来生成、处理、显示能在屏幕上逼真运动的三维形体，并能与人进行交互式对话。它不仅要求计算结果的可视化，而且要求计算过程的可视化。可视化技术的广泛应用，使人们可以更加直观、全面地观察和分析数据。

4. 计算机网络的研究内容

（1）网络结构：研究局域网、远程网、Internet、Intranet 等各种类型网络的拓扑结构和构成方法及接入方式。

（2）数据通信与网络协议：研究实现连接在网络上的计算机之间进行数据通信（如有线、无线、光纤、宽带、微波、卫星通信等）的介质、原理、技术以及通信双方必须共同遵守的各种规约。

（3）网络服务：研究如何为计算机网络的用户提供方便的远程登录、文件传输、电子邮件、信息浏览、文档查询、网络新闻以及全球范围内的超媒体信息浏览等服务。

（4）网络安全：研究计算机网络的设备安全、软件安全、信息安全以及病毒防治等技术，以提高计算机网络的可靠性和安全性。

5. 计算机应用的研究内容

（1）软件开发工具：研究软件开发工具的有关技术（如软件描述技术、程序验证与测试技术、程序调试技术、代码优化技术、软件重用技术等）以及研制各种新型的程序设计语言及其编译程序、文字和报表处理工具、数据库开发工具、多媒体开发工具以及如 CAD 等计算机辅助工程使用的工具软件等。

（2）完善既有的应用系统：根据新的技术平台和实际需求对既有的应用系统进行升

级、改造,使其功能更加强大、更加便于使用。

(3) 开拓新的应用领域:研究如何打破计算机的传统应用领域,扩大计算机在国民经济以及社会生活中的应用范畴。

6. 人机工程

研究人与计算机的交互和协同技术,为人使用计算机提供一个更加友好的环境和界面,人与计算机更好地共同完成预定的任务。

1.3 计算机科学与技术学科的教育

计算机科学与技术学科的发展速度是非常快的,计算机软件系统和硬件系统的不断更新,使得学科的教育已经完全不能通过跟踪流行系统的变化来跟踪学科的发展,更不能以流行的系统来确定教学内容。对计算机科学和技术学科而言,"有限的在校学习时间与不断增长的知识的矛盾"更为突出。另一方面,经过几十年的发展,本学科目前正在逐步走向深入,这给计算机科学与技术学科的教育既提出了新的要求,也提供了新的思路。

1.3.1 技术的变化

影响计算机科学与技术学科变化的大部分因素来自于技术的进步。Intel 公司创始人戈登·摩尔在 1965 年预测:微处理器芯片的密度将每十八个月翻一番,这也称为摩尔定律;该定律目前继续成立。可以看到,计算机系统的计算能力是以指数速度增加的,这使得几年前还无法解决的问题在近期得到解决成为可能,而且使用起来更加方便。计算机科学与技术学科其他方面的变化更大,例如万维网出现后,网络技术迅速发展,它给人们的工作和生活提供了新的方式。所有这些都要求计算机科学与技术学科教育所需的知识体系能够紧跟技术的进步。近期在技术方面变化比较大的主要有:

- 网络技术,包括基于 TCP/IP 的技术、万维网及其应用。
- 图形学和多媒体技术。
- 嵌入式系统。
- 数据库技术。
- 互操作性。
- 面向对象程序设计。
- 复杂的应用程序接口(API)的使用。
- 人机交互。
- 软件安全。
- 保密与密码学。
- 应用领域。

由于以上这些方面的变化很大,所以应该考虑将它们添加到本科生的教学中。由于学生有限的在校学习时间与不断增长的知识之间存在着矛盾,迫使人们要以不断进步的、系统的观点去看问题,去调整每年的教学计划,用新的内容去取代一些相对比较陈旧的内容。

1.3.2　文化的变化

计算机科学与技术学科的教育除了受到计算机技术发展的影响外,同时还受到文化与社会发展的影响。尤其是下面所列的各种变化对教育的影响更大。

(1) 新技术带来的教学法的改变。例如,计算机网络使远程教育在广播、电视之后,又有了更方便的手段,它使得远程的在线交互成为现实,从而导致这一领域的更快发展。网络还使得地理位置相隔甚远的教学单位之间能方便地共享课程资源。新技术还影响到教学法的变革。演示软件、计算机投影、实验室工作站都显著地改变了传统的教学方法。

(2) 全世界计算机数量和用户直接可用的计算功能大幅增加。计算机在近十年迅速普及。在我国,这一方面的发展更是令人瞩目。随着使用计算机获取信息和处理事务的机会增多,使得人们对计算机技术有了更多、更新的认识。

(3) 计算机技术增长的经济影响。高技术产业的良好发展势头,社会的极大需求所导致的极具吸引力的高待遇的良好就业前景,吸引了一大批人热切地希望走入计算机领域。在我国,相应产业的发展现状影响着人才市场对毕业生的要求,也使更多的学生选择计算机科学与技术学科作为所学专业,这些因素都或多或少地影响着计算机科学与技术学科的教育。

(4) 学科的拓宽。当计算机科学与技术学科不断发展并逐渐成为基础技术学科时,其应用范围更加广泛。近年来,计算机科学与技术学科变得更宽广、内容更丰富,计算机科学与技术学科的教育必须对此有所体现。例如,社会对各类复合人才的需求要求人们必须对学科交叉、应用需求等进行考虑。

1.3.3　教育观念的变化

从近50年来的科学进步不难看出,随着知识的积累和社会的进步,科学技术正在呈加速度向前发展。这也给教育不断提出新的要求。人们的教育观念也在不断地发生变化。哲学家费希特曾经指出:教育必须培养人的自我决定能力,而不是培养人们去适应传统世界;教育重要的不是着眼于实用性、传播知识和技能,而是要唤醒学生的力量,培养其自我性、主动性、抽象的归纳力和理解力。按照可持续发展教育观的要求,为了使学生更好地适应社会发展的未来和自身工作的未来,人们提出了终身教育的思想。

1.4　对计算机科学与技术学科毕业生的基本要求

计算机科学与技术学科最初来源于数学学科和电子学科。所以,该学科的毕业生除了要掌握计算机科学与技术学科的各个知识领域的基本知识和技术之外,还必须具有较扎实的数学功底,掌握科学的研究方法,熟悉计算机如何得以实际应用,并具有有效的沟通技能和良好的团队工作能力。

1.4.1　知识、能力和素质

"知识"是基础、载体和表现形式。一个具有较强能力和良好素质的人必须掌握丰富的知识,而一个掌握丰富的知识的人并不一定具有较强的能力和良好的素质。知识还具有"载体"的属性,能力和素质的培养与教育必须部分地通过具体知识的传授来实施。在许多场合下,能力和素质,尤其是专业能力和专业素质,是通过知识表现出来的。

"能力"是技能化的知识,是知识的综合体现。在教学中,应强调运用知识发现问题、分析问题、解决问题的能力,反对只读书、读死书。要保证知识运用的综合性、灵活性与探索性,就需要有丰富的知识为支撑。一般说来,知识越丰富,就越容易具有更强的能力。反过来,能力增强后,又有利于学习更多知识。

"素质"是知识和能力的升华。高素质可使知识和能力更好地发挥作用,同时还可促使知识和能力得到不断扩展和增强。对大学教育来说,重视进行学科的素质教育尤其重要。如果只将素质教育停留在说教上,就缺了内涵、灵性以及活的内容。因此,教育绝对不能只停留在书本的表面知识上,一定要去挖掘深层的内容,重视科学的世界观和方法论的启迪。

知识、能力、素质是进行高科技创新的基础。只有将三者融会贯通于教育的全过程,才可能培养出高水平人才。爱因斯坦说过,想象力比知识更重要。应当说,丰富的想象力加上扎实的基本功构成创新的源泉。对飞速发展和不断变化的计算机科学与技术学科更是如此。在大学里,除了通常意义上的素质外,重点是依据学科进行学科综合能力的提高和学科综合素质的培养,要突出工科兼理科这个最大特征。

1.4.2　检验标准

为毕业生建立一个统一的标准是非常困难的,但是给出一个基本标准还是有意义的,这个基本标准主要包含以下几个方面:

(1) 掌握计算机科学与技术的理论和本学科的主要知识体系。

(2) 在确定的环境中能够理解并且能够应用基本的概念、原理、准则,具备对工具及技巧进行选择与应用的能力。

(3) 完成一个项目的设计与实现,该项目应该涉及问题的标识、描述与定义、分析、设计和开发等,为完成的项目撰写适当的文档。该项目的工作应该能够表明自己具备一定的解决问题和评价问题的能力,并能表现出对质量问题的适当的理解和认识。

(4) 具备在适当的指导下进行独立工作的能力,以及作为团队成员和其他成员进行合作的能力。

(5) 能够综合应用所学的知识。

(6) 能够保证所进行的开发活动是合法的和合乎道德的。

1.4.3　优秀学生

上述标准仅给出了基本标准,但学校应该为有才华的学生提供发挥全部潜能的机会,使这些有才华的学生能够应用课程中学到的原理进行有创造性的工作,能在分析、设计、开发适应需求的复杂系统过程中做出有创意的贡献;他们能够对自己和他人的工作进行确切的评价与检验。这些优秀的学生未来将有可能领导这门学科的发展。这需要在对学生的教育过程中有意识地为他们的成长提供帮助和锻炼的机会,更要鼓励他们树立起强烈的创新意识和信心,鼓励他们去探索。在鼓励教师思考"教是为了不教"的同时,鼓励学生思考"学是为了探索"。

1.5　信息化社会的挑战

当今世界正在迈入信息时代,信息技术与信息产业已经成为推动社会进步和社会发展的主要动力。信息化社会的发展对计算机科学技术提出了新的挑战。为了收集、存储、传输、处理和利用日益剧增的信息资源,以通信、网络和计算机技术相结合为特征的新一代信息革命正在兴起,深刻地影响着社会和经济发展的各个领域。

1.5.1　信息化社会的特征

所谓"信息化社会"的内涵是十分广泛的,可以理解为:在国民经济和社会活动中,通过普遍地采用电子信息设备和信息技术,更有效地利用和开发信息资源,推动经济发展和社会进步,使信息产业在国民经济中的比重占主导地位。在信息化社会中,应该具有以下主要特征。

1. 建立完善的信息基础设施

信息基础设施是由信息传输网络、信息存储设备和信息处理设备集成的统一整体,建立完善的信息基础设施是信息化社会的重要标志。信息基础设施需要在全国乃至全球范围内收集、存储、处理和传输数量巨大的文字、数据、图形、图像以及声音、视频等多媒体信息,具有空前的广泛性、综合性和复杂性,它的建立过程是一项庞大的系统工程。信息基础设施包括了遍布全球的各种类型的计算机网络和高性能的计算机系统,它是一个"网中网",即由计算机网络组成的计算机网络。所有的计算机信息中心乃至个人计算机都应该接入这个一体化的网络。

2. 采用先进的信息技术

先进的信息技术是信息化社会的根基。其中所涉及的关键技术包括半导体和微电子技术、网络化的计算机系统和并行处理技术、数字化通信技术、计算机网络技术、海量信息存储技术、高速信息传输技术、可视化技术以及多媒体技术等。

3. 建立广泛的信息产业

信息产业是信息化社会的支柱,主要包括计算机硬件制造业、计算机软件业、信息服务业以及国民经济中各行业的信息化。

信息产业不仅包括计算机硬件和软件的研究、开发与生产能力以及信息服务业,而且还包括使用信息技术对传统行业的改造,这体现出利用信息资源而创造的劳动价值。

4. 拥有高素质的信息人才

在信息化社会中,无论是信息基础设施的建设、信息技术的提高和信息产业的发展都离不开信息人才,没有或缺乏高素质的信息人才将一事无成。

信息产业是资本密集型、知识密集型、人才密集型的产业,它的高新技术含量高,对人才素质的要求高。信息化社会不仅需要研究型、设计型的人才,而且需要应用型的人才;不仅需要开发型的人才,而且需要维护型、服务型、操作型的人才。特别是由于信息技术发展的日新月异,要求信息人才具有高度的创新性和良好的适应性。足够数量的高素质信息人才是实现信息化社会的保证和原动力。

5. 构建良好的信息环境

信息化社会不仅是科学技术进步的产物,而且也是社会管理体制和政策激励的结果。如果没有现代化的市场体制和相关的政策、法规,信息化社会将无法正常运作。良好的信息环境包括为了保障信息化社会有序运作的各项政策、法律、法规和道德规范,如知识产权、信息安全、信息保密、信息标准化、产业政策、人才政策、职业道德规范等。构建良好的信息环境是实现信息化社会的重要组成部分。

1.5.2 Internet 与信息化社会

Internet 的诞生与发展对信息化社会产生了深刻的影响,是当今人类社会进入信息化社会的重要标志之一。

Internet 是当今世界上最大的计算机网络。更确切地说,Internet 并不是一个单一的计算机网络,而是由世界上许多计算机网络互联而构成的,它是全球最大的、开放的、由众多计算机网络相互连接而成的"网中网"。因此,又把 Internet 称为国际互联网,中文译名为"因特网"。

1. Internet 的发展

Internet 的起源可以追溯到其前身 ARPA 网。该网络是美国国防部高级研究计划局为进行国防研究项目而开发的一个试验性网络,它把美国许多大学和研究机构连接起来,构成一个广域网。随着小型机、微型机和局域网技术的发展,ARPA 开始了一个称为 Internet 的研究计划,主要研究局域网和广域网的互联技术。作为该计划的重要成果就是传输控制协议 TCP 和网络协议 IP,从而使计算机网络通信有了统一的规范。以 ARPA 网为主干网、以 TCP/IP 协议为核心将众多计算机网络互联起来,从而形成了 Internet 的雏形,并于 20 世纪 80 年代初成为一个实用性的网络。

在 Internet 的发展历程中 NSF 网也曾起到重要作用。NSF 网是美国国家科学基金会资助下建立的一个广域网,最初连接了美国的 5 个超级计算机中心,并与 Internet 互联。从而使美国的 100 多所大学和研究机构共享超级计算机中心的资源。20 世纪 80 年代后期,由于 NSF 网的能力不断强化,已经逐步取代了 ARPA 网演变成为 Internet 的主干网。

Internet 的不断完善使其成为美国信息高速公路最重要的基础设施。覆盖全国的数字化、大容量、高速的光纤通信网使 Internet 延伸到了政府机构、企业、大学、研究机构乃至家庭。现在 Internet 已经扩展到许多国家,大大促进了现代社会信息化、全球化的进程,对社会政治、经济、生活带来了深刻的影响。

2. Internet 的特点

Internet 具有以下主要特点:

(1) 系统的广域性和开放性。Internet 是在全球范围内开放分布的互联网络,具有信息传输的广域性和网络协议的开放性。目前已有 150 多个国家或地区、100 多万个网络数亿台计算机与 Internet 相连接。

(2) 信息的共享性和时效性。Internet 将通信系统、计算机、数据库等连接成为一个统一的网络,使分布在世界各地的、丰富的信息可以为广大用户所共享。此外,信息一旦进入 Internet 的发布平台,便可以长期储存、长效发布、随时更新。

(3) 入网方式的灵活性和多样性。Internet 入网方式的灵活性和多样性是其获得飞速发展的重要原因。Internet 所采用的 TCP/IP 协议成功地解决了不同网络产品、不同硬件平台、不同操作系统之间的兼容性问题,无论是大型机、小型机、微型机还是工作站都可以采用多种方式灵活地接入 Internet,并通过 TCP/IP 协议与 Internet 进行通信。凡使用 TCP/IP 协议的计算机网络可用相同的连接方式加入 Internet,其他一些异构的计算机网络则可以通过网络连接技术接入。

(4) 强大的服务功能。Internet 提供了多样化的、强大的服务功能,其中包括远程登录、文件传输、电子邮件、信息浏览、文档查询、网络新闻以及全球范围内的超媒体信息浏览服务等。用户可以运用这些服务功能轻松地在网上遨游。

(5) 网络安全的脆弱性和复杂性。由于 Internet 上有大量的、多种类型的计算机、计算机网络、数据库系统、信息处理系统等在运行,其信息流具有多渠道交叉和路径的不确定性,而且 Internet 的开放性、管理的松散性以及 TCP/IP 协议在安全方面的薄弱性,都造成了 Internet 在安全上的脆弱性和复杂性。

3. 我国的互联网络

面对正在向深度和广度发展的信息化浪潮,我国政府也不失时机地采取了一系列有效的措施,成立了相应的领导机构,开展了信息基础设施的建设,建成了多个互联网络和以“金字”工程为代表的应用系统,大大促进了信息化的进程。

1993 年 12 月,我国成立了“国家经济信息化联席会议”,领导、协调我国的经济信息化工作;1995 年 9 月,中共中央十四届五中全会将“加速国民经济信息化进程”写入了有关文件中;1996 年初,成立了“国务院经济信息化领导小组”,在以后的历次国家重大会议中,都把统筹规划实现国民经济信息化的战略目标列入议程并付诸实施。

我国以 Internet 技术为依托建成的全国性互联网络和“金字”工程简要介绍如下。

(1) 中国教育科研网:简称 CERNET,是中国教育部管理的覆盖全国的学术性计算机网络。CERNET 将全国的主要大学的校园网、研究机构以及大型图书馆连接起来,实现信息交换和资源共享。同时,该网络也提供了连接 Internet 的国际出口,可以向用户提供 Internet 的所有服务功能。利用 CERNET,国内外的学者可以进行信息传送、学术交流、文献查阅,从中获取大量的知识信息。

(2) 中国公用信息网:简称 ChinaNET,是中国信息产业部经营和管理的全国性的公用信息网,是 Internet 在我国的延伸。目前已有 30 多个省会城市的骨干网进入 ChinaNET,并在北京和上海建立了连接 Internet 的国际出口,可以向用户提供 Internet 的所有服务功能,并广泛应用于政府部门、科学研究、远程教育、电子商务和信息查询等各个领域。

(3) 中国科学技术网:简称 CSTNET,是以中国科学院的 NCF 网和 CCASNET 网为基础,连接了中国科学院以外的一些科研单位而构成的全国性计算机网络。为全国的科研单位、科技工作者、科技管理部门等提供信息服务、Internet 服务和超级计算机的资源共享。

(4) 中国金桥信息网:简称 ChinaGBN,是在国务院直接倡导下实施的国家公用经济信息网工程即“金桥工程”的产物,是我国经济信息化的基础设施之一。各个省市都参与“金桥工程”,完成了建网、联网工作,并在北京建立了全国网络管理与控制中心,其主要功能和目标是:为国家宏观经济调控与决策提供服务;为经济和社会信息资源共享提供服务;为企业应用信息系统提供服务;为推动国民经济信息化进程,提高社会生产力提供服务。

(5) “金关工程”:目标是将海关、外贸、外汇管理以及税务等部门和企业的业务处理系统联网,建立出口退税管理、配额许可证管理、进出口收汇结汇管理和进出口贸易统计等信息应用系统,并广泛应用电子数据交换(EDI)技术,提高外贸、海关等部门的现代化管理水平。以上 4 个应用系统分别由中国外贸部、国家税务总局、外汇管理局以及海关等主持开发,现已取得了卓有成效的进展。

(6)"金卡工程":目标是建立一个安全可靠的通信网络和良好的电子货币服务体系,加快我国金融电子化和商业电子化的进程。目前,诸如银行卡、借记卡以及其他各种 IC 卡已经被广泛使用,使人们的购物方式和支付方式产生了新的变革,生活更加方便,也大大减少了现金的发行与流通;现代化电子支付系统也已经在国家金融网络上运行,实现了异地或跨行业的资金清算、大额资金实时支付、小额资金批量支付、银行卡授权以及债券管理等功能。

(7) 其他"金字"工程:除了以上一些互联网络和"三金"工程之外,还启动了其他一系列的"金字"工程,如"金税工程"和"金企工程"等。"金税工程"将全国各主要中心城市、县区的税务部门联网,并开发全国增值税专用发票稽核网络系统、防伪识伪税控系统、电子发票申报系统、计税收款机等,对强化国家的税收征管工作发挥了重要的作用。"金企工程"则是通过建立大量的企业数据库、产品数据库、行业数据库等,形成全国性的经济信息资源网,建立国家宏观调控支持系统,从而有利于企业转制、进入市场和开拓新的商机,同时也可为国家宏观经济决策提供科学依据和信息服务。

我国互联网络的建设和一系列"金字"工程的实施,为我国国民经济和社会信息化建设拉开了序幕,也为电子信息产业开辟了广阔的市场,对加快我国现代化建设具有重大而深远的意义。

4. 微信

微信(WeChat)是腾讯公司于 2011 年 1 月 21 日推出的为智能终端提供即时通信服务的免费应用程序,微信支持跨通信运营商、跨操作系统平台通过网络快速发送免费语音短信、视频、图片和文字,同时也可以使用共享流媒体内容的资料和基于位置的社交插件"摇一摇""漂流瓶""朋友圈""公众平台""语音记事本"等服务插件。用户可以通过"摇一摇""搜索号码""附近的人"或者扫描二维码方式添加好友和关注公众平台,同时微信将内容分享给好友以及将用户看到的精彩内容分享到微信朋友圈。据统计,微信已经覆盖中国 94% 以上的智能手机,用户覆盖 200 多个国家,使用语言超过 20 种。2018 年 2 月,微信全球用户月活动数突破 10 亿大关。

1.5.3 信息化社会对计算机人才的需求

信息产业发展的关键是相应人才的拥有量。拥有足够数量的、高素质的信息技术人才是实现信息化社会的保证和原动力,是信息化社会的基本特征之一。在信息化社会中所需要的计算机人才是多方位的,不仅需要研究型、设计型的人才,而且需要应用型的人才;不仅需要开发型的人才,而且需要维护型、服务型、操作型的人才。由于信息技术发展日新月异,信息产业是国民经济中变化最快的产业,因此要求计算机人才具有较高的综合素质和创新能力,并对于新技术的发展具有良好的适应性。

1.6　计算机科学与技术学科知识体系

为了提高计算机科学与技术学科本科教育质量,教育部的有关职能部门定期组织专家对计算机科学与技术学科教育的整体目标、教育思想、知识体系等方面进行研究,形成适合我国国情的相关规范。在研究过程中,专家们都会认真研究、消化国际电子电气工程师学会(IEEE)、美国计算机学会(ACM)每十年左右更新一次的"计算机科学技术学科教程"(computing curricula),在此基础上形成相应规范。本节介绍 *ACM Computer Science Curricula* 2013(CS2013)的相关内容,包括计算机科学与技术学科的知识体系的结构、知识领域(area)、知识单元(unit)和知识点(topic)的概念以及课程体系,并对其中的有关问题作简要说明。

1.6.1　知识体系的结构

计算机科学与技术学科的知识体系结构组织成如下 3 个层次:知识领域、知识单元和知识点。一个知识领域可以分解成若干个知识单元,一个知识单元又包含若干个知识点,而每个知识点又被分成核心一级、核心二级和选修三个层次。知识体系结构的最高层是知识领域,表示特定的学科子领域。每个知识领域用两个英文字母的缩写表示,例如 OS 表示操作系统,PL 表示程序设计语言等。知识体系结构的中间层是知识单元,表示知识领域中独立的主题(thematic)模块。每一知识单元用知识领域名后加一个知识单元名表示,例如"OS/并发"是操作系统中有关并发性的知识单元。知识体系结构的最底层是知识点。

1.6.2　学科知识体系一览

下面分别对知识领域、知识单元和知识点作说明,以便学生在接触计算机科学与技术学科的开始阶段就能初步明确需要学习的核心知识和选修知识。

计算机科学与技术学科共有 18 个知识领域(knowledge area),这 18 个知识领域中的相关知识单元和知识点可以根据需要组合成不同的教学计划,下面给出 18 个知识领域的英文缩写和具体名称。

AL:算法与复杂度(algorithms and complexity)。

AR:体系结构与组织(architecture and organization)。

CN:计算科学(computational science)。

DS:离散结构(discrete structures)。

GV:图形学与可视化(graphics and visualization)。

HCI:人机交互(human-computer interaction)。

IAS:信息保障与安全(information assurance and security)。

IM:信息管理(information management)。

IS:智能系统(intelligent systems)。

NC:网络与通信(networking and communications)。

OS:操作系统(operation systems)。

PBD：基于平台的开发(platform-based development)。

PD：并行与分布式计算(parallel and distributed computing)。

PL：程序设计语言(programming languages)。

SDF：软件开发基础(software development fundamentals)。

SE：软件工程(software engineering)。

SF：系统基础(system fundamentals)。

SP：社会问题与专业实践(social issues and professional practice)。

随着计算机科学与技术学科的发展,学习内容不断增长,使得学生面向兴趣进行个性化选择的压力十分巨大。核心知识点覆盖的选择可以为课程体系的设置和学生的个性化发展提供一种比较灵活的机制。核心一级的知识点应该是每个计算机科学与技术学科课程体系必要的组成部分。核心二级知识点对于计算机科学与技术本科学位一般也是不可少的,但大多数课程体系只需满足核心二级知识点的最低限。也就是说,培养方案也可以让学生聚焦在一些核心二级知识点不要求的特定区域,但应该确保涵盖 80% 的核心二级知识点。关于选修知识点是为了弥补仅涵盖核心教学内容的培养方案在知识的广度和深度方面的不足而设立的。需要指出的是,本节介绍的所有知识领域,其知识点的顺序和分组安排,与讲授的顺序并不一定相关。不同的教学计划会在不同的课程中讲授这些知识点,按照教师认为最适合学生的顺序来安排教学。但不管怎样,知识体系结构为计算机科学与技术的本科学位提供了一个有用的指导,下面对知识体系结构中的 18 个知识领域分别作概要介绍,以便学习者初步了解作为一个计算机科学与技术学科的学生在本科阶段所需要完成的学习内容。为了便于理解,每个知识领域中知识单元所包含核心一级、核心二级及选修内容的学时数都用一个表格罗列,对于知识点的介绍则不再展开。

1. 算法与复杂度 AL(19 个核心一级学时,9 个核心二级学时)

算法是计算机科学与软件工程的基础。实际应用中软件系统的性能依赖于使用的算法及实现的适合程度和效率。算法设计的好坏对于所有软件系统的性能都至关重要。此外,计算的一个重要组成部分是在认识到可能没有合适算法存在的前提下,选择并应用适用于特定用途算法的能力。学习者应对定义完备的问题所适用算法的长处和弱点以及在特定环境下的适用性有比较清楚的认识。这一知识领域定义了设计、实现和分析算法用以解决问题所需的核心概念和能力。算法对于计算机科学技术的相关领域,如人工智能、数据库、分布式计算、图形学、网络、操作系统、编程语言、信息安全等都很重要。在以上领域有特定用途的算法也会在相关的知识领域中列出。例如,密码学会出现在新的信息保障与安全(IAS)知识领域,同时并行和分布式算法会出现在并行与分布式计算(PD)知识领域。算法与复杂度(AL)知识领域见表 1-1。

表 1-1　算法与复杂度(AL)

AL	核心一级	核心二级	是否包含选修
AL/基础分析	2	2	否
AL/算法策略	5	1	否
AL/基础数据结构及算法	9	3	否

AL	核心一级	核心二级	是否包含选修
AL/基础自动机的可计算性及复杂度	3	3	否
AL/高级计算复杂度	0	0	是
AL/高级自动机理论及可计算性	0	0	是
AL/高级数据结构、算法及分析	0	0	是

2. 体系结构与组织（AR）（0 个核心一级学时，16 个核心二级学时）

计算机体系结构与组织这个知识领域建立在系统基础（SF）上，用来加深对计算所依赖的硬件环境以及硬件环境提供给更高的软件层接口的理解。学习者需要理解计算机的体系结构，并通过分析编程者对并行和延迟的理解，使程序拥有较高的性能。当面临选择一个系统时，应该能够在各个部件之间进行权衡，例如 CPU 的内核频率、每条指令执行所需的时钟周期、内存大小以及内存平均访问时间等。完成上述这些要求主要对应于 16 个核心二级学时的体系结构教学。对于要求超过最低学时的教学计划，AR 知识点可以再补充其他课程来提升学习的深度。该知识领域见表 1-2。

表 1-2　体系结构与组织（AR）

AR	核心一级	核心二级	是否包含选修
AR/数字逻辑与数字系统	0	3	否
AR/数据的机器级表示	0	3	否
AR/汇编级计算机组成原理	0	6	否
AR/存储系统的组织与结构	0	3	否
AR/接口和通信	0	1	否
AR/功能性组成	0	0	是
AR/多处理器和可选体系结构	0	0	是
AR/性能优化	0	0	是

3. 计算科学（CN）（1 个核心一级学时，0 个核心二级学时）

计算科学是计算机科学应用的一个领域，也就是将计算机科学应用于解决多个学科领域的计算问题。计算科学领域将计算机模拟、科学计算可视化、数学建模、计算机编程以及数据结构、网络、数据库设计、符号计算和高性能计算与各学科结合，很大程度上侧重处理数据和信息的算法，包括算法的理论、设计和实现。计算科学在广度和重要性上也在增长，在计算科学领域下出现了包括计算生物学、计算化学、计算力学、计算考古学、计算金融、计算社会学和计算取证等子领域。计算科学的主题是计算机科学与技术本科教育中非常有价值的组成部分，与其相关的主题包括程序设计的基本概念（SDF/程序设计基本概念）、算法设计（SDF/算法与设计）、程序测试（SDF/开发方法）、数据表示（AR/数据的机器级表示）、基本的计算机体系结构（AR/存储系统的组织与结构）等。有兴趣的学生可以选修这个领域相关课程。该知识领域见表 1-3。

表 1-3　计算科学(CN)

CN	核心一级	核心二级	是否包含选修
CN/建模与仿真引言	1	0	否
CN/建模与仿真	0	0	是
CN/处理权衡	0	0	是
CN/交互式可视化	0	0	是
CN/数据、信息和知识	0	0	是
CN/数值分析	0	0	是

4. 离散结构(DS)(37 个核心一级学时,4 个核心二级学时)

离散结构是计算机科学的基本理论。离散结构涉及集合论、逻辑、图论和概率论等方向的一些重要理论。离散结构的相关理论被广泛应用于数据结构和算法中,在计算机科学与技术的其他方向也有很多应用。例如,形式化规范说明、验证、数据库及密码学等;在网络、操作系统和编译器等方向会用到图论的相关概念;在软件工程和数据库方向会用到集合论的相关概念;在智能系统、互联网及很多计算机应用方向会用到概率论。实际上,不同的学校都会组织相关课程覆盖这些理论,但组织形式可能不同。有些学校会将这部分内容集中用一两门名为"离散结构"或"离散数学"的课程进行讲解;而另一些学校则会将这些内容整合到程序设计、算法及人工智能等课程中;当然也有将前面两种形式进行混合的做法。该知识领域见表 1-4。

表 1-4　离散结构(DS)

DS	核心一级	核心二级	是否包含选修
DS/集合、关系与函数	4	0	否
DS/基础逻辑	9	0	否
DS/证明方法	10	1	否
DS/计数基础	5	0	否
DS/树和图	3	1	否
DS/离散概率	6	2	否

5. 图形学与可视化(GV)(2 个核心一级学时,1 个核心二级学时)

计算机图形学通常是用来描述用计算机生成和处理图像的知识领域。它是通过计算使得视觉交流成为可能。它的用途包括卡通、电影特效、视频游戏、医疗图像、工程,也包括信息和知识的可视化。本科阶段的图形学教学内容集中在绘制、线性代数、数字积分及特殊用途的硬件等方面。为了能熟练使用和生成计算机图形,应该涉及一些基于特定应用的议题,如文件格式、硬件接口和应用程序接口等。该知识领域见表 1-5。

表 1-5　图形学与可视化(GV)

GV	核心一级	核心二级	是否包含选修
GV/基本概念	2	1	是
GV/基本绘制	0	0	是
GV/几何建模	0	0	是
GV/高级绘制	0	0	是
GV/计算机动画	0	0	是
GV/可视化	0	0	是

6. 人机交互(HCI)(4 个核心一级学时,4 个核心二级学时)

人机交互是研究如何设计人类活动和计算系统间的交互,以及如何构建人机界面来支持交互的知识领域。用户和计算机之间的交互发生在用户界面上。用户界面既包括软件,也包括硬件。因此,用户界面设计在软件产品的生命期中处于较早的阶段;同时,系统核心功能的设计和实现也可能会影响用户界面的使用,效果有好有坏。人机交互既要考虑人也要考虑计算机系统。因此,作为一个知识领域,人机交互学科需要综合考虑文化、社会、组织、认知和感知等多方面的问题。所以,人机交互是多学科交叉的学科,涉及心理学、人体工程学、计算机科学、图形和产品设计、人类学和工程学等。该知识领域见表 1-6。

表 1-6　人机交互(HCI)

HCI	核心一级	核心二级	是否包含选修
HCI/基础	4	0	否
HCI/交互设计	0	4	否
HCI/交互系统编程	0	0	是
HCI/以用户为中心的设计和测试	0	0	是
HCI/新型交互技术	0	0	是
HCI/协同和通信	0	0	是
HCI/人机交互中的统计学方法	0	0	是
HCI/人因和安全	0	0	是
HCI/面向设计的人机交互	0	0	是
HCI/混合、增强和虚拟现实	0	0	是

7. 信息保障与安全(IAS)(3 个核心一级学时,6 个核心二级学时)

信息技术已经成为当今世界的重要支撑,在计算机科学与技术教育中将信息安全保障作为知识领域增加到知识体系中。信息安全保障的范围涵盖了为确保信息和信息系统的机密性、完整性及可用性而在技术和政策上所进行的保护、防卫的控制和处理过程,以及为此提供的证明方法和不可抵赖性手段。保障和安全两方面对信息及信息系统缺一不可,保护信息系统安全、确保信息系统过去和现在的运行状态及数据正确无误的工程师成为社会紧缺人才。在计算机科学技术与学科中,安全的概念以及相关知识内容的重要性已经成为学科的核心要求,可以和前些年计算机性能概念的重要性相媲美。所有的知识领域中,信息保障与安全有独特的特点,它的知识点广泛渗透到其他知识领域中。这里只列出与信息保障与安全(IAS)直接相关的核心知识点学时,便于学生在IAS领域中初步熟悉这些知识点,而更深入的阐述则会放在应用这些知识点的相关知识领域中(选修)。该知识领域见表1-7。

表 1-7　信息保障与安全(IAS)

IAS	核心一级	核心二级	是否包含选修
IAS/安全基本概念	1	0	否
IAS/安全性设计准则	1	1	否
HCI/交互系统编程	0	0	是
IAS/防错性程序设计	1	1	是
IAS/威胁与攻击	0	1	否
IAS/网络安全	0	2	是
IAS/密码学	0	1	否
IAS/Web安全	0	0	是
IAS/平台安全	0	0	是
IAS/安全策略和管理	0	0	是
IAS/数字取证	0	0	是
IAS/安全软件工程	0	0	是

8. 信息管理(IM)(1个核心一级学时,9个核心二级学时)

信息管理主要关注信息的获取、数字化、表示、组织、转化和展示,高效的访问和更新的算法、数据建模和抽象及文件存储技术等。学生应能够建立数据的概念模型和物理模型,针对特定问题确定合适的信息管理方法和技术,能够在选择和实现合适的信息管理系统过程中提出解决方案、解决相关的设计问题,包括信息系统的可扩展性、可访问性和可用性等。该知识领域见表1-8。

表 1-8　信息管理(IM)

IM	核心一级	核心二级	是否包含选修
IM/信息管理概念	1	2	否
IM/数据库系统	0	3	是
IM/索引	0	0	是
IM/数据模型	0	4	否
IM/关系数据库	0	0	是
IM/查询语言	0	0	是
IM/事务处理	0	0	是
IM/分布式数据库	0	0	是

9. 智能系统(IS)(10 个核心二级学时)

智能系统(通常也称为人工智能)是研究、开发用于模拟、延伸和扩展人的智能的理论、方法、技术及应用系统的一门新的技术科学。人工智能也是计算机科学技术的一个分支,它试图了解智能的实质,并研制一种新的能以人类智能相似的方式做出反应的智能机器。该领域的研究包括机器人、语言识别、图像识别、自然语言处理和专家系统等。人工智能从诞生以来,理论和技术日益成熟,应用领域也不断扩大。人工智能不是人的智能,但力求能像人那样进行推理或思考,在某种程度上也可能超过人的智能。人工智能处理问题求解,依赖于一系列通用和专门化的知识表示方案、问题求解机制和学习技术以及支持它们所需的架构(如代理、多代理等)。该知识领域见表1-9。

表 1-9　智能系统(IS)

IS	核心一级	核心二级	是否包含选修
IS/基础问题	0	1	是
IS/基本搜索策略	0	4	否
IS/基本知识表达和推理方法	0	3	否
IS/基本机器学习方法	0	2	否
IS/高级搜索方法	0	0	是
IS/不确定性推理方法	0	0	是
IS/代理	0	0	是
IS/自然语言处理技术	0	0	是
IS/高级机器学习方法	0	0	是
IS/机器人学	0	0	是
IS/感知和计算机视觉	0	0	是

人工智能知识领域的学习将使学生能够初步判定某种人工智能方法是否适用于一个给定的问题,发现合适的表示和推理机制,实现并对其进行评估。

10. 网络与通信(NC)(3 个核心一级学时,7 个核心二级学时)

互联网和计算机网络已无处不在,在当前与未来的计算环境中,固定和移动网络都将是关键组成部分。如果没有网络的存在,众多应用程序将无法运行。而随着应用的发展,这种依赖性很有可能会继续增强。网络与通信知识领域的学生应该理解网络世界、理解网络组成和运行的关键原理。由于网络领域技术的飞速发展,学生应该重视网络基础理论学习,以便为后续课程(如网络设计、网络管理、传感器网络等)做好准备。由于网络都存在于现实环境中,学生应该特别注意理论与实践结合,在网络实验、使用工具和编写网络软件过程中应该考虑适应这些相关的现实情况。该知识领域见表1-10。

表 1-10　网络与通信(NC)

NC	核心一级	核心二级	是否包含选修
NC/引言	1.5	0	否
NC/网络应用程序	1.5	0	否
NC/可靠数据传输	0	2	否

NC	核心一级	核心二级	是否包含选修
NC/路由和转发	0	1.5	否
NC/局域网	0	1.5	否
NC/资源分配	0	1	否
NC/移动性	0	1	否
NC/社交网络	0	0	是

11. 操作系统(OS)(4 个核心一级学时,11 个核心二级学时)

操作系统定义对硬件行为的抽象并管理计算机用户之间的资源共享。操作系统知识领域涵盖了操作系统的基本知识,包括建立操作系统的网络接口、讲授内核和用户模式之间的区别、改进操作系统设计和实现的关键方法等。操作系统领域与系统基础(SF)、网络与通信(NC)、信息保障和安全(IAS)以及并行和分布式计算(PD)等知识领域相关,与系统基础(SF)和信息保障和安全(IAS)也有交叉,例如,系统基础中的性能、虚拟化与隔离以及资源分配与调度等问题,并行和分布式计算中的并行基础问题,信息保障和安全中的深度取证与安全问题等。该知识领域见表 1-11。

表 1-11　操作系统(OS)

OS	核心一级	核心二级	是否包含选修
OS/操作系统概述	2	0	否
OS/操作系统原理	2	0	否
OS/并发	0	3	否
OS/调度和分发	0	3	否
OS/内存管理	0	3	否
OS/安全和防护	0	2	否
OS/虚拟机	0	0	是
OS/设备管理	0	0	是
OS/文件系统	0	0	是
OS/实时与嵌入式系统	0	0	是
OS/容错性	0	0	是
OS/系统性能评估	0	0	是

12. 基于平台的开发(PBD)(选修)

基于平台的开发是指特定软件平台上的软件设计与开发。与通用目的的编程相比,基于平台的开发需考虑特定平台的约束。例如,Web 编程、多媒体开发、移动计算、应用软件开发和机器人开发都须考虑相应平台所提供的特定服务、API 或硬件的约束。而这些平台是从不同的机器层抽象而来,具有特定的 API 和显著区分的分发/更新机制。基于平台的开发知识领域虽然强调了许多当前的平台,但并没有将它们列入核心课程中。该知识领域见表 1-12。

表 1-12　基于平台的开发

PBD	核心一级	核心二级	是否包含选修
PBD/引言	0	0	是
PBD/Web 平台	0	0	是
PBD/移动平台	0	0	是
PBD/工业平台	0	0	是
PBD/游戏平台	0	0	是

13. 并行与分布式计算(PD)(5 个核心一级学时,10 个核心二级学时)

随着技术的发展,并行计算和分布式计算变得越来越重要,并行计算和分布式计算要求计算机系统在逻辑上同时执行多个进程,其计算操作以复杂的方式交叠进行。并行和分布式计算涉及许多领域。实际运用中为获得更高的运行速度需要理解并行算法、问题分解的策略、系统结构、策略的具体实现以及性能分析和优化。由于并行计算和众多计算领域相关(包括算法、语言、系统、网络和硬件等),很多课程体系会把这些内容分别安排到不同的课程当中,而不是专门的一门课程。并行与分布式计算知识领域的有些内容也会在系统基础知识领域(SF)中出现,它们是互补的。该知识领域见表 1-13。

表 1-13　并行和分布式计算(PD)

PD	核心一级	核心二级	是否包含选修
PD/并行基础	2	0	否
PD/并行分解	1	3	否
PD/通信和协同	1	3	是
PD/并行算法、分析和编程	0	3	是
PD/并行体系结构	1	1	是
PD/并行性能	0	0	是
PD/分布式系统	0	0	是
PD/云计算	0	0	是
PD/形式模型和语义学	0	0	是

14. 程序设计语言(PL)(8 个核心一级学时,20 个核心二级学时)

程序设计语言是程序员用来精确地描述概念、规划算法和问题求解推理的工具,十分重要。在一个计算机科学技术工作者的职业生涯中,需要能熟练使用多种语言进行工作并且充分了解多语言支持的互补方法,做出恰当的设计选择。计算机科学技术工作者需要不断学习新的语言以及程序设计结构、定义、组合和实现背后蕴含的原理,有效地使用程序设计语言并评估其缺陷。该知识领域见表 1-14。

表 1-14　程序设计语言(PL)

PL	核心一级	核心二级	是否包含选修
PL/面向对象程序设计	4	6	否
PL/函数式程序设计	3	4	否
PL/事件驱动和反应性程序设计	0	2	否
PL/基本类型系统	1	4	否
PL/程序表示	0	1	否
PL/语言翻译与执行	0	3	否
PL/语法分析	0	0	是
PL/代码生成	0	0	是
PL/运行时系统	0	0	是
PL/静态分析	0	0	是
PL/高级程序构造	0	0	是
PL/并发与并行	0	0	是
PL/类型系统	0	0	是
PL/形式语义	0	0	是
PL/语言语用学	0	0	是

15. 软件开发基础(SDF)(43 个核心一级学时)

熟练掌握软件开发的过程是学习计算机科学与技术专业其他知识的基础。为了有效地使用计算机解决问题,学生必须胜任用多种程序设计语言进行阅读及书写程序。除了程序设计技巧之外,学生还应能设计并分析算法,选择合适的编程范式,利用先进的开发方法和测试工具。软件开发基础知识领域涵盖了那些与软件开发过程相关的基本概念和技巧,它为其他基于软件的知识领域(如程序设计语言(PL)、算法和复杂性(AC)、软件工程(SE)等)提供了基础。这个知识领域的 43 学时的课程素材可以从其他相关知识领域的内容中得到加强,给学生提供完整和一致的学习体验。另外,要掌握这个知识领域的概念和技能,只靠课堂学习是不够的,还需要大量的软件开发实践。该知识领域见表 1-15。

表 1-15　软件开发基础(SDF)

SDF	核心一级	核心二级	是否包含选修
SDF/算法与设计	11	0	否
SDF/程序设计基本概念	10	0	否
SDF/基本数据结构	12	0	否
SDF/开发方法	10	0	否

16. 软件工程(SE)(6 个核心一级学时,21 个核心二级学时)

软件工程关注理论、知识和实践的应用,高效率构建既满足客户需要又安全可靠的软件系统。软件工程知识领域包括了一个软件系统生命周期的所有阶段,从需求的获取、分析和描述,到系统的设计、构建、验证与确认及部署,直至系统的运行和维护。无论系统是大型或小型的,软件工程关注的是以最佳途径建设好的软件系统,它采用工程化的方法、流程、技术和评估,使用工具用于管理软件开发、软件构件的分析和建模、质量的评估和控制,以及规范的保证、软件进化和重用的控制方法。软件开发过程中,可能涉及个人开发者、一个团队或者多个开发团队,需要良好的组织和协调并针对一个给定的开发环境选择最合适的工具、方法和途径以确保软件系统的成功开发。该知识领域见表 1-16。

表 1-16　软件工程(SE)

SE	核心一级	核心二级	是否包含选修
SE/软件过程	2	1	是
SE/软件项目管理	0	2	是
SE/工具和环境	0	2	否
SE/需求工程	1	3	是
SE/软件设计	3	4	是
SE/软件构建	0	2	是
SE/软件验证与确认	0	4	是
SE/软件演化	0	2	是
SE/软件可靠性	0	1	是
SE/形式化方法	0	0	是

17. 系统基础(SF)(18 个核心一级学时,9 个核心二级学时)

底层硬件和软件基础设施以及在其上构建的应用程序统称为"计算机系统"。计算机系统横跨操作系统、并行和分布式系统、通信网络以及计算机体系结构等子学科。传统意义上,这些领域是通过独立的课程以非集成的方式讲授的。然而,这些子学科在各自的核心内容中越来越多地共享一些重要的共同基本概念。这些概念包括计算范例、并行、跨层通信、状态和状态转移、资源分配与调度等。在计算机科学与技术学科增加系统基础知识领域的内容,是从集成的视角、以比较简单但统一的风格去看待这些基本概念,为不同的特殊需要及适合于特定领域的需求提供共同基础。该知识领域见表 1-17。

表 1-17　系统基础(SF)

SF	核心一级	核心二级	是否包含选修
SF/计算范式	3	0	否
SF/跨层通信	3	0	否
SF/状态与状态机	6	0	否
SF/并行性	3	0	否
SF/评估技术	3	0	否

续表

SF	核心一级	核心二级	是否包含选修
SF/资源分配与调度技术	0	2	否
SF/临近技术	0	3	否
SF/虚拟化与隔离	0	2	否
SF/冗余下的可靠性	0	2	否
SF/定量评估	0	0	是

18. 社会问题与专业实践(SP)(11 个核心一级学时,5 个核心二级学时)

计算机科学与技术专业的学生在学习专业知识的同时还会接触到和计算密切相关的社会环境,本科生应该了解学科内在的基本文化、社会、法律以及伦理问题。作为未来的从业者应该具有能评估某一产品引入社会将增强还是降低生活质量、对社会将产生什么影响的基本能力。技术的进步不断显著影响着人类的生活和工作方式,新的基于计算机的产品和领域每年都带来前所未有的挑战性的问题。这个知识领域的内容可以选择在独立的课程中传授,将其融入传统的技术性和理论性的课程中,或者作为毕业设计和专业实践课程中的特殊单元。例如,在数据库课程中讨论数据聚合或数据挖掘,在软件工程课程中讨论在对客户的义务和对用户及其他可能被影响的人之间可能产生的文化、伦理冲突等。还有一些被列为核心一级知识的单元(特别是社会背景、分析工具、职业道德以及知识产权等)不容易被其他传统课程所覆盖,可以适当考虑在"导论"或"讲座"类课程中覆盖这些知识点。该知识领域见表 1-18。

表 1-18　社会问题与专业实践(SP)

SP	核心一级	核心二级	是否包含选修
SP/社会环境	1	2	否
SP/分析工具	2	0	否
SP/职业道德	2	2	否
SP/知识产权	2	0	是
SP/隐私和公民自由	2	0	是
SP/专业交流	1	1	是
SP/可持续性	1	0	是
SP/历史	0	0	是
SP/计算经济性	0	0	是
SP/安全政策、法律和计算机犯罪	0	0	是

1.6.3　计算机科学与技术学科的课程体系结构

计算机科学与技术是一个快速变化的领域,讲授什么内容与促进现行的研究、帮助学生构建吸收新知识的框架和促进学生面向职业发展 3 个方面是互补的。批判性思维、解决问题的能力、为终身学习奠定基础是学生在整个本科学习阶段需要培养的技能。教育不仅仅是信息的传播，更要激发学生对学科的热情，鼓励学生去尝试，让他们体验到成功的喜悦。学生的学习生涯既不应该被解读为是从知识领域的简单选取，也不是从课程到知识领域的一一映射。重要的是应当鼓励每个学校因校制宜地建立一种课程体系的有效模式，使知识体系可以更好地融合成为一个具有本校特色的课程体系，该体系能反映学校的教学目标、师资力量、学生需求和用人单位的要求。

知识体系的 18 个知识领域及其相应的知识单元、知识点，定义了计算机科学与技术学科学生应该具有的知识结构。但这些关于知识体系的描述并不是实施具体教学的课程体系，更不是直接对应 18 门课程。关于课程体系设计，不同的学校有不同的要求，每个学校可以在力求包含知识体系中的核心知识的前提下选择相关的选修内容组成适合本校的课程体系。这里还就课程体系的设计提出一些建议供参考。首先，由于计算机科学与技术学科涉及广泛的领域，它与其他许多学科相关，在注意选取知识领域中相关知识点的同时，课程体系的设计应该注重培养计算机科学与技术专业的学生具有跨学科工作的能力，让学生毕业后有能力从事多种职业；其次，课程体系的设计应该包含培养学生终身学习能力的内容以及对学生专业实践能力（如沟通能力、团队合作、职业道德等）的培养；此外，对计算机科学与技术专业学生的培养还应该注重理论和实践结合，既要认识到抽象的重要性，也能有良好的工程设计能力。

本 章 小 结

本章在介绍计算机的定义、分类、特点、用途和发展等基本概念的基础上，分析了信息化社会的特征、互联网对信息化社会的影响以及信息化社会对计算机知识的需求，并概要地介绍了计算机科学与技术学科的知识体系和研究范畴。

计算机科学与技术是以计算机为研究对象的一门科学，它是一门研究范畴十分广泛、发展非常迅速的新兴学科。全面地了解计算机科学与技术的学科内涵和研究范畴，对于计算机工作者而言是十分必要的。计算机科学与技术的研究范畴包括了计算机理论、硬件、软件、网络及应用等。

通过本章的学习，应理解计算机的基本概念、信息化社会的特征以及信息化社会对计算机人才的需求，并初步了解计算机科学与技术学科的知识体系和研究范畴，明确今后学习的目标和内容。

习　　题

一、简答题

1. 什么是计算机？
2. 解释冯·诺依曼所提出的"存储程序"概念。
3. 计算机有哪些主要的特点？
4. 计算机有哪些主要的用途？
5. 计算机发展中各个阶段的主要特点是什么？

6. 信息化社会的主要特点是什么?

7. 信息化社会对计算机人才的素质和知识结构有哪些需求?

8. 说明计算机科学与技术学科的知识体系以及知识领域、知识单元和知识点的含义。

9. 计算机科学与技术的研究范畴主要包括哪些?

二、选择题(可复选)

1. 计算机是接受命令、处理输入以及产生_____的系统。

A. 信息　　　　　　B. 程序　　　　　　C. 数据　　　　　　D. 系统软件

2. 冯·诺依曼的主要贡献是_____。

A. 发明了微型计算机　　　　　　B. 提出了存储程序概念

C. 设计了第一台电子计算机　　　　　　D. 设计了高级程序设计语言

3. 供科学研究、军事和大型组织用的高速、大容量计算机是_____。

A. 微型计算机　　B. 小型计算机　　C. 大型计算机　　D. 巨型计算机

4. 计算机硬件由5个基本部分组成,下面_____不属于这5个基本组成部分。

A. 运算器和控制器　B. 存储器　　　C. 总线　　　　D. 输入设备和输出设备

5. 其内容在电源断掉以后就消失又被称为暂时存储器的部件是_____。

A. 外存储器　　B. 基本工具　　C. 内存储器　　D. 硬盘

6. 拥有高度结构化和组织化的数据文件被称为_____。

A. 文档　　　　B. 工作表　　　C. 数据库　　　D. 图片

7. 计算机系统必须具备的两部分是_____。

A. 输入设备和输出设备　　　　　　B. 硬件和软件

C. 键盘和打印机　　　　　　D. 以上都不是

8. 计算机处理的5个要素是_____。

A. 硬件、软件、输入、输出和打印机　　　　B. 输入、输出、处理、打印和存储

C. 硬件、软件、数据、人和过程　　　　D. 以上都不是

9. 信息系统的作用是_____。

A. 存储信息　　　　　　B. 检索信息

C. 辅助人们进行统计、分析和决策　　　　D. 以上都是

10. 目前,由于_____的迅猛发展,加快了社会信息化的进程。

A. Novell　　　　B. Internet　　　C. ISDN　　　D. Windows NT

11. Internet 的核心功能是实现_____。

A. 全球数据共享　B. 全球信息共享　C. 全球程序共享　D. 全球设备共享

12. 信息高速公路是指_____。

A. 电子邮件系统　　　　　　B. 配备有监控和通信设施的高速公路

C. 国家信息基础设施　　　　　　D. 快速专用信息通道

三、上网练习

1. 查找资源。可以使用目录或搜索引擎在 Internet 上查找信息。使用目录查找网上资源的中文网站,例如搜狐(http://www.sohu.com)、常青藤(http://tonghua.com.cn)等。试使用桌面上的 Internet Explorer,在其地址栏中输入所选网站的网址,按回车后出现该网站的主页,请按页面上的提示在搜索框中输入关键词,然后单击右边的“搜索”按钮,查询感兴趣的信息。使用搜索引擎的中文网站有:新浪(http://search.sina.com)、百度(http://baidu.com)等。

2. 电子商务。连接易趣网电子商务网站 http://www.eachnet.com,浏览其网上超市、网上商场等信息,选定熟悉的物品,打印出所提供的信息。试比较网上商场和社会中传统商场的区别。

3. 连接百度网站 http://www.baidu.com,通过查找关键词“PDA”学习关于 PDA 的知识。打印出查

询的结果。根据这些链接来学习 PDA 的特性,然后写一篇关于 PDA 的功能以及它与台式计算机、便携式计算机的区别的文章。

4. 网上图书馆。许多图书馆都已经上网,并有电子版本的书籍、论文和其他各种文献。网上图书馆可以将完整的书籍或整篇论文存放在计算机中,任何人都可以通过网页访问网上图书馆,浏览、检索、下载文献资料。访问北京图书馆的站点 http://www.bta.net.cn/lib/tushu.html。浏览关于北京图书馆的介绍并打印它的首页。然后写一篇短文,阐述使用网上图书馆作为学校论文资源的优缺点。

四、探索题

阅读下列题目并且回答相关问题。

1. Internet 和 Web。Internet 和 Web 是当今最令人振奋的计算机网络技术。如果你已经使用过 Internet 和 Web,请描述你是如何使用它们的,你喜欢它们什么以及你不喜欢什么。如果你没有使用过 Internet 和 Web,那么你是否想过将如何生存于未来信息化的社会之中? 你计划将如何来使用它们?

2. 安全性和保密性。计算机提供了无限的机会和挑战。我们可以更快更好地完成许多事情,可以方便地和全世界的人们联系和通信。但是,你是否想过事情的反面呢? 所有的变化都是积极的吗? 计算机和计算机网络的广泛使用会产生什么负面的影响吗? 讨论这些问题和其他你能想到的问题。

3. 计算机科学与技术学科学生的使命。作为一名计算机科学与技术专业的学生,你是否有一种为使祖国成为信息强国的使命感,为了把自己培养成为一个有用的信息技术人才,你觉得应该如何来安排好大学的学习生涯呢? 与你的同学就这一话题展开讨论。

第 **2** 章
计算机的基础知识

本章将介绍有关计算机科学技术的基础知识,包括数制与码制、数的定点与浮点表示、信息的编码,逻辑代数基础,计算机的基本结构与工作原理,程序设计基础,算法与数据结构的基础知识。通过本章的学习,应该掌握数制间的转换方法以及数据在计算机内部的表示形式,理解命题逻辑和逻辑代数的基本知识,了解计算机的工作原理,理解程序设计以及算法与数据结构的基本知识,并注意养成良好的程序设计风格和习惯,为进一步学习本书的后续各章和后继课程打好基础。

2.1 计算机的运算基础

计算机的加工对象是数据。在计算机科学技术中数据的含义十分广泛,除了数学中的数值外,用数字编码的字符、声音、图形和图像等都是数据。数据有各种各样的类型,即使是数值也有整型、实型、双精度型、复数型和逻辑型等之分。计算机所处理的数据都是使用二进制编码表示的,因为它易于用电子器件实现。如何用二进制的形式表示各种数据呢?本节将介绍数制、数制间的转换、码制、定点数与浮点数以及数据的几种常用编码方式。这些基本知识是计算机的运算基础。

2.1.1 数制

按进位的原则进行计数称为进位计数制,简称数制。在日常生活中最常用的数制是十进制。此外,也使用许多非十进制的计数方法。例如,计时采用的是六十进制,即 60 秒为 1 分,60 分为 1 小时;1 年有 12 个月,采用的是十二进制。由于在计算机中是使用电子器件的不同状态来表示数的,而电信号一般只有两种状态,如导通与截止、通路与断路等,因此在计算机中采用的数制是二进制。由于二进制不便于书写,所以还需要使用八进制和十六进制。

1. 十进制数

十进制是使用数字 0、1、2、3、4、5、6、7、8、9 符号来表示数值且采用“逢十进一”的进位计数制。因此,十进制数中处于不同位置上的数字代表不同的值。例如,小数点左面第 1 位为个位,小数点左面第 2 位为十位等;而小数点右面第 1 位则为 1/10 位,小数点右面第 2 位为 1/100 位等,这称为数的位权表示法。这里,每一个数字的权是由 10 的幂次决定的,这个 10 称为十进制的基数。例如,十进制数 862.15 可表示为:

$$862.15 = 8 \times 10^2 + 6 \times 10^1 + 2 \times 10^0 + 1 \times 10^{-1} + 5 \times 10^{-2}$$

无论是哪一种数制,其计数和运算都具有共同的规律与特点。采用位权表示法的数制具有以下 3 个特点:

(1) 数字的总个数等于基数。例如,十进制使用 10 个数字(0～9)。

(2) 最大的数字比基数小 1。例如,十进制中最大的数字为 9。

(3) 每个数字都要乘以基数的幂次,该幂次由每个数字所在的位置决定。

对于 N 进制而言,其基数为 N,使用 N 个数字表示数值,其中最大的数字为 $N-1$,任何一个 N 进制数 $A = A_n A_{n-1} \cdots A_1 A_0 . A_{-1} A_{-2} \cdots A_{-m}$ 均可表示为如下的形式:

$$A = A_n \times N^n + A_{n-1} \times N^{n-1} + \cdots + A_1 \times N^1 + A_0 \times N^0 + A_{-1} \times N^{-1} + \cdots + A_{-m} \times N^{-m}$$

$$= \sum_{i=n}^{0} A_i \times N^i + \sum_{i=-1}^{-m} A_i \times N^i = \sum_{i=n}^{-m} A_i \times N^i$$

2. 二进制数

二进制是使用数字 0 和 1 符号来表示数值且采用"逢二进一"的进位计数制。二进制数中处于不同位置上的数字代表不同的值。每一个数字的权由 2 的幂次决定,二进制的基数为 2。

同样,二进制数制也具有以下与十进制数制相类似的 3 个特点:

(1) 数字的总个数等于基数,即二进制仅使用 0 和 1 两个数字。

(2) 最大的数字比基数小 1,即二进制中最大的数字为 1,最小的数字为 0。

(3) 每个数字都要乘以基数的幂次,该幂次由每个数字所在的位置决定。

例如,二进制数 $(1011.0101)_2$ 可表示为:

$$(1011.0101)_2 = 1 \times 2^3 + 0 \times 2^2 + 1 \times 2^1 + 1 \times 2^0 + 0 \times 2^{-1} + 1 \times 2^{-2} + 0 \times 2^{-3} + 1 \times 2^{-4}$$

二进制的计数方式是"逢二进一",即每位计数满 2 时向高位进 1。对于二进制小数,小数点向右移一位,数就扩大 2 倍;反之,小数点向左移一位,数就缩小 2 倍。这个性质与十进制类似,只不过在十进制中,小数点向右移一位,数就扩大 10 倍;反之,小数点向左移一位,数就缩小 10 倍。

由于在二进制中只有两个数字 0 和 1,便于计算机中使用任何两个不同稳定状态的元件来表示。此外,采用二进制还可以运用逻辑代数作为数学工具,便于计算机硬件的设计与实现。二进制加法和乘法的运算规则如下。

(1) 加法运算规则:　　　　$0+0=0$　　　　$0+1=1$

　　　　　　　　　　　　　$1+0=1$　　　　$1+1=10$

(2) 乘法运算规则:　　　　$0 \times 0=0$　　　　$0 \times 1=0$

　　　　　　　　　　　　　$1 \times 0=0$　　　　$1 \times 1=1$

【例 2-1】 计算二进制数 1011×101 的值。

解:

```
        1 0 1 1
    ×     1 0 1
    ───────────
        1 0 1 1
      0 0 0 0
  + 1 0 1 1
  ─────────────
    1 1 0 1 1 1
```

即 $1011 \times 101 = 110111$,相当于十进制 $11 \times 5 = 55$。

3. 八进制数

八进制是使用数字 0、1、2、3、4、5、6、7 符号来表示数值且采用"逢八进一"的进位计数制。八进制数中处于不同位置上的数字代表不同的值。每一个数字的权由 8 的幂次决定,八进制的基数为 8。

例如,八进制数 $(7654.345)_8$ 可表示为:

$$(7654.345)_8 = 7 \times 8^3 + 6 \times 8^2 + 5 \times 8^1 + 4 \times 8^0 + 3 \times 8^{-1} + 4 \times 8^{-2} + 5 \times 8^{-3}$$

4. 十六进制数

十六进制使用数字 0、1、2、3、4、5、6、7、8、9 和 A、B、C、D、E、F 符号来表示数值,其中 A、B、C、D、E、F 分别表示数字 10、11、12、13、14、15。十六进制的计数方法为"逢十六进一"。十六进制数中处于不同位置上的数字代表不同的值。每一个数字的权由 16 的幂次决定,十六进制的基数为 16。

例如,十六进制数 $(5A8F)_{16}$ 可表示为:

$$(5A8F)_{16} = 5 \times 16^3 + A \times 16^2 + 8 \times 16^1 + F \times 16^0$$

以上介绍的 4 种常用数制的基数和数字符号如表 2-1 所示。

表 2-1　常用数制的基数和数字符号

数　　制	十　进　制	二　进　制	八　进　制	十　六　进　制
基数	10	2	8	16
数字符号	0~9	0,1	0~7	0~9、A、B、C、D、E、F

2.1.2　数制间的转换

将数从一种数制转换为另一种数制的过程称为数制间的转换。因为通常使用的是十进制数,而计算机中使用的是二进制数。所以,必须将输入的十进制数转换为计算机能够接受的二进制数,计算机运算结束后再将二进制数转换为人们所习惯的十进制数输出给用户。不过,这两个转换过程是由计算机系统自动完成的,并不需要人们参与。在计算机中引入八进制和十六进制的目的是为了书写和表示上的方便,在计算机内部信息的存储和处理仍然采用二进制数。

1. 十进制数转换为非十进制数

将十进制数转换为二进制、八进制或十六进制等非十进制数的方法是类似的,其步骤是将十进制数分为整数和小数两部分分别进行转换。

1) 十进制整数转换为非十进制整数

将十进制整数转换为非十进制整数采用"除基取余法",即将十进制整数逐次除以需转换为的数制的基数,直到商为 0 为止,然后将所得到的余数自下而上排列即可。简言之,将十进制整数转换为非十进制整数的规则为:除基取余,先余为低(位),后余为高(位)。

【例 2-2】 将十进制整数 55 转换为二进制整数。

解：

		余数
2	55	1
2	27	1
2	13	1
2	6	0
2	3	1
2	1	1
	0	

则得：$(55)_{10} = (110111)_2$。

【例 2-3】 将十进制整数 55 转换为八进制整数。

解：

		余数
8	55	7
8	6	6
	0	

则得：$(55)_{10} = (67)_8$。

【例 2-4】 将十进制整数 55 转换为十六进制整数。

解：

		余数
16	55	7
16	3	3
	0	

则得：$(55)_{10} = (37)_{16}$。

2）十进制小数转换为非十进制小数

将十进制小数转换为非十进制小数采用"乘基取整法"，即将十进制小数逐次乘以需转换为的数制的基数，直到小数部分的当前值等于 0 为止，然后将所得到的整数自上而下排列。简言之，将十进制小数转换为非十进制小数的规则为：乘基取整，先整为高（位），后整为低（位）。

【例 2-5】 将十进制小数 0.625 转换为二进制小数。

解：

	0.625	整数
×	2	
	1.25	1
	0.25	
×	2	
	0.5	0
×	2	
	1.0	1

则得：$(0.625)_{10} = (0.101)_2$。

【例 2-6】 将十进制小数 0.32 转换为二进制小数。

解:

```
                  0.32        整数
        ×          2
                  0.64         0
        ×          2
                  1.28         1
                  0.28
        ×          2
                  0.56         0
        ×          2
                  1.12         1
                   ⋮
```

则得:$(0.32)_{10} = (0.0101\cdots)_2$。

由上例可见,十进制小数并不是都能够用有限位的其他进制数精确地表示。这时应根据精度要求转换到一定的位数为止,然后将得到的整数自上而下排列作为该十进制小数的二进制近似值。

如果一个十进制数既有整数部分,又有小数部分,则应将整数部分和小数部分分别进行转换,然后把两者相加便得到结果。

【例 2-7】 将十进制数 55.625 转换为二进制数。

解: 由于 $(55)_{10} = (110111)_2$

$(0.625)_{10} = (0.101)_2$

所以 $(55.625)_{10} = (110111.101)_2$。

2. 非十进制数转换为十进制数

非十进制数转换为十进制数采用"位权法",即把各非十进制数按权展开,然后求和,便可得到转换的结果。

【例 2-8】 将二进制数 10110 转换为十进制数。

解: $(10110)_2 = 1 \times 2^4 + 0 \times 2^3 + 1 \times 2^2 + 1 \times 2^1 + 0 \times 2^0$

$= 16 + 0 + 4 + 2 + 0 = (22)_{10}$

【例 2-9】 将二进制数 10101.101 转换为十进制数。

解: $(10101.101)_2 = 1 \times 2^4 + 0 \times 2^3 + 1 \times 2^2 + 0 \times 2^1 + 1 \times 2^0$

$+ 1 \times 2^{-1} + 0 \times 2^{-2} + 1 \times 2^{-3}$

$= 16 + 0 + 4 + 0 + 1 + 0.5 + 0 + 0.125 = (21.625)_{10}$

在表 2-2 和表 2-3 中分别列出了十进制整数和小数与二进制整数和小数之间的对照表,熟记其中的对应关系可以使十进制与二进制数之间的转换更加方便。

【例 2-10】 将八进制数 1207 转换为十进制数。

解: $(1207)_8 = 1 \times 8^3 + 2 \times 8^2 + 0 \times 8^1 + 7 \times 8^0 = 512 + 128 + 0 + 7 = (647)_{10}$

【例 2-11】 将十六进制数 1B2E 转换为十进制数。

解: $(1B2E)_{16} = 1 \times 16^3 + B \times 16^2 + 2 \times 16^1 + E \times 16^0$

$= 1 \times 4096 + 11 \times 256 + 2 \times 16 + 14 \times 1$

$= 4096 + 2816 + 32 + 14 = (6958)_{10}$

表 2-2　十进制整数与二进制整数对照表

十进制数	二进制数	十进制数	二进制数
0	0	10	1010
$1(=2^0)$	1	11	1011
$2(=2^1)$	10	$16(=2^4)$	10000
3	11	$32(=2^5)$	100000
$4(=2^2)$	100	$64(=2^6)$	1000000
5	101	$128(=2^7)$	10000000
6	110	$256(=2^8)$	100000000
7	111	$512(=2^9)$	1000000000
$8(=2^3)$	1000	$1024(=2^{10})$	10000000000
9	1001	$2048(=2^{11})$	100000000000

表 2-3　十进制小数与二进制小数对照表

十进制小数	二进制小数
$0.5(=2^{-1})$	0.1
$0.25(=2^{-2})$	0.01
$0.125(=2^{-3})$	0.001
$0.0625(=2^{-4})$	0.0001

3. 二进制与其他进制之间的转换

1）二进制与八进制之间的转换

由于 3 位二进制数恰好是 1 位八进制数,所以若把二进制数转换为八进制数,只要以小数点为界,将整数部分自右向左和小数部分自左向右分别按每 3 位为一组(不足 3 位用 0 补足),然后将各个 3 位二进制数转换为对应的 1 位八进制数,即得到转换的结果。反之,若把八进制数转换为二进制数,只要把每 1 位八进制数转换为对应的 3 位二进制数即可。

【例 2-12】 将二进制数 10111001010.1011011 转换为八进制数。

解: $(10111001010.1011011)_2 = (010\ 111\ 001\ 010.101\ 101\ 100)_2$
$$= (2712.554)_8$$

【例 2-13】 将八进制数 456.174 转换为二进制数。

解: $(456.174)_8 = (100\ 101\ 110.001\ 111\ 100)_2$
$$= (100101110.0011111)_2$$

2）二进制与十六进制之间的转换

类似地,由于 4 位二进制数恰好是 1 位十六进制数,所以若把二进制数转换为十六进制数,只要以小数点为界,将整数部分自右向左和小数部分自左向右分别按每 4 位为一组,不足 4 位用 0 补足,然后将各个 4 位二进制数转换为对应的 1 位十六进制数,即得到转换的结果。反之,若把十六进制数转换为二进制数,只要把每 1 位十六进制数转换为对应的 4 位二进制数即可。

【例 2-14】 将二进制数 10111001010.1011011 转换为十六进制数。

解: $(10111001010.1011011)_2 = (0101\ 1100\ 1010.1011\ 0110)_2$
$$= (5CA.B6)_{16}$$

【例 2-15】 将十六进制数 1A9F.1BD 转换为二进制数。

解: $(1A9F.1BD)_{16} = (0001\ 1010\ 1001\ 1111.0001\ 1011\ 1101)_2$
$$= (1101010011111.000110111101)_2$$

表 2-4 中给出了二进制、八进制、十进制和十六进制的换算表,借助于该表可以方便地进行数制间的转换。

表 2-4 二进制、八进制、十进制和十六进制换算表

二 进 制 数	八 进 制 数	十 进 制 数	十六进制数
0000	0	0	0
0001	1	1	1
0010	2	2	2
0011	3	3	3
0100	4	4	4
0101	5	5	5
0110	6	6	6
0111	7	7	7
1000	10	8	8
1001	11	9	9
1010	12	10	A
1011	13	11	B
1100	14	12	C
1101	15	13	D
1110	16	14	E
1111	17	15	F
10000	20	16	10
…	…	…	…

2.1.3 码制

前面讨论了各种数制,下面将介绍带符号数的表示方法。在数学中,是将正号"+"和负号"-"放在绝对值前面来表示该数是正数还是负数的。而在计算机中则使用符号位来表示正、负数。符号位规定放在数的最前面,并用"0"表示正数,用"1"表示负数。这样,数的符号也数码化了。在计算机中,负数有 3 种表示方法:原码、反码和补码。任何正数的原码、补码和反码的形式完全相同,而负数则有各种不同的表示形式。为区分起见,将原来用一般形式表示的数 X 称为机器数的真值,而将数在计算机内的各种编码表示称为机器数,根据表示方法的不同分别记为 $[X]_原$、$[X]_反$ 和 $[X]_补$ 等。

1. 原码

原码表示法规定:用符号位和数值表示带符号数,正数的符号位用"0"表示,负数的符号位用"1"表示,数值部分用二进制形式表示。

【例 2-16】 设带符号数的真值 $X = +62$ 和 $Y = -62$,则它们的原码分别为:

$$[X]_原 = 0\ 111110 \qquad [Y]_原 = 1\ 111110$$

2. 反码

反码表示法规定：正数的反码与原码相同,负数的反码为对该数的原码除符号位外各位取反。

【例 2-17】 设带符号数的真值 $X = +62$ 和 $Y = -62$,则它们的原码和反码分别为:

$$[X]_原 = 0\ 111110 \qquad [X]_反 = 0\ 111110$$
$$[Y]_原 = 1\ 111110 \qquad [Y]_反 = 1\ 000001$$

3. 补码

补码表示法规定：正数的补码与原码相同,负数的补码为对该数的原码除符号位外各位取反,然后在最后一位加 1。

【例 2-18】 设带符号数的真值 $X = +62$ 和 $Y = -62$,则它们的原码和补码分别为:

$$[X]_原 = 0\ 111110 \qquad [X]_补 = 0\ 111110$$
$$[Y]_原 = 1\ 111110 \qquad [Y]_补 = 1\ 000010$$

注意：数的原码表示形式简单,适于乘除运算,但用原码表示的数进行加减运算比较复杂;引入补码之后,减法运算可以用加法来实现,且数的符号位也可以当作数值一样参加运算,因此在计算机中大都采用补码来进行加减运算。

2.1.4 数的定点表示和浮点表示

在计算机中一般可以采用定点表示法和浮点表示法来表示小数点。

1. 定点表示法

定点表示法规定：计算机中所有数的小数点的位置是固定不变的,因此小数点无须使用专门的记号表示出来。常用的定点数主要有以下两种格式。

1) 定点小数格式

定点小数格式把小数点固定在数值部分最高位的左边。任一定点小数的计算机内表示形式如图 2-1 所示。

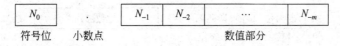

图 2-1 定点小数格式

对于二进制的 $(m+1)$ 位定点小数格式的数 N,所能表示的数的范围为:

$$|N| \leqslant 1 - 2^{-m}$$

因此,定点小数格式表示的所有数都是绝对值小于 1 的纯小数。对于绝对值大于 1 的数,如果直接使用定点小数格式将会产生“溢出”,所以需要根据实际需要使用一个“比例因子”,将原始数据按该比例缩小,以定点小数格式表示,得出结果后再按该比例扩大,才能得到实际的结果。

2) 定点整数格式

定点整数格式把小数点固定在数值部分最低位的右边。任一定点整数的计算机内表示形式如图 2-2 所示。

定点整数格式表示的所有数都是绝对值在一定范围之内的整数。对于二进制的

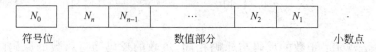

N_0	N_n	N_{n-1}	$\cdots$	N_2	N_1

符号位　　　　　　　　　数值部分　　　　　　　　小数点

图 2-2　定点整数格式

$(m+1)$ 位定点整数格式的数 N,所能表示的数的范围为:

$$|N| \leqslant 2^m - 1$$

对于绝对值大于该范围的数,如果直接使用得到小数格式也将会产生"溢出"。因此,同样需要根据实际需要适当地选择一个"比例因子"进行调整,才能使得所表示的数据在规定的范围之内。

由上可见,定点表示法具有简单、直观的优点,但表示数的范围受到限制,缺乏灵活性,且为了防止"溢出"需要选择合适的"比例因子",使用不便。

2. 浮点表示法

浮点数是指小数点的位置不固定的数。**浮点表示法**规定:一个浮点数分为阶码和尾数两部分,阶码用于表示小数点在该数中的位置,尾数用于表示数的有效数值。由于阶码表示小数点的位置,所以阶码总是一个整数,可以是正整数,也可以是负整数;尾数可以采用整数或纯小数两种形式。

【例 2-19】　设十进制数 $N = 246.135$,则其浮点表示形式可以是:

$$N = 246135 \times 10^{-3} = 2461350 \times 10^{-4}$$
$$= 0.246135 \times 10^3 = 0.0246135 \times 10^4$$

在计算机内部,阶码通常采用补码形式的二进制整数表示,尾数通常采用原码形式的二进制小数表示。阶码和尾数占用的位数可以灵活设定,由于阶码确定数的表示范围,而尾数确定数的精度,所以,当字长一定时,分配给阶码的位数越多,则表示数的范围越大,但分配给尾数的位数将减少,从而降低了表示数的精度;反之,分配给阶码的位数减少,则数的表示范围将变小,但尾数的位数增加,从而使精度提高。例如,设计算机的字长为 32 位,则可供选择的一种位数分配形式如图 2-3 所示。

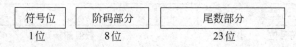

符号位	阶码部分	尾数部分
1 位	8 位	23 位

图 2-3　浮点数的一种机内表示形式

当采用浮点数表示时,为了提高精度通常规定其尾数的最高位必须是非零的有效位,这称为浮点数的规格化形式。这样,图 2-3 中规格化浮点数的表示范围为:

$$\pm 2^{-1} \times 2^{-128} \sim \pm (1 - 2^{-24}) \times 2^{127}$$

由此可见,浮点数的表示范围要比定点数大得多,但也不是无限的,当一个数超出浮点数的表示范围时称为溢出。如果一个数的阶大于计算机所能表示的最大阶码,则称为上溢;如果一个数的阶小于计算机所能表示的最小阶码,则称为下溢。上溢时,计算机将不能继续运算,应转溢出中断处理程序进行处理;下溢时,计算机将该数作为机器零来处理,仍可进行运算。

浮点计算的先驱——威廉·卡亨　威廉·卡亨(William M. Kahan)是加拿大计

算机科学家,因为在浮点运算部件的设计和浮点运算标准的制定上的突出贡献而获得 1989 年图灵奖。威廉·卡亨 1933 年出生于加拿大多伦多,1954 年在多伦多大学获得数学学士学位,1956 年和 1958 年又先后获得硕士学位和博士学位。他曾在大学任教,又在 IBM、HP、Intel 等公司工作,积累了丰富的工程实践经验。早期的计算机不配备浮点运算部件,需利用浮点运算子程序或对定点数附加"比例因子"使其成为实际的浮点数来解决。这些方法使定点运算的速度大大降低,影响了数的取值范围和精度。威廉·卡亨在 Intel 公司工作期间,主持设计并开发了 8087 芯片,成功地实现了高速、高效的浮点运算部件。威廉·卡亨还在 IEEE 浮点运算标准的制定、HP 计算机的体系结构设计、数值计算算法的设计、误差分析、自动诊断等方面也做出了卓越贡献。

2.1.5 信息的几种编码

组成信息的基本符号除了数字之外还包括字母、运算符、标点符号和控制符等,对于中文系统还有大量的汉字。但计算机只能识别 0 和 1 两个数字符号,因此必须对信息进行编码,即用若干位二进制代码来表示组成信息的各种符号。此外,为了帮助检错和纠错,可以在编码字中增加一些校验位,或者使用检错码和纠错码。下面将介绍最常用的 BCD 码、ASCII 码、汉字编码和数据校验码。

1. BCD 码

BCD 码是一种二-十进制的编码,即使用 4 位二进制数表示 1 位十进制数。它具有二进制的形式,又具有十进制的特点,可以作为一种中间表示形式,也可以对用这种形式表示的数直接进行运算。

使用最广泛的 BCD 码是 8421 码。它是一种有权码,在 4 位二进制数中从高位到低位,各位的权分别为 8、4、2、1。每一个 4 位二进制数组表示 1 位十进制数字。对于多位十进制数,可以使用与十进制数位数一样多的 4 位二进制数组来编码。十进制数与 BCD 码之间的转换,可以按位(或 4 位二进制数组)直接进行。

【例 2-20】 将十进制数 5678 转换为 BCD 码。

解:

十进制数:	5	6	7	8
	↓	↓	↓	↓
BCD 码:	0101	0110	0111	1000

即十进制数 5678 的 BCD 码为 0101 0110 0111 1000。

【例 2-21】 将 BCD 码 1001 0110 1000 0101 转换为十进制数。

解:

BCD 码:	1001	0110	1000	0101
	↓	↓	↓	↓
十进制数:	9	6	8	5

即 BCD 码 1001 0110 1000 0101 的十进制数为 9685。

2. ASCII 码

国际上使用最广泛的字符编码方案是由美国信息交换标准委员会制定的,该编码简称 ASCII 码(American Standard Code for Information Interchange)。ASCII 码采用 7 位二进制数表示一个字符。为了便于对字符进行分类和检索,把 7 位二进制数分为高 3 位

$(b_7 b_6 b_5)$和低 4 位$(b_4 b_3 b_2 b_1)$。7 位 ASCII 编码如表 2-5 所示。

表 2-5　7 位 ASCII 编码表

$b_4 b_3 b_2 b_1$ ＼ $b_7 b_6 b_5$	000	001	010	011	100	101	110	111
0 0 0 0	NUL	DLE	SP	0	@	P	`	p
0 0 0 1	SOH	DC1	!	1	A	Q	a	q
0 0 1 0	STX	DC2	"	2	B	R	b	r
0 0 1 1	ETX	DC3	♯	3	C	S	c	s
0 1 0 0	EOT	DC4	$	4	D	T	d	t
0 1 0 1	ENQ	NAK	%	5	E	U	e	u
0 1 1 0	ACK	SYN	&	6	F	V	f	v
0 1 1 1	BEL	ETB	'	7	G	W	g	w
1 0 0 0	BS	CAN	(	8	H	X	h	x
1 0 0 1	HT	EM	)	9	I	Y	i	y
1 0 1 0	LF	SUB	*	:	J	Z	j	z
1 0 1 1	VT	ESC	+	;	K	[	k	{
1 1 0 0	FF	FS	,	<	L	\	l	|
1 1 0 1	CR	GS	—	=	M	]	m	}
1 1 1 0	SO	RS	.	>	N	↑	n	~
1 1 1 1	SI	US	/	?	O	←	o	DEL

利用表 2-5 可以查找数字、运算符、标点符号和控制符等字符与 ASCII 码之间的对应关系。例如，数字 9 的 ASCII 码为 0111001，大写字母 A 的 ASCII 码为 1000001，ASCII 码 0100011 对应的字符为井号（♯）等。表中高 3 位为 000 和 001 的两列是一些控制符。例如，NUM 表示空白、SOH 表示报头开始、STX 表示文本开始、ETX 表示文本结束、EOT 表示发送结束、ENQ 表示查询、ACK 表示应答、BEL 表示铃响、BS 表示退格、HT 表示横表、LF 表示换行、VT 表示纵表、FF 表示换页、CR 表示回车、CAN 表示作废、SYN 表示同步、SP 表示空格、DEL 表示删除等。

在计算机中一个字节为 8 位，为了提高信息传输的可靠性，在 ASCII 码中把最高位（b_8）作为校验位。偶校验规则为：若 7 位 ASCII 码中"1"的个数为偶数，则校验位置"0"；若 7 位 ASCII 码中"1"的个数为奇数，则校验位置"1"。校验位仅在信息传输时有用，在对 ASCII 码进行处理时校验位被忽略。

3. 汉字编码

计算机在我国应用中，汉字的输入、处理和输出功能是必不可少的。实现汉字处理功能的前提是要对汉字进行编码，即用数字串、字符串来代替汉字。

我国国家标准总局于 1981 年颁布了《中华人民共和国国家标准信息交换用汉字编码（GB2312—80）》。该标准根据汉字的常用程度确定了一级和二级汉字字符集，收录了各种常用的图形、符号,并规定了其编码。其中,共收录汉字和图形、符号 7445 个,包括汉字 6763 个(其中一级汉字 3755 个,二级汉字 3008 个)、一般符号 202 个(包括间隔符、标点符号、运算符、单位符号和制表符)、序号 60 个(包括 1. ~20. 、(1)~(20)、①~⑩ 和(一)~(十)等)、数字 22 个(包括阿拉伯数字 0~9 和罗马数字Ⅰ~Ⅻ)、英文字母 52 个(包括大小写字母各 26 个)、日文假名 169 个(包括平假名 83 个,片假名 86 个)、希腊字母 48 个(包括大小写字母各 24 个)、俄文字母 66 个(包括大小写字母各 33 个)、汉语拼音符号 26 个以及汉语注音字母 37 个。

该标准中汉字和各种图形符号采用称为国标码的编码方式。字符集中的任何一个汉字或符号都用两个 7 位的二进制数表示,在计算机中用两个字节表示,每个字节的最高位为 0。在国标码中,一级汉字按汉语拼音字母顺序排列,同音汉字按笔画顺序排列;二级汉字按部首顺序排列。

为了在计算机系统的各个环节中方便和确切地表示汉字,需要使用多种汉字编码方式。例如,由输入设备产生的汉字输入码、用于计算机内部存储和处理的汉字内码、用于汉字显示和打印输出的汉字字形码、用于和其他计算机系统交换信息的汉字交换码以及用于在汉字库中查找汉字字形信息的汉字地址码等。这些汉字编码方式组成了汉字代码体系。汉字信息处理系统的功能主要就是实现各种汉字代码之间的转换。

1) 汉字输入码

对于用户而言,要在计算机上使用汉字首先遇到的问题就是如何使用西文键盘有效地将汉字输入到计算机内。到目前为止,已有 1000 余种汉字输入编码方案,但能够广泛推广应用的只有十几种。为了便于汉字的输入,中文操作系统或汉字信息处理系统都提供了多种汉字输入方式,例如区位码、国标码、拼音码、新全拼、新双拼、五笔字型码、简码、表形码、自然码、智能 ABC 汉字输入码、微软拼音输入码等。一般情况下,Windows 操作系统都带有汉字输入法,在系统装入时就已经安装了一些默认的汉字输入法,例如微软拼音输入法、智能 ABC 输入法、全拼输入法等。对于各类移动终端(如智能手机、平板电脑等),各种汉字输入方法也集成于系统中,除了拼音等编码方式,触摸式手写输入和语音输入方式也日渐普遍,给汉字输入带来了极大的方便。

2) 汉字内码

各种输入方式的输入码虽然不同,但其内码是统一的。汉字内码是在计算机内部使用的汉字代码。通常是由该汉字的国标码的两个字节最高位置"1"形成的。当输入汉字时,根据输入的汉字输入码通过公式计算或查找输入码表完成从汉字输入码到汉字内码的转换;当输出汉字时,根据汉字内码在汉字库中查找出其点阵字形码送去显示或打印。

3) 汉字字形码

汉字字形码是确定一个汉字字形点阵的代码,是点阵的编码化形式。保留在存储介质中的全部汉字字形码称为汉字库。根据汉字字形的不同规格,汉字字形点阵可以是 16×16、24×24、32×32 或 48×48 等不同的规格。

4) 汉字地址码与交换码

汉字地址码用来表示汉字字形信息在汉字库中的地址。汉字交换码用来在不同的汉字信息处理系统之间或与体系系统之间进行信息交换。

4. 数据校验码

为了避免或减少数码在输入、存储、处理和输出过程中可能发生的错误，除了提高计算机系统硬件和软件的可靠性之外，采用具有检错和纠错功能的编码方法也是一种有效的措施。

在编码理论中有一个称之为"距离"的基本概念，这里的所谓"距离"是日常生活中距离概念的延伸，即它表示两个编码相异程度的大小。例如，编码 1010 与 1110 之间有一位不同，所以它们之间的"距离"为 1；同样地，1010 与 0110 之间的"距离"为 2；1010 与 0101 之间的"距离"为 4；而 1010 与 1010 之间的"距离"为 0。

数据校验码的基本思想是尽量将数据的代码之间的"距离"拉大，从而使一个有效代码中有少量的错误时不至于变为另一个有效代码。常用的数据校验码有奇偶校验码和海明校验码等。

1) 奇偶校验码

奇偶校验码基本思想是：在表示数据的 N 位代码中再增加一位奇偶校验位，使 $N+1$ 位中"1"的个数为奇数（奇校验）或偶数（偶校验）。奇偶校验码只能够检测一位错误，且不能指出哪一位错。但是，据对内存储器出错统计，其中 80% 是一位错误，且由于奇偶校验码实现简单，因此仍有其实用价值。

2) 海明校验码

海明校验码是由理查德·海明于 1950 年提出的。它增加不多的校验位，就能够检测并校正一位或多位错误。其基本思想是：在有效信息代码中增加校验位，用来校验代码中"1"的个数是奇数（奇校验）还是偶数（偶校验），通过奇偶校验可以发现代码传输过程中的错误并自动校正。这种方法在计算机各部件之间进行信息传输时以及在计算机网络的信息传输中同样有用。

发明纠错码的大数学家和信息学家——理查德·海明　理查德·海明（Richard Hamming）1915 年出生于美国芝加哥。1937 年在芝加哥大学获得数学硕士学位，1939 年在内布拉斯加大学获得硕士学位，1942 年在伊利诺伊大学获得博士学位。长期在贝尔实验室工作，担任计算机科学部主任。他成功地解决了通信时发送方发出的信息在传输过程中的误码问题，于 1947 年发明了一种能够纠错的编码，称为纠错码或海明码。为此，他于 1968 年荣获图灵奖。当时计算机网络还处于萌芽期，ACM 将该奖项授予他是很具有远见卓识的。理查德·海明作为数学家在数值方法、编码与信息论、统计学和数字滤波器等领域也有许多重大的贡献。理查德·海明是美国工程院院士，曾任 ACM 第七届主席，除图灵奖之外还获得了多个重大奖项。

2.2　逻辑代数基础

计算机之所以具有逻辑处理能力，是由于计算机中使用了实现各种逻辑功能的电路，例如实现加法运算的半加器与全加器、比较两个二进制数大小的比较器、对程序指令进行计数的计数器等。这些逻辑电路都是由能够实现"与""或""非"等逻辑运算的基本电路（门电路）组成的。逻辑代数是进行逻辑电路设计的数学基础。本节将概要地介绍逻辑代数的基本知识。由于逻辑代数源自于对命题逻辑的研究,因此先介绍命题逻辑的基本知识。

2.2.1 命题逻辑基础

命题逻辑又称命题演算,它是数理逻辑的重要组成部分,研究以命题为基本单位构成的前提和结论之间的推理关系。数理逻辑是用数学的方法(即符号体系)研究推理规律的科学,因此又称为符号逻辑。数理逻辑与计算机科学技术关系密切,在计算机科学技术的许多领域(如逻辑设计、人工智能、程序正确性证明、语言理论等)都有广泛的应用。在后续课程"离散数学"中将会详细研究数理逻辑以及集合论、近世代数和图论等计算机科学技术中常用的数学方法。

1. 命题与连接词

所谓命题是一个有具体意义且能够判断真假的语句,它是一个陈述句。判断是对事物表示肯定或否定的一种思维形式,所以表达判断的命题总是具有"真"(true,T)或"假"(false,F)。命题所具有的值称为真值。

命题分为原子命题和复合命题两种类型。原子命题是不能分解为更为简单的陈述句的命题;而复合命题则是将原子命题用连接词和标点符号复合而成的命题。

表示命题的符号称为命题标识符,该标识符称为命题常量。通常使用大写字母或者带有方括号的字母或数字来表示命题。

下面给出一些实例说明这些概念:

① 北京是中国的首都。

② 数字 8 是一个奇数。

③ 全体起立!

④ 李华是一名足球运动员并且是一名乒乓球运动员。

⑤ 如果下午不下雨,则我去校园散步。

其中,第一个命题是原子命题,该命题为真,即它的真值为 T;第二个命题也是原子命题,该命题为假,即它的真值为 F;第三个不是命题,因为它不是一个陈述句;第四个和第五个命题是复合命题,它们可以根据实际情况确定各自的真值。

如果命题标识符 P 只表示任意命题,则称其为命题变元。当命题变元 P 用一个特定的命题取代时它才有确定的真值,这种取代称为对命题变元 P 的指派。

多个原子命题可以通过连接词组成复合命题。在命题代数中主要的连接词有"与""或""非""异或""条件"和"双条件"等。

1)"与"($\wedge$)

两个命题 A 和 B 的"与"(又称 A 和 B 的"合取")是一个复合命题,记为 $A\wedge B$。复合命题 $A\wedge B$ 的真值如表 2-6 所示,即当且仅当 A 和 B 同时为真时 $A\wedge B$ 为真,在其他的情况下 $A\wedge B$ 的真值均为假。

【例 2-22】 A:李华是一名足球运动员。

B:李华是一名乒乓球运动员。

$A\wedge B$:李华是一名足球运动员并且是一名乒乓球运动员。

2)"或"($\vee$)

两个命题 A 和 B 的"或"(又称 A 和 B 的"析取")是一个复合命题,记为 $A\vee B$。复合命

题 $A \lor B$ 的真值如表 2-7 所示,即当且仅当 A 和 B 同时为假时 $A \lor B$ 为假,在其他的情况下 $A \lor B$ 的真值均为真。

表 2-6　连接词"与"(∧)的真值表

A	B	$A \land B$
T	T	T
T	F	F
F	T	F
F	F	F

表 2-7　连接词"或"(∨)的真值表

A	B	$A \lor B$
T	T	T
T	F	T
F	T	T
F	F	F

【例 2-23】　A:李华是一名足球运动员。

B:李华是一名乒乓球运动员。

$A \lor B$:李华是一名足球运动员或者是一名乒乓球运动员。

3)"非"(¬)

命题 A 的"非"(又称 A 的"否定")是一个复合命题,记为¬A。复合命题¬A 的真值如表 2-8 所示,即若 A 为真,则¬A 为假;若 A 为假,则¬A 为真。

【例 2-24】　A:李华是一名足球运动员。

¬A:李华不是一名足球运动员。

4)"异或"(⊕)

两个命题的 A 和 B 的"异或"(又称 A 和 B 的"不可兼或")是一个复合命题,记为 $A \oplus B$。复合命题 $A \oplus B$ 的真值如表 2-9 所示,即当且仅当 A 和 B 同时为真或者同时为假时 $A \oplus B$ 为假,在其他的情况下 $A \oplus B$ 的真值为真。

表 2-8　连接词"非"(¬)的真值表

A	¬A
T	F
F	T

表 2-9　连接词"异或"(⊕)的真值表

A	B	$A \oplus B$
T	T	F
T	F	T
F	T	T
F	F	F

【例 2-25】　A:上海到北京的 14 次列车下午 6 点开。

B:上海到北京的 14 次列车下午 4 点半开。

$A \oplus B$:上海到北京的 14 次列车下午 6 点开或者上海到北京的 14 次列车下午 4 点半开。

注意:在本例中汉语的"或者"是"不可兼或",而连接词∨是"可兼或",因此这里必须使用连接词⊕。

5)"条件"(→)

两个命题的 A 和 B 的"条件"是一个复合命题,记为 $A \to B$,读作"如果 A,则 B"。复合命题 $A \to B$ 的真值如表 2-10 所示,即当且仅当 A 的真值为真,B 的真值为假时,$A \to B$ 为假,在其他的情况下 $A \to B$ 的真值均为真。

【例 2-26】 A:天气晴朗。

B:我们去郊游。

$A \to B$:如果天气晴朗,则我们去郊游。

6)"双条件"($\leftrightarrow$)

两个命题的 A 和 B 的"双条件"(又称 A 当且仅当 B)是一个复合命题,记为 $A \leftrightarrow B$,读作"A 当且仅当 B"。复合命题 $A \leftrightarrow B$ 的真值如表 2-11 所示,即当且仅当 A 的真值与 B 的真值相同时 $A \leftrightarrow B$ 为真,否则 $A \leftrightarrow B$ 的真值均为假。

表 2-10　连接词"条件"($\to$)的真值表

A	B	$A \to B$
T	T	T
T	F	F
F	T	T
F	F	T

表 2-11　连接词"双条件"($\leftrightarrow$)的真值表

A	B	$A \leftrightarrow B$
T	T	T
T	F	F
F	T	F
F	F	T

【例 2-27】 A:四边形 ABCD 是平行四边形。

B:四边形 ABCD 的对边平行。

$A \leftrightarrow B$:四边形 ABCD 是平行四边形当且仅当四边形 ABCD 的对边平行。

2. 命题公式

由命题变元、连接词和括号组成的合式的式子称为命题公式。若 A、B 和 C 是命题变元,则 $(A \lor B)$、$(A \land B) \to C$、$A \leftrightarrow (\neg B \land C)$ 等都是命题公式。为了书写简洁,最外层的括号可以省略。

如果两个不同的命题公式 P 和 Q,无论其命题变元取什么值它们的真值都相同,则称该两个命题公式等价,记为 $P = Q$。要证明两个命题公式等价,可以构造其真值表,并判断无论命题变元取什么值,两个命题公式同时为真或同时为假。

【例 2-28】 证明 $\neg(A \to B)$ 与 $A \land \neg B$ 是等价的。

解:构造 $\neg(A \to B)$ 和 $A \land \neg B$ 这两个命题公式的真值表(见表 2-12)。由真值表可见,无论命题变元 A 和 B 取什么值,$\neg(A \to B)$ 与 $A \land \neg B$ 同时为真或同时为假,因此它们是等价的。

表 2-12　$\neg(A \to B)$ 和 $A \land \neg B$ 的真值表

A	B	$\neg(A \to B)$	$A \land \neg B$
T	T	F	F
T	F	T	T
F	T	F	F
F	F	F	F

3. 命题代数

利用构造真值表的方法可以证明关于命题公式的许多等价律,从而可以将命题公式化简或进行变换。下面给出一些重要的等价律,其中 A、B、C 等为命题变元,T 表示"真",F 表示"假"。

- 零律:$A \lor F = A$ $A \land F = F$
- 幺律:$A \lor T = T$ $A \land T = A$
- 幂等律:$A \lor A = A$ $A \land A = A$
- 求补律:$A \lor \neg A = T$ $A \land \neg A = F$
- 交换律:$A \lor B = B \lor A$ $A \land B = B \land A$
- 结合律:$A \lor (B \lor C) = (A \lor B) \lor C$ $A \land (B \land C) = (A \land B) \land C$
- 分配律:$A \land (B \lor C) = (A \land B) \lor (A \land C)$ $A \lor B \land C = (A \lor B) \land (A \lor C)$
- 吸收律:$A \land B \lor A \land \neg B = A$ $(A \lor B) \land (A \lor \neg B) = A$
- 狄—摩根定律:$\neg(A \lor B) = \neg A \land \neg B$ $\neg(A \land B) = \neg A \lor \neg B$
- 双重否定律:$\neg\neg A = A$

对于上述等价律的证明可以通过建立等式两边的真值表,再加以比较,就可验证其正确与否。作为例子,下面证明狄—摩根定律之一。

【例 2-29】 证明狄—摩根定律之一:$\neg(A \land B) = \neg A \lor \neg B$。

解: 建立等式两边的真值表(见表 2-13)。比较 $\neg(A \land B)$ 和 $\neg A \lor \neg B$ 两列的真值,显然公式成立。

表 2-13 $\neg(A \land B)$ 和 $\neg A \lor \neg B$ 的真值表

A	B	$A \land B$	$\neg(A \land B)$	$\neg A$	$\neg B$	$\neg A \lor \neg B$
T	T	T	F	F	F	F
T	F	F	T	F	T	T
F	T	F	T	T	F	T
F	F	F	T	T	T	T

2.2.2 逻辑代数基础知识

1. 逻辑代数的等价律

计算机硬件的最基本的单元是"与门""或门"和"非门",它们用来组合成各种逻辑功能的部件。门电路的输入与输出通常有两种状态,即高电位(用"1"表示)和低电位(用"0"表示)。因此,可以将命题代数推广到逻辑代数。在命题代数中的等价律,在逻辑代数中依然成立,只需要将"T"替换为"1",将"F"替换为"0"即可。

在逻辑代数中通常用符号"."表示"与"运算(在不至于混淆的情况下符号"."也可以省略),用"+"表示"或"运算,用"ˉ"(上画线)表示"非"运算。这样,逻辑代数中的等价律可以表示为以下的形式。

- 零律:$A+0=A$ $A \, 0=0$
- 幺律:$A+1=1$ $A \, 1=A$

- 幂等律：$A+A=A$ $A\,A=A$
- 求补律：$A+\overline{A}=1$ $A\,\overline{A}=0$
- 交换律：$A+B=B+A$ $A\,B=B\,A$
- 结合律：$A+(B+C)=(A+B)+C$ $A(B\,C)=(A\,B)C$
- 分配律：$A(B+C)=A\,B+A\,C$ $A+B\,C=(A+B)(A+C)$
- 吸收律：$A\,B+A\,\overline{B}=A$ $(A+B)(A+\overline{B})=A$
- 狄—摩根定律：$\overline{A+B}=\overline{A}\,\overline{B}$ $\overline{A\,B}=\overline{A}+\overline{B}$
- 双重否定律：$\overline{\overline{A}}=A$

2. 逻辑代数的应用

在计算机的硬件设计中需要使用许多功能电路,例如触发器、寄存器、计数器、译码器、比较器、半加器、全加器等。这些功能电路都是使用基本逻辑电路经过逻辑组合而形成的,再把这些功能电路有机地集成起来,就可以组成一个完整的计算机硬件系统。

逻辑代数是分析和设计计算机的逻辑电路的有力工具。例如,可以应用逻辑表达式来描述逻辑电路,并应用逻辑代数对该逻辑表达式进行等价变换,从而得到更简单的、使用元件数量更少的电路来完成给定的功能。

下面通过两个简单的例子说明如何使用逻辑代数进行逻辑函数的化简。

【例 2-30】 试将逻辑函数 $F=A+\overline{A}\,B$ 化简。

解：$F=A+\overline{A}\,B$

$\quad\ =(A+\overline{A})(A+B)$ （分配律）

$\quad\ =1\,(A+B)$ （求补律）

$\quad\ =A+B$ （幺律）

【例 2-31】 试将逻辑函数 $F=AB+A\,\overline{B}+\overline{A}\,B+\overline{A}\,\overline{B}$ 化简。

解：$F=\ AB+A\,\overline{B}+\overline{A}\,B+\overline{A}\,\overline{B}$

$\quad\ =A(B+\overline{B})+\overline{A}(B+\overline{B})$ （分配律）

$\quad\ =A+\ \overline{A}$ （求补律）

$\quad\ =1$ （求补律）

2.3 计算机的基本结构与工作原理

计算机是一个能自动地进行信息处理的系统,即它接收数字化的输入信息,根据存储在计算机内的程序对输入信息自动进行处理,并将处理结果输出。因此,计算机又可以称为信息处理机,它由硬件和软件两大部分组成。本节介绍通用计算机硬件的基本结构和工作原理。在后续的章节中还将进一步介绍最常用的微型计算机的基本结构和工作原理。

2.3.1 计算机硬件的基本结构

计算机硬件是由电子的、磁性的和机械的器件组成的装置,是计算机的物理基础。计算机硬件虽然有不同的构成形式,但都有其相同的特点。1944 年,美国数学家冯·诺依曼提出了计算机应具有的 5 个基本组成部分:运算器、控制器、存储器、输入设备和输出设备,描述了其中五大部分的功能和相互关系,并提出了"采用二进制"和"存储程序"这两个重要的基本思想。"采用二进制"即计算机中的数据和指令均以二进制的形式存储和处理;"存储程序"即将程序预先存入存储器中,使计算机在工作时能够自动地从存储器中读取指令并执行。采取以上典型结构的计算机称为冯·诺依曼机,目前绝大部分计算机仍然采取这样的体系结构。图 2-4 中是冯·诺依曼机体系结构的计算机硬件组成的示意图。

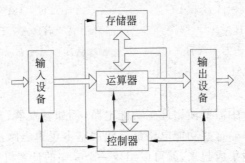

图 2-4　计算机的硬件组成示意图

1. 运算器

运算器是对二进制数进行运算的部件。它在控制器的控制下执行程序中的指令,完成各种算术运算、逻辑运算、比较运算、移位运算和字符运算等。

运算器由算术逻辑部件(ALU)、寄存器等组成。算术逻辑部件完成加、减、乘、除等四则运算以及与、或、非、移位等逻辑运算;寄存器用来暂存参加运算的操作数或中间结果,常用的寄存器有累加寄存器、暂存寄存器、标志寄存器和通用寄存器等。

运算器的主要技术指标是运算速度,其单位是 MIPS(百万指令/秒)。由于执行不同的指令所花费的时间不同,因此某一台计算机的运算速度通常是按照一定的频度执行各类指令的统计值。微型计算机一般采用主频来描述运算速度,主频越高,运算速度就越快。目前,个人计算机的运算速度已达每秒数十亿次,而超级计算机的运算速度则通常以每秒万亿次计算。例如,我国自行研制的超级计算机"天河一号",其系统峰值性能为每秒 1206 万亿次双精度浮点运算。自 2013 年 6 月到 2016 年 6 月,我国国防科技大学研制的"天河二号"曾是全球最快的超级计算机。在 2017 年 11 月 13 日的全球超算 500 强榜单中,国家并行计算机工程技术研究中心研制的"神威·太湖之光"以每秒 9.3 亿亿次的浮点运算速度第四次夺冠。"天河二号"以每秒 3.39 亿亿次的浮点运算速度,连续第四次排名第二。

2. 存储器

存储器是用来存储数据和程序的部件。由于计算机的信息都是以二进制形式表示的,所以必须使用具有两种稳定状态的物理器件来存储信息。这些物理器件主要有磁芯、半导体器件、磁表面器件和光盘等。

"位"(bit)是存储器的最小存储单位,8 位为一个"字节"(byte)。若干位组成一个存储单元,其中可以存放一个二进制的数据或一条指令。一个存储单元中存入的信息称为一个"字"(word),一个字所包含的二进制数的位数称为"字长"。小型计算机或微型计算机的字长一般为 16 位、32 位或 64 位,表示一个存储单元中的信息由 16 位、32 位或 64 位的二进制代码组成。计算机的字长越大,其精确度就越高。存储器所包含的存储单元的总数称为存储容量,其常用单位为 KB(kilobyte)、MB(megabyte)、GB(gigabyte)和 TB(terabyte),更高的还有 PB(petabyte)、EB(exabyte)、ZB(zettabyte)、YB(yottabyte)、BB(brontobyte)、NB (nonabyte)和 DB(doggabyte)等。其中：

$$1KB = 2^{10}B = 1024B$$
$$1MB = 2^{10}KB = 1024KB = 2^{20}B$$
$$1GB = 2^{10}MB = 1024MB = 2^{30}B$$
$$1TB = 2^{10}GB = 1024GB = 2^{40}B$$
$$1PB = 1024TB = 2^{50}B$$
$$1EB = 1024PB = 2^{60}B$$
$$1ZB = 1024EB = 2^{70}B$$
$$1YB = 1024ZB = 2^{80}B$$
$$1BB = 1024YB = 2^{90}B$$
$$1NB = 1024BB = 2^{100}B$$
$$1DB = 1024NB = 2^{110}B$$

根据功能的不同,存储器一般可分为内存储器和外存储器两种类型。

1) 内存储器

内存储器(又称主存储器,简称内存或主存)用来存放现行程序的指令和数据,具有存取速度快、可直接与运算器及控制器交换信息等特点,但其容量一般不大。按照存取方式,内存储器又可分为随机存取存储器(random access memory,RAM)和只读存储器(read only memory,ROM)两种。随机存取寄存器用来存放正在执行的程序以及所需要的数据,具有存取速度快、集成度高、电路简单等优点,但是断电后信息不能保存。只读存储器用来存放监控程序、操作系统等专用程序。只读存储器按照功能和特点又可以分为掩膜 ROM、可编程 PROM 和可改写 EPROM 等。

2) 外存储器

外存储器(又称辅助存储器,简称外存或辅存)用来存放需要长期保存的信息,其特点是存储容量大、成本低。但是它不能直接和运算器、控制器交换信息,需要时可成批地与内存储器交换信息。目前广泛使用的外存储器主要有软磁盘、硬磁盘、光盘和 U 盘等。早期的硬盘容量低下,大多以 MB 为单位。如今硬盘技术飞速发展,数十 GB、数百 GB 乃至 TB 级容量的硬盘已进入普通个人计算机中。

3. 控制器

控制器是指挥计算机的各个部件按照指令的功能要求协调工作的部件,是计算机的"神经中枢"。控制器的主要特点是采用内存程序控制方式,即在使用计算机时必须预先编写(或由编译程序自动生成)由计算机指令组成的程序并存入内存储器,由控制器依次读取并执行。

控制器由程序计数器(PC)、指令寄存器(IR)、指令译码器(ID)、时序控制电路以及硬布线(组合逻辑)或微操作控制电路等组成。其中,程序控制器用来对程序中的指令进行计数,使得控制器能够依次读取指令;指令寄存器在指令执行期间暂时保存正在执行的指令;指令译码器用来识别指令的功能,分析指令的操作要求;时序控制电路用来生成时序信号,以协调在指令执行周期内各部件的工作;硬布线(组合逻辑)或微操作控制电路用来产生各种控制操作命令。

4. 输入输出设备

输入输出设备(简称 I/O 设备)又被称为外部设备,它是外部与计算机交换信息的渠道。

1) 输入设备

输入设备用于输入程序、数据、操作命令、图形、图像以及声音等信息。常用的输入设备有键盘、鼠标、扫描仪、光笔、数字化仪以及语音输入装置等。

2) 输出设备

输出设备用于显示或打印程序、运算结果、文字、图形、图像等,也可以播放声音。常用的输出设备有显示器、打印机、绘图仪以及声音播放装置等。

2.3.2 计算机的工作原理

1. 计算机的指令系统

1) 指令及其格式

指令是能被计算机识别并执行的二进制代码,它规定了计算机能完成的某一种操作。例如,加、减、乘、除、存数、取数等都是一个基本操作,分别可以用一条指令来实现。一台计算机所能执行的所有指令的集合称为该台计算机的指令系统。注意,指令系统是依赖于计算机的,即不同类型的计算机的指令系统不同;另外,计算机硬件只能够识别并执行机器指令,用高级语言编写的源程序必须由程序语言翻译系统把它们翻译为机器指令后,计算机才能执行。

某一种类型计算机的指令系统中的指令都具有规定的编码格式。一般地,一条指令可分为操作码和地址码两部分。其中,操作码规定了该指令进行的操作种类,例如加、减、存数、取数等;地址码给出了操作数、结果以及下一条指令的地址。

在一条指令中,操作码是必须有的。地址码可以有多种形式,例如四地址、三地址和二地址等。四地址指令的地址部分包括第一操作数地址、第二操作数地址、存放结果的地址和下一条指令地址,如图 2-5 所示。三地址指令的地址部分只包括第一操作数地址、第二操作数地址和存放结果的地址,下一条指令的地址则从程序计数器中获得,计算机每执行一条指令后,PC 将自动加 1,从而可形成下一条指令的地址。在二地址指令的地址部分中,使存放操作结果的地址与某一个操作数地址相同,即在执行操作之前该地址存放操作数,操作结束后该地址存放操作结果,这样可以去掉"结果的地址"部分。

操作码	第一操作数地址	第二操作数地址	存放结果的地址	下一条指令的地址

图 2-5 四地址指令的一般格式

2) 指令的分类与功能

指令系统中的指令条数因计算机的不同类型而异,少则几十条,多则数百条。无论哪一种类型的计算机一般都具有以下功能的指令。

(1) 数据传送型指令:其功能是将数据在存储器之间、寄存器之间以及存储器与寄存器之间进行传送。例如,取数指令将存储器某一存储单元中的数据取入寄存器;存数指令将寄存器中的数据存入某一存储单元。

(2) 数据处理型指令:其功能是对数据进行运算和变换。例如,加、减、乘、除等算术运算指令,与、或、非等逻辑运算指令,大于、等于、小于等比较运算指令等。

(3) 程序控制型指令:其功能是控制程序中指令的执行顺序。例如,无条件转移指令、条件转移指令、子程序调用指令和停机指令等。

（4）输入输出型指令：其功能是实现输入输出设备与主机之间的数据传输。例如，读指令、写指令等。

（5）硬件控制指令：其功能是对计算机的硬件进行控制和管理。

2. 计算机的工作原理

计算机工作时，有两种信息在流动：数据信息和指令控制信息。数据信息是指原始数据、中间结果、结果数据、源程序等，这些信息从存储器读入运算器进行运算，计算结果再存入存储器或传送到输出设备。指令控制信息是由控制器对指令进行分析、解释后向各部件发出的控制命令，指挥各部件协调地工作。

下面以指令的执行过程了解计算机的基本工作原理。在图 2-6 中给出了指令的执行过程。其中，左半部是控制器，包括指令寄存器、指令计数器、译码器和逻辑线路等；右上部是运算器，包括累加器、算术与逻辑运算部件等；右下部是内存储器，其中存放程序和数据；为简单计，数据用十进制表示，指令操作码和地址码用八进制表示；带有数字的圆圈表示指令的执行步骤。

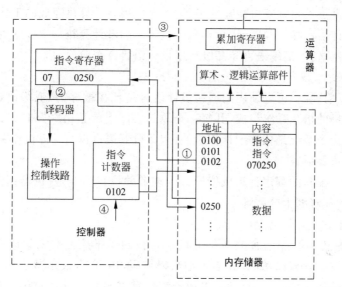

图 2-6　指令的执行过程

指令的执行过程可分为以下 4 个步骤：

① 取指令。即按照指令计数器中的地址（图 2-6 中为 0102），从内存储器中取出指令（图 2-6 中的指令为 070250），并送往指令寄存器中。

② 分析指令。即对指令寄存器中存放的指令（图 2-6 中的指令为 070250）进行分析，由操作码（07）确定执行什么操作，由地址码（0250）确定操作数的地址。

③ 执行指令。即根据分析的结果，由控制器发出完成该操作所需要的一系列控制信息，去完成该指令所要求的操作。

④ 上述步骤完成后，指令计数器加 1，为执行下一条指令做好准备。如果遇到转移指令，则将转移地址送入指令计数器。

2.3.3　计算机组织与系统结构

高性能计算机系统追求的重要指标是高速处理功能，采用先进的、高密度的高速大规模集成电路是一个重要的物质基础,而研究和使用新型的计算机体系结构则是进一步提高计算机性能的重要保证。在新型的计算机体系结构中已经广泛使用的精简指令集技术、指令流水线技术、高速缓冲存储技术、虚拟存储技术、并行处理技术等都是增强计算机系统处理能力的有效措施。特别是对于大中型计算机系统,高效的计算机组织和新型的系统结构显得尤为重要。在"计算机组成原理"与"计算机系统结构"等后续课程中将详细介绍该领域的主要技术。

2.4　程序设计基础

本节介绍程序设计的基础知识,包括程序设计语言、结构化程序设计以及良好的程序设计风格。

2.4.1　程序设计语言

程序设计语言是人与计算机交互的工具,人要把需要计算机完成的工作告诉计算机,就需要使用程序设计语言编写程序,让计算机去执行。随着计算机科学技术的发展,程序设计语言也经历了机器语言、汇编语言和高级程序设计语言 3 个阶段。

1. 机器语言

在 1952 年以前,唯一可以使用的程序设计语言是现在被称为"低级语言"的机器语言。机器语言由计算机的指令系统组成,其每一个语句实际上就是由"0"和"1"组成的计算机的一条指令。由于指令系统是依赖于计算机的,因此机器语言也与计算机相关,不同类型的计算机具有不同的机器语言。

使用机器语言编写的程序计算机能够直接理解并执行。但是,机器指令是用二进制代码表示的,编程和理解都十分困难。

2. 汇编语言

1952 年,一种称为汇编语言的新型低级语言得到了推广。在汇编语言中,使用"助忆符"来表示指令的操作码(如用 ADD 表示加法操作码,用 SUB 表示减法操作码等),并使用存储单元或寄存器的名字表示地址码,以便于记忆和书写。汇编语言仍然是一种面向机器的语言,不同类型的计算机具有不同的汇编语言。

使用汇编语言编写的程序称为汇编语言程序,它需要经过汇编系统翻译成机器语言之后才能执行。但是,汇编语言比机器语言容易理解和记忆,且能够直接描述计算机硬件的操作,具有很强的灵活性,因此在实时控制、实时检测等领域的许多应用程序仍然使用汇编语言来编写。然而,按照当今的标准,汇编语言仍然难以使用,编写汇编语言程序时必须深入了解计算机硬件的许多细节。

3. 高级程序设计语言

从 20 世纪 60 年代起,出现了许多高级程序设计语言。这里所谓"高级"并不意味它"高不可攀"或"深奥莫测",而是表示它有别于与机器有关的机器语言和汇编语言,它独立于计算机的类型,且表达形式更接近于被描述的问题,从而能更容易被人掌握,更便于程序的编写。程序员只要使用简单的英文单词、熟悉的数学表达式以及规定的语句格式,就可以方便地编写程序,而不必考虑计算机操作的具体细节。

任何一种高级程序设计语言都有严格的词法规则、语法规则和语义规则。词法规则规定了如何从语言的基本符号集构成单词;语法规则规定了如何由单词构成各个语法单位(如表达式、语句、程序等);语义规则规定了各个语法单位的含义。灵活、巧妙地应用高级程序设计语言可以设计出各种解决实际问题的程序。目前,广泛使用的高级程序设计语言主要有 C、C++、C♯、Objective-C、Visual Basic、Java、Java Script、Delphi 和 Python 等,可以用来制作网页的程序设计语言主要有 HTML、CSS、Java Script、ASP、ASP. NET、PHP、JSP等。早期的程序设计语言是面向过程的,近来已发展为面向对象的高级程序设计语言。使用高级程序设计语言编写的程序称为源程序,它必须经过程序设计语言翻译系统的处理后才能执行。

2.4.2　结构化程序设计

　　所谓结构化程序设计,一般是指这样的一种程序设计技术,它采用自顶向下、逐步求精的设计方法以及单入口、单出口的控制成分。采用自顶向下、逐步求精的设计方法符合人们解决复杂问题的普遍规律,因此可以显著提高程序设计的成功率和生产率。用先全局后局部、先整体后细节、先抽象后具体的逐步求精过程开发出的程序有清晰的层次结构,容易阅读和理解。单入口、单出口的控制成分是指在程序中只能使用顺序、分支和循环 3 种基本控制结构,而不能使用 GOTO 语句随意地进行控制的转移。这使得程序的静态结构和它的动态执行情况比较一致,开发时比较容易保证程序的正确性,且程序易阅读、易理解、易测试、易修改。图 2-7 中给出了 3 种基本的控制结构,显然它们都具有单入口、单出口的特征。

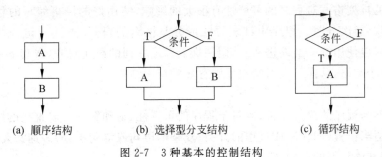

(a) 顺序结构　　　　　(b) 选择型分支结构　　　　　(c) 循环结构

图 2-7　3 种基本的控制结构

2.4.3　良好的程序设计风格

　　编写程序必须按照规范化的方法来进行,在开始学习计算机科学技术时,就应该培养良好的程序设计风格。下面简要介绍在编写程序时对于标识符的使用、表达式的书写、函数与过程的编写、程序行的排列格式以及注解等方面应注意养成的良好习惯。

1. 标识符

　　在程序中需要使用大量的标识符来为变量、数组、函数、过程等命名,如何选择标识符的名字、形式和缩写方式等对程序的可读性有很大的影响。对于标识符的使用应注意以下几点:

　　(1) 按意命名。如果使用 A1、A2、B1、B2、L、M、MM 等毫无意义的符号作为标识符,无疑将增加对程序阅读和理解的困难。相反,如果使用 buffer、discs 等作为标识符,则其含义就一目了然。

　　(2) 保留字用大写字母。保留字是程序设计语言中用来定义语句功能和起分隔作用的专用英文单词。建议所有的保留字用大写字母,自定义的标识符用小写字母,以使二者能够明显地区分开来。

(3) 使用统一的缩写规则。有些程序设计语言对标识符的长度有所限制,在标识符过长时应使用统一的缩写规则,以便他人阅读。

2. 表达式

表达式是程序设计语言中重要的计算成分,在程序中良好的表达式书写风格如下:

(1) 使用括号。在程序中算术、关系和逻辑表达式中的运算符的运算顺序是由其优先级控制的,增加必要的括号可以使运算顺序更加清晰,避免误解。

(2) 使用库函数。在编写程序时,应尽量使用标准的库函数,不要自己去编写这些函数。对于没有库函数的重复计算,可将它设计为一个函数反复调用。

(3) 条件化简。对于在条件语句、循环语句中的逻辑表达式,可先使用逻辑代数进行化简,以利于理解。

3. 函数与过程

按照软件工程的要求,一个大型程序需分解为多个模块,每个模块是一个函数或过程。在模块化的过程中应注意以下两点:

(1) 模块的独立性。每个模块完成一个相对独立的功能(即高内聚),模块之间的联系应尽量简单(即低耦合)。

(2) 模块的规模。每个模块中的语句不要过多,一般控制在一页左右,以便于阅读和理解。

4. 程序行的排列格式

程序行的排列格式对程序的可读性有很大的影响,使用好的风格编写的程序应该做到排列格式美观、层次分明。程序中许多语法成分是嵌套的,例如条件语句、循环语句、过程等。在书写时应使用统一的缩进格式,同一嵌套深度并列的语句对齐,嵌套下一层次中的语句缩进 2~3 个空格,这样可以清楚地反映程序的层次结构。

5. 注释

注释虽然与程序的执行无关,但对于程序的可读性、易理解性有着直接的影响。程序员应在程序的适当位置(如程序或过程的开头、复杂的语句或语句串处)添加必要的注释,以说明程序、过程和语句等的功能及注意事项。

2.5 算 法 基 础

本节在具体介绍解题步骤的基础上,给出算法的基本概念、算法的表示方法和衡量算法优劣的标准。

2.5.1 解题的步骤

当使用计算机解决一些比较简单的实际问题时,可以遵循如图 2-8 所示的步骤进行。而对于大型软件系统的开发,则需要运用软件工程的思想和方法进行(请参阅本书第 9 章)。下面对图 2-8 中所给出的解题步骤进行说明。

1. 问题分析

在问题分析阶段需要完成以下工作:

(1) 问题定义。严格、准确地定义所要解决的实际问题,问题定义是解题的出发点。

（2）确定问题的输入和输出。分析所需要解决的实际问题有哪些输入数据，需要输出哪些数据作为问题的结果。

（3）确定问题是否可用计算机解决。判断使用计算机解决该问题在技术上是否可行，在经济上是否可行。

2. 算法设计

在进行问题分析之后，需要建立一个确定求解步骤的算法。所谓算法是由一系列规则组成的过程，这些规则确定了一个操作的顺序，以便能在有限步骤内得到特定问题的解。算法的描述可以是粗略的，也可以是详细的。在软件工程中通常采用"自顶向下、逐步求精"的方法，即先建立一个抽象的、粗略的算法，然后将其逐步细化，更精确地描述算法。

3. 程序设计

问题求解的算法确定之后必须通过程序设计（编码）将其转换为程序，才能在计算机上实现。程序设计是一个将算法转换为用程序设计语言表示的过程。根据实际情况，可以采用汇编语言、高级程序设计语言或面向对象程序设计语言等工具来进行程序设计。

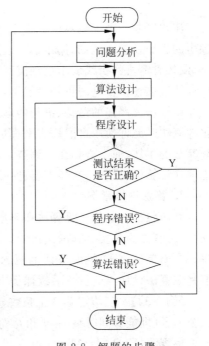

图 2-8　解题的步骤

4. 测试

软件测试是为了发现程序中的错误而运行程序的过程。为此，需要预先设计足够的测试数据（称为测试用例）。使用这组测试数据来测试程序是否能够获得预期的正确结果。如果正确，则解题结束；否则，进一步测试程序是否有错。如果程序有错，则转去修改程序；否则，需要检查算法是否有错。如果算法有错，则转去修改算法；否则，将需要重新进行问题分析，检查问题的描述与实际要求是否相符。

由此可见，即使算法设计和程序设计没有发现错误，但如果问题分析时得出的模型与实际要求不相符合，则整个工作都要推倒重来。这说明了问题分析在整个解题过程中是何等的重要，在解题时必须给予充分的重视。

2.5.2　什么是算法

1. 算法及其性质

如前所述，算法是由一系列规则组成的过程，这些规则确定了一个操作的顺序，以便能在有限步骤内得到特定问题的解。算法具有以下一些性质：

（1）确定性。即描述操作过程的规则必须是确定的、无二义性的。

（2）通用性。即算法是给出一类问题的求解方法，而不是表示解决某一个特殊的具体问题。

（3）有限性。即算法在执行了有限步之后必须要终止。

2. 算法的描述

算法可以使用专门的工具进行描述。常用的算法描述工具主要有流程图和算法描述语言等。

流程图是一种描述算法或程序结构的图形工具。它使用规定的图形符号表示算法或程序中的各个要素。例如,用矩形框表示处理,用菱形框表示判断,用平行四边形表示输入输出,用带有箭头的折线表示控制流程等。

算法描述语言是一种把自然语言与程序设计语言结合起来的算法描述语言。它保留了程序设计语言严谨的结构、语句的形式和控制成分,忽略了烦琐的变量说明,在高层抽象地描述算法时允许使用自然语言来表达一些处理和条件等。这样,设计人员可以集中精力研究算法的主体,而不必拘泥于细节。但是,这种语言只是用来描述算法的,描述的结果并不能够在计算机上执行,它还需要进一步通过程序设计来具体实现。

3. 算法设计举例

算法包括有数值计算算法和非数值计算算法两类,对于计算机科学与技术专业的学生而言,后者尤为重要。算法设计的方法有多种,例如分治法、递归法、动态规划法等。这里仅举一个简单的例子,说明算法的概念和表示方法,更深入的内容将在算法设计与分析等后续课程中学习。

【**例 2-32**】 若给定两个正整数 m 和 n,试写出求它们的最大公因子(即能够同时整除 m 和 n 的最大整数)的算法——欧几里得算法(Euclid's Algorithm)。

解:欧几里得算法用算法描述语言表示如下:

```
PROCEDURE Euclid;
  BEGIN
  READ(m,n);
    REPEAT;
      r:=MOD(m,n);
      m:=n;
      n:=r;
    UNTIL r=0;
    WRITE (m)
  END
```

欧几里得算法的流程图如图 2-9 所示。

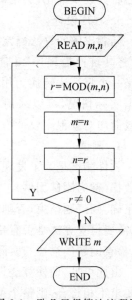

图 2-9 欧几里得算法流程图

2.5.3 怎样衡量算法的优劣

要解决某一类实际问题,可以有多个算法。怎样衡量一个算法的优劣呢? 当然,作为一个好的算法它应该是"正确的"。但是,要严格地证明一个算法的正确性是十分复杂和困难的,在计算机科学中有专门的分支来研究这个课题。除此之外,衡量一个算法的优劣通常从它的时间特性、空间特性和易理解性 3 个方面来考虑。

1. 算法的时间特性

算法的时间特性是指依据算法编制成程序后在计算机中运行时所耗费的时间的大小。一个程序在计算机上运行时所需耗费的时间取决于程序运行时输入的数据量、对源程序编译所需要的时间、执行每条指令所需的时间以及程序中语句重复执行的次数。其中最重要的是程序中语句重复执行的次数。

算法的时间复杂度 $T(n)$ 实际上是表示当问题的规模 n 充分大时该程序运行时间的一个数量级。例如，若经过对某算法的分析，其程序运行时的时间复杂度为 $T(n)=2n^3+3n^2+2n+1$，则表明程序运行所需要的时间与问题规模 n 之间是成 3 次多项式的关系。而且，当 $n\to\infty$ 时，$T(n)/n^3\to2$，故当 n 较大时，该程序的运行时间与 n^3 成正比。引入符号"O"（读作"大 O"），则有 $T(n)=O(n^3)$，表示运行时间与 n^3 成正比。

2. 算法的空间特性

类似地，算法的空间特性是指依据算法编制成程序后在计算机中运行时所占用的空间的大小。一个程序在计算机上运行时所占用的空间同样也是问题规模 n 的一个函数，称为算法的空间复杂度，记为 $S(n)$，其中 n 为问题的规模。算法的空间复杂度 $S(n)$ 实际上是表示当问题的规模 n 充分大时该程序运行空间的一个数量级。例如，$S(n)=O(n^2)$ 表示运行时所占用的空间与 n^2 成正比。

3. 算法的易理解性

易理解性是衡量一个算法优劣的重要标准。因为算法需要提供给别人去阅读、编写相应的程序，以及进行修改和维护。具有良好的结构、易理解、易修改、易维护的算法，是我们追求的目标。特别是当今计算机的硬件的运算速度和存储容量等性能已今非昔比，所以人们对于提高算法的易理解性尤为重视。

2.6 数据结构基础

计算机科学与技术是一门研究信息表示和处理的科学，它不仅涉及算法与程序的结构，同时也涉及程序的加工对象——数据（信息）的结构。数据的结构直接影响算法的选择和程序的效率。一个好的算法一定要使用好的数据结构，一个好的数据结构也是在研究好的算法的过程中产生的。

2.6.1 什么是数据结构

这里所说的"数据"，是指描述客观事物的数、字符以及所有能输入到计算机并且被计算机程序处理的符号的集合。因此，在计算机科学与技术中，"数据"的含义是十分广泛的，它不仅仅是数值，其他如字符、图形、图像乃至声音等信息都可以视为数据。数据集合中的每一个个体称为数据元素，它是数据的基本单位。

直观地说，所谓数据结构是带有结构的数据元素的集合，结构反映了数据元素相互之间存在的某种联系。从学科的角度来看，数据结构是计算机科学与技术的一个分支，它主要研究数据的逻辑结构（即数据元素之间的逻辑关系）和物理结构（即数据在计算机中是如何表示的）以及它们之间的关系，并对这种结构定义相应的运算，设计出实现这些运算的算法。从课程的角度来看，数据结构是计算机科学与技术专业的一门重要的专业基础课，是教学计划中的核心课程之一。其中，将系统地介绍线性表、堆栈、队列、串、数组和广义表、树、图等基本类型的数据结构及其相应运算的实现算法，并且将详细讨论在程序设计中经常会遇到的查找和排序技术。这些知识和技术不仅是一般非数值计算程序设计的基础，而且也是设计和实现如编译程序、操作系统、数据库管理系统等系统软件以及大型应用程序的重要基础。

2.6.2 几种典型的数据结构

下面将概要地介绍几种典型的数据结构,包括线性表、堆栈和队列。

1. 线性表

1) 线性表的定义

线性表是一种最简单且最常用的数据结构。一个线性表是 n 个数据元素的有限序列,每一个数据元素根据不同的情况可以是一个数、一个符号或者一个记录等信息。例如,英文字母表(A,B,C,…,Z)就是一个线性表,其中的数据元素是单个的英文字母。如表 2-14 所示的一个班级学生部分课程的成绩表也是一个线性表。其中,数据元素是由每一个学生部分课程的成绩组成的记录,记录由姓名、学号、班级以及各门课程名等数据项组成,这些数据项称为字段。

表 2-14 学生成绩表

姓名	学号	班级	计算机导论	数据结构	离散数学	数字逻辑	计算机组成原理	操作系统	编译原理
张维	760401	计 04	92	85	78	87	65	80	82
李强	760402	计 04	65	75	80	72	88	78	80
王捷	760403	计 04	70	68	62	80	75	82	68
钱芹	760404	计 04	86	78	90	84	77	69	70
…	…	…	…	…	…	…	…	…	…

不同的线性表中的数据元素可以是各种各样的,例如在上面两个例子中分别为单个的英文字母和记录。但是,在同一个线性表中的数据元素必须具有相同的特性。

2) 线性表的运算

设 L 为一个线性表,则对 L 可以进行以下一些基本运算:

(1) 置空表 SETNULL(L)。该运算把线性表 L 置为空表。

(2) 求表的长度 LENGTH(L)。该运算求线性表 L 的长度(即 L 中数据元素的个数)作为其函数值。

(3) 取表元素 GET(L,i)。该运算取得线性表 L 的第 i 个数据元素(或第 i 个数据元素的地址)作为其函数值。

(4) 在表中查找特定元素 LOCATE(L,x)。该运算用来在线性表 L 中查找指定的数据元素 x。如果线性表 L 中存在值为 x 的数据元素,则返回该数据元素的位置 i 作为其函数值;否则,返回 0 作为其函数值。

(5) 插入新元素 INSERT(L,i,b)。该运算的功能是将指定的数据元素 b,插入到线性表 L 的第 i 个元素的前面。如果线性表 L 原来有 n 个数据元素,则执行了该运算后其数据元素个数将变为 $n+1$。

(6) 删除表元素 DELETE(L,i)。该运算的功能是将线性表 L 的第 i 个数据元素删除。如果线性表 L 原来有 n 个数据元素,则执行了该运算后其数据元素个数将变为 $n-1$。

3) 线性表的存储结构

在计算机中线性表通常可以采用顺序存储和链式存储两种存储结构。

(1) 顺序存储结构:是使用一批地址连续的存储单元来依次存放线性表的数据元素。

如果线性表共有 n 个数据元素,每一个数据元素占用 m 个存储单元,则存储该线性表共计需要 $m×n$ 个存储单元。采用这种存储结构实现对线性表的某些运算比较简单,例如计算线性表的长度。但是,如果要实现如插入或删除表元素运算,则因为需要移动大量相关的元素而花费较多的时间。

(2) 链式存储结构:其特点是使用不一定连续的存储单元来存放线性表。为了表示某一个元素与其后继元素的位置关系,除了存放数据元素本身之外,还需要存储一个指示其直接后继元素的指针。这样,线性表每一个元素的存储区域包括两部分:数据域和指针域。整个线性表的各个数据元素的存储区域之间通过指针连接成为一个链式的结构,因此称其为链表。采用链式存储结构可以充分利用零星的存储单元来存放表元素。此外,还可以高效地实现插入、删除等运算。但是,由于对于每一个数据元素都需要额外增加一个指针域,这将会增加存储空间的开销。

2. 堆栈

1) 堆栈的定义

堆栈(stack)简称为栈,它是一种受限的线性表,即在堆栈中规定只能够在表的一端(表尾)进行插入和删除操作,该表尾称为栈顶(top)。设栈 $S=(a_1,a_2,\cdots,a_n)$,a_1 是最先进栈的元素,a_n 是最后进栈的元素,则称 a_1 是栈底元素,a_n 是栈顶元素。进栈和退栈操作是按照"后进先出"(last in first out,LIFO)的原则进行的。进栈和退栈操作如图 2-10 所示。

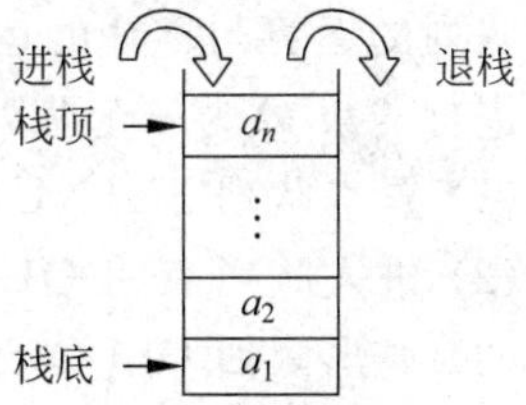

2) 堆栈的运算

设 S 为一个堆栈,则对 S 可以进行以下一些基本运算:

(1) 置空栈 SETNULL(S)。该运算把堆栈置为空栈。

(2) 进栈 PUSH(S,x)。该运算是在堆栈 S 的栈顶压入一个新的元素 x。

图 2-10 进栈和退栈操作的
示意图

(3) 退栈 POP(S)。该运算是删除堆栈 S 的栈顶元素。

(4) 取栈顶元素 TOP(S)。该运算取得堆栈 S 的栈顶元素作为其函数值。

(5) 判断堆栈是否为空 EMPTY(S)。该运算用来判断堆栈 S 是否为空。它是一个布尔函数。如果 S 为空栈,则返回真;否则,返回假。

3) 堆栈的存储结构

对于堆栈一般采用顺序存储结构,即使用一个连续的存储区域来存放栈元素,并设置一个指针 top,用来指示栈顶的位置。图 2-11 给出了栈顶指针 top 与栈内元素之间的关系,其中表示了栈的初始状态(空栈)以及栈元素 A、B、C、D 依次进栈和 D 退栈的过程。

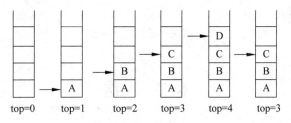

top=0   top=1   top=2   top=3   top=4   top=3

图 2-11 堆栈的存储结构示例

3. 队列

1) 队列的定义

队列(queue)也是一种受限的线性表。与堆栈不同的是,在队列中规定只能够在表的一端进行插入,而在表的另一端进行删除操作。允许插入元素的一端称为队尾(rear)。允许删除元素的一端称为队首(front)。设队列 $Q=(a_1,a_2,\cdots,a_n)$,其中的元素按照 $a_1,a_2,\cdots$, a_n 的顺序进入,而退出队列的第一个元素是队首元素 a_1。即进入队列和退出队列操作是按照"先进先出"(first in first out,FIFO)的原则进行的。进入队列和退出队列操作的示意图如图 2-12 所示。

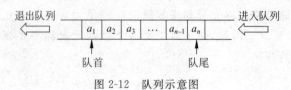

图 2-12　队列示意图

队列是在程序设计中经常使用的一种数据结构。例如,在操作系统中对作业的管理是按照队列的顺序来执行的;运行结果的输出,也要按请求输出的先后次序排队,依次输出。

2) 队列的运算

队列的运算与堆栈的运算类似,所不同的是在队列中删除运算在队首进行,插入运算在队尾进行。设 Q 为一个队列,则对 Q 可以进行以下一些基本运算:

(1) 置空队列 SETNULL(Q)。该运算把队列置为空队列。

(2) 进入队列 ADDQUEUE(Q,x)。该运算是在队列 Q 的尾插入一个新的元素 x。

(3) 退出队列 DELQUEUE(Q)。该运算是删除队列 Q 的队首元素。

(4) 取队首元素 FRONTQUE(Q)。该运算取得队列 Q 的队首元素作为其函数值。

(5) 判断队列是否为空 EMPTY(Q)。该运算用来判断队列 Q 是否为空。它是一个布尔函数。如果 Q 为空队列,则返回真;否则,返回假。

对于这些运算,可根据所采用的存储结构分别设计出实现这些运算的算法和程序。

3) 队列的存储结构

由于队列中的数据元素变动较大,如果使用顺序存储结构则其中的数据要频繁地进行移动,因此队列通常采用链式存储结构。用链表表示的队列称为链队列。一个链队列需要设置两个指针,一个为队首指针,另一个为队尾指针,分别指向队列的头和尾。图 2-13 中给出了链队列的示意图。

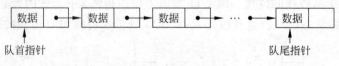

图 2-13　链队列示意图

本 章 小 结

本章介绍了有关计算机科学与技术的基本知识,包括计算机的运算基础、逻辑代数基础、计算机的基本结构与工作原理、程序设计基础、算法与数据结构的基础知识。

通过本章的学习,应该掌握数据在计算机内部的表示形式以及数制间的转换方法,理解命题逻辑、逻辑代数、计算机的结构、程序设计语言、结构化程序设计方法以及算法与数据结构的基本知识,为进一步学习本书的后续各章和后继课程打好基础。

习 题

一、简答题

1. 什么是数制? 采用位权表示法的数制具有哪 3 个特点?

2. 二进制的加法和乘法运算规则是什么?

3. 十进制整数转换为非十进制整数的规则是什么?

4. 将十进制数转换为二进制数: 6, 12, 286, 1024, 0.25, 7.125, 2.625。

5. 如何采用"位权法"将非十进制数转换为十进制数?

6. 将下列各数用位权法展开:

$(5678.123)_{10}$,$(321.8)_{10}$,$(1100.0101)_2$,$(100111.0001)_2$

7. 将二进制数转换为十进制数: 1010, 110111, 10011101, 0.101, 0.0101, 0.1101, 10.01, 1010.001。

8. 二进制与八进制之间如何进行转换?

9. 二进制与十六进制之间如何进行转换?

10. 将二进制数转换为八进制和十六进制数: 10011011.0011011, 1010101010.0011001。

11. 将八进制或十六进制数转换为二进制数: $(75.612)_8$,$(64A.C3F)_{16}$。

12. 什么是原码、补码和反码? 写出下列各数的原码、补码和反码:

11001, 11111, 10101

13. 在计算机中如何表示小数点? 什么是定点表示法和浮点表示法?

14. 设有一台浮点计算机,数码位为 8 位,阶码位为 3 位,则它所能表示数的范围是多少?

15. 什么是 BCD 码? 什么是 ASCII 码?

16. 什么是汉字输入码、汉字内码、汉字字形码、汉字交换码和汉字地址码? 它们各用于什么场合?

17. 什么是命题? 在命题代数中主要的连接词有哪几种?

18. 什么是命题公式? 怎样判断两个命题公式等价?

19. 计算机硬件系统由哪几部分组成? 简述各部分的功能。

20. 指令中的操作码的功能是什么? 简述指令的执行过程。

21. 计算机的工作原理是什么? 它是由谁首先提出来的?

22. 在计算机系统中,位、字节、字和字长所表示的含义各是什么?

23. 什么是算法? 它有哪些特点? 常用的算法描述工具有哪几种?

24. 怎样衡量一个算法的优劣?

25. 什么是数据结构?

26. 什么是线性表? 线性表有哪些运算? 线性表怎样存储?

27. 什么是堆栈? 堆栈有哪些运算? 堆栈怎样存储?

28. 什么是队列? 队列有哪些运算? 队列怎样存储?

二、选择题

1. 二进制数 10110111 转换为十进制数等于_____。

A. 185   B. 183   C. 187   D. 以上都不是

2. 十六进制数 F260 转换为十进制数等于_____。

A. 62040   B. 62408   C. 62048   D. 以上都不是

3. 二进制数 111.101 转换为十进制数等于_____。

    A. 5.625　　　　　B. 7.625　　　　　C. 7.5　　　　　　　　D. 以上都不是

4. 十进制数 1321.25 转换为二进制数等于_____。

    A. 10100101001.01　　　　　　　　　B. 11000101001.01

    C. 11100101001.01　　　　　　　　　D. 以上都不是

5. 二进制数 100100.11011 转换为十六进制数等于_____。

    A. 24.D8　　　　　B. 24.D1　　　　　C. 90.D8　　　　　D. 以上都不是

6. 以下的叙述中_____是正确的。

    A. 计算机必须有内存、外存和高速缓冲存储器

    B. 计算机系统由运算器、控制器、存储器、输入设备和输出设备组成

    C. 计算机硬件系统由运算器、控制器、存储器、输入设备和输出设备组成

    D. 计算机的字长大小标志着计算机的运算速度

7. CPU 指的是计算机的_____部分。

    A. 运算器　　　　　　　　　　　　　B. 控制器

    C. 运算器和控制器　　　　　　　　　D. 运算器、控制器和内存

8. 以下_____是易失存储器。

    A. ROM　　　　　B. RAM　　　　　C. PROM　　　　　D. EPROM

9. 当谈及计算机的内存时,通常指的是_____。

    A. 只读存储器　　　　　　　　　　　B. 随机存取存储器

    C. 虚拟存储器　　　　　　　　　　　D. 高速缓冲存储器

10. 无须了解计算机内部构造的语言是_____。

    A. 汇编语言　　　　　　　　　　　　B. 机器语言

    C. 高级程序设计语言　　　　　　　　D. 操作系统

11. 能够把用高级程序设计语言编写的源程序翻译为目标程序的系统软件称为_____。

    A. 解释程序　　　　B. 编译程序　　　　C. 汇编程序　　　　D. 操作系统

12. 以下_____不属于结构化程序设计的控制成分。

    A. 顺序结构　　　　B. GOTO 结构　　　　C. 循环结构　　　　D. 分支结构

13. 堆栈的存取规则是_____,队列的存取规则是_____。

    A. 随机存取　　　　B. 先进先出　　　　C. 后进先出　　　　D. 按名存取

14. 如果一个堆栈的入栈序列是 a,b,c,d,e,则堆栈的不可能的输出序列是_____。

    A. e,d,c,b,a　　　　B. d,e,c,b,a　　　　C. d,c,e,a,b　　　　D. a,b,c,d,e

15. 如果一个队列的入队序列是 a,b,c,d,则队列的输出序列是_____。

    A. d,c,b,a　　　　B. a,b,c,d　　　　C. a,c,b,d　　　　D. c,d,a,b

三、综合题

1. 列出下列函数的真值表:

    (1) $F=(\overline{A}B+A\overline{B})$　　　　　　　　(2) $F=(ABC+\overline{ABC})$

    (3) $F=(\overline{A}BC+A\overline{B}C+AB\overline{C})$

2. 试用真值表证明下列等式:

    (1) $AB+\overline{A}\overline{B}=(A+\overline{B})(\overline{A}+B)$　　　(2) $\overline{A}B+A\overline{B}=A \oplus B$

3. 试用逻辑代数的基本等价律证明下列等式:

    (1) $A+\overline{A}B=A+B$　　　　　　　(2) $A(\overline{A}+B)=AB$

    (3) $(A+B)(B+C)(C+D)=AC+BC+BD$

4. 斐波那契数的序列为 0,1,1,2,3,5,8,13,21,34,…,即 $F_0=0$,$F_1=1$,$F_{n+2}=F_{n+1}+F_n$, $n \geqslant 0$。试写出求小于 100 的斐波那契数(Fibonacci-numbers)的算法。

第 3 章

计算机硬件系统

本章以微型计算机为例介绍计算机硬件系统的组成,包括系统单元、内存、系统总线、扩展卡以及常用的输入输出设备和辅助存储器。通过本章的学习,要求掌握计算机系统的基本结构和工作原理,了解多种输入输出设备及其功能。

3.1 计算机系统

由于计算机的广泛使用和高效率,人们的工作、生活已日益离不开计算机。为了能理解什么是计算机以及计算机能做什么,本节以微型计算机为例,介绍计算机硬件系统的体系结构和工作原理。

3.1.1 冯·诺依曼体系结构

计算机的体系结构是指构成计算机系统主要部件的总体布局、部件的主要性能以及这些部件之间的连接方式。虽然计算机的体系结构有多种类别,但就其本质而言,大都是服从计算机的经典结构,即冯·诺依曼等人于 1946 年提出的一个完整的现代计算机雏形,它由运算器、控制器、存储器、输入设备和输出设备组成,如图 3-1 所示。

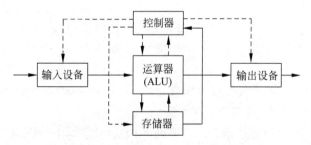

图 3-1 冯·诺依曼型机器组成框图

归纳起来,冯·诺依曼体系结构的要点如下:

(1) 计算机由运算器、控制器、存储器、输入设备和输出设备五大部分组成。

(2) 数据和程序以二进制代码形式不加区别地存放在存储器中,存放的位置由地址确定。

(3) 控制器根据存放在存储器中的指令序列(程序)进行工作,并由一个程序计数器控制指令的执行。控制器具有判断能力,能以计算结果为基础,选择不同的工作流程。

计算机的五大部分中,控制器和运算器是其核心部分,称为中央处理器单元(center process unit,CPU),各部分之间通过相应的信号线进行相互联系。冯·诺依曼结构规定控制器根据存放在存储器中的程序来工作,即计算机的工作过程就是运行程序的过程。为了使计算机能进行正常工作,程序必须预先存放在存储器中。因而,这种结构的计算机是按照存储程序原理进行工作的。

控制器中的程序计数器总是存放着下一条待执行指令在存储器中的地址,由它控制程序的执行顺序。当控制器取出待执行的指令后,对该指令进行译码,根据指令的要求控制系统内的活动。

3.1.2 计算机体系结构的发展

计算机发展至今已有 70 余年的历史,随着大规模集成电路、超大规模集成电路以及计算机软件技术的发展,计算机的体系结构也有了许多改进,主要包括:

- 从基于串行的算法改变为适应并行的算法的计算机体系结构,例如向量计算机、并行计算机、多处理机等。
- 面向高级语言的计算机和直接执行高级语言的计算机。
- 硬件系统与操作系统和数据库管理系统软件相适应的计算机。
- 从传统的指令驱动型改变为数据驱动型和需求驱动型的计算机,例如数据流计算机和归约机。
- 各种适应特定应用的专用计算机,例如快速傅里叶变换计算机、过程控制计算机。
- 高可靠性的容错计算机。
- 处理非数值化信息的计算机,例如处理自然语言、声音、图形与图像等信息的计算机。

3.1.3 计算机体系结构的评价标准

评价一个计算机系统的标准有速度、容量、功耗、体积、灵活性、成本等指标。目前常用的计算机评测标准如下。

(1) 时钟频率(主频):表示 CPU 的运算速度的指标之一,通常可用于同类处理机之间运算能力的比较。例如,Pentium Ⅱ/450 的时钟频率比 Pentium Ⅱ/300 的时钟频率快 50%。

(2) 指令执行速度:表示每秒百万条指令数(millions instructions per second,MIPS)。对于一个给定的程序,MIPS 定义为:

$$\text{MIPS} = 指令条数/(执行时间 \times 10^6) = Fz/CPI = IPC \times Fz$$

其中,Fz 为处理机的工作主频;CPI(cycles per instruction)为每条指令所需的平均时钟周期数;IPC 为每个时钟周期平均执行的指令条数。

(3) 等效指令速度:即吉普森(Gibson)法,它有以下 3 个常用的公式:

$$等效指令执行时间\ T = \sum_{i=1}^{n} (W_i \times T_i)$$

$$等效指令速度\ \text{MIPS} = \frac{1}{\sum_{i=1}^{n} \dfrac{W_i}{\text{MIPS}_i}}$$

$$\text{等效 CPI} = \sum_{i=1}^{n}(\text{CPI}_i \times W_i)$$

其中，W_i 表示指令使用频度；i 表示指令种类，一般为静态和动态指令，静态指令使用频度在程序中直接统计，而动态指令使用频度则在程序执行过程中统计。在计算机发展的早期，往往使用加法指令的运行速度来衡量计算机的速度，通常加、减法占 50%，乘法占 15%，除法占 5%，程序控制占 15%，其他占 15%。

（4）数据处理速率（processing data rate，PDR）：

$$\text{PDR} = L/R; L = 0.85G + 0.15H + 0.4J + 0.15K; R = 0.85M + 0.09N + 0.06P$$

其中，G 是每条定点指令的位数；M 是平均定点加法时间；H 是每条浮点指令的位数；N 是平均浮点加法时间；J 是定点操作数的位数；P 是平均浮点乘法时间；K 是浮点操作数的位数。

另外还规定：$G>20$ 位，$H>30$ 位；从主存取一条指令的时间等于取一个字的时间；指令和操作数都存放在同一个主存，无变址或间址操作；允许有先行或并行取指令功能，此时选用平均取指令时间。

PDR 主要用来对 CPU 和主存储器的速度进行度量，它没有涉及 cache 和多功能等。因此，PDR 不能度量机器的整体速度。

（5）核心程序法：把应用程序中用得最频繁的那部分核心程序作为评价计算机性能的标准程序，称为基准程序 benchmark。

① 整数测试程序（Dhrystone）：用 C 语言编写的 100 条语句，包括各种赋值语句、数据类型和数据区设置语句、控制语句、过程调用和参数传送语句、整数运算和逻辑操作语句。

② 浮点测试程序（Linpack）：用 FORTRAN 语言编写，主要是浮点加法和浮点乘法操作。MFLOPS（millions floating point operations per second）表示每秒百万次浮点操作次数。

③ Whetstone 基准测试程序：用 FORTRAN 语言编写的综合性测试程序，主要包括浮点运算、整数算术运算、功能调用、数组变址、条件转移、超越函数。

④ SPEC 基准测试程序：SPEC（The standard performance evaluation cooperative）是由计算机厂商、系统集成商、大学、研究机构、咨询机构等多家公司和机构组成的非盈利性组织，其目的是建立、维护一套用于评估计算机系统的标准，SPEC 能够全面反映机器的性能，具有很高的参考价值。

⑤ TPC 基准程序：TPC（Transaction Processing Council，事务处理委员会）成立于1988 年，已有 40 多个成员。用于评测计算机的事务处理、数据库处理、企业管理与决策支持等方面的性能。

3.1.4　微型计算机的硬件结构

微型计算机硬件的系统结构与冯·诺依曼体系结构无本质上的差异，不过 CPU 已被集成在一块大规模或超大规模集成电路上，称为微处理器（micro process unit，MPU）。此外，微型计算机内部的连接方式都是采用总线结构，即各个部分通过一组公共的信号线联系起来，这组信号线就称为系统总线。采用总线结构形式具有系统结构简单、系统扩展或更新容易、可靠性高等优点，但由于必须在部件之间采用分时传送操作，因而降低了系统的工作速度。

根据传送的信息类型,系统总线可分为以下 3 种类型。

(1) 数据总线:是传送数据和指令代码的信号线。数据总线是双向的,即数据可传送至 CPU,也可从 CPU 传送到其他部件。

(2) 地址总线:是传送 CPU 所要访问的存储单元或输入输出接口地址的信号线。地址总线是单向的,因而通常总是将地址从 CPU 传送给存储器或输入输出接口。

(3) 控制总线:是管理总线上活动的信号线。控制总线中的信号用来实现 CPU 对外部部件的控制、状态等信息的传送以及中断信号的传送等。

总线上的信号必须与连到总线上的各个部件所产生的信号协调。将总线信号连接到某个部件或设备的电路称为接口。例如,用于实现存储器与总线相连的电路称为存储器接口,而用于实现外围设备和总线连接的电路称为输入输出接口。

冯·诺依曼(**John von Neumann**) 1946 年,冯·诺依曼、Arthur Burks 和 Herman Goldstein 共同发表了一篇名为《电子计算仪器逻辑设计的初步讨论》 (*Preliminary Discussion of the Logical Design of an Electronic Computing Instrument*) 的论文,在文中详细描述了计算机的逻辑设计、指令修改的概念以及计算机的电子电路。这个概念一直作为现代计算机设计的基础。文中指出"因为完善的设备将是一个通用计算机,它应该包括的主要部件有运算器、存储器、控制器和与之相关的操作员"。

3.2 系 统 单 元

随着大规模集成电路的发展,各种系统软件、应用软件的出现,微型计算机的普及率及其性能在不断地提高和改善。从本节开始,将通过对微型计算机的系统介绍,了解应用程序是怎样执行的。同时,通过对速度、容量和灵活性 3 个指标的描述,掌握判断微型计算机性能的方法。

3.2.1 系统主板与时钟频率

系统主板又称为底板或母板(motherboard),它是整个计算机系统的通信网 (communications web)。系统单元的每个元器件直接连接到系统主板,它们通过系统主板进行数据的交换。像键盘、鼠标和显示器都是通过系统主板与系统单元进行通信。

在微型计算机中,系统主板一般位于系统单元的底部或一侧。它是一个较大的平面电路板,板上有许多插槽和其他一些有各种芯片的电子部件。

系统时钟用于控制计算机操作的速度,这个速度用兆赫(MHz)表示。1MHz 等于每秒100 万周期。时钟周期速度越快,计算机处理信息的速度就越快。

3.2.2 电子数据与指令

在计算机中,数据与指令通过两种状态的信号表示,为了表示数值、字母和特殊字符,使用 8 位构成一个字节。一般每个字节可以表示一个英文字母,两个字节表示一个汉字。

通常可以使用 ASCII、EBCDIC 和 Unicode 3 种二进制编码体系来表示字符。

（1）ASCII 码：是微型计算机中使用最广泛的二进制编码，它使用一个字节中的 7 位分别表示 0～9、a～z、A～Z 以及标点符号，用 8 位表示特殊字符。

（2）EBCDIC 码：是由 IBM 公司开发的，使用 8 位二进制数表示数字和字母等。该编码方式主要用于大型机系统。

（3）Unicode 码：是一种 16 位的编码，用于支持像中文、日文等国际语言。这些语言的特征是基本字符太多，以至于 8 位编码的 ASCII 和 EBCDIC 无法表示。Unicode 码是由 Unicode 公司开发的，它支持 Apple、IBM 以及 Microsoft 公司的产品。

当用户在键盘上按下一个键时，该键所表示的字符自动转化成一系列计算机系统能识别的电子脉冲（有脉冲和无脉冲两个状态）。例如，按下字母键 A，引起电子脉冲送到微型计算机系统，系统单元将其翻译成 ASCII 码 01000001。

在计算机中，所有指令与数据在被执行以前，必须转化成二进制数据。例如，指令 3+5 需要 24 位 ASCII 编码：

0011 0011（3）

0010 1011（＋）

0011 0101（5）

注意：当多台计算机共享数据文件时，必须使用同样的编码。如果两台计算机使用不同的编码时，该数据文件在处理以前必须进行转化。

在 Internet 上浏览其他计算机的数据时，为什么感觉不到该问题的存在呢？这是因为许多应用软件已经隐含了自动转化程序。

3.2.3 微处理器

在一个微型计算机系统中，中央处理器单元被称为微处理器，它被制作在一个单一芯片中。通常，这个微处理器包含在一个盒中，然后插在主板上。微处理器是系统的"脑"，它接收来自各种输入设备的数据，处理这些数据并输出结果到打印机或其他输出设备上。

微处理器具有控制单元和算术逻辑单元两个基本部件，此外还有寄存器等。

1. 控制单元

控制单元是计算机的"交通警察"，它协调和控制出现在中央处理器单元中的所有操作。控制单元并不输入、输出、处理或存储数据，而是启动和控制这些操作的顺序。除此之外，为了启动在存储器和输入输出设备之间进行数据或指令传递，控制单元必须和输入输出设备进行通信。

所谓数据传递，是指在计算机中将数据或指令从一个位置移动到另一个位置。注意，当一个数据项存储在一个指定位置时，它将替换该位置先前的内容。而移动一个数据项到另外的位置时，它并不是物理上从原始位置移取，实际上该移动操作等价于复制内容到新的位置。

当计算机执行存放在内存中的用户程序时，控制单元按照它们的执行顺序来获取指令、解释这些指令、输出信号或命令，指挥系统的其他单元执行它们。为了完成这一工作，控制单元必须与算术逻辑单元和内存进行通信。

在执行一条指令时，控制单元通常要完成或部分完成如下功能：

（1）确定要执行的指令。

（2）确定该指令完成的操作。

（3）如果需要,确定需要的被操作数据及它们存放的位置。

（4）确定执行结果存放的位置。

（5）确定下一条被执行指令的位置。

（6）启动指令的执行。

（7）将控制传递到下一条指令。

2. 寄存器

寄存器是执行存储式指令时由计算机多次使用的暂时存储位置,它们一般包含在中央处理器单元中,并且由控制单元控制。寄存器的硬件组成与内存单元相似,只是其速度更快且使用方式不同。

许多计算机包括专用寄存器和通用寄存器。专用寄存器是计算机用于某一特殊目的的寄存器,例如指令寄存器(IR)、地址寄存器(AR);而通用寄存器则是计算机或程序在多种状态下使用的寄存器,例如暂存数据的寄存器。

3. 算术逻辑单元

算术逻辑单元(arithmetic-logic unit,ALU)是计算机的"计算器",它完成算术和逻辑两种类型的操作。

算术操作包括加、减、乘、除等运算。操作的数据能以各种方式存储(二进制、BCD、EBCDIC 等)。当完成这些操作时,ALU 利用寄存器作为暂存单元。执行算术操作的指令从存储器中把数据移动到寄存器并进行运算,当完成该算术操作后,结果从寄存器移动到存储器,然后释放寄存器以便下一条指令的执行及使用寄存器。另外,算术逻辑单元使用一个或多个加法器来完成加、减、乘、除的操作。

逻辑操作是通过比较来完成的,即两个数据进行比较,判断其中一个数据是否等于、小于或大于另一个数据。

4. 微处理器芯片

芯片容量以字为单位进行统计。这里一个字指的是 CPU 每次能够访问的位数(如 16、32 或 64)。对于计算机而言,字的位数越大,说明其功能越强、速度越快。

微型计算机的速度通常是微秒级,而巨型计算机的速度是纳秒或皮秒级,即巨型计算机比微型计算机快一千到一百万倍。

在微型计算机中通常采用两种不同类型的微处理器芯片以及专用的微处理器芯片。

（1）CISC 芯片:复杂指令集计算机(complex instruction set computer,CISC)是最常用的微处理器芯片。CISC 的指令系统一般多达几百条指令,这种技术由 Intel 公司推广普及,并且是该公司主流微处理器的基础。Intel 公司的 Pentium Ⅲ 和 Pentium 4 就是使用 CISC 芯片,其他的 CISC 芯片制造商还有 AMD 和 Cyrix。

（2）RISC 芯片:简化指令集计算机(reduced instruction set computer,RISC)使用较少的指令,这种设计比起 CISC 具有结构简单和价格低廉等优点。Motorola、IBM 和 Apple 公司共同开发的 Power PC 芯片就利用了 RISC 技术。其他的 RISC 芯片还有 DEC 公司的 Alpha 芯片和 Silicon Graph 公司的 MIPS 芯片。这些芯片主要用于功能强大的微型计算机中。

（3）专用芯片:除了 RISC 和 CISC 芯片外,目前市场上还有一些专用的微处理器芯片。例如,用于智能卡(smart card)的微型内置式微处理器。智能卡的形状与信用卡相似,用于保存健康保险信息、驾驶证信息等。

第一个集成电路（integrated circuit，IC） 当堪萨斯州的 Jack Kilby 加入德克萨斯州仪器公司时，公司已在 4 年以前开发了硅晶体管。1958 年，德克萨斯州仪器公司和 Jack Kilby 将注意力转向美军的小型化计划，其思想是将电子元件印模在微小的陶瓷圆片上，并使用导线将一堆电路串在一起。当公司其他人员在实验室紧张地研究时，Jack Kilby 感到该计划太复杂，他知道电阻与电容和晶体管一样可以由半导体材料制造，为此逐步认识到，这些元件能放置在同样的一片材料上，即集成在一个单一的半导体薄片上，这个成果就是世界上第一个集成电路。

3.2.4 主存储器

在同一台计算机中，有各种工作速度、存储容量、访问方式不同的存储器，这些存储器构成一个层次结构，如图 3-2 所示。从上到下，各种存储器的存储容量越来越大，速度越来越慢，但价格越来越便宜。

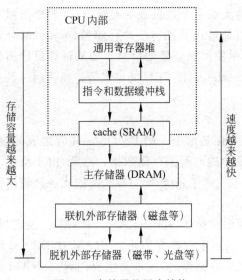

图 3-2 存储器的层次结构

通用寄存器堆、指令和数据缓冲栈、cache 是在 CPU 芯片内部的，它们的工作速度比较高，主存储器等是在 CPU 外部的，工作速度逐级明显降低。

主存储器又称为内存储器（简称内存），是能够通过指令中的地址直接访问的存储器，用来存储正在被 CPU 使用的程序和数据。主存储器的种类繁多，分类的方法也有很多种，目前使用的主存储器主要有 3 种类型：随机存储器（random access memory，RAM）、只读存储器（read only memory，ROM）和互补金属氧化物半导体（complementary metal oxide semiconductor，CMOS）。

1. 随机存储器

随机存储器芯片保存 CPU 正在执行的程序和数据，它是暂时或易失的存储区域。RAM 之所以称为暂存区域是因为当微型计算机断电后，它所存放的内容会全部丢失。因此，用户在使用计算机的过程中应该养成随时保存信息的良好习惯。

闪存（flash RAM）简称 Flash，是目前比较流行的非易失的存储芯片，当失去电源时，它所存放的数据不会丢失。另外，它具有电删除指定数据块的能力。这种存储器价格高于普通 RAM，主要用于数字相机、掌上电脑等便携式电子产品。

存储器的容量是衡量存储器性能的重要指标之一。存储器容量的度量与其寻址方式有关。某些计算机可寻址的最小信息单位是一个存储字，这种机器称为"字可寻址"机器。一个存储字所包括的二进制位数称为字长。一个字又可以划分为若干个"字节"，现代计算机中，通常把一个字节定为 8 个二进制位。因此，一个字的字长通常是 8 的倍数。而大多数微型计算机按"字节"寻址,这种机器称为"字节可寻址"计算机。以字或字节为单位来表示存储器存储单元的总数,就得到了存储器的容量。表 3-1 中列出了常用存储容量单位的换算关系。

有些软件在程序运行时所需的内存容量大于微型计算机的物理内存容量。例如,运行 Excel 2000 需要 20MB 的 RAM,这还不包括 Windows 操作系统及其他多进程程序所需的 RAM。实际上,在微型计算机中使用了虚拟存储(virtual memory)技术运行这些程序。该技术把程序分成页或段,平时它们存放在硬盘上,当运行需要时,装入所需页

表 3-1　存储容量

单位	容量/字节
KB(kilobyte)	1024
MB(megabyte)	1 048 576
GB(gigabyte)	1 073 741 824
TB(terabyte)	1 099 511 627 776

或段,并且覆盖不再使用的页或段。目前大多数操作系统都支持虚拟存储技术。

在速度方面,计算机的内存和 CPU 一直保持大约一个数量级的差距,这个差距限制了 CPU 速度潜力的发挥。为了弥合这个差距,可以通过设置高速缓冲存储器(cache)部分解决这一速度问题。cache 用于存放 RAM 存储器中使用最频繁的信息。如果计算机检测到某一信息使用的频度较高,它就复制这一信息到 cache,以便 CPU 能够进行快速访问。目前大多数微处理器都具有内置式的 cache。

2. 动态 RAM 和静态 RAM

基本的动态 RAM(dynamic RAM,DRAM)元件是由单一的 CMOS 晶体管组成的,通过存储电容器来驱动。通过充满或者放掉电容器中的电荷来存储数据。然而,由于负载泄漏,必须连续不断地在极少毫秒内对电容器再充电或者更新电荷。DRAM 的优点是较高的密度和较低的成本。但缺点是耗电量比较高。

另一个易失的存储器的形式是静态的随机存取存储器(static RAM,SRAM)。说它"静态",是因为它可以无限期地保持自己的形态,直到用电源改变为止。SRAM 比 DRAM 密度低,因此成本更高。当考虑用 SRAM 作为大规模存储器时,成本是主要问题。SRAM 采用优质的金属氧化物半导体(CMOS)技术,并且可以低电源操作,尤其是在待命模式下。

3. 只读存储器

在计算机中需要把信息存入存储器或者从存储器中读出。但在不少场合,存储的是固定的信息。对于这类存储固定信息的存储器,在出厂前通过特殊设备写入程序和数据等信息,使用时只能读出已存入的信息,而不能改变或写入新的信息。这类存储器称为只读存储器。当电源断开后,其内容是不会丢失的,因此它又称为非易失的存储媒体。ROM 一般用来存储固件(firmware)、硬件制造商提供的程序等。例如,ROM 芯片存放控制键盘和显示器等计算机操作的微指令。

另外,还有 3 种非易失的存储芯片:可编程只读存储器(programmable read only memory,PROM)、可删除编程只读存储器(erasable programmable read only memory,EPROM)以及电可删除编程存储器(electrically erasable programmable read only memory,EEPROM)。

(1) PROM:开始时 PROM 中是没有任何信息记录在上面的空白芯片,一旦通过特殊可编程设备将程序等信息写入该芯片后,PROM 芯片将永久存储这些信息并且不能改变,

其使用特征相似于 ROM。

（2）EPROM：像 PROM 一样，EPROM 能通过可编程设备写入程序等信息，而它们的区别在于 EPROM 存储的信息可以通过紫外线删除，然后通过可编程设备重新写入新的信息。

（3）EEPROM：EEPROM 与 EPROM 相似，所不同的只是它可以通过电脉冲删除其存储的信息，然后通过键盘操作重新写入新的信息，而不需要特殊的可编程设备。

4. 互补金属氧化物半导体（CMOS）

CMOS 芯片提供了计算机系统的灵活性和可扩展性。在微型计算机中，它一般用来存储计算机系统每次开机时所需的重要信息，例如计算机主存容量、键盘类型、鼠标、监视器以及磁盘驱动器的有关信息等。它与 RAM 的区别在于，CMOS 芯片通过电池提供电源，即当关机时其存储的信息不会丢失；而它与 ROM 的区别在于，它的内容随着计算机系统配置的改变或用户的设置而发生变化。

5. 磁阻随机存取存储器

磁阻随机存取存储器（magnetic RAM，MRAM）是一种非挥发性的磁性随机存储器，所谓"非挥发性"是指关掉电源后仍可以保持记忆完整，功能与 Flash 相同；而"随机存取"是指中央处理器读取资料时，不一定要从头开始，随时可用相同的速率，从内存的任何部位读写信息。MRAM 运作的基本原理与硬盘驱动器相同。与在硬盘上存储数据一样，数据以磁性的方向为依据，存储为 0 或 1。它存储的数据具有永久性，只有外界的磁场才会改变这个磁性数据。它拥有 SRAM 的高速读取写入能力和 DRAM 的高集成度，而且基本上可以无限次地重复写入。

根据美国专业半导体研究机构 EDN 分析，如果将 MRAM 与 DRAM、SRAM、Flash 等内存进行比较，在"非挥发性"特色上，目前仅有 MRAM 及 Flash 具有此功能；而在"随机存取"功能上，Flash 欠缺此项功能，仅 MRAM、DRAM、SRAM 具备随机存取这个优点。

就"读取速度"而言，MRAM 及 SRAM 的速度最快，同为 25～100ns，不过 MRAM 仍比 SRAM 快。DRAM 为 50～100ns，属于中级速度。相比之下，Flash 的速度最慢。

在写入次数上，MRAM、DRAM 和 SRAM 都属同一等级，可写入无限次，而 Flash 只可写入一百万次左右。至于"芯片面积"的比较，MRAM 与 Flash 同属小规格的芯片，所占空间最小。DRAM 的芯片面积属于中等规格，SRAM 属于大面积规格的芯片，其所占的空间最大。

BIOS 与 CMOS 的区别　BIOS(basic input/output system)是一组设置计算机硬件的程序，保存在主板上的一块 ROM 芯片中。它直接对计算机系统中的输入、输出设备进行设备级、硬件级的控制，是连接软件程序和硬件设备之间的枢纽。就 PC 而言，BIOS 包含了控制键盘、显示屏幕、磁盘驱动器、串行通信设备和其他功能的程序代码。BIOS 程序在每次开机或者计算机重新启动时，便会自动开始运行。CMOS 是计算机主板上的一块可读写的芯片，它用来保存当前系统的硬件配置情况和用户对某些参数的设定。CMOS 芯片由主板上的充电电池供电，即使系统断电参数也不会丢失。CMOS 芯片只有保存数据的功能，而对 CMOS 中各项参数的修改要通过 BIOS 的设定程序来实现。

3.3 输入输出系统

现代计算机系统的外围设备种类繁多,各类设备都有着各自不同的组织结构和工作原理,与 CPU 的连接方式也各有所异。计算机系统的输入输出系统的基本功能有两个:一是为数据传输操作选择输入输出设备;二是在选定的输入输出设备和 CPU(或主存)之间交换数据。通常,计算机或输入输出设备的厂商根据各种设备的输入输出要求,设计和生产各种适配卡,然后通过插入主板上的扩展槽连接外部设备。

3.3.1 输入输出原理

对于工作速度、工作方式和工作性质不同的外围设备,通常需要采用不同的输入输出方式,而常用的输入输出方式有 3 种:程序控制输入输出方式、中断输入输出方式以及直接存储器访问(direct memory access,DMA)方式。

1. 程序控制输入输出方式

程序控制输入输出方式又称为应答输入输出方式、查询输入输出方式、条件驱动输入输出方式等,它有如下特点:

(1) 何时对何设备进行输入输出操作完全受 CPU 控制。

(2) 外围设备与 CPU 处于异步工作关系。CPU 要通过指令对设备进行测试才能知道设备的工作状态。

(3) 数据的输入和输出都要经过 CPU。外围设备每发送或接收一个数据都要由 CPU 执行相应的指令才能完成。

(4) 用于连接低速外围设备,如终端、打印机等。

当一个 CPU 需要管理多台外围设备,而且这些外围设备又要并行工作时,CPU 可以采用轮流循环测试方式,分时为多台外围设备服务。

2. 中断输入输出方式

采用中断输入输出方式能够克服程序控制输入输出方式中 CPU 与外围设备之间不能并行工作的缺点。

为了实现中断输入输出方式,CPU 和外围设备都需增加相关的功能。在外围设备方面,要改变被动地等待 CPU 来为它服务的工作方式。当输入设备已经把数据准备就绪,或者输出设备已经空闲时,要主动向 CPU 发出服务请求。在 CPU 方面,每当执行完成一条指令后,都要测试有没有外围设备的中断服务请求。如果发现有外围设备的中断服务请求,则要暂时停止当前正在执行的程序,保护现场后先去为外围设备服务,等服务完成后恢复现场再继续执行原来的程序。

3. 直接存储器访问方式

直接存储器访问方式(direct memory access,DMA)在外围设备与主存储器之间建立直接数据通路,它主要用来连接高速外围设备,例如磁盘和磁带存储器等。DMA 方式主要特点如下:

(1) 主存储器既可以被 CPU 访问,也可以被外围设备访问。

(2) 由于在外围设备与主存储器之间传输数据不需要执行程序,也不用 CPU 中的数据寄存器和指令计数器,因此不需要进行现场保护和恢复工作,从而使 DMA 方式的工作速度大大加快。

(3) 在 DMA 方式中,CPU 不仅能够与外围设备并行工作,而且整个数据的传送过程不需要 CPU 干预。

3.3.2　扩展槽和适配卡

计算机系统有两种体系结构:独立体系结构(closed architecture)和开放体系结构(open architecture)。独立体系结构指的是,制造商生产的机器不允许用户进行扩展,即用户不能通过简单的方式增加新的设备。而许多现代的计算机使用的是开放体系结构,它允许用户通过系统主板上提供的扩展槽增加新的设备。其方法是插入适配卡到系统的主板扩展槽上,然后通过适配卡的端口和连接电缆连接适配卡和新的外部设备。

适配卡(adapter card)又称为扩展卡(expansion card)、控制卡(controller card)或接口卡(interface card)。下面是常见的适配卡。

(1) 网络适配卡(network adapter card):简称网卡,用来连接一台计算机到其他计算机,或者通过网络总线连接多台计算机、打印机、服务器等设备。网卡使相互连接的计算机能共享数据、程序和硬件。

(2) 小型计算机接口(small computer interface,SCSI)卡:使用计算机的一个扩展槽连接最多达 7 个设备。SCSI 卡主要用于连接打印机、硬盘驱动器和 CD-ROM 驱动器等设备。

(3) TV 调谐卡(TV tuner card):利用它计算机能在浏览 Internet 的同时观看电视节目。而电视板(television board)包括一个 TV 调谐器和一个视频转换器,用于把电视信号转换为计算机显示器的信号。TV 和 PC 的结合是最新发展的潮流,目前市场上已出现带有高质量的音频和大屏幕的系统。该系统称为家庭 PC。

(4) PC 卡:又称 PCMCIA 卡,为了适合便携式计算机的尺寸,生产厂商开发了许多信用卡大小的扩展板,这些扩展卡用于增加内存和连接其他计算机。

(5) 其他适配卡:除了上述 4 种适配卡外,常用的适配卡还有用于匹配各种彩色显示器的视频适配卡、连接光盘驱动器的 CD-ROM 卡、记录和回放数字声音的声卡以及用于连接计算机和电话插座的内置式 MODEM 卡等。

为了有效地使用适配卡,首先应把适配卡插入系统扩展槽,然后系统必须重新配置以便系统能识别该新的设备。重新配置是一个复杂和困难的工作,因为它需要设置适配卡上的特殊开关和创建特殊的配置文件。

解决硬件冲突问题　在适配卡的安装中,最大的问题是硬件的冲突。例如,网卡、声卡以及 MODEM 卡容易产生冲突,其原因一般是 IRQ(中断请求)和 I/O 口冲突。解决方法是检查 CMOS 设置,将不需要的设备设置成 disable;在系统设备管理器里面关掉不需要的却占用 IRQ 等资源的设备;手动配置 I/O 口(通常是 COM 口)和 IRQ;除显示卡外,拔掉所有的卡,然后调整各卡的插入次序。

最近,由 Intel、Microsoft 等公司开发的一组硬件和软件的即插即用(plug and play)标准,使得计算机用户无须考虑上述复杂和困难的工作。它是在硬件和软件厂商的共同努力下,创建能自己自动配置的操作系统、处理器单元、适配卡和其他设备。这样,用户只须插入适配卡,然后开启计算机即可。随着计算机的启动,它将自动搜索这些即插即用设备,并且自动配置这些设备和计算机系统。

3.3.3　系统总线

总线(bus line 或 bus)是 CPU 与外围设备之间传输信息的一组信号线,也是 CPU 与外部硬件接口的核心。总线由数据总线、地址总线和控制总线 3 部分组成,当然还必须有电源和接地线。一般 PC 系统的总线分为以下 4 层。

(1) 片内总线:是 CPU 内部各功能单元的连线,延伸到 CPU 外,又称 CPU 总线。

(2) 片总线:是 PC 主板上以 CPU 为核心与各部件间的直接连线。

(3) 系统总线:是主板上适配卡与适配卡之间连接的总线。

(4) 外总线:是 PC 与 PC 之间通信的数据线。

上述几种总线中,CPU 总线和片总线在系统主板上。由于不同的计算机系统采用的芯片组不同,所以这些总线也不完全相同,互相没有互换性。而系统总线则不同,它是与输入输出扩展槽相连接的。扩展槽中可以插入各种各样适配卡与外部设备连接。因此,要求系统必须有统一的标准,以便按照这些标准来设计各类适配卡。

评价一种总线的性能主要有以下 3 个方面。

(1) 总线时钟频率:即总线的工作频率,其度量单位为 MHz,它是影响总线传输速率的重要因素之一。

(2) 总线宽度:即数据总线的位数,其度量单位为位(bit)。

(3) 总线传输速率:即在总线上每秒钟传输的最大字节数,其度量单位为 MB/s。

$$总线传输速率＝总线时钟频率×总线宽度/8$$

随着微处理器的发展和改变,系统总线也随之变化,许多适配卡等设备一般仅工作于一种类型的总线。目前主要有以下 3 种类型的系统总线。

(1) 工业标准体系(industry standard architecture,ISA):是 IBM 开发的用于个人计算机(PC)的总线标准。主要标准是 8 位宽和 16 位宽的数据总线,它属于 80286 微处理器年代的产品。虽然 ISA 对于当今应用而言速度太慢,但是这种类型总线还在广泛使用。20 世纪 80 年代后期,Compaq、AST、Epson、HP、NEC 和 Olivetti 等 9 家公司联合推出了 EISA 总线。该总线与 ISA 总线 100% 兼容。EISA 是 32 位总线,具有较强的输入输出扩展能力和负载能力,适用于网络服务器、高速图像处理、多媒体等领域。

(2) 外围部件互连(peripheral component interconnect,PCI):最早是为满足图像用户接口的视频要求设计的。PCI 是一个高速度的 32 位或 64 位总线,它的速度比 ISA 快 20 倍以上。从结构上看,PCI 总线是在 ISA 总线和 CPU 总线之间增加一级总线,与 PCI 总线控制器相连接。这样可将一些高速外设从 ISA 总线上卸下来,通过 PCI 总线直接挂在 CPU 总线上,使之与高速 CPU 总线相匹配。随着计算机结构的进一步发展和改进,PCI 将替代 ISA 总线,用于连接 CPU、内存和适配卡。

(3) 图形图像加速端口(accelerated graphics port,AGP):是一种最新的总线类型,它比 PCI 总线的速度快 2 倍以上。目前多数计算机系统使用 PCI 作为通用总线,AGP 总线专门用于加速图像显示。例如,在三维动画中,AGP 替换 PCI 总线来传递视频数据。

3.3.4 端口与连接电缆

端口(port)是系统单元和外部设备的连接槽。有些端口专门用于连接特定的设备,例如键盘和鼠标端口;而多数端口则具有通用性,它们可以连接各种各样的外设。连接电缆是端口与输入输出设备之间的连接线。下面是常用的端口。

(1) 串行口(serial port):主要用于连接鼠标、键盘、MODEM 和其他设备到系统单元。串行口以比特串的方式传输数据,即在单一导线上以二进制形式一位一位地传输数据,该方式非常适用于长距离的信息传输。

(2) 并行口(parallel port):用于连接需要在较短距离内高速收发信息的外部设备。它们在一个多导线的电缆上以字节单位进行同时传输,最常见的应用是连接打印机。常见的并行口是单向端口,只能从 PC 向外部送数据,而不能接收外部的数据。

(3) 增强并行口(enhanced parallel port,EPP):是由 Intel、Xircom、Zenith 等公司开发的,其目的是与外部设备进行双向通信。自 1991 年以来生产的许多笔记本电脑都配有 EPP 口。与此同时,Microsoft 和 HP 公司开发了一种扩展并行口(extended capabilities port,ECP),它具有和 EPP 一样高的速率和双向通信能力。

(4) 图形图像加速端口(accelerated graphics port,AGP):用于连接显示器,它们能支持高速图像和其他视频的输入。Intel 公司推出的 AGP 在 CPU 和系统内存之间提供了一条直达通路,实际上它是一条总线,目的是要大幅度提高图形图像的品质。运用 AGP 后,对于一般的数据传输而言,66MHz、64 位通路上的带宽可以增加到 133MHz/s,突发数据传输速率可高达 528MB/s。这种在视频加速器芯片、CPU 和系统内存之间的高速直达连接可以使三维图形结构映射到系统内存,从而使三维图形图像的品质得到极大的改进。另外,将图形图像加速器直接连接到 CPU 之后,即使是普通商业应用中的二维平面图形图像,AGP 也能改进它的总体图形图像品质。

(5) 通用串行总线(universal serial bus,USB)端口:是串行和平行口的最新替换技术。一个 USB 端口能同时连接多个设备到系统单元,并且速度更快。分析家宣称 USB 端口即将取代串行口和并行口。提供这种端口的目的是为数字相机、打印机乃至 USB 和键盘等设备的联网提供快速的即插即用和热插拔的连接。现今 PC 上高质量串行口速率可达 155.2Kb/s。USB 2.0 标准则以 480Mb/s 的速率传送数据,USB 3.0 标准最大的传输速率可达 5.0Gb/s。USB 可以消除 Wintel PC 对有限的串行口和并行口连接的争用。

(6)"火线"(firewire)口:又称为 IEEE 1394 总线,是一种最新的连接技术。它们用于连接高速打印机和数字相机到系统单元,"火线"口适用于硬盘驱动器和视频图像系统等高端设备。"火线"口串行总线标准可以实现即插即用式操作,速率可达 200Mb/s。如此高的速率使它具备了足够的带宽,可以支持 30 帧/s 的双视频信道和音频信号的传输。不仅如此,"火线"口还不需要另外配备计算机来控制设备之间的连接,这就意味着它可以成为从机顶盒与 HDTV、打印机、DVD 驱动器等设备之间的通用连接,使用户的 DVD 播放机能在 PC 与 TV 之间随意切换,也可以打印从录像机上剪接下来的彩色照片。FireWire 400 可达到 400Mb/s 速率的连接标准,而 FireWire 800 则可达 800Mb/s 速率。

3.4 输　入　设　备

中央处理器单元和主存储器构成计算机的主体，称为主机。主机以外的大部分硬件设备都称为外部设备或外围设备，简称外设。它包括常用的输入输出设备和辅助存储设备等。本节介绍常用的输入设备，包括键盘、鼠标、数字相机及扫描仪等。总体上讲，输入设备接收来自用户的数据和程序，并且转换为计算机可理解和执行的机器代码（由电子信号 0 或 1 组成）。根据接收数据方法的不同，输入设备分为键盘输入和直接输入两类。键盘输入过程与打字机相同，而直接输入则是通过特殊设备和方法，使计算机能自动读取日常信息的设备，例如数字相机拍摄的照片可通过计算机的 USB 接口读入计算机内存。而根据它们使用的特殊设备和方法，又可将直接输入设备分为定点设备、扫描设备和语音输入设备 3 类。

3.4.1　键盘输入

计算机的键盘类似于打字机的键盘，只是计算机键盘增加了许多辅助键。通常，用户读取原始文档的内容，然后敲击键盘上相关键进行输入。

1. 键盘

计算机的键盘上除了 26 个英文字母和 0～9 数字等与打字机相同的内容外，还增加了小键盘和一些特殊的功能键。例如，Caps Lock 键是一个切换键，用于字母大小写的切换。Shift 键是一个组合键，当按住 Shift 键然后敲击其他键，则输入其上档的内容（如数字 2 的上档是@）。

常用的键盘分为两种类型：传统设计键盘和轮廓设计键盘。传统设计键盘的形状是长方形，它横向分成 3 部分：与打字机相似的键、功能键和小键盘。轮廓设计键盘形状是梯形且键盘的下部为曲线状，它将传统设计键盘横向的第一部分再分为两部分，并且按手放置的自然习惯向外侧倾斜。

2. 终端

终端是连接大型计算机或计算机网络上的主机和服务器的输入输出设备。终端通常能完成下列功能：

（1）信息交换。通过通信系统，在一个终端上输入的信息传递到一个或多个远程的终端。

（2）数据收集。在一个或多个终端输入数据并存储在辅助存储设备上，以便将来进一步使用或处理。

（3）查询和事务处理。存储在中央数据文件中的信息能被远程终端访问、更新或者基于存储的信息进行回答。

（4）远程作业处理。从终端直接输入程序到远程的计算机，通过远程计算机的执行和处理，其结果返回给一个或多个需要的终端进行显示。

（5）图形显示和设计。数据能以图形的形式显示、操纵和修改。交互式的图形可以通过在电视机上和高档计算机上进行视频游戏，也提供复杂的三维图形设计和显示。

终端的以上特征使得它适合于各种应用。终端有以下几种类型。

（1）哑终端（dumb terminal）：能输入和接收数据，但不能独立处理数据，它仅能获得对计算机信息的访问。无处理能力哑终端可以用于航空公司飞机票务处理,办事员通过该终端访问航空公司的大型机系统,以获得航班信息和出票情况。

(2) 智能型终端(intelligent terminal 或 smart terminal):包括一个处理器、内存和辅助存储设备。实际上,它是带有专线或拨号线连接且安装有通信软件的微型计算机。通过通信连接,这些终端连接到大型计算机或 Internet。一种日益流行的智能型终端是 Net PC。它们去掉通用微型计算机中的多余部分(对终端功能而言),一般仅具有一种类型的辅助存储(一个内置硬盘驱动器)、一个密封的系统单元,并且没有扩展槽。

(3) 网络终端(network terminal):是一种功能相对较弱、价格低于智能终端的产品,许多网络终端没有硬盘驱动器,它们必须依赖网上主机或服务器的系统和应用软件进行工作。

(4) Internet 终端:又称 Web 终端,提供用户访问 Internet,并且在一个标准电视机上显示 Web 页。这些专用终端使得用户,特别是家庭用户,可以不用微型计算机就能够进行 Internet 访问。

键盘的清洗　键盘使用久了会沾满灰尘,导致表面非常肮脏,甚至会使得键盘的某些按键失效。应按照4个步骤进行清洁:①关闭电源,拔下键盘与主机的连接线;②使用吸尘器清除键盘中的灰尘与垃圾;③用软性的布料粘上 90% 的异丙基酒精,轻轻地清洁键盘表面,然后使用干净的软布擦干;④当键盘彻底干了以后,重新连接键盘和主机。

3.4.2　定点输入设备

计算机用户可以使用定点设备(pointing device)在显示屏、文本材料以及图形材料上定位某些信息进行输入,目前有许多输入设备满足这一需求。

1. 鼠标

鼠标(mouse)用来控制显示器所显示的指针光标(pointer)。通常指针以箭头形状显示,根据不同的应用,它也可显示(如"手"状等)其他形状。标准的鼠标在底部有一个球并且通过软电缆连接到系统单元,而其上部通常有左右两个按钮,单击左边按钮,选择光标所指对象,双击则启动光标所指对象执行。单击右边按钮(右击)用于显示快捷菜单。

2. 游戏杆

游戏杆(joystick)主要用于计算机动感游戏的操纵。用户通过变化的压力、速度和游戏杆的方向来操纵游戏的进程。通常,游戏杆上还有一些辅助的按钮和开关,用于定义游戏的命令或特殊动作。

3. 触摸屏

触摸屏(touch screen)是覆盖了一层塑料的特殊显示屏,在塑料层后是互相交叉的不可见的红外线光束。用户通过手指触摸显示屏来选择菜单项。触摸屏的特点是容易使用,特别是当用户需要快速查询信息时更是如此。例如,自动柜员机(automated teller machine,ATM)、饭店、百货商店等场合均可看到触摸屏的使用。

4. 光笔

光笔(light pen)是早期使用的定点输入设备,是与计算机连接并放置在显示屏旁的特殊的输入笔。光笔内部有一个光电感应器,可以检测显示屏上的光栅扫描光束,然后通过相应电路定位光笔所在屏幕的位置。光笔通常用于选择菜单或在屏幕上绘制图形。

5. 数字转换器

数字转换器(digitizer)是一种用来描绘或复制图画或照片的设备。需要复制的内容放置在数字化图形输入板上,然后通过一个连接计算机的特殊输入笔描绘这些内容。随着输入笔在需复制内容上的移动,计算机记录它在数字化图形输入板的位置,当描绘完整个需要复制的内容后,图像能在显示器上显示、在打印机上打印或者存储在计算机系统上,以便以后使用。数字转换器常常用于工程图纸的设计。

6. 数字相机

数字相机(digital camera)与传统照相机的区别是所摄制的图像以数字形式记录在照相机的磁盘或内存中,而不是采用胶片的方法。用户在照相的同时可以看到其效果,也能进一步传输到计算机,通过图像软件进行编辑、保存和浏览。数字相机的主要技术指标为像素数、感光度(CCD)、镜头与曝光、速度和存储能力等。

数字相片的导入 数字相机的用户在拍摄完成后,通常需要将保存在各类存储介质中的图像文件导出,输入计算机做进一步的处理。将图像从数字相机或存储器上转移到计算机中的方法有:①通过 USB 电缆直接连接数字相机与计算机;②通过串行口或 IEEE 1394"火线"口与计算机交换数据;③以读卡器的方式读取存储器中的照片。

7. 数字摄像机

数字摄像机又称网络摄像机,是一种结合传统摄像机与网络技术所产生的新一代摄像机,数字摄像机内置一个嵌入式芯片,采用嵌入式实时操作系统。摄像机传送来的视频信号数字化后由高效压缩芯片压缩,通过网络总线传送到 Web 服务器。网络上用户可以直接用浏览器观看 Web 服务器上的摄像机图像,授权用户还可以控制摄像机云台镜头的动作或对系统配置进行操作。数字摄像机一般由镜头、图像传感器、声音传感器、A/D 转换器、图像、声音、控制器、网络服务器、外部报警、控制接口等部分组成。而根据画面的质量,通常又分为高清摄像机和标清摄像机(市场上有时分为标清、高清以及超高清,实际上高清和超高清都应该理解为高清摄像机)。

3.4.3 扫描输入设备

扫描输入设备(scanning device)以图像形式输入文本、图画或特殊符号。这些图像通过扫描设备转换成计算机能显示和处理的数字数据。

1. 图像扫描仪

图像扫描仪(image scanner)简称扫描仪。它不仅广泛应用于印刷、广告、出版等领域,而且成功地向医疗、数字影楼、美术服务以及办公、家用等领域延伸。扫描仪主要有两种类型:平台式扫描仪(flatbed scanner)和手持式扫描仪(portable scanner)。

扫描仪的主要部件是感光器件。现在的感光器件分为 CIS 和 CCD 两种。CIS(contact image sensor)感光器件早期被广泛应用于传真机和手持式扫描仪,其极限分辨率为 600DPI(dot per inch)左右。CIS 的缺点是扫描的层次有些不足,对扫描摆放不平的文稿和图片无法形成立体感。近年来,CCD(charge couple device)感光器件的扫描仪技术日渐成熟,它配合由光源、反射镜和光学镜头组成的成像系统,在传感器表面进行成像,有一定的景深,能扫描凹凸不平的实物,例如计算机主板。其分辨率可达 1200DPI。

目前,市场上扫描仪接口标准主要有 SCSI、EPP 和 USB 3 种。

2. 传真机

传真机(facsimile,FAX)在发送端将图像转换成一系列的线,将线又转换成连续的信息串进行发送。在接收端,数据流被转换成点,点连成线,线连成片,又重叠出原先的形式。如果原页上既有文字又有图像,传真机将一律视其为图形图像。

传真调制解调器即图片调制解调器,用户可以在微型计算机上加入传真/调制解调器卡实现传真和拨号上网的功能。

3. 条形码阅读器

条形码阅读器(bar-code reader)是用来阅读条形码的光电扫描仪,常用的条形码是打印在产品包装外的垂直斑纹标记。条形码系统有通用产品编码(universal product code, UPC)和编码 39(code 39)两种。超市中使用 UPC 来识别产品,当条形码阅读器扫描产品的条形码时,产品的 UPC 被送到超市的计算机,计算机根据存储的该产品的描述和最新价格自动返回结果到 POS 终端,然后将价格和产品名称打印在收银条上。

4. 字符和标记识别设备

除了通用扫描仪以外,还有一些特殊用途的扫描设备,称为字符和标记识别设备(character and mark recognition device)。常用的字符和标记识别设备有磁墨水字符识别(magnetic-ink character recognition,MICR)、光学字符识别(optical-character recognition, OCR)和光学标记识别(optical-mark recognition,OMR)设备。

(1) MICR 设备:是在银行中使用的直接录入设备。这种技术用于自动读取支票和存款条上的特殊数字。这些数字由包含磁化分子的墨水组成,磁化的字符或数字能被 MICR设备检测和解释。MICR 的应用是为了提高票据处理的效率。在世界上有两种常用的字体系统:一种是 CMC-7 即欧洲通用的符号;另一种是 E-13B,是美国国家标准规格,也是我国所采用的字体。磁性号码应用的范围很广,各类支票、汇票、综合所得税退税凭证、银行担保付款凭证、各类本票及特定票据交换等单据均可适用。

(2) OCR 设备:该类设备将源文档内容转换成机器可识别代码。常见的应用是公用事业和电话的账单。常用的 OCR 设备是手持式条形码阅读器(wand reader),它除了能读取商品标签、雇员证和信用卡上编码信息外,还能阅读零售价格标签上的打印字符。国内将OCR 统称为文字识别,它往往特指解决汉字信息高速输入计算机的软件系统。它的工作原理是通过通用扫描仪等光学输入设备获取纸张上的文字图片信息,利用各种模式识别算法分析文字形态特征,判断出文字的标准编码,并按通用格式存储为计算机的文本文件格式。用户只要用扫描仪将整页的文本或图像输入计算机,OCR 软件就会自动产生汉字文本文件,与手工输入的效果一样,但速度却比手工输入要快几十倍。

(3) OMR 设备:是计算机的一种快速录入设备。它集机、光、电技术于一身,以其快速、可靠的性能在标准化考试和各种统计中得到广泛的应用。OMR 最早出现于 20 世纪 60年代,现在该系统在国内外广泛用于考试阅卷、评分、统计,甚至用于赛马等信息处理系统。OMR 利用光电转换原理将规定格式的信息卡上信息转换成计算机能处理的电信号。信息卡通常是纸制卡片,纸上一些确定位置印有涂写信息的矩形或圆形标志区,用铅笔对一些标志涂黑以后,光电转换部件便能通过卡片的反光或投射能力识别这些信息,并将其转换为电信号。

3.4.4　语音输入设备

语音输入设备(voice-input device)能直接将人们所讲的话转换成数字代码并输入到计算机。最广泛使用的语音识别系统由麦克风、声卡和语音输入软件系统组成,这些系统使得用户能用语音命令进行文档处理和操纵微型计算机。

1. 语音输入技术

因为语音模式(voice pattern)因人而异,许多语音识别系统依赖于发音者,并且对于每个操作者必须进行微调。即操作者在使用语音识别系统前,先训练语音输入软件,将操作者的发音模式存储在系统文件中,以便在使用中对用户的语音输入进行识别。

更先进的语音识别系统不依赖于操作者。它们能识别来自不同操作者的发音,但讲话的单词有严格的限制,例如 10 个数字和 yes 或 no 等。最近已有能识别 3 万单词的系统问世。

先进的语音识别系统除了能接收用户的语音输入、进行文档编辑和计算机操作外,还能进行语言的自动翻译。另外,有一种便携式的语音输入设备,它能连续记录一个小时的内容。当然,它可以通过串行口方便地连接计算机进行保存和进一步处理。

从技术上可将语音识别分为两大类。

(1) 离散语音识别系统:所谓离散是指用户的发音必须是一个单词接着一个单词,不能连读。法律、医学等领域的职业人员经常使用离散语音识别系统(discrete speech)将口述的单词转换成可打印的材料。用户对着一个连接微型计算机的麦克风讲话,微型计算机获取声频信号,然后将它们转换成数字信号并通过语音输入软件对其进行分析,最后将识别出的每个单词存在一个文件中,以便使用通用字处理程序进行编辑、排版和打印输出。

(2) 连续语音识别系统:连续语音识别系统(continuous speech)被认为是 21 世纪关键技术之一。它能根据上下文识别单独的单词和短语,例如它能区别发音相同的单词和短语 there、their 和 they're。除此之外,它还能接收用户口述的命令对常用的工具软件,例如 Word 和 Excel 等进行操作。

语音识别系统的核心算法部分基本上包括特征提取算法、语音的声学模型以及相应的语言模型、搜索算法、话者自适应算法,还包括增添新词的功能、数据库管理和友好的人机交互界面等。由于汉语中存在着声调变化,声调信息是汉语发音中较为稳定的信息,应当加以利用以减少同音字的数量。所以,对于汉语语音识别系统而言,其核心算法还应当包括声调提取算法。语音识别系统的基本数据库中包括大量的控制参数信息,这些参数以数据库的方式存储在计算机内,包括词汇表、语音声学模型参数、语音模型参数和自适应发音语料等。需要指出的是,一个成功的语音识别系统的建立,一定要结合其具体的应用背景,选择不同的识别策略、硬件平台和软件平台。另外,更应注意的是语音识别系统的建立应当结合语言的自然特点,否则很难达到较高的水平。

2. 语音输入的应用

目前语音技术的应用包括办公室环境下桌面计算中的一系列应用、完成人与计算机的对话功能以及帮助人类不同语种之间的交流。语音技术的渗透性很强,它将无处不在,在未来将改变人们的生活方式。

"语音拨号"是世界上每个电话用户最希望配备的首选功能。使用"语音拨号",人们只需一次性地输入(读入)人名和电话号码,在以后便可以直接对着电话"说出"要通话人的姓名,经语音识别后,查出该姓名所对应的号码,然后自动地进行"拨号"。这就是未来的语音电话。

语音查询是语音识别的又一个应用领域,可用于旅游业及服务业的各种查询系统。如语音自动导游系统,游客只要说出自己当前的位置和感兴趣的景点名称,系统便自动显示出图文并茂的最佳路线、乘车方案、费用及其他相关信息。如果游客还需要进一步了解更为详尽的资料,则可以同系统进行交互式的对话,系统将对游客的问题逐一给予答复。

语音识别还可以用在工业控制方面,在一些工作环境恶劣、对人身有伤害的地方(如地下、深水、辐射、高温等)或手工难以操作的地方,均可通过语音发出相应的控制命令,让设备完成各种工作。语音识别技术在帮助伤残人的各种设备中将发挥其难以替代的作用。对于肢体伤残者或盲人,若能够用声音来控制,则将给伤残者或盲人的生活提供极大的便利。一些办公设备加上语音功能后,即使是伤残者也可以足不出户地在家里工作。

将来,人们外出后可通过电话向自己的电脑管家发出指令,而电脑管家则会按照主人的意志安排家中的一切事务。

语音技术的应用还将推动其他产业的发展。国外的一些著名汽车公司已将语音技术用在汽车产品中。"数字式、能听说并具有一双慧眼的、优良的后座驾驶式汽车",只要车主告诉它行车路线和地点,便可直达目的地。目前,这种新式汽车已进入阶段性的研究。

在计算机辅助教育方面,语音识别技术也有广阔的应用空间。通过语音识别技术,帮助学生进行语言学习。当学生跟着计算机发音学习外语时,计算机会自动判断学习者的发音是否准确,并及时给予纠正。此时的计算机就成为专业的家庭辅导教师。在一些对幼儿进行启蒙教育的玩具中,语音玩具给小朋友们带来了无限的新奇感受。可以自动说话的娃娃、听从指挥的小汽车等在儿童幼小的心灵里播下了科学的种子。

可以预见,在新世纪里语音识别将迅速走进大众的生活,它将改变人们的学习、工作和生活娱乐的方式。正如尼葛洛庞帝所说:"在广大浩瀚的宇宙中,数字化生存能使每个人变得更容易接近,孤寂者能够发出他们的心声"。

3.4.5　其他输入设备

1. 数字笔记本

数字笔记本(digital notebook)使用电子板上一个规则的记事本输入信息。当一支特殊笔在记事本上移动时,其运动的轨迹被发送且存储在电子板上。市场上销售的数字笔记本最大能存储 50 页的笔记,存储的笔记能进一步传递到微型计算机进行浏览、编辑和重新组织。

2. 视觉系统

曾几何时,"星球大战"盛传的 R2D2 和 C3PO 机器人改变了人们对具有生命的生物的观念,它们的听、走、讲及看的能力使得机器生物进入人们的世界。当然现实的机器人还没有发展到这一地步,但是它们已具有一定的视觉系统。视觉系统(vision system)使用照相机、数字化仪、计算机和图像处理技术来完成视觉功能,图像处理涉及计算机对图像的数字化处理、存储和模式识别(pattern recognition)。

日常生活中可以经常看到计算机处理图像的例子,例如计算机产生的数字化画像、电影星球大战和回到未来中的特技效果、宇宙飞船传回的数字化的木星和土星的图像等。在这些例子中,有一点是共同的,即它们的第一步是数字化图像。在一个视觉系统中,需要被识别或解释的图像首先进行数字化并且存储在数据库中。然后使用模式识别软件进行进一步的处理。

模式识别是解释对象的数字化图像的过程,数字化的图像与数据库中存放的模式数据进行比较以决定一个大概的匹配,因为图像的模式识别需要巨大的数据库存储要求,为此目前视觉系统仅能处理对象图像数量相对少的场合。

3.5　输　出　设　备

计算机对输入的数据进行处理后,必须转换成用户可理解的形式。随着电视技术的发展和 LSI 存储器价格的降低,光栅扫描的显示器作为一种输出设备得到了普遍应用,成为计算机系统中最基本的输出设备。显示器不仅用于显示英文字符,而且用于显示汉字和图形图像。显示器的出现,使计算机的输出形式更丰富直观。另外,各种各样方便实用的文字处理设备,精密灵巧、花样无穷的绘图机、打印机,在办公自动化等系统中都起到了重要的作用。

3.5.1　显示器

计算机中最常见的输出设备是显示器。显示器的主要的特征是尺寸和清晰度。现在市场上常用的是 21 英寸、19 英寸、17 英寸、15 英寸的显示器。注意,这里所说的是显像管的尺寸,而实际能用上的部分则到不了这个尺寸,因为显像管的边框占了一部分空间。例如,15 英寸显示器的可视范围在 13.8 英寸就很不错了。显示器的清晰度指的是分辨率,它通过像素进行测量,像素是在显示器上形成图像的基本元素,称为像素点。除此之外,还应该考虑诸如屏幕的类型(球面、平面直角、柱面)、逐行/隔行显示、点距(点距是同一像素中两个颜色相近的磷光体间的距离,点距越小,显示出来的图像越细腻)、刷新频率(刷新频率越低,图像闪烁和抖动的就越厉害,眼睛疲劳得就越快)、带宽(可接受带宽=水平像素×垂直像素×刷新频率×额外开销)、辐射和环保、调节方式(数码式调节按调节界面分为普通数码式、屏幕菜单式和飞梭单键式 3 种)以及眩光防护。

1. 标准

为了表示显示器的分辨能力,国际组织制定了一系列标准,当前最常用的标准是SVGA、XGA、SXGA 和 UXGA。

(1) SVGA:即高级视频图形阵列(super video graphics array),它的最小分辨率为800×600像素。多年以前,SVGA 是最流行的标准,目前主要用于 15 英寸显示器。

(2) XGA:即扩展图形阵列(extended graphics array),它的最大分辨率为 1024×768像素,它是 17 英寸和 19 英寸显示器的流行标准。

(3) SXGA:即高级扩展图形阵列(super extended graphics array),它具有 1280×1024像素分辨率,主要用于 19 英寸和 21 英寸显示器。

(4) UXGA:即超高级图形阵列(ultra extended graphics array),它是最新最高档的标准,具有 1600×1200 像素分辨率,主要用于对图像要求较高的领域和 21 英寸显示器中。

2. 平面显示器

随着便携式计算机的普及和推广,它们需要更紧凑(更薄)、低功率、更持久的显示器。而大量的平面显示器(flat-panel monitor)技术正是用于满足这一需求。最常用的平面显示器是等离子液晶显示器。

等离子显示器由隐藏在两层玻璃板之间的氩或氖气组成,这氩或氖气又称为等离子。一层玻璃板内部含水平的精制导线,另一层为垂直导线。显示屏的像素点就是水平和垂直导线的交叉点,当在某一水平/垂直导线通过电流时,其交叉点开启,使得电线间的气体产生琥珀色的光。等离子显示器的优点是清晰度高,不易闪烁,而缺点是颜色单一。

液晶显示器现在不仅用在便携式计算机上,也用于一般的桌面计算机上。目前有两种类型的液晶显示器,无源矩阵(passive-matrix)和有源矩阵(active-matrix)。无源矩阵又称双重扫描显示器(dual-scan monitor),通过扫描整个屏幕创建图像,这种显示器需要很小的功率,但是图像的清晰度不够理想。有源矩阵又称薄膜晶体管(thin film transistor,TFT)显示器,它并不扫描整个屏幕,而是对于每个像素点进行单独处理,从而使得该显示器具有更高的清晰度和更丰富的色彩。其缺点是价格较贵,而且需要更多的功率驱动。

3. 高清晰度电视机

不久的将来,人们就可以不必花几千美元而得到高清晰度的电视(high-definition television,HDTV),这得感谢新的电脑芯片技术和软件。Ravisent 公司和 Conerant 公司已宣布合作发展 HDTV。前者的 Cine Moster HDTV 将提供 MPEG-2 解码和 HDTV 信号的展示技术,而后者的 Fusion 878A 芯片将把接收的信号转换成一定格式并从该系统的 PCI 通道发送出去。

除了需要一个调制解调器之外,为了获得最好的全屏展示,需要至少 500Hz 的奔腾处理器和最强大的图形加速板卡。当然,使用一般的计算机加解调器也可以较好地显示 HDTV 影像,但是屏幕会更狭小。

因为 HDTV 输出的是数字信号,从而使得用户能方便地定格视频片段,创建一个静态的图像,这个图像能存放在计算机硬盘中以便按照需要进一步处理。

3.5.2　打印机

在显示器上图像的输出通常称为软拷贝(soft copy),而通过打印机或绘图仪将信息输出到纸上则称为硬拷贝(hard copy)。打印机能在一般的空白打印纸上或者在特殊的单联或多联的纸张上打印,例如发票、信笺、标签、支票、账单等,其中多联打印纸张一般使用无碳复写打印纸。打印机还能以黑白或彩色打印文本和图像。打印机通常分为两类:非接触式(nonimpact)和接触式(impact)。下面简要介绍非接触式打印机。

使用激光、静电复印或喷墨的非接触打印机是最快、最安静的打印机。目前,主要使用的非接触打印机有喷墨打印机(ink-jet printer)、激光打印机(laser printer)和热学打印机(thermal printer)。

(1) 喷墨打印机:该类打印机以非常高的速度喷射微滴墨水到打印纸的表面,这个过程不仅产生字符质量(letter-quality)的图像,而且能打印彩色的图像。喷墨打印机价格便宜、可靠和安静的特点使得它被广泛使用,如打印广告和彩色资料等。

(2) 激光打印机:该类打印机使用与复印机相似的技术,使用激光束产生高质量的字符和图像。目前市场上有两种类型的激光打印机:个人激光打印机,价格较便宜,适合家庭和小型办公室使用;共享激光打印机,价格昂贵,主要用于网络中的多用户,其特点是速度快,一般每分钟可打印 30 页。

(3) 热学打印机:该类打印机使用热元素在热敏感打印纸上产生图像。早些时候,这种打印机主要用于科学实验室记录数据,现在彩色热学打印机已经广泛用于打印高质量的彩色艺术品和文本。用户之所以不十分了解这种打印机,是因为其价格昂贵且需要特殊种类的打印纸。

喷墨打印机的清洗 喷墨打印机使用时间长了,可能会使得打印出来的字符模糊不清,可按照 4 个步骤进行清洗:①关闭打印机,拔取电源;②打开机盖,找到喷墨嘴;③用软纱布和蒸馏水清洁喷墨嘴;④晾干后,将其插入打印机。

3.5.3　绘图仪

绘图仪是用于产生直方图、地图、建筑图纸以及三维图表等的专用输出设备。绘图仪也能产生高质量的彩色文档以及输出打印机不能处理的大型文档。目前常用的绘图仪有笔式、喷墨式、静电式和直接成像式 4 种。

(1) 笔式绘图仪(pen plotter):通过在设计图纸上移动一支水笔或铅笔创建线图(有些绘图仪通过移动设计图纸)。其特点是价格便宜且容易维护,而主要的局限在于速度慢以及不能绘制具有层次感的立体图像。

(2) 喷墨绘图仪(ink-jet plotter):通过喷射墨水微滴创建线图和彩色立体图像。其优点是高速、高质量及噪音较小,缺点是喷嘴经常堵塞且需要专业人员维护。

(3) 静电绘图仪(electrostatic plotter):使用静电电荷在特殊处理的纸张上创建高分辨率的"图像点"。当纸张通过显影剂时,它就会产生实际的图像输出。与笔式和喷墨绘图仪相比,它的速度更快、图像更清晰,但使用的化学剂价格昂贵且具有一定的危险性。

(4) 直接成像绘图仪(direct-imaging plotter):又称热学绘图仪,使用热感应纸和电加热针创建图像。这种类型绘图仪价格和静电绘图仪相差不多且相当可靠,其缺点是纸张价格较高。

3.5.4　其他输出设备

1. 缩微输出设备

计算机输出缩微胶卷(computer output microfilm,COM)设备将计算机的输出信息转换成人们可阅读的形式,然后存放在缩微胶卷或缩微胶片上。COM 是最快的计算机输出技术之一,其速度至少比接触式打印机快 10 倍。通常一卷缩微胶卷含有 2000 张缩微胶片。COM 设备的使用能减少对打印机的过多依赖,它一般用于图书馆或每天产生大量计算机输出的组织机构。

2. 语音输出设备

在当今的自动化世界中,语音输出设备已深入到许多生活场合,例如,饮料自动销售机、电话和汽车中,经常能听到合成的(声音)讲话。语音输出一般由预先录制的数字话声音数据库组成。

最广泛使用的输出设备是微型计算机上配备的立体声喇叭(stereo speaker)和耳机。这些设备通过系统扩展槽上的声卡连接到计算机,声卡通过软件读取预先录制的数字化声音数据库,并将之转换成声音输出所需的模拟信号送到声音输出设备。

语音输出设备通常用作学习的强化工具,例如帮助学生学习英语。它也能播放 MP3 音乐和歌曲等。

3.6　辅助存储设备

计算机最基本的特征是能够永久保存信息,即用户可以保存自己的工作信息以备将来使用、与其他用户共享以及修改已存在的信息等。辅助存储器在 CPU 外部保存信息,它允许用户存储程序和数据。而前面介绍的 RAM 是一个内部的、暂时的存储区域,一旦电源关闭,其存储的信息将不再保存,因此这种存储器被称为易丢失存储器(volatile storage)。辅助存储器是一个外部的、永久的存储区域,当电源关闭时,其存储的信息不会丢失,因此它被称为非丢失存储器(nonvolatile storage)。常用的辅助存储器有软盘(floppy disk)、硬盘(hard disk)、光盘(optical disk)、U 盘以及磁带(magnetic tape)。

3.6.1　硬盘

与软盘使用薄的、柔性的塑料盘不同,硬盘使用厚的、刚性的金属磁盘片。除此之外,硬盘能快速地存储和读取信息,并且其容量远远大于软盘。

硬盘是一种精密度较高的设备,其读写头悬浮在大约 0.000001 英寸厚的气垫上,因此烟尘、指纹灰尘或头发都可能引起读写头的碰撞。对于硬盘而言,读写头的碰撞是灾难性的,这是因为它将破坏盘上的部分,甚至全部的信息。

常用的硬盘有内置硬盘(internal hard disk)、盒式硬盘(hard-disk cartridge)、硬盘组(hard-disk pack)和 USB 移动硬盘。

1. 内置硬盘

内置硬盘(fixed disk)简称硬盘,它安装在系统单元的内部,主要用于存放程序和大型的数据文件。几乎每一台微机均使用内置硬盘存放它的操作系统和 Word、Excel 等应用程序。

内置硬盘由一个或多个组装在盒内的金属盘片组成,盒内同时包含一个旋转磁盘的马达、一个存取臂以及读写头。从外表看,内置硬盘就像系统主机面板的一部分。典型的内置硬盘由 4 个 3.5 英寸的金属盘片和带有读写头并前后移动的存取臂组成。

内置硬盘在容量和速度方面优于软盘,例如一个 10GB 的内置硬盘能保存 7000 个标准软盘的信息,而其快速的存取使得当今几乎所有的应用程序都存储且运行在硬盘上。

2. 盒式硬盘

尽管内置硬盘提供快速的访问能力,但其弱点是容量固定且不容易移动。盒式硬盘与录音机的磁带一样,可以方便地移动。

盒式硬盘主要用作内置硬盘的补充。因为盒式硬盘移动方便,它们可以用来保护一些敏感的信息。例如,人事管理人员需要访问高度机密雇员信息,这些信息可被保存在盒式硬盘上,在不使用时可以很方便并安全地存放。当然,盒式硬盘也可作为内置硬盘内容的备份存放媒体。

3. 硬盘组

硬盘组是一种用于存储大容量信息、可移动的存储设备,其容量远远大于上述两种硬盘。该设备主要用在小型和大型计算机上。例如,Internet 上的网站使用磁盘组存放 Web、E-mail、FTP 等信息,银行和信用卡公司使用磁盘组保存金融信息。

硬盘组由一系列上下对齐的盘片组成,类似于一堆唱片,区别在于,在盘片之间必须留出空间以便存取臂前后移动。每一个存取臂有两个读写头,一个读写上面的盘片,另一个读写下面的盘片。一个 11 个盘片的磁盘组提供 20 个信息面、10 个存取臂和 20 个读写头,这是因为最上和最下的磁面是不使用的。虽然所有的存取臂同时前后移动,但是在某一瞬间只有一个读写头是活动的。硬盘组的存取时间(access time)指的是从计算机请求辅助存储器的数据到数据传递完成所需要的时间。

4. USB 移动硬盘

近几年,USB 移动硬盘以其实用、轻巧、安装方便越来越获得用户的青睐。USB 硬盘的安装非常简单,在计算机正常工作时也可安装,通过单一线缆与计算机的 USB 接口连接即可,不用关机或重新启动计算机就可以连接或断开 USB 移动硬盘,完全实现即插即用。

硬盘分区 在建立磁盘分区以前,首先必须了解"物理磁盘"和"逻辑磁盘"。物理磁盘就是购买的磁盘实体,逻辑磁盘则是经过分割所建立的磁盘区,如果在一个物理磁盘上建立了 3 个磁盘区,每一个磁盘区就是一个逻辑磁盘。而实现磁盘分区可以使用系统命令 FDISK,按照提示逐步完成。

5. 提高硬盘性能

有 3 种方法可以改进硬盘的性能:磁盘缓冲(disk caching)、磁盘阵列(disk array)和文件压缩/解压缩(file compression/decompression)。

磁盘缓冲通过估计数据的需求改进硬盘的性能,它需要硬件和软件共同完成。在空闲处理时间,将频繁使用的数据从硬盘读到内存,当需要时能直接从内存读取该数据。由于内存的访问速度远远快于硬盘,使用这种技术系统的性能大约能增加 30%。

磁盘阵列(disk array)采用两种技术,一种是由一个硬盘控制器来控制多个硬盘的相互连接,使多个硬盘的读写同步,减少错误,增加效率和可靠度;另一种是把多个磁盘组成一个阵列,当作单一磁盘使用,它将数据以分段(striping)的方式储存在不同的磁盘中,存取数据时,阵列中的相关磁盘一起动作,大幅减低数据的存取时间,同时有更佳的空间利用率。磁盘阵列所利用的不同的技术,称为 RAID level,不同的 level 针对不同的系统及应用,以解决数据安全的问题。

廉价冗余磁盘阵列(redundant array of inexpensive disk,RAID)是磁盘阵列在技术上实现的理论标准,其目的在于减少错误、提高存储系统的性能与可靠度。常用的等级有 0、1、3、5 级等。

(1) RAID Level 0:是数据分段技术的实现,它将所有硬盘构成一个磁盘阵列,可以同时对多个硬盘做读写动作,但是不具备备份及容错能力,价格便宜,硬盘使用效率最佳,但可靠度差。以一个由两个硬盘组成的 RAID Level 0 磁盘阵列为例,它把数据的第一和第二位写入第一个硬盘,第三和第四位写入第二个硬盘……也称为"数据分割",因为各盘数据的写入动作是同时的,所以它的存储速度可以比单个硬盘快几倍。但是,万一磁盘阵列上有一个硬盘坏了,由于它把数据拆开分别存到了不同的硬盘上,坏了一个等于中断了数据的完整性,如果没有整个磁盘阵列的备份磁带,那么所有的数据损失是无法挽回的。

(2) RAID Level 1:使用的是磁盘映射(disk mirror)技术,就是把一个硬盘的内容同步复制到另一个硬盘里,所以具备了备份和容错能力,这样做使用效率不高,但可靠性高。

(3) RAID Level 3:采用数据交错存储技术,硬盘在 SCSI 控制卡的控制下同时动作,并将用于奇偶校验的数据储存到特定硬盘机中,它具备容错能力,可靠度较佳。

(4) RAID Level 5:使用的是硬盘分段技术,与 Level 3 的不同之处在于它把奇偶校验数据存放到各个硬盘里,这些硬盘在 SCSI 控制卡的控制下平行动作,有容错能力。

文件压缩和文件解压缩通过减少存储数据和程序需要的空间来增加存储容量。文件压缩不仅用于硬盘系统,也用于软盘。在 Internet 上,经常使用文件压缩来提高网络传输的速度。一般情况下,文件压缩程序能将原始文件压缩到 1/4 长,最常用的压缩程序是 WinZip、PKZip、WinRar。

3.6.2　光盘

现在的光盘能存储超过 4.7GB 的数据,即相当于 100 万页文本文档或一个中等规模的图书馆资料。光盘的出现对存储媒体带来了很大的影响,现在也许看到的只是其开始的效果。

在光盘技术中,通过激光束改变塑料或金属盘片的表面来表示数据。不像软盘和硬盘使用磁化的电荷来表示二进制的 0 和 1,光盘使用的是反射光,即二进制的 1 由盘片表面的平坦区域表示,0 由不平坦的区域表示。光盘的读取通过发射细小的一束激光到这些区域,而反射光的强度决定该区域表示 1 还是 0。

市场上光盘有 3.5、4.75、5.25、8、12 和 14 英寸等多种形式,最常用的是 4.75 英寸光盘。数据以不同的方式和格式存储在这些光盘上,最常见的光盘是 CD 和 DVD,表 3-2 列出了常见光盘类型。

表 3-2　光盘的类型

格　式	类　型	典型容量	描　述
CD	CD-ROM	650MB	存放数据库、图书和软件等不变内容
	CD-R	650MB	仅能写一次,用于存放大量数据
	CD-RW	650MB	可重复使用,用于创建和编辑大的多媒体图像
DVD	DVD-ROM	4.7GB	存放音频和视频的不变内容
	DVD-R	4.7GB	仅能写一次,用于存放大量的数据
	DVD-RAM(DVD-RW)	2.6~5.2GB	可重复使用,用于创建和编辑大的多媒体图像

1. CD

光盘(compact disc,CD)是当今使用最广泛的存储媒体,其存储容量一般为 650MB。CD 驱动器是许多微机的标准部件。它最重要的指标是旋转速度,因为它决定了 CD 信息的读取速度。例如,一个 24 速的 CD 驱动器每秒钟能传输 3.6MB 信息,而 32 速的 CD 驱动器每秒钟能传输 4.8MB 信息。

目前光盘有 CD-ROM、CD-R 以及 CD-RW 3 种类型。

(1) CD-ROM：全称为光盘-只读存储器(compact disc-read only memory)，它类似于音乐 CD。只读意味着它的内容不能被删除，也不能写入，只能读取预先写入的程序、数据。例如，市场上销售的系统软件、工具软件以及游戏程序大都预先写入 CD-ROM 中。

(2) CD-R：又称 WORM，它代表写一次、读多次(write once，read many)。市场上销售的空白光盘就属于这一种，它可以用来保存信息量较大的重要数据。CD-R 的特征是当写入以后可以重复读取，但不能删除和重新写入。光刻机就是用于写入 CD-R 信息的专用外设。

(3) CD-RW：全称为可写光盘(compact disc rewritable)，也称为可删除光盘(erasable optical disk)。这种光盘当数据写入时，除了盘片表面没有永久改变以外，与 CD-R 非常相似。由于可改写的特征，CD-RW 经常用于创建和编辑多媒体图像。

2. DVD

数字化视频光盘(digital video disc，DVD)是一种相对新的设备。DVD 和 DVD 驱动器与 CD 非常相似，唯一的区别在于在同样的空间中压缩更多的数据，其存储容量可达 4.7GB，比 CD 的容量多 7 倍。另外，许多 DVD 驱动器可以在盘片的双面存放数据，因此容量还可增加一倍。目前市场上已有 17GB 容量的 DVD 问世。

尽管 CD 是当今光盘的标准格式，大多数观察家预测 DVD 格式将很快替代 CD 格式。目前有以下几种类型的 DVD。

(1) DVD-ROM：全称为数字化视频光盘-只读存储器，DVD-ROM 主要的影响在于视频市场。一般 CD-ROM 能存放 1 小时高质量视频，而 DVD-ROM 能存放 2 小时的视频，并且其视频和声音的质量可与电影院媲美。

(2) DVD-R：就是可记录的 DVD(DVD-recordable)，写一次，读多次。DVD-R 和 DVD-R 驱动器起初是用于存放大量数据的永久文档，现在由于其价格过高，远没有 CD-R 普及。

(3) DVD-RAM 和 DVD-RW：即 DVD-随机存取存储器和可写 DVD，是最近出现的两种产品，它们是两个不同类型可再度使用的 DVD。像 CD-RW 一样，它们能重复使用，DVD-RAM 和 DVD-RW 被广泛地用于创建和编辑大规模的多媒体图像。

3.6.3　闪存和 U 盘

随着 USB 的出现并逐步盛行，借助 USB 的大容量存储设备应运而生，除了上述的 USB 硬盘外，USB 闪存以其超强实用性越来越受到用户的青睐。

闪存作为一种 EEPROM 内存，不仅具有 RAM 内存可擦除、可编程的优点，而且还具有 ROM 内存的写入数据在断电后不会消失的优点。

USB 闪存盘普遍采用 USB 接口，与计算机的理论传输速率可达 12MB/s，具有易扩展、即插即用的优点。它主要由两部分组成：Flash Memory 作为数据存储单元，控制芯片完成 USB 通信和 Flash 的读写操作和其他辅助功能。控制芯片可以决定 Flash 是否写保护、读写的内容、密码保护、数据恢复、BIOS 双重启动模式等功能。

目前主要有 4 种闪存：CompactFlash、SmartMedia、Memory Stick 和 U 盘。

(1) CompactFlash：又称 CF 卡，是美国 SanDisk 公司于 1994 年推出的，广泛应用于便携式计算机和数字产品中,由于具有良好的 PCMCIA 卡的兼容性,照片读取更加方便。

（2）SmartMedia：又称 SM 卡,是东芝和 Taec 公司于 1995 年 11 月发布的,存储卡上只有 Flash Memory 模块和接口,它也是数字设备的常见存储卡。

（3）Memory Stick：又称记忆棒,是索尼公司独立推出的,它的体积非常小,广泛用于索尼公司的电子产品上。

（4）U 盘：它利用当前最为先进的闪存芯片为存储介质,具有防磁、防震、防潮等特性,其重量 15g 左右,体积如口香糖大小。U 盘主要以目前在台式机、便携式计算机上的 USB 接口为传输通道,充分利用了 USB 接口传输速度快、使用方便、即插即用的特点。

3.6.4　磁带

磁盘提供的是快速、直接存取方式。所谓直接存取（direct access）,就是当用户选择盘片中的某一文件或歌曲时,驱动器直接定位到该文件或歌曲存放位置的开始处进行读取。而磁带提供的是顺序化存取（sequential access）方式,即在定位指定文件或歌曲位置时,必须访问前面几英寸的磁带,这需要花费一定的时间。

虽然磁带对于访问某一信息速度较慢,但它是制作程序、数据备份的有效手段。下面就用户角度分析市场上存在的磁带技术。

（1）DC2000/Travan 技术：该技术为微机用户提供入门级的数据保护。这种技术的产品价格很低,适合于微机和低档网络服务器的备份。该技术最早产生于 1989 年,是 3M 公司继 DC6000 后推出的又一信息存储技术,在它的发展过程中,QIC（Quarter-Inch-Cartridge）委员会为其制定了一系列的标准,所以在此类技术产品中可以发现"QIC"字样。这种技术的工作原理被称为"纵向曲线性记录法"（longitudinal serpentine recording）,它使用一种非常简单的驱动机械与计算机的软驱接口相连接。

（2）数字音频磁带（digital audio tape,DAT）技术：该技术最初是由 HP 与 SONY 公司共同开发出来的。这种技术以螺旋扫描记录（helical scan recording）为基础,将信息转化为数字后再存储下来。早期的 DAT 技术主要用于声音的记录,后来随着技术的不断完善,又被应用在数据存储领域里。在信息存储领域里,DAT 一直是被广泛应用的技术,而且 DAT 的这种优势还将继续保持下去。这种技术之所以广受欢迎,主要在于它具有很高的性能价格比。

（3）QIC DC6000 技术：即通常所讲的数据流带机,是由 3M 公司所开发并在 20 世纪 80 年代初进入市场。它使用非常简单的驱动装置进行纵向记录,但是数据磁带却非常复杂而且昂贵。由于磁带体积大,磁带机只有 5.25 英寸格式,其容量最大为 525MB。随着 DAT 技术的流行,该技术已逐步淡出市场。

（4）8MM 技术：是由 Exabyte（安百特）公司开发与生产的适用于网络和多用户系统的磁带技术。8MM 技术在相当高的价格上提供了相对高的容量。最近 Exabyte 公司推出了第四代 8MM 系列磁带格式：M2™Mammoth Tape,而且国际标准化组织（ISO）将其公布为开放式标准,标准代号是 ISO/IEC 18836：2001。Mammoth Tape 技术是由专门设计的磁带驱动器和高级金属蒸发（AME）磁带组成。作为同级别中速度最快的磁带机,M2 提供 12MB/s 数据传输率和 60GB 的容量。

（5）数字线性磁带（digital linear tape,DLT）技术：最早于 1985 年由 DEC 公司开发,主

要应用于 VAX 系统。DLT 技术采用单轴 1/2 英寸磁带仓,以纵向曲线记录法为基础。DLT 产品定位于中高档的服务器市场与磁带库应用系统。目前 DLT 驱动器的容量从 10GB 到 35GB 不等,数据传送速度在 $1.25 \sim 5 \text{MB/s}$,如果采用硬件压缩数据,则可以使容量和速度提高一倍。

(6) 线性磁带开放(linear tape open,LTO)技术:是由 HP、IBM、Seagate 3 个厂商在 1997 年 11 月联合制定的。它结合了线性多通道、双向磁带格式的优点,基于服务系统、硬件数据压缩、优化的磁道面和高效率纠错技术,来提高磁道的性能。

量子　量子(quantum)是现代物理的重要概念。最早是由德国物理学家 M•普朗克在 1900 年提出的。他假设黑体辐射中的辐射能量是不连续的,只能取能量基本单位的整数倍,从而很好地解释了黑体辐射的实验现象。自从普朗克提出量子这一概念以来,经爱因斯坦、玻尔、德布罗意、海森伯、薛定谔、狄拉克、玻恩等人的完善,在 20 世纪的前半期,初步建立了完整的量子力学理论,绝大多数物理学家将量子力学视为理解和描述自然的基本理论。

量子通信(quantum teleportation)是指利用量子纠缠效应进行信息传递的一种新型的通信方式,它是量子论和信息论相结合的新的研究领域。量子通信主要涉及量子密码通信、量子远程传态和量子密集编码等。

量子计算机(quantum computer)是一类遵循量子力学规律进行高速数学和逻辑运算、存储及处理量子信息的物理装置。当某个装置处理和计算的是量子信息、运行的是量子算法时,它就是量子计算机。

量子密码学(quantum cryptography)是一门很有前途的新学科,量子密码体系采用量子态作为信息载体,经由量子通道在合法的用户之间传送密钥,量子密码的安全性由量子力学原理所保证。量子密码学有广义和狭义之分,狭义量子密码学主要指量子密钥分配等基于量子技术实现经典密码学目标的结果,而广义量子密码学则是指能统一刻画狭义量子密码学和经典密码学的一个理论框架。

3.7　平板电脑

提到平板电脑,现阶段都会不约而同地想到"苹果"公司平板电脑,想到魔术师般神奇的史蒂夫•乔布斯(Steve Jobs)的平板电脑神话。平板电脑可以玩游戏,可以播放音频、视频,也可以读书、看报、浏览最新的社会资讯等,它已经深入人们的日常生活。与之相对应的是不同的行业也相继为平板电脑制定了不同的特殊功能。例如,在餐饮业,你可以在餐厅里见到服务员用平板电脑点菜;在培训业,你可以在儿童培训机构中见到孩子们用平板电脑辅助学习;在新闻媒体业,你可以在电视节目中见到主持人用平板电脑记录电视节目流程;在教育界,你也可以见到校园里随处可见学生和老师手持平板电脑进行教学交流和沟通;在医疗卫生业,你可以在医院里见到医生和护士用平板电脑查房,查询病历与医嘱,等等。应该说,这些行业的应用已经远远超出了平板电脑刚问世时的娱乐概念。

3.7.1　平板电脑的概念

平板电脑(常称为 PAD,又称为 Tablet)顾名思义是一种平面式、无须翻盖且功能完整的微型计算机,其通常体型小巧,便于携带,一般拥有触摸屏,以手指轻触屏幕的触摸式输入作为基本的信息输入方式,也有通过触控笔和数字笔的方式工作,无须配备传统的键盘和鼠标,但是有可供输入的屏幕软键盘。

3.7.2 平板电脑的发展

平板电脑经过两个发展过程。20 世纪 60 年代就有早期 RAND 平板电脑出现,借助触控笔可以进行绘图、选择菜单等操作,但是价格很高,难以推广。在那个年代,人们就曾经梦想能用手去触控电脑屏幕,但并没有实现。之后还出现过诸如 Dynabook 电子书和 Graphics Tablet 平板。直到 20 世纪 80 年代,能为孩子提供娱乐的 KoalaPad 产品才获得消费者认可。20 世纪 90 年代后,市面上出现了第一台商业化的平板电脑 GRiDPad,与其同时还出现了 Momenta Pentop 以及微软等公司推出的相关匹配软件产品,在此之后,平板电脑出现了一个比较快速的成长期,在此期间比尔•盖茨重提平板电脑概念,推出了 Windows XP Tablet PC 版,这个时期平板电脑同台式机一样,使用 Windows XP Professional 系统,同时可以兼容很多 Windows XP 的软件。这一阶段的平板电脑大都伴随着 PC 一起成长,支持诸如 Intel、AMD 或 ARM 的芯片,系统几乎是微软公司的产品占据绝对的市场。2010 年 1 月,苹果公司发布旗下一款最新的平板电脑产品 iPAD,并先后系列推出其平板电脑家族产品 iPod(touch)、iPhone、iPad,且使用苹果公司的 iOS 系统。iPad 产品非常轻薄(重约 1.5 磅)、美观,只有 4 个按键,能集互联网、电子邮件、电子书、播放音频、视频以及强大的游戏功能等于一身,后期版本支持 3G 和 Wi-Fi,几乎改变了一代人的思维和工作娱乐方式。当然,其他厂商也不甘落后,相继开发出各自的平板电脑产品,几乎都以 PAD 命名。因此,在诸多这些 PAD 产品中比较有影响的毫无悬念地首推苹果公司地 iPad,此外还有戴尔公司的 Streak、惠普公司的 TouchPad、东芝公司的 AS100、三星公司的 Galaxy Tab 及联想公司的"乐 Pad"、汉王公司的 TouchPad D10 等。平板电脑的普及还助推了智能手机市场的发展,它们的尺寸多小巧便携,采用的系统有苹果的 iOS 以及具有较强兼容性的 Android 等。

3.7.3 平板电脑的芯片

传统平板电脑是以微软公司为代表提出的,以安装 x86 版本的 Windows 系统、Linux 系统或 Mac OS 系统的 PC 为主。新一代平板电脑目前绝大多数都采用 ARM 处理器的构架作为平板电脑心脏的主控芯片,这类芯片能耗低,续航和散热有了很大改进。

ARM(advanced RISC machines)既是一种微处理器的统称,也是一种技术,还是公司的名称,该公司设计了大量高性能、廉价、低耗能的 RISC 处理器以及相关技术和软件,目前是微处理器行业的一家不可替代的企业,占据 32 位嵌入式微处理器 75% 以上的市场份额,其通常也会基于同一种 ARM 架构设计某一代芯片结构,如 ARM9、ARM11 或者 Cortex A8、Cortex A9 等,这些芯片都具备性能高、成本低和能耗省的优点,目前世界上绝大多数 PDA 产品和几乎 80% 的 GSM/3G 手机、99% 的 CDMA 手机均采用 ARM 体系架构的嵌入式处理器。

ARM 体系已发布了 9 个系列版本或版本的变种,目前市面上所见到的高体系版本如 v7,相应的处理器核有 ARM Cortex A8/A9/A10。具有代表性且使用较广泛的有如下 3 个。

1. ARMv4 体系架构

ARMv4 架构的代表核心是 ARM9 核心。ARM9 核心系列比较经典,且拥有成熟的生产技术,核心面积较小,成本也较低,能提供约 1.1DMIPS/MHz 的性能,虽然比较节能省电,但是其冲击更高频率的能力有限,因而相对整体效能也不高。

2. ARMv6 体系架构

ARMv6 架构的代表核心是 ARM11 核心。ARM11 核心系列微处理器是 ARM 公司近年推出的新一代 RISC 处理器,它建立在过去 ARM 许多成功的结构体系基础上,是 ARM 新指令架构,也是 ARMv6 的第一代设计的实现。ARM11 核心同样比较经典,提供约 1.2DMIPS/MHz 的性能,相对 ARMv4 架构的 ARM9,ARMv6 架构的 ARM11 性能更加强劲,但是功耗增加也比较显著。

3. ARMv7 体系架构

ARMv7 架构的代表核心是 Cortex 指令集系列核心,以 Cortex A8 核心和 Cortex A9 核心为主。其中,ARM Cortex-A8 处理器是第一款基于 ARMv7 架构的超标量 CPU,能提供 2.0DMIPS/MHz 的效能。其普遍配有 256KB 的 L2 缓存,因为其提供 600MHz-1GHz 的高频率,性能已经大大超过同频率的 ARM9 和 ARM11 了,基本可以达到 ARM11 的 2 倍以上,适用于 3D 图形和游戏。当然,Cortex-A8 系统级芯片的成本相对较高,一般定位在中高端的产品。Cortex-A9 核心是在 Cortex-A8 的基础上改进得到的,Cortex-A9 核心普遍采用对称双核心配置,能与其他 Cortex 系列处理器兼容,共享 1MB 的 L2 缓存,总体性能达到 Cortex-A8 的 2 倍以上。

3.7.4 ARM 微处理器应用

由于 ARM 微处理器具备处理能力强和功耗低的优点,现今众多企业和公司愿意将 ARM 微处理器运用在产品选型中,ARM 微处理器的主要应用领域体现在下面几个领域。

1. 工业嵌入式控制

早先 ARM 核的微控制器芯片的应用主要集中在高端的控制器领域,但由于 ARM 微控制器的功耗低、处理能力强、市场认可度高等原因,ARM 核的芯片在许多方面可以取代原先 x86 架构的单片机。

2. 无线通信、便携式移动产品

据保守估计,由于性能好价格低的原因,目前无线通信市场至少超过 85% 的通信设备运用 ARM 技术,在无线通信、便携式移动领域中,ARM 的地位几乎不可替代,例如手提式电脑、PDA、移动通信终端等。

3. 数字消费类电子产品

在现今庞大的数字消费类电子产品中,ARM 技术也占据着很重要的地位,例如数字音频播放器、数字机顶盒、数码相机、数字式电视机、GPS、游戏机等多数应用 ARM 技术,移动智能手机的智能卡同样采用 ARM 技术。

世界科技豪门——硅谷 硅谷位于美国加利福尼亚州的旧金山,20 世纪 50 年代初,斯坦福大学在硅谷建立了一个研究所。1955 年,晶体管的发明者肖克莱在硅谷建立了一个半导体公司。两年后,创立了现为美国第二大半导体厂家的费尔柴尔德(仙童)半导体公司。这个半导体公司发明了平面集成电路技术,标志着电子技术进入微电子时代。1967 年,诺伊斯和摩尔又从仙童公司分出去,创办了 Intel 公司。1971 年,Intel 公司发明了具有划时代意义的微处理器和微型计算机,使产业界发生了巨大的变化,硅谷由此一鸣惊人。

1987 年图灵奖获得者——John Cocke　John Cocke 生于 1925 年,1946 年在美国杜克大学(Duke University)获得机械工程学士学位,经过几年实际工作后,又回到母校攻读数学研究生,并于 1956 年取得博士学位。随后主要在 IBM 公司工作,并为 IBM 计算机市场的开拓和计算机科学技术的发展做出了巨大的贡献。Cocke 在图灵奖颁奖仪式上发表的题为"对科学处理器性能的探索"的演说中,指出了影响计算机性能的三大重要因素对后续的计算机发展具有重要的意义,即算法、编译器和机器组织,其中算法的改进是最重要的。Cocke 的主要贡献在以下两个方面。

(1) 高性能计算机的体系结构:Cocke 是 20 世纪 60 年代世界上第一个巨型机STRETCH 的技术负责人。在 STRETCH 中首创的灵活的寻址技术、流水线技术以及差错校正码至今仍被广泛使用。STRETCH 还首次采用了虚拟存储技术,这是 Cocke 对计算机体系结构的第一个贡献。20 世纪 70 年代,Cocke 主持了"80 号大楼项目",又称 801 计算机,后来发展为一种具有小指令集,每个指令都是单地址、有固定格式、以流水线方式重叠执行,以及指令高速缓存和数据高速缓存分开并互相独立的一种超级通用小型机。801 计算机的设计思想和体系结构后来经过加州大学伯克利分校的 D. Pattetson 和斯坦福大学的J. Hennessy 的改进和发展,最后形成了精简指令集计算机(RISC)。目前,RISC 已成为计算机产业中的重要产品结构。

(2) 编译器:除了计算机体系结构以外,Cocke 在编译器方面也做出了重要贡献。实际上,RISC 技术的两大核心,一是指令并行执行,另一就是编译优化。Cocke 对编译器的代码生成技术进行了深入的研究,提出了一系列优化方法:过程的集成、循环的变化、公共子表达式的消除、代码移动、寄存器定位以及存储单元复用等,并在 20 世纪 70 年代初期发表了两本关于编译器的专著《程序设计语言及其编译器》和《各种变换的优化方法》。

本 章 小 结

计算机硬件的发展有两大趋势:一是巨型机,即向超高速、大容量、实时和智能化方向发展;二是向微型化、低功耗、低价格方向发展。本章以微型计算机为主线,介绍了计算机的体系结构及运算器、控制器、存储器和输入输出设备等基本部件,以及平板电脑相关内容及其发展。在后续课程中,通过计算机组成与体系结构、微机原理及其应用、单片机及应用、接口与通信等课程的学习,进一步掌握汇编语言编程、计算机的工作原理、输入输出方式以及并行处理等先进的计算机体系,并能运用这些技术设计或开发计算机控制系统。

习　题

一、简答题

1. 描述 CPU 的两个基本部件。

2. 简要说明 RISC 与 CISC 芯片的主要区别。

3. 什么是 POS 终端？描述一个 POS 终端的处理能力。

4. 定义 3 种类型的硬盘并说明它们的优缺点。

5. 描述磁带存储能提供的重要功能。

二、选择题

1. ALU 完成算术操作和_____。

A. 存储数据　　　　B. 奇偶校验　　　　C. 逻辑操作　　　　D. 二进制计算

2. 微型计算机中主要使用的二进制编码是_____。

A. ASCII　　　　　B. EBCDIC　　　　C. BCD　　　　　D. Unicode

3. 计算机中主要使用的内存类型有 RAM、ROM 和_____。

A. CD-ROM　　　　B. RISC　　　　　C. MCA　　　　　D. CMOS

4. 设计用来满足视频需求的总线是_____。

A. EISA　　　　　B. ISA　　　　　C. PCI　　　　　D. PCMCIA

5. 一个转换页面上图像到计算机能存储的电子信号的设备是_____。

A. 扫描仪　　　　　B. 绘图器　　　　C. POS　　　　　D. MICR

6. 一种能在热感应纸上使用热元素产生高质量输出的打印机是_____打印机。

A. 点阵　　　　　B. 喷墨　　　　　C. 热学　　　　　D. 激光

7. 下列_____存储器是顺序存取的存储媒体。

A. 软盘　　　　　B. 硬盘　　　　　C. 光盘　　　　　D. 磁带

8. 通过估计数据需求来改进硬盘性能的方法是_____。

A. 磁盘缓冲　　　　B. RAID　　　　　C. 虚拟处理　　　　D. 磁盘压缩

三、上机与上网实践

1. Intel 公司是最著名的微处理器开发与制造商，为了了解最新微处理器的发展，请访问该公司的网站 http://www.intel.com 或者通过搜索引擎查询。选择两个流行的微处理器，打印其描述的网页，并写一段文章，对这两种微处理器进行比较。

2. USB 是当前流行且具有发展潜力的计算机接口技术，它是通过 7 个公司合作开发的。请通过访问搜索引擎——百度，输入关键字"USB"，查找相关网页或新闻，并写一段学习体会。

3. 为了提供更方便的方法访问 Internet，WebTV 网络公司改变了传统浏览 Web 计算机的需求，它们提出并开发了 Web 终端连接一个 TV 浏览 Web 的技术。请通过搜索引擎学习怎样使用 TV 访问 Web，打印找到的网页，并讨论使用计算机和 TV 访问 Web 的优缺点。

4. 语音识别技术是目前重要应用领域之一。请通过上网搜索，浏览最新语音识别和语音合成软件，打印有关的网页，并描述最新开发的相关技术。

5. DVD 家庭娱乐系统是电器市场的新贵，同样计算机的辅助存储设备 DVD-ROM 也将有很大的发展潜力。访问百度或其他搜索引擎，输入关键字"DVD"和"CD"，写一段文章，描述什么是 DVD？它与 CD 相比，有哪些优缺点？

四、探索

1. 假设有一台微型计算机，目前还没有安装 DVD-ROM。如果希望拥有一个 DVD-ROM，则有 3 种选择：①购买一个外置式 DVD-ROM 驱动器,连接到系统背后的端口上；②购买一个内置式 DVD-ROM,直接插入系统扩展槽；③更换一台具有 DVD-ROM 的新计算机。请研究这 3 种选择,描述各自的优缺点。

2. 软件工业一直面临着软件盗版的问题,即非法地复制和散发(销售)程序,DVD 影片同样也遇到类似的问题。请思考如下问题：

(1) 你认为非法复制 DVD 影片是影响电影市场的重要问题吗？为什么？

(2) 你认为这种现象能否得到控制？怎么控制？

3. 多功能设备又称为信息工具(information appliance),它们是将各种输入输出功能集成在一个设备上,最常见的是集成扫描、传真、复印和打印功能。请通过市场调研或 Internet 访问,描述它与购买单独设备之间的优缺点。

4. 微型计算机的价格日趋下降,用户可以通过购买整机或用散件组装拥有一台属于自己的计算机。请通过市场调研或 Internet 访问,制作一张组装和整机比较表,内容包括价格、内存容量、硬盘容量、处理器类型、显示器类型、扩展槽能力、光驱以及 MODEM。

第 **4** 章
计算机系统软件与工具软件

本章介绍计算机系统软件,包括程序设计语言翻译系统和操作系统等系统软件及几个常用的工具软件。学完本章之后,应能理解程序设计语言翻译系统的功能和基本概念;理解操作系统的基本概念和功能,对几种常用的操作系统(如 DOS、Windows、UNIX、Mac OS X 等)的主要特征有一定了解;对介绍的几种工具软件的功能有所了解,并能在有关网站上找到这些软件后,自己学会使用这些工具软件。

计算机系统软件可以理解为计算机系统中最接近硬件的一层软件,它与具体的应用领域无关,如操作系统和编译程序等。计算机系统中的其他软件一般都通过系统软件发挥作用。在任何计算机系统的设计中,系统软件都要予以优先考虑。另外,在使用计算机的过程中需要许多工具软件,了解并学会使用这类软件是很有必要的。

4.1 程序设计语言翻译系统

如前几章所述,计算机硬件只能识别并执行机器指令,但人们普遍习惯于使用高级程序设计语言或汇编语言来编写程序。为了让计算机能够理解高级程序设计语言或汇编语言并执行用它编写的程序,必须要为它配备一个"翻译",这就是所谓的程序设计语言翻译系统。

程序设计语言翻译系统是一类系统软件,它能够将使用某一种源语言编写的程序翻译成为与其等价的使用另一种目标语言编写的程序。使用源语言编写的程序称为源程序,使用目标语言编写的程序称为目标程序。源程序是程序设计语言翻译系统加工的"原材料",而目标程序则是程序设计语言翻译系统加工的"最终产品"。不同的程序设计语言需要有不同的程序语言翻译系统,同一种程序设计语言在不同类型计算机上也需要配置不同的程序设计语言翻译系统。因此,如果有 M 种程序设计语言,有 N 种不同类型的计算机,则需要有 $M \times N$ 种程序设计语言翻译系统。所谓某种类型的计算机中配备了某种程序设计语言,是指该计算机上已经配置了该语言的翻译系统。

程序设计语言翻译系统可以分成 3 种:汇编语言翻译系统、高级语言源程序翻译系统和高级语言源程序解释系统。这些翻译系统之间的不同之处主要体现在它们生成计算机可以执行的机器语言的过程中。

4.1.1 汇编语言翻译系统

汇编语言翻译系统的主要功能是将用汇编语言书写的程序翻译成用二进制码 0 或 1 表示的等价的机器语言,形成计算机可以执行的机器指令代码,如图 4-1 所示。

输入　　　　　　　　输出

| 汇编源程序 | → | 汇编程序翻译器 | → | 二进制机器语言程序 |

图 4-1　汇编程序翻译器示意图

汇编程序的具体翻译工作有如下几步:

① 用机器操作码代替符号化的操作符。

② 用数值地址代替符号名字。

③ 将常数翻译为机器的内部表示。

④ 分配指令和数据的存储单元。

4.1.2 高级程序设计语言翻译系统

1. 什么是程序设计语言翻译系统

高级程序设计语言翻译系统是将用高级语言书写的源程序翻译成等价的机器语言程序或汇编程序的处理系统,也称为编译程序(在我国通常将高级程序设计语言翻译系统称为编译系统)。它以高级语言书写的程序(称为源程序)作为输入,以机器语言或汇编语言表示的程序(称为目标程序)作为输出,它的最终任务是产生一个可在具体计算机上执行的目标程序。

多数高级程序设计语言(如 C、PASCAL、FORTRAN 等)都是采用编译的方式,也有一些程序设计语言(如 BASIC 等)采用解释的方式。图 4-2 中给出了一个用 C 语言编写的源程序的例子。由于源程序中的每一个语句与目标程序中的指令通常是一对多的关系,因而编译程序的实现算法比较复杂。由于编译程序的设计原理与方法同样也可以用于解释程序,所以在计算机科学与技术专业的培养计划中,通常仅讲述程序设计语言编译原理。

```
#include<stdio.h>
main()
{   int i, num;
    float sum;
    printf("Enter numbers:\n");
    sum=0;
    for (i=0;i<10; i++)
        {
            scanf("%d", &num);
            sum=sum+num;
        }
    printf ("sum=%3.1f\n",sum);
    printf("Average=%3.1f\n",sum/10.0);
}
```

图 4-2　用程序设计语言 C 编写的源程序

2. 编译程序的结构

编译程序是怎样识别用高级语言编写的源程序并将它翻译为等价的目标程序呢? 为了便于理解编译程序的整体结构和工作过程,可以把编译程序比喻为一个"信息加工流水线",其加工的"原材料"是源程序,"最终产品"是目标程序,每一道"工序"则以上一道"工序"得到的"半成品"作为输入,经过该道"工序"的加工后再输出作为下一道"工序"的输入,直至最后得到"最终产品"——目标程序。

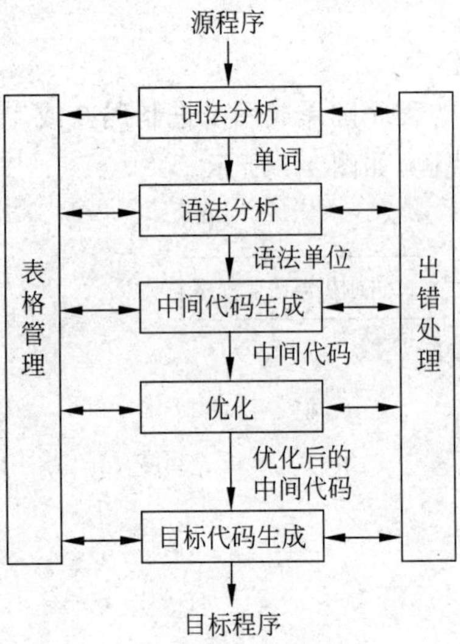

图 4-3 编译程序的结构与工作过程

编译程序的结构与工作过程如图 4-3 所示,其中各模块的功能如下。

(1) 词法分析程序:又称扫描器,它的功能是扫描以字符串形式输入的源程序,识别出一个个的单词并将其转换为机内表示形式。

(2) 语法分析程序:又称分析器,它的功能是对单词进行分析,按照语法规则分析出一个个的语法单位,如表达式、语句、程序等。

(3) 中间代码生成程序:它的功能是将语法单位转换为某种中间代码。

(4) 优化程序:它负责对中间代码进行优化,使得生成的目标代码在运行速度、存储空间方面具有较高的质量。

(5) 目标代码生成程序:它的功能是将优化后的中间代码转换为目标程序。

以上是编译程序这个"信息加工流水线"的 5 道"主工序",在每一道"工序"中,有可能需要使用各种表格来记录和查询必要的信息,或者需要进行出错处理,这些任务将由表格管理程序和出错处理程序来完成。

4.1.3 高级程序设计语言解释系统

高级程序设计语言解释系统是按照源程序中的语句的动态顺序逐条翻译并立即执行相应功能的处理系统。解释程序在翻译过程中并不把源程序翻译成一个完整的目标程序形式,而是直接将源程序中的语句逐句转换成机器可执行的动作并获得结果,如图 4-4 所示。因此,源程序每次运行都需要重新进行解释。

解释程序的工作过程如下:

① 由总控程序完成初始化工作。

② 依次从源程序中取出一条语句进行语法检查,如有错,输出错误信息;如通过了语法检查,则根据语句翻译成相应的指令并执行它。

③ 检查源程序是否已全部解释执行完毕,如果未完成,则继续解释并执行下一个语句,直到全部语句都处理完毕。

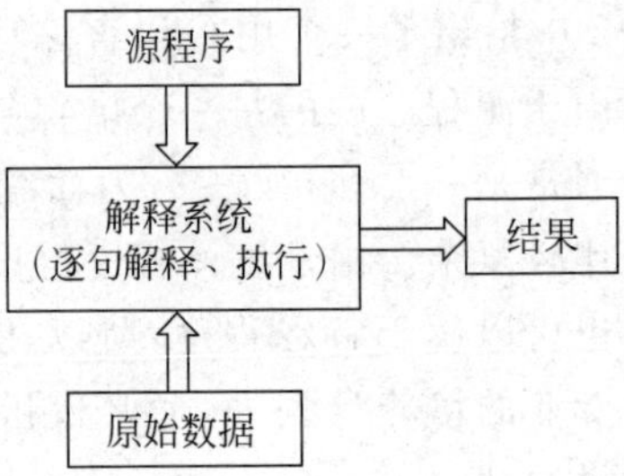

图 4-4 源程序解释

解释程序的优点是实现算法比较简单,缺点是运行效率比较低。早期所用的 BASIC 语言是解释型程序设计语言,近年来十分流行的 Java 语言,它也具有逐条解释执行程序的功能。

4.2 操 作 系 统

操作系统是一种用来管理计算机系统的硬件资源、控制程序的运行、改善人机界面和为应用软件提供支持的软件系统。操作系统是最靠近硬件的一层软件,它把硬件裸机改造成为功能更加完善的虚拟机器,使得对计算机系统的使用和管理更加方便。

4.2.1　什么是操作系统

计算机系统是十分复杂的系统,要使其协调、高效地工作,必须有一套进行自动管理和便于用户操作的机构。操作系统就是用来管理计算机系统的软硬件资源、提高计算机系统资源的使用效率、方便用户使用的程序集合。它是对计算机系统进行自动管理的控制中心。

操作系统是计算机硬件(裸机)的直接外层,它对硬件的功能进行首次扩充。操作系统通过各种命令提供给用户的操作界面,给用户带来了极大的方便,同时操作系统又是其他软件运行的基础。

为了让操作系统进行工作,首先要将它从外存储器装入主存储器,这一安装过程称为引导系统。安装完毕后,操作系统中的管理程序部分将保持在主存储器中,称其为驻留程序。其他部分在需要时再自动地从外存储器调入主存储器中,这些程序称为临时程序。

操作系统中的某些部分可以自动工作,不需要人为干预,有的部分则为用户提供实用程序用来对系统进行维护。

4.2.2　操作系统的功能

操作系统是计算机系统软件的核心,它在计算机系统中担负着管理系统资源、控制输入输出处理以及实现用户和计算机系统之间通信的重要任务。操作系统的功能可以从不同的角度来理解,例如可以从资源管理的角度或者从方便用户(人机交互)的角度来理解。

1. 资源管理功能

这里所谓的"资源"是指计算机系统的硬件(包括处理机、存储器和输入输出设备)和以文件形式存放在计算机中的信息。它们是操作系统管理的对象,系统的硬件资源和软件资源都由操作系统根据用户需求按一定的策略分配和调度。因此,从资源管理的角度来看,操作系统主要有以下 4 个方面的功能:

(1) 处理机管理。操作系统的重要任务是控制程序的执行,它负责对系统中各个处理机及其状态进行登记,管理各程序对处理机的要求,并按照一定的策略将系统中的各个处理机分配给申请的用户作业(进程)。目前计算机系统中所使用的大多数是多任务、多线程的操作系统。所谓"多任务"是指操作系统同时执行一个以上的任务(运行某程序)的功能,例如当一项任务在等待输入输出操作时,CPU 可以执行另一项任务。所谓"多线程"是指一个程序的多重执行能力,例如当计算机在写入一个大型文件时可以同时调用拼写检查程序。

(2) 存储器管理。操作系统按照一定的策略为用户作业分配存储空间,记录主存储器的使用情况,并对主存储器中的信息提供保护,在该作业执行结束后将它占用的内存单元收回以便其他程序使用。

(3) 输入输出设备管理。由于输入输出设备的速度远远低于 CPU,操作系统应对设备的输入输出性能有很清晰的分类,以便当外部有输入输出要求时能及时地响应。操作系统记录系统中各个输入输出设备的状态,按照各个设备的不同特点采取不同的策略分配和回收外部设备,控制外部设备按用户程序的要求进行操作。例如对于打印机,可以作为一个设备分配给一个用户程序使用,在该用户程序使用完毕后即回收,以便给另一个需要的用户使用。对存储型的外部设备,则提供存储空间给用户存放各类信息(程序、数据等)。

（4）文件管理。操作系统的文件管理功能是对存放在计算机中的信息进行逻辑组织和物理组织、维护文件目录的结构以及实现对文件的各种操作。例如，可向用户提供创建文件、撤销文件、读写文件、打开和关闭文件等功能。有了文件管理，用户可以按文件名存取数据而不必了解这些数据的确切物理位置。这不仅便于用户的操作使用，而且还有利于用户间共享数据。另外，操作系统的文件管理还允许用户在创建文件时规定文件的使用权限，这样数据的安全性也得到了保证。

2. 人机交互功能

计算机的界面是否"友好"，与操作系统人机交互功能的完善与否密切相关。人机交互功能主要靠可以进行输入输出的外部设备和相应的软件来完成。这些外部设备主要有键盘、显示器、鼠标、语音输入设备、文字输入设备以及图形图像设备等。驱动这些设备进行工作的软件，就是操作系统提供用户进行人机交互功能的"源泉"。这些软件的主要作用是控制有关设备的运行，理解并执行通过人机交互界面传来的各种命令和要求。

4.2.3 操作系统的分类

操作系统也有许多不同的分类方法。例如，按照计算机硬件的规模可以分为大型机操作系统、小型机操作系统和微型机操作系统。由于大型机的性能强、设备多、价格昂贵，所以其操作系统注重于调度和管理系统资源，提高资源使用的有效性。而小型机和微型机的操作系统则更加注重用户界面的友好性。

另外一种典型的方法是按照操作系统的性能来分类，即可以把操作系统分为多道批处理操作系统、分时操作系统、实时操作系统和网络操作系统。下面简要介绍这 4 类操作系统的主要特点。

1. 多道批处理操作系统

所谓多道程序设计，是指在主存储器中存放多道用户的作业，使其按照一定的策略插空在 CPU 上运行，共享 CPU 和输入输出设备等系统资源。多道批处理操作系统负责把用户作业成批地接收进外存储器，形成作业队列，然后按一定的策略将作业队列中的用户作业调入主存储器，并使得这些作业按其优先级轮流占用 CPU 和外部设备等系统资源。因此，从宏观上看，计算机中有多个作业在运行，但从微观上看，对于单 CPU 的计算机而言，在某一个瞬间实际上只有一道作业在 CPU 上运行。多道批处理操作系统可以提高系统设备的利用率，一般适用于大型计算机。

2. 分时操作系统

所谓分时，是指多个用户终端共享使用一台计算机，即把计算机系统的 CPU 时间分割成一个个小的时间段(称其为一个时间片)，从而将 CPU 的工作时间分别提供给各个用户终端。由于计算机的高速性，使得每一个用户都感觉到自己在独占计算机的系统资源。分时操作系统设计的主要目标是提高对用户响应的及时性。它一般适用于带有多个终端的小型机。

3. 实时操作系统

在把计算机应用于过程控制系统时，通常要求计算机能够对外部事件做出及时的响应并对其进行处理，这样的系统称为实时系统。实时操作系统一般应用于专门的应用系统，而且特别强调对外部事件响应的及时性和快捷性。此外，由于实时系统往往是对工业生产过程进行控制,因此系统的可靠性也是一个重要的指标。

4. 网络操作系统

计算机网络是将物理位置各异的计算机通过通信线路连接起来以实现共享资源的计算机集合。由于在网络上的计算机的硬件特性、数据表示格式等的不同,为了在互相通信时彼此能够理解,必须共同遵循某些约定,这些约定称为协议。因此,网络操作系统实际上是使网络上的计算机能够方便而有效地共享网络资源,为网络用户提供各种服务软件和有关协议的集合。

网络操作系统除了应具有通常操作系统所具有的处理机管理、存储器管理、输入输出设备管理和文件管理之外,还应能提供高效、可靠的网络通信以及多种网络服务功能。其中网络通信将按照网络协议来进行;而网络服务包括文件传输、远程登录、电子邮件、信息检索等,使网络用户能够方便地利用网络上的各种资源。

4.2.4 几种常用的操作系统

不同的用途、不同的计算机可以采用不同的操作系统。下面简要介绍在微型计算机上广泛使用的几种操作系统。

1. MS-DOS

MS-DOS 是微软磁盘操作系统(Microsoft disk operating system)的简称,它自 1981 年问世以来,随着版本的不断升级和功能的不断增强,得到了迅速的普及,被广泛地应用于个人计算机(PC)上。

MS-DOS 有以下 3 个方面的功能:

(1) 磁盘文件管理。对建立在磁盘上的文件进行管理是 MS-DOS 的最主要的一项功能。由文件管理模块(MSDOS. SYS)实现对磁盘文件的建立、打开、读写、修改、查找、删除等操作的控制与管理。

(2) 输入输出管理。实现对标准输入输出设备(包括键盘、显示器、打印机、串行通信接口等)的控制与管理,该项功能由输入输出管理模块(IO. SYS)来完成。

(3) 命令处理。提供一个人机界面,使用户能够通过 DOS 命令对计算机进行操作。在 MS-DOS 中,由命令处理模块(COMMAND. COM)负责对用户输入的命令进行接收、识别、解释和执行。

MS-DOS 由引导程序(Boot)负责将系统装入主存储器。启动计算机后引导程序检查驱动器 A 或 C 中是否装有系统文件 MSDOS. SYS 和 IO. SYS 的系统盘。如果有,则将 MS-DOS 引导入主存储器;否则,将显示出错信息。把 MS-DOS 的系统文件装入主存储器的过程称为启动 MS-DOS。

MS-DOS 采用命令行界面,其中的命令都要用户强记,这给用户的学习和使用带来了不少困难,DOS 中文件名所用的字符个数不能超过 8 个,扩展名的字符不能超过 3 个。在 MS-DOS 的提示符下用户可以输入命令,按 Enter 键表示命令结束。输入命令的格式和语法都必须正确,如不正确,MS-DOS 则会给出出错信息。

MS-DOS 命令分为内部命令和外部命令两种。内部命令是包含在 COMMAND. SYS 文件中可直接执行的命令;而外部命令则是以普通文件的形式存放在磁盘上,需要时将其调入主存储器。

2. Microsoft Windows

Microsoft Windows 是由微软公司开发的基于图形界面、多任务的操作系统,又称为视窗操作系统。Windows 正如它的名字一样,它在计算机与用户之间打开了一个窗口,用户可以通过这个窗口直接使用、控制和管理计算机。从而使操作计算机的方法和软件的开发方法产生了巨大的变化。

1) Microsoft Windows 的发展历史

Windows 操作系统是 Microsoft 公司从 1983 年开始研制的,该公司在对微型计算机产业界的市场预测时有一个至今看来是十分重要而又正确的观点:微型计算机产业要取得成功的关键是软件标准和兼容性。正是这一观点使 Windows 操作系统能够超越非 Intel 体系结构微型计算机 Macintosh 上的操作系统而成为主流。Windows 的第一个版本于 1985 年问世,1987 年又推出了 Windows 2.0,那时的操作系统虽然使用起来不十分方便,但它的能互相覆盖的多窗口的用户界面形态即使到现在也仍在沿用。

1990 年推出的 Windows 3.0 是一个里程碑,它在市场上的成功奠定了 Windows 操作系统在个人计算机领域的垄断地位。之后出现的一系列 Windows 3.x 操作系统为程序开发提供功能强大的控制能力,使得 Windows 和在 Windows 环境下运行的应用程序具有风格统一、操纵灵活、使用简便的用户界面。Windows 3.x 也提供了网络支持,为用户与网络服务器和网络打印机的连接提供了方便。

微软公司在此之后推出的 Windows NT(new technology)可以支持从桌面系统到网络服务器等一系列机器,系统的安全性较好。

1995 年微软公司又推出了 Windows 95,该版本对原来的 Windows 3.x 进行了全面改进,不但功能增强,在用户界面上也进行了改进,从而使用户对系统中的各种资源的浏览和操纵既方便又合理。后来又出现了 Windows 98,Windows 98 比 Windows 95 在因特网浏览功能等方面有较大的改进。Windows 98 针对一批新出现的计算机硬件提供支持,例如通用串行总线(USB)、高速串行连接总线标准(IEEE 1394)、电源管理等。

2000 年微软公司继 Windows 98 之后又推出了 Windows 2000,这个操作系统集中了 Windows 95/98 和 Windows NT 中的优点,使之在功能上和对各种硬件的支持方面都有比较周到的考虑。Windows 2000 共有 4 个版本:Windows 2000 Professional、Windows 2000 Server、Windows 2000 Advanced Server 和 Windows 2000 Data Center Server。

Windows 操作系统版本的更新之快,有时真令用户来不及适应。2001 年 10 月 25 日,微软的操作系统 Windows XP 上市,Windows XP 的推出,表明了微软要从软件供应商到软件服务商转型的理念。2006 年 11 月 30 日,微软三大核心产品 Windows Vista 商业用户版本、Office System 2007 和 Exchange Server 2007 在北京同时发布,因时差关系,中国成为这三大产品的全球首发地。这也是微软继 2001 年 10 月推出 Windows XP 后 5 年来对 Windows 的又一次重大升级。Vista 除了在界面上更加炫目外,在功能和安全性方面都进行了改善。但是对于普通消费者来说,Vista 并没有想象中有那么大的魅力。2009 年 10 月 22 日微软公司在美国正式发布了 Windows 7 操作系统,同时发布了服务器版本——Windows Server 2008 R2。Windows 7 有简易版、家庭版、专业版和旗舰版等多种版本。Windows 7 在 Vista 的基础上进行了用户界面和代码的优化,对配置较低的计算机也能支持,兼容性也更好。2012 年 10 月 26 日微软公司正式推出 Windows 8 操作系统,微软公司自称触摸革命将开始,Windows 8旨在让人们的日常计算机操作更加简单和快捷,为人们提供高效、易行的工作环境。2014年10月1日,微软在旧金山召开新品发布会,展示了新一代 Windows 操作系统,将它命名为 Windows 10,新系统的名称跳过了数字9。2015年4月29日,微软宣布 Windows 10 将采用同一个应用商店,即可给 Windows 10 覆盖的所有设备用,同时支持 Android 和 iOS 程序。表4-1可以作为 Windows 发展历史的小结。

表 4-1　Windows 版本历史

操作系统名称	发布日期	类　　型
Windows 1.0	1983.10	桌面操作系统
Windows 2.0	1987.10	桌面操作系统
Windows 3.0	1990.5	桌面操作系统
Windows 3.1	1992.4	桌面操作系统
Windows NT workstation 3.5	1994.7	桌面操作系统
Windows NT 3.5x	1994.9	服务器操作系统
Windows 95	1995.8	桌面操作系统
Windows NT workstation 4.x	1996.7	桌面操作系统
Windows NT SERVER 4.0	1996.9	服务器操作系统
Windows 98	1998.6	桌面操作系统
Windows 2000	2000.2	桌面操作系统
Windows 2000 Server	2000.2	服务器操作系统
Windows XP	2001.10	桌面操作系统
Windows Vista	2006.11	桌面操作系统
Windows 7	2009.10	桌面操作系统
Windows 8	2012.10	兼容移动终端的操作系统
Windows 10	2014.10	支持 Android 和 iOS 程序

2) Microsoft Windows 的主要特征

Windows 是一个系列化的产品,在它发展过程中的每一个新版本的出现都会有突出的新功能和新特点。在不断推出新版本的过程中,它针对用户的需求和技术的发展及时地把它们整合在一起,从而得到用户的欢迎。由于 Windows 操作系统的市场占有率较高。它对用户的工作方式和应用程序的开发都产生了重大影响,能产生这些影响的原因很大部分在于 Windows 操作系统的下述特点:

(1) 丰富的应用程序。Windows 系统提供了丰富的应用程序,如字处理程序、电子报表程序、数据库管理系统以及绘图软件等。

(2) 统一的窗口和操作方式。在 Windows 系统中,所有的应用程序都具有相同的外观和操作方式,一旦掌握了一种应用程序的使用方法,便很容易掌握其他应用程序的使用方法。

（3）多任务的图形化用户界面。Windows 系统在市场上一出现就摆脱了当时还十分流行的字符形式操作界面,为每个用户程序提供了一个窗口,窗口的大小、位置、显示方式都可由用户控制。窗口中分层次合理地组织了标题栏、滚动条、控制按钮等,使用户除了必要输入的参数外,其他都可以用鼠标来完成各种操作和功能。由于 Windows 系统利用了各种图示化手段,加上功能完善的联机帮助系统,使 Windows 操作系统学习容易,使用方便。

（4）事件驱动程序的运行方式。Windows 支持基于消息循环的程序运行方式,外部消息产生于用户环境引发的事件(键盘、鼠标的动作等)。事件驱动方式对于用户交互操作比较多的应用程序,既灵活又直观。

（5）标准的应用程序接口。Windows 系统为应用程序开发人员提供了功能很强的应用程序接口(API)。开发者可以通过调用应用程序接口创建 Windows 图形界面的窗口、菜单、滚动条、按钮等,使得各种应用程序在操作界面层次风格一致。这种标准的应用程序界面,不仅简化了应用程序的开发,还使学习和使用应用程序的过程缩短。

（6）实现数据共享。Windows 系统提供了剪贴板功能,可以将一个应用程序中的数据通过剪贴板粘贴到另一个应用程序中。对象嵌入和链接技术也为应用程序的集成提供了一个在不同文档中交换数据的平台。

（7）支持多媒体和网络技术。Windows 系统提供多种数据格式和丰富的外部设备驱动程序,为实现多媒体应用提供了理想的平台。在通信软件的支持下,可以共享局域网乃至 Internet 的资源。

（8）先进的主存储器管理技术。Windows 系统采用了自动扩充内存和虚拟内存技术,使得大程序也可以运行。

（9）与 DOS 的兼容性。在 Windows 系统中,可以调用 DOS 并可以直接使用 DOS 应用程序,具有良好的兼容性。

（10）不断增强的功能。虽然 Windows 版本更新为用户的使用及投资带来一些不便,但每一种新版本的 Windows 都反映了用户的最新要求和对新硬件技术的包容,这在某种程度上也增加了 Windows 的易用、好用特性。微软公司推出的 Windows XP 综合了以往 Windows 版本的优点,力图在网络时代推行由软件销售到软件服务的理念,这个理念已被许多人所认可。

微软公司推出的 Windows 8 操作系统支持来自 Intel、AMD 和 ARM 公司的芯片架构,这意味着 Windows 系统开始向更多平台迈进,包括移动终端。微软公司推出 Windows 8 系统力求与平板电脑市场以及 iOS、Android 成为三足鼎立的态势。据估计电视正逐步走向衰退,而由于有了 Windows Media Center,计算机在家庭娱乐中的地位会越来越重要。Windows 8 操作系统有一个特点就是可以实现计算机与电视、音响以及其他多媒体设备之间的共享。

3. UNIX

UNIX 是使用比较广泛、影响比较大的主流操作系统之一。UNIX 操作系统的结构简练,功能强,可移植性和兼容性都比较好,因而它被认为是开放系统的代表。

1) UNIX 的发展

UNIX 操作系统是 20 世纪 60 年代末由美国的电话电报公司(AT&T)贝尔(Bell)实验室的计算机科学家 K. Thompson 和 D. M. Ritchie 等研制的。由于对 UNIX 操作系统的卓越贡献,上述两位学者获得了 1983 年的图灵奖。

1974 年美国电话电报公司允许教育机构免费使用 UNIX 系统,这一举措促进了 UNIX 技术的发展,各种不同版本的 UNIX 操作系统相继出现,其中最值得一提的是加州大学伯克利(Berkeley)分校的 BSD 版。20 世纪 70 年代末,市场上出现了 UNIX 的商品化版本,代表产品有 AT&T 公司的 UNIX SYSTEM V、UNIX SVR 4X、SUN 公司的 SUNOS、微软公司的 XENIX 和 SCO UNIX 等。到了 20 世纪 90 年代,不同的 UNIX 版本已有 100 多种,比较主流的产品有 SUN Solaris、SCO 的 UNIX Ware 和 IBM 的 AIX 等。

2) UNIX 的特点

UNIX 是由美国贝尔实验室于 1969 年在 PDP-7 型计算机上首先实现的。UNIX 操作系统是通用的、多任务的、交互式的分时系统,在小型机和微型机领域得到了广泛的应用。

UNIX 吸取了当时许多操作系统的成功经验,并进行了改造和优化,提高了系统的功能,压缩了系统的规模。其主要特点如下:

(1) 功能强大。UNIX 是多用户操作系统,适合于将终端或工作站连接到小型机或主机的场合使用。其功能可由许多小的功能模块连接组装而成。它所采用的"管道(pipe)"技术是实现复杂功能的关键。

(2) 提供可编程的命令语言。UNIX 提供了功能完备、使用灵活、可编程的命令语言(shell 语言),用户可以使用该语言与计算机进行交互以及方便地进行程序设计。

(3) 文件系统结构简练。UNIX 具有分层的、可装卸的文件系统,并提供了完整的文件保护功能。UNIX 的文件系统把普通文件、目录和各种外部设备都统一定义为文件,统一进行处理,为用户提供了一个简单一致的接口,使得用户能够统一对文件和设备进行操作,使操作变得简单明了。

(4) 输入输出缓冲技术。UNIX 采用了输入输出缓冲技术,主存储器和磁盘的分配与释放可高效、自动地进行。

(5) 提供了许多程序包。例如,文本编辑程序、Shell 语言解释程序、汇编程序、十几种程序设计语言的编译程序、连接装配程序、调试程序、用户间通信程序以及系统管理与维护程序等,给用户带来了方便。

(6) 可移植性强。由于 UNIX 的代码绝大部分是用 C 语言书写,因而有很好的可移植性。

(7) 网络通信功能强。UNIX 系统有一系列网络通信工具和协议,TCP/IP 协议就是在 UNIX 上开发成功的。目前在 UNIX 环境下使用的协议就更多了。

3) UNIX 的组成

UNIX 系统也是采取了层次结构,外层是用户层,内层是内核层,其框架结构如图 4-5 所示。用户层包括 Shell 语言解释程序、程序设计语言的编译程序、各种应用程序包子

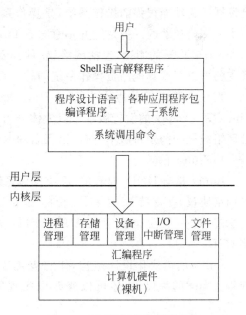

图 4-5　UNIX 系统的框架结构

系统以及 41 个系统调用命令。用户层通过这些命令来调用内核的功能。内核是 UNIX 的核心，它划分为 44 个源代码文件、233 个模块，其功能分别是存储管理、进程管理、进程通信、系统调用、输入输出管理以及文件管理。

UNIX 操作系统包含 4 个最基本的成分：内核、Shell、文件系统和公用程序。

（1）内核：是 UNIX 操作系统的核心，它的作用是调度和管理计算机系统的各种资源。例如，对主机运行的管理、计算机的存储管理（如对内存和外存储器的管理）、外部设备（如打印机、显示终端、光盘读写设备等）的管理等。

（2）文件系统：在 UNIX 操作系统中主要用来组织并管理数据资源。UNIX 的文件系统采用树状的层次结构，它的第一层是树的根，第二层通常包括 etc 目录（其中有系统管理命令）、bin 目录（其中有 UNIX 的常用命令）、usr 目录（用户目录）及 lib 目录（函数库目录）等，目录的层次可以扩充，树枝的端点（叶子）大多是文件。用户可以通过从树根到端点的"路径"来访问目录或文件。早期的 UNIX 文件系统只支持字符串格式的文件，而目前 UNIX 文件系统已能支持虚拟文件系统、网络文件系统、远程文件系统、安全性文件系统及光盘文件系统等不同类型的文件系统。

（3）Shell：是一种命令解释程序，用来读入用户输入的命令，并调用相应的程序来执行用户提出的命令。Shell 是一种功能比较强的命令语言，使得用户可以在更高的层次上进行程序设计，提高效率。Shell 的版本有多种，常用的有 C-shell、K-shell 和 WK-shell 等。

（4）公用程序：是 UNIX 系统提供给用户的常用标准软件，包括编辑工具、网络管理工具、开发工具及保密与安全工具等。

4. Linux

Linux 是可以运行在 PC 机上的免费的 UNIX 操作系统。它由芬兰赫尔辛基大学的学生 Linus Torvalds 在 1991 年开发。Linus Torvalds 把 Linux 的源程序在 Internet 上公开，世界各地的编程爱好者自发组织起来对 Linux 进行改进和编写各种应用程序，今天 Linux 已发展成为功能很强的操作系统，是操作系统领域的一颗新星。Linux 的开发及源代码对每个人都是免费的。但是这并不意味着 Linux 和它的一些周边软件发行版本也是免费的。Linux 有着广泛的用途，包括网络、软件开发、用户平台等，Linux 被认为是一种高性能、低开支的可以替换其他昂贵操作系统的软件系统。

现在主要流行的版本有 Red Hat、Debian 及我国自己开发的版本红旗 Linux、蓝点 Linux 等。Linux 的发行版本可以大体分为两类，一类是商业公司维护的发行版本，一类是社区组织维护的发行版本，前者以著名的 Redhat(RHEL)为代表，后者以 Debian 为代表。

1）Linux 的特点

Linux 是与 UNIX 兼容的 32 位操作系统，它能运行主要的 UNIX 工具软件、应用程序和网络协议，并支持 32 位和 64 位的硬件。Linux 的设计继承了 UNIX 以网络为核心的设计思想，是一个性能稳定的多用户网络操作系统。同时，它还支持多任务、多进程和多 CPU。

Linux 的模块化设计结构，使它有优于其他操作系统的扩充性。用户不仅可以免费获得 Linux 的源代码，还可以修改以实现特定的功能，这使任何人都可以参与 Linux 的开发。

Linux 还是一个提供完整网络集成的操作系统，它可以轻松地与 TCP/IP、LAN

Manager、Windows for Workgroups、Novell NetWare 或 Windows NT 集成在一起。Linux 可以通过以太网或 MODEM 连到 Internet 上。

2）Linux 的用途

Linux 的用户按其性质可分为个人用户、专业用户和大规模采用了 Linux 系统的商业用户。现在 Linux 的个人用户大多为专业技术人员或电脑发烧友。Linux 的专业用户大多是 UNIX 的使用者，由于他们本身对 UNIX 比较熟悉，所以清楚地知道 Linux 究竟可以干什么。Linux 的商业用户由于要向客户提供商业服务，所以选择系统时通常要考虑很多的因素，例如安全性、可靠性、费用等。

Linux 的应用领域广泛，目前主要应用在以下几个方面：

（1）Internet/Intranet。Linux 被广泛应用于 Internet/Intranet 中，提供 WWW 服务。Linux WWW 服务器据说在全球的 WWW 服务器中占据了 60%～70% 的份额。

（2）文件及打印服务。有些操作系统提供的文件服务功能太弱，例如无法对用户使用的磁盘进行定额限制，只要管理人员向用户开放了写入权限，一个贪婪的用户就可以将整个硬盘都复制满数据。而使用 Linux 操作系统的服务器不但可以轻松地向用户提供文件及打印服务，还可以通过磁盘定额达到合理分配存储空间的功效。

（3）数据库服务。这一特点是所有商业用户在选择系统时首先要考虑的问题，因为所有商业系统的运作几乎没有不用数据库系统的。Linux 提供了对数据库系统的全力支持，各大数据库厂商纷纷看中 Linux 广阔的前景，先后推出基于 Linux 系统下的大型数据库。目前可以在 Linux 运行的大型数据库系统有 Sybase ASE、Informix Dynamic Server、Oracle 和 IBM DB2 等。

（4）网络服务。一般情况下将 Linux 系统用作路由器，这类系统通常情况下只安装简单的网络服务功能软件包。对于安全性要求较高的网络，还可以将 Linux 机用作防火墙（IP Chain）来使用，以杜绝外部入侵者的破坏。另外，Linux 还可以用作代理服务器。

（5）个人应用。Linux 提供了文字处理软件、绘图软件、动画软件和看图软件，它还提供了窗口系统。众多应用软件供应商都宣布支持 Linux，而专门的 Linux 供应商又推出了性能更好的产品，相信会有更加优秀的 Linux 应用产品出现。

5．Mac OS

苹果公司为它的计算机设计的操作系统大多称为 Mac OS，Mac OS 是最早利用图形用户界面的操作系统，它具有很强的图形处理能力，被广泛地用在桌面出版和多媒体应用等领域。由于 Mac OS 在中国不普及，加上以往的 Mac OS 又和微软的 Windows 操作系统缺乏兼容性，因而它的使用受到了限制。事实上，苹果公司的操作系统既有针对个人的低端产品，又有作为高端系统使用的产品，这些产品都有良好的性能，在北美和西欧市场上也占有不小份额。

苹果公司推出的新一代操作系统 Mac OS X 是一个独立开发的全新操作系统，它耗费了苹果公司十多年的时间。Mac OS X 的核心系统被称为 Darwin（意为"达尔文"），它采用了由卡耐基—梅隆大学所开发的 Mach 微内核，所以也可以将 Mac OS X 看作一种符合 POSIX 标准的 UNIX 变种。由于 Darwin 本身是开放源代码的，Mac OS X 受到各开放源码（open source）社团的强烈关注和广泛支持。在 Darwin 内核之上，Mac OS X 还提供了完整的 Java 2 支持环境，并在操作系统中预装了 Java 虚拟机。Mac OS X 上的 JRE 和 JDK

(J2SE)的版本更新与 Sun 公司几乎保持同步。Mac OS X 的用户界面和图形能力相当优秀。Mac OS X 包括了不少预装软件,除了资源管理器 Finder 以外,还包括文本编辑器、图片查看工具、PDF 查看工具、QuickTime 播放器、IE Web 浏览器等。在 Mac OS X 上,Adobe、Macromedia、Microsoft 都推出了其著名的设计和办公软件,例如 Photoshop、FreeHand、Office 等。Mac OS X 的特点体现在以下几个方面。

(1) 系统稳定性和良好的性能:Mac OS X 的稳定性来自系统的开放资源核心 Darwin。Darwin 集成了多项技术,包括 Mach 3.0 内核、基于 BSD UNIX 的操作系统服务、高性能的网络工具以及对多种集成的文件系统的支持。系统稳定的一个重要因素是 Darwin 的内存保护和管理系统,Darwin 为每个程序或进程分配单独的地址空间,利用这种坚固的结构保护程序,确保系统的可靠性。Darwin 可以同时管理不同的应用程序环境,给用户一种无缝整合的体验。它的文件系统组件使用一种层结构,其系统是可堆叠的,允许可移动介质,包括 USB 和 FireWire 设备、基于 URL 的宗卷的加载以及基于 UTF-8 的长文件名。Darwin 依靠其内核实现抢先与协同多任务,支持多线程的增强对称多重处理(SMP)功能。设备驱动程序可以轻松地实现真正的即插即用、动态设备管理("热插拔")和电源管理。

(2) 图形功能:Mac OS X 集合了 3 种应用广泛的图形技术:Quartz、OpenGL 和 QuickTime。可以将图形技术提高到用户在以前桌面操作系统中所无法感受到的境界。

① Quartz 由一个高性能的、简洁的窗口服务器和一个用于二维形状的图形渲染库组成。窗口服务器具有许多先进的性能,例如与设备无关的色彩和像素深度、远程显示、分层合成以及用于自动窗口修复的缓冲窗口。Quartz 的渲染模块基于跨平台的便携式文档格式(PDF)标准,使开发商可以在任何 Mac OS X 的应用程序中方便地嵌入和操作 PDF 数据。Quartz 的另一个重要特性就是它能够进行窗口位图缓冲。位图被缓存后,就允许窗口服务器"记忆"一个应用程序窗口的内容。Quartz 还为开发商提供了利用浮点协作系统和高精度的矢量处理功能实现图形和文字的即时抗锯齿、直接访问视频帧缓冲、高质量的屏幕渲染等功能。

② 对于三维图形,Mac OS X 配备了工业标准 OpenGL 的一个优化版本,可以创造极为逼真的视觉效果。OpenGL 是应用最广泛的图形标准之一,它非常适用于游戏、动画、CAD/CAM、医学图像和其他一些需要丰富视觉效果的应用程序。

③ QuickTime 是一种超强的多媒体技术,用于操作、增强和存储视频、声音、动画、图形、文字、音乐,甚至 360°虚拟现实。它还能够支持实时的或已存储好的数字视频的流式传播(streaming)。为了增强其跨平台的功能,QuickTime 支持所有主要的图像文件格式,包括 BMP、GIF、JPEG、TIFF 和 PNG。它也支持各种重要的专业视频文件格式,包括 AVI、AVR、DV、M-JPEG、MPEG-1 和 OpenDML 等。

(3) 用户界面:Mac OS X 最为形象的诠释是它新的用户界面 Aqua。Aqua 结合了许多 Macintosh 用户所希望拥有的品质和特性,同时添加了许多先进特性,使无论是专家还是新手都会有所收益,而易用性则渗透至每一个特性和功能之中。Mac OS X 视觉效果的增强不仅仅提供了漂亮的图像,还包含了对系统的功能与操作方式的暗示(见图 4-6)。

(4) 文件系统与网络:Mac OS X 可以管理多种文件格式与网络协议。基于一种增强 VFS 的设计,文件系统支持以下本地格式:通用文件系统(UFS)、POSIX 文件系统语义(semantics)以及通用磁盘格式(UDF)。UFS 类似大多数 UNIX 操作系统的标准宗卷格

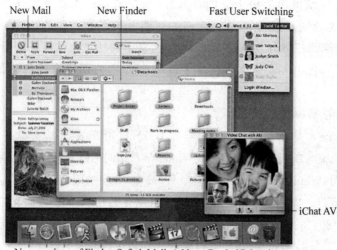

图 4-6　Mac OS X 的用户界面

式,POSIX 文件系统语义对许多服务器应用程序来说非常重要,UDF 则用于 DVD 卷宗。

在互连特性方面 Mac OS X 支持 TCP/IP(传输控制协议)、PPP(点对点协议)和 UDP/IP(用户 Datagram 协议)等多种协议。为许多硬件互连方式提供了包括以太网(10/100/1000Base-T)和支持调制解调器、ISDN、DSL 等的串行互连。Mac OS X 内置了通过 AirPort (IEEE 802.11)实现的无线网络,还提供了通过 USB (通用串行总线)和 FireWire (IEEE 1394)的外设互连。

6. 移动终端操作系统

随着无线网络的飞速发展,移动终端的应用日新月异。智能手机逐渐成为人们工作、生活必不可少的伴侣。而支撑这些手机的操作系统也成为手机生产厂商关注的焦点。手机操作系统也有不少品种,目前最具代表性的有苹果公司的 iOS、谷歌公司的 Android 和微软公司的 Windows Phone 8。

1) 苹果公司的 iOS 操作系统

iOS 是由苹果公司开发的手持设备操作系统。苹果公司最早于 2007 年 1 月 9 日的 Macworld 大会上公布这个系统,最初是设计给 iPhone 使用的,后来陆续套用到 iPod touch、iPad 以及 Apple TV 等苹果公司产品上。iOS 与苹果公司的 Mac OS X 操作系统一样,它也是以 Darwin 为基础的,因此同样属于类 UNIX 的商业操作系统。原本这个系统名为 iPhone OS,直到 2010 年 6 月 7 日 WWDC 大会上宣布改名为 iOS。根据有关的统计数据显示,iOS 目前占据了全球智能手机系统市场份额的 30%,在美国的市场占有率为 43% 左右。

2) 谷歌公司的 Android 操作系统

Android 是基于 Linux 内核的操作系统,由谷歌公司在 2007 年 11 月 5 日公布。该系统早期由谷歌公司开发,后由开放手持设备联盟(Open Handset Alliance)加入开发。它采用了软件堆层(software stack)架构。底层 Linux 内核只提供基本功能;其他的应用软件则由各公司自行开发,部分程序以 Java 编写。

Android 操作系统推出后由于它的开放性,很快就超越了称霸十年的诺基亚(Nokia) Symbian 操作系统,使之跃居全球最受欢迎的智能手机平台。Android 系统的开放性有利于积累人气,也能给第三方开发商一个十分宽泛、自由的环境。这样就能促成许多新颖别致的软件诞生。此外,Android 平台手机能无缝结合谷歌公司已有的许多服务也成为它的亮点。

3) 微软公司的 Windows Phone 8

Windows Phone 8 是微软公司 2012 年 6 月 21 日最新发布的一款手机操作系统,是 Windows Phone 系统的新版本。它采用和 Windows 8 相同的针对移动平台精简优化系统内核并内置诺基亚地图,Windows Phone 8 将兼容 Windows 8 的应用,开发者仅需很少改动就能让其在两个平台上运行。Windows Phone 8 在硬件上也有提升,处理器方面支持双核或多核处理器,能支持 800×480(15∶9)、1280×720(16∶9)和 1280×768(15∶9)3 种分辨率。Windows Phone 8 还支持 MicroSD 卡扩展,用户可以将软件安装在数据卡上。

4.3 工 具 软 件

4.3.1 下载软件

Internet 的出现,为人们交流和共享信息资源提供了一个巨大的平台。当访问各类网站时,不仅需要浏览其中丰富多彩的内容,还需要将其中感兴趣的软件、文档、图像、乐曲等各类信息资源下载到自己的计算机内。为了提高下载速度,许多下载工具软件应运而生,其中比较流行的有网际快车(FlashGet)、迅雷(Thunder)、脱兔(Tuotu)和电雷(DL)。

上述 4 种软件在网络上都可以下载得到,使用也比较方便。为了便于对这些下载软件的性能有一个客观的分析,可以从软件界面、下载任务管理、下载速度和下载文件管理 4 个方面对它们作比较。通过比较,读者可以按照需要选用合适的软件。

1. 软件界面对比

软件主界面关系到用户使用软件时的感受和方便程度。迅雷的主界面布局合理,通过主界面就可以管理下载任务,还可以通过软件主界面上的资源搜索按钮来搜索需要的资源。但迅雷主界面的广告却令人生厌。网际快车的主界面与迅雷的主界面相差不大,但比迅雷的主界面更清爽,没有晃眼的广告,使用时视觉干净了不少。脱兔的主界面去除了菜单栏,把几个主要功能放到了工具栏上,单击按钮后可以进行快速切换,为用户在几个不同栏目间切换提供了方便,其下载主界面可以较清楚地看到资源的数据信息。另外,软件提供的搜索框中时常会出现推荐下载信息,用户可方便地下载推荐的信息。电雷的主界面设计相对较差,虽然也采用了多页面方式,但其下载主界面的用户体验不够好。

2. 任务管理对比

迅雷支持单个文件与批量文件下载功能,也支持重命名功能,支持手工设置原始地址线程数,提高下载速度。另外,还可以自动计算所需磁盘空间与硬盘可用磁盘空间。网际快车同样支持单个文件与批量文件下载功能,也支持手工设置站点最大任务数以提高文件的下载速度。脱兔也支持单个文件与批量文件的下载,同时支持把注释作为文件名进行重命名操作,能够手工设置连接数,提高下载速度。电雷下载只支持下载单个文件,而不能进行批量下载,而且不能够使用注释对下载文件进行重命名。

3. 下载速度对比

对于下载软件来说,下载速度是最应该考虑的,这4种软件在下载FTP与HTTP协议的文件时,其性能相差不大,在进行BT(bit torrent)下载测试时,网际快车的速度比其他软件要快。

4. 下载文件管理对比

如果经常下载各种文件,那么如何管理这些文件是需要考虑的问题。迅雷允许手工创建无限下载完成分类,也可以自定义每个分类单独对应的文件夹,不同类型的文件可以保存到不同的文件夹中,遇到有重复的文件会自动重命名,以免出现混淆。软件还可以自由地移动文件文件夹到其他的分类中。同时支持文件查找操作,删除下载任务会自动添加到垃圾箱中。网际快车的下载文件管理功能与迅雷的相差不大,除了具有迅雷的管理功能外,网际快车还可以对下载时损坏的ZIP文件进行修复操作。脱兔也允许手工添加下载分类,但对在各个文件夹间随意移动文件支持不够。电雷对下载文件的管理功能较差。

除了具备下载的功能外,上述下载软件还提供了其他的特色功能,例如病毒检测功能、下载后自动杀毒功能及恶意插件检测功能等,读者在使用这些软件时可以加以利用。

下面简要介绍网际快车FlashGet(JetCar)的主要功能和使用方法。

网际快车FlashGet(JetCar)的基本功能是提高网络下载速度,获取并响应用户对浏览器的鼠标单击操作,完全支持Internet Explorer和其他类似浏览器。为了最大限度地提高网络下载速度,网际快车采用了下列软件技术。

(1)多点连接技术:是指在下载文件时,把一个文件分成几个部分,通过多条传输路径同时下载各部分的数据,从而达到充分挖掘现有线路的传输能力、成倍地提高速度的目的。

(2)断点续传技术:是批用户下载过程,如果由于种种原因造成下载被中断,则再次下载同一文件时可从中断处继续进行,而不必从头开始重新下载。

(3)支持镜像功能:可采用手动或自动方式,利用FTP Search自动查找镜像站点,通过其中最快的站点下载文件。

(4)支持计划下载:用户可按计划避开网络使用高峰时间,在某些比较空闲的时段进行下载。

(5)用户可以调整下载任务的先后次序,重要的文件可提前下载。

(6)网际快车具有完善的管理功能,可以按照树状结构分门别类地存放下载文件。

(7)网际快车可以创建不限数目的类别,每个类别具有单独的文件目录,便于将不同类别的下载文件保存到不同的目录中。

(8)用户可通过鼠标拖曳操作,方便地将下载文件归类。

读者如对该下载软件有兴趣,可以从它的主页http://www.amazesoft.com/或www.flashget.com下载该软件的试用版和相关资料。

网际快车安装好后,会在IE浏览器的快捷菜单中添加"使用网际快车下载"命令和"使用网际快车下载全部链接"两个命令。单击"使用网际快车下载"命令则下载所选中的单个链接;单击"使用网际快车下载全部链接"命令则下载本页所有的链接。

在"添加新的下载任务"对话框内,可改变下载文件的保存类别、路径以及其他设置,如

果不加改变,则采用默认的下载属性,其中下载类别为"已下载",该类别对应的路径为 C:\
Downloads。

4.3.2 FTP 工具软件

FTP(File Transfer Protocol,文件传输协议)既代表一种服务,支持在 Internet 上通过
FTP 传输文件;又表示一种协议,详细描述文件如何在 Internet 上被上传到 FTP 服务器的
主机,或从 FTP 服务器的主机下载到用户计算机的约定。但是,作为普通用户,即使不了解
协议本身复杂的细节,仍然可以使用 FTP。

所谓 FTP 工具软件,是指专门用来连接 FTP 服务器(又称 FTP 站点)的客户端应用程
序,它提供了图形化的用户界面,使用户可以上传或下载文件。

把文件(如个人网页)从用户的计算机中上传到 FTP 服务器中,供广大网友共享,FTP
是目前唯一有效的途径。

CuteFTP 是由 GlobalSCAPE 公司开发的 FTP 工具软件,用户使用该软件可以方便地
向 Internet 上各种类型的 FTP 站点上传和下载文件,充分实现信息共享。

除了可以在 Internet 上传输文件功能外,CuteFTP 还支持断点续传、设置传输队列、制
定传输计划、远程编辑、服务器对传、目录比较、目录删除等功能。

通过 FTP 传输文件往往要比使用其他协议(如 HTTP 超文本传输协议)更加有效,这
主要有以下两个原因:第一,FTP 是用来传输文件的专用协议,FTP 的唯一工作就是确保
文件的正确传输,不像 HTTP 还有其他功能;第二,连接在 Internet 上的 FTP 服务器本质
上是一台专门用于 FTP 服务的计算机,其全部资源完全投入到 FTP 事务处理中,而不会被
其他工作所分割占用。可以访问 CuteFTP 软件版权所有的 GlobalSCAPE 公司 http://
www.cuteftp.com/了解该软件的具体情况。

4.3.3 图像浏览软件

图像浏览软件是帮助用户获取、浏览和管理图片的实用工具。ACD Systems 公司开发
的 ACDSee 软件是一款功能完善的图像浏览软件,它支持 50 多种多媒体文件格式的预览,
可以在 BMP、GIF、JPG、PCX、PCD、TIF 等 10 多种图形文件格式之间进行相互转换,既能
高速优质地显示图像、播放幻灯片和音乐,又能高效方便地查找和处理图像。

ACDSee 对文件的操作十分方便,既可使用菜单命令或工具按钮,也可使用剪贴板操作
和鼠标拖曳操作。

例如,对图片文件的删除、复制、改名、移动等,只要单击 Edit(编辑)菜单,选择其中相应
的命令即可,其操作方法与 Windows 的资源管理器十分相似。

如果对这个软件有兴趣,可以访问 ACD Systems 公司的主页 http://www.
acdsystems.com,下载最新的 ACDSee 试用版软件以及其他相关资料。

4.3.4 截图软件

截图软件是用来帮助用户截取计算机屏幕图像的实用工具软件。通过使用截图软件,
用户可随时随地、快速方便地"抓拍"屏幕上生动、有趣的图像,而不必通过 Print Screen 键
进行烦琐复杂的剪贴板操作。另外,用户使用截图软件还可对截取到的图像进行编辑和

保存。

HyperSnap-DX 是 GregKochaniak 公司开发的一种 32 位截图软件,可在 Windows 95/98/Me/NT 4. x/2000/XP 操作系统下运行。

在众多的截图软件中,HyperSnap-DX 是佼佼者,该软件以功能丰富、使用方便和性能稳定著称,既能满足专业工作者的特殊要求,又容易被初学者所接受,因而成为许多用户手头不可或缺的实用工具。

HyperSnap-DX 提供截取整个屏幕、截取活动窗口、截取任意指定的一个或多个区域等多种截图方式,通过单击鼠标或按下快捷键便可轻松地进行截图。

HyperSnap-DX 可以对截取的图像进行简单的编辑加工,例如剪裁、亮度调整、绘图、添加注释、选择背景色等处理。

用户可以将截取的图像存储为 GIF、BMP、JPEG、TIFF 等多种流行格式的文件,同时还提供对 Progressive JPEG(主要用于 Internet 网页)的支持。可自动将截取到的图像保存为文件,或打印输出,或复制到剪贴板。

按照用户设定的时间间隔,自动连续截取活动图像(如游戏软件的运行画面等),并将截取到的图片自动按序号递增的文件名保存。

HyperSnap-DX 可以截取特殊的影像,例如截取采用 DirectX、3dfx/Glide 技术的游戏软件的精美画面,并提供多种截取选项。

用户可以访问 http://www. hyperionics. com,下载非注册版试用软件,但用户使用该版软件所截取的图像,左上角都会带有 HyperSnap-DX 的标签。若使用该软件的注册版本,则无此标签。

4.3.5 PDF 文件阅读软件

Adobe 公司推出的 PDF 格式是一种全新的电子文档阅读格式,其中 Acrobat Reader 就是一款由 Adobe 公司开发的 PDF 文件阅读软件。借助于 Acrobat Reader,用户可以在 Microsoft Windows、Mac OS 和 UNIX 等不同平台上十分方便地查阅采用 PDF 格式的所有文档。

PDF 是 portable document format (可移植文档格式)的英文缩写,所谓"可移植"是指该文档格式不依赖于特定的硬件、操作系统或创建 PDF 文档的应用程序,它可以在不同的计算机平台上直接进行查阅,无须任何修改或转换,因而成为在 Internet、企业内部网、CD-ROM 上发行和传播电子书刊、产品广告和技术资料等电子文档的标准格式。

用户可以访问 Adobe 公司的主页 http://www. adobe. com,下载 Acrobat Reader 试用版软件以及其他相关资料。

4.3.6 词典工具

金山词霸是目前十分流行的多功能电子词典工具,是一款由金山公司开发的英汉、汉英词典软件。它可以快速、准确、详细地进行英汉互译,是用户取词翻译的好助手。金山词霸对单字(词)的翻译比较好用,对中文句子的翻译功能还有待完善。

金山词霸软件为用户提供了丰富而实用的功能和资源,主要功能如下:

(1) 可以对屏幕任何地方的单词或词组即指即译。

(2) 进入金山词霸的主界面进行词典查询。

（3）支持互联网搜索引擎,提供将近 3 万个网址和十几万关键字选择查询。

（4）对于在词霸中没有查到的单词,可直接连接到金山词霸网上查询。

（5）通过金山词霸网站,可以获取最新的词库。

（6）囊括各种普通词典和专业词典,方便各行各业。

（7）生词本功能将用户所查过的单词自动记录下来,便于用户复习。

金山词霸可运行于 Windows 95/98/2000/NT/Me/XP 等中英文操作系统,用户可访问金山公司网站 http://www.kingsoft.net,下载该软件的试用版和其他相关资料。

4.3.7　文件压缩软件

所谓文件压缩,实际上是用某种新的更紧凑的格式来存储文件的内容,其目的是节省文件所占的磁盘空间,减少文件在通信线路上传输时所占的时间。当然,在使用文件时,必须恢复文件的本来面目(称为释放或解压缩)。现在国内流行着若干种实用、有效的文件压缩软件,其中 Nico Mak Computing 公司开发的 WinZip 是目前 Windows 环境下最常用的压缩工具之一,它具有性能稳定、操作简便、功能丰富、界面友好等优点。

用户可访问 http://www.winzip.com 网站,下载该软件的试用版和相关资料。除了 WinZip 软件外还有其他一些压缩软件,如 WinRar 等。

4.3.8　防毒软件

使用计算机系统很重要的一项工作是对病毒的防范,选择好的防病毒软件是使计算机系统能安全工作的保证,防范病毒的软件很多,这里简单介绍两种常用病毒防范软件的功能和有关网站。

Norton AntiVirus 是 Symantec 公司推出的一套防毒软件,它可以帮助用户侦测上万种已知和未知的病毒,并且每当开机时,自动防护便会常驻在 System Tray,当用户从磁盘、网路、Email 文档中开启档案时便会自动侦测档案的安全性,若档案内含病毒,则会立即警告,并作适当的处理。另外,它还附有在线更新功能,可帮助用户自动连上 Symantec 的 FTP Server 下载最新的病毒码,下载完后自动完成安装更新的动作。

另外一个功能较强、使用比较普遍的防毒软件是金山毒霸,这是金山公司立足网络信息安全领域发布的防毒安全软件产品,其嵌入式反病毒技术、双引擎杀毒、启发式查毒功能等受到业界的好评。金山毒霸网址为 http://www.duba.net/。

还有一款比较流行的计算机系统安全软件是奇虎 360 安全中心推出的"360 安全卫士",其功能主要有清除恶意软件、扫描木马、修补系统漏洞、清理系统垃圾、清理使用痕迹等。360 安全卫士还具备开机加速、垃圾清理等系统优化功能,可加快计算机运行速度,360 软件管家可帮助用户轻松下载、升级和强力卸载各种应用软件;360 网盾可以帮助用户拦截广告、安全下载、聊天和上网保护。360 安全卫士的网址为 http://www.360.cn/weishi/。

本 章 小 结

操作系统和编译程序是计算机系统软件中最重要的两种类型,本章简单介绍了程序设计语言的翻译系统,帮助读者了解一般高级程序设计语言被翻译成可以执行的机器指令的过程。另外,介绍了计算机操作系统的作用,列举了以 Windows、UNIX 为代表的常用操作系统,读者应该对操作系统在计算机系统中所起的作用有所了解,对操作系统的发展也应引起重视。

下载软件、压缩软件、病毒防范软件等工具软件是日常工作中必备的,通过对这些软件功能的了解和使用,能更好地利用软件工具做好各项工作,同时学会在网上找到所需要的资源的方法。

计算机理论界的泰斗——埃德斯加·狄克斯特拉 1972 年图灵奖授予荷兰的计算机科学埃德斯加·狄克斯特拉(Edsger Wybe Dijkstra)。狄克斯特拉因为最早指出"goto 是有害的"以及首创结构化程序设计而闻名。在算法和算法理论、编译器、操作系统诸多方面,狄克斯特拉做出了杰出贡献。1983 年,ACM 为纪念 Communications of ACM 创刊 25 周年,评选出 1958—1982 年的四分之一世纪中在该杂志上发表的 25 篇有里程碑意义的论文,每年一篇,狄克斯特拉一人就有两篇入选,是仅有的两位学者之一。

狄克斯特拉 1930 年出生,1948 年进莱顿大学学习数学与物理。1951 年,他自费赴英参加了剑桥大学的一个程序设计培训班,这使他成为世界上第一批程序员。1956 年,他成功地设计并实现在有障碍物的两个地点之间找出一条最短路径的高效算法,这个算法被命名为"狄克斯特拉算法",至今仍被广泛应用。1962 年,狄克斯特拉在艾恩德霍芬技术大学参加了 X8 计算机的开发,设计与实现了具有多道程序运行能力的操作系统,他提出的一系列方法和技术奠定了计算机现代操作系统的基础,为了防止两个进程并发时产生错误,狄克斯特拉设计了一种称为"PV 操作"的同步机制,P 操作和 V 操作是执行时不被打断的两个操作系统原语。在荷兰文中,"通过"为 passeren,"释放"为 vrijgeven,PV 操作因此得名。这是在计算机术语中不是用英语表达的极少数的例子之一。

1968 年 3 月,Communications of ACM 登出了狄克斯特拉的一封信,在信中他根据自己编程的实际经验和大量观察得出如下结论:一个程序的易读性和易理解性同其中所包含的无条件转移控制的个数成反比关系,转向语句的个数愈多,程序就愈难读、难懂。因此他认为"goto 是有害的",从而启发了结构化程序设计的思想。1972 年,他与英国计算机科学家、1980 年图灵奖获得者霍尔(C. A. R. Hoare)提出了另一个著名的论断:"程序测试只能用来证明有错,绝不能证明无错!"

习　　题

一、简答题

1. 程序设计语言翻译器包括哪几种类型? 请分别叙述各种翻译器的简单工作过程。

2. 什么是操作系统? 它的主要作用是什么?

3. 请简述 Windows 操作系统的 4 个基本特点。

4. UNIX 操作系统有哪些主要特色?

5. Linux 和 UNIX 操作系统有什么联系? 它的主要特点是什么?

6. 简述 Mac OS X 操作系统的主要特色,如果有条件设法使用这个操作系统。

7. 任选一个本章中介绍的工具软件,谈一谈使用这些软件的体会。

8. 你能否找到本章中没有介绍的工具软件供大家共享呢?

二、上网练习

1. 访问微软公司的网站 http://www.microsoft.com/，了解该公司的 Windows 操作系统。

2. 和 UNIX 操作系统密切相关的网站为 http://www.unix-systems.org/，可以在该网站上找到和 UNIX 有关的信息。

3. Mac OS X 是一个新的操作系统，有关 Mac OS X 方面的信息 http://developer.apple.com/techpubs/macosx/macosx.html 上有 PDF 文件可供下载，请浏览苹果网站。

4. Linux 网站 http://www.linux.org/有它独特的魅力，从它那里可以感受到自由软件的氛围。

5. 其他和本章内容有关的网站推荐如下，建议浏览下列网站：

http://www.sun.com/solaris/

http://www.bell-labs.com/history/unix/

http://www.kingsoft.net/

http://www.winzip.com/

http://www.cuteftp.com/

6. 目前，软件服务也成了一个热门的行业，如果有兴趣，可以访问软件服务网站 http://www.8844.com/。

第 5 章

计算机应用软件

本章介绍常用应用软件的基本功能和使用方法,包括文字处理软件、电子表格软件和文稿演示软件。在学完本章之后,读者应该能够了解文字处理软件 Word、电子表格软件 Excel 和文稿演示软件 PowerPoint 的基本功能,并掌握这些应用软件的使用方法。要能熟练地应用这些软件,则应在平时多加练习。

5.1　文字处理软件

文字信息处理技术正进行着一场革命性的变革,利用计算机打字、编辑文稿、排版印刷、管理文档,是当前高效实用新技术的一项具体内容。优秀的文字处理软件能使用户方便自如地在计算机上编辑、修改文章,这种便利与高效是在纸上写文章所无法比拟的。文字处理软件有金山软件公司的 WPS 2005、WPS 2007 及 WPS 2016、WPS 2019 等,Corel 股份有限公司的 Word Perfect 2002 及 Word Perfect 2019 等,以及微软公司的 Word 2000、Word 2003、Word 2007、Word 2010 及 Word 2016、Word 2019 等,本节着重介绍目前比较流行的文字处理软件中文 Word 2007 中最主要的功能和使用方法,其他功能和更高版本的文字处理软件的使用方法大同小异,读者可以通过自学掌握。

5.1.1　Word 2007 概述

1990 年微软公司推出的 Windows 3.0 是一种全新的图形化用户界面的操作环境,受到软件开发者的青睐。文字处理软件 Word 充分利用 Windows 良好的图形界面特点,将文字处理和图表处理功能结合起来,实现了真正的"所见即所得"。近年来,微软公司对 Word 的功能不断改进,先后推出 Word 2003、Word 2007、Word 2010 及 Word 2016、Word 2019 等版本。随着版本的不断更新,其功能更强、使用更方便,成为当前流行的文字处理软件之一。

1. Word 2007 的新功能

Word 2007 采用了全新的工作界面,除了具有文件管理、文字编辑、版面设计、表格处理、图文混排、制作 Web 主页等功能外,还增加了下面的许多新功能。

1) 界面显示

个性化的界面新技术使得功能区具有动态显示的效果,用户常使用的命令项在功能区上显示,也可很容易地在各选项卡上显示所有的命令。

同样,为了减少混乱,功能区的某些选项卡只在需要时才显示。例如,仅当选择表格后才显示"表格工具"选项卡。

2）文件操作管理

文件"打开"和"保存"对话框有所改进，用户可快速地访问最近操作过的 50 个文档，也可方便地对文件进行复制、删除、重命名和快速浏览。

对打开的多个文档都在任务上显示，以方便用户选取。

3）编辑、打印功能

（1）增加"剪贴板"工具栏，可粘贴以前 12 次复制或剪切操作过的内容。

（2）支持图片作为项目符号。

（3）提供的"嵌入表格"功能允许一个表格嵌套于另一个表格之中；"浮动表格"功能使得表格同"浮动图片"一样置于页面上的任意位置。

（4）"即点即输"技术使得用户可随时在页面的空白处双击鼠标，插入文字或图片等。

（5）打印缩放功能可调整文档的缩放比例，将其打印到不同尺寸的纸上或在一张纸上打印多页文档。

4）中文版式

（1）提供了简体中文与繁体中文字之间的互相转换。

（2）提供了带圈字符、纵横混排、合并字符、双行合并等功能。

（3）在排版中引入了字符为单位的度量单位，在标尺上也可以显示进行字符或厘米为单位的选择。使用字符为单位，对首行缩进等排版带来了方便。

（4）提供了对简体中文的校对功能。

（5）通过"页面布局"选项卡的"页面|背景"组中的命令按钮，可插入不同颜色、格式的文字作为水印。

5）HTML 和文件互通

Word 2007 对 HTML 的支持要比 Word 2003 更全面，HTML 已成为 Word 的内置文件之一，只要把 Word 文档保存为 HTML 文件，就可以立即发布出去。其他人不用安装 Word 2007，用浏览器就可以查看文件内容，HTML 文件也会保留 Word 文件原格式，因此，仍然可以直接在 Word 2007 中打开，继续使用。

2. 启动和退出 Word 2007

1）启动 Word 2007

启动 Word 2007 一般常用以下两种方法。

（1）利用菜单：单击任务栏中的"开始"按钮，选择"程序 | Microsoft Office| Microsoft Office Word 2007"程序项。

（2）利用快捷方式：若在桌面上已建立了 Word 2007 的快捷方式，只要双击该图标即可；若没有建立快捷方式，只要在上述程序菜单中选择 Microsoft Word 2007 程序项，按住 Ctrl 键将其拖曳到桌面。

2）退出

退出 Word 2007 一般常用以下两种方法：

（1）双击 Word 工作窗口左上角的控制菜单框或者单击右上角的"关闭"按钮。

（2）选择"Office 按钮"中的"关闭"命令。

如果在退出 Word 2007 之前，工作文档还没有存盘，在进行退出操作时，系统将提示用户是否将编辑的文档存盘。

3. 窗口组成

进入 Word 2007 后屏幕将出现如图 5-1 所示的 Word 2007 窗口。它由新的标题栏、Office 按钮、快速访问工具栏、功能区、工作区、滚动条及状态栏组成。各组成部分作用介绍如下。

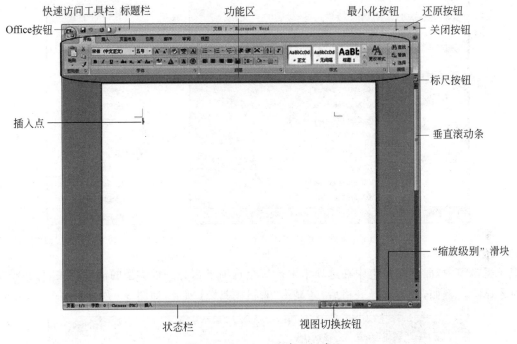

图 5-1　Word 2007 窗口组成

1）标题栏

标题栏显示出应用程序的名称以及本窗口所编辑文档的文件名。当启动 Word 时，当前的工作窗口为空，Word 自动命名为文档 1，在存盘时可以由用户输入一个合适的文件名。

2）Office 按钮

Office 按钮位于 Word 2007 窗口的左上角，单击该按钮弹出一个下拉菜单，其中包括了一些常用的命令及选项按钮，并且列出最近新打开过的文档，以便用户快速打开这些文档，如图 5-2 所示。

3）快速访问工具栏

对 Word 2007 的各种常用的操作，最简单的方法是使用快速访问工具栏上的命令，启动 Word 2007 时，快速访问工具栏位于 Office 按钮的右边，默认显示"保存""撤销"和"恢复"3 个按钮。它是 Word 2007 的组成部分，始终显示在程序界面中，单击访问可弹出一个下拉菜单，如图 5-3 所示。如果在下拉菜单中选择"在功能区下方显示"命令，则可以将快速访问工具栏移到功能区的下方显示。

4）功能区

功能区位于快速访问工具栏的下方，它代替了传统的菜单栏和工具栏，其中的命令被组

图 5-2　Office 按钮及其下拉菜单　　　　图 5-3　快速访问工具栏

织在逻辑组中,而逻辑组集中在选项卡中。每个选项卡都与一种类型的活动相关,只在需要时才显示。例如,仅当选择表格后,才显示"表格工具"选项卡,如图 5-4 所示。

图 5-4　功能区

5）标尺

标尺也是一个可选择的栏目。它可以调整文本段落的缩进,在左、右两边分别有左缩进标志和右缩进标志,文本的内容被限制在左、右缩进标志之间。

6）文本区

文本区又称编辑区,它占据屏幕的大部分空间。在该区除了输入文本外,还可以插入表格和图形。编辑和排版也在文本区中进行。

文本区中闪烁的"|"称为"插入点",表示当前输入文字将要出现的位置。当鼠标光标在文本区操作时,鼠标指针变成"I"形状,其作用是可快速地重新定位插入点。将鼠标指针移动到所需的位置,单击鼠标,插入点将在该位置闪烁。

Word 2007 页面视图增加了"即点即输"功能,只需在空白区域中双击鼠标,就可在该处快速插入文字、图形、表格或其他内容。当"即点即输"起作用时,鼠标指针在页面不同位置就有不同的形状。

文本区左边包含一个文本选定区。在文本选定区,鼠标指针会改变形状(由指向左上角变为指向右上角），用户可以在文本选定区选定所需要的文本。

7）滚动条

滚动条可用来滚动文档，将文档窗口之外的文本，移到窗口可视区域中。在每个文档窗口的右边和下边各有一个滚动条。要显示或隐藏滚动条，通过"Office 按钮"下的"Word 选项"按钮，在该对话框中设置。

单击垂直滚动条上的"选择浏览对象"按钮 ⊙，显示如图 5-5 所示的"选择浏览对象"菜单。该菜单有 12 项（如查找、定位、图形等），用于插入点的快速定位。

在水平滚动条的左侧有 4 个"显示方式切换"按钮，用于改变文档的视图方式。

图 5-5 "选择浏览对象"菜单

8）状态栏

状态栏位于屏幕的底部，显示出文档的有关信息（如页码、行号、列号等），当处于汉字输入时，状态栏暂时被屏蔽。此外，在状态栏的右侧还提供了视图方式切换按钮和显示比例控件，从而可以非常方便地在各种视图方式之间进行切换，以及无级调节页面的显示比例。

5.1.2 文档的基本操作

在 Word 中进行文字处理，首先创建或打开一个文档，用户输入文档的内容，然后进行编辑和排版，工作完成后将文档以文件形式保存，以便今后使用。

1. 建立文档

1）创建一个新文档

每次启动 Word 时，屏幕总是显示出一个名字为"文档 1"的新的空文档窗口，此时，用户可在文本区输入文本，然后存入磁盘，这样就建立了一个新文档。

此外，用户还可以单击 Office 按钮，在弹出的菜单中选择"新建"命令，打开"新建文档"对话框，从中选择要创建的新文档的类型，然后单击"创建"按钮创建一个新文档。

若要根据模板创建新文档，可在"新建文档"对话框左侧的"模板"列表框中选择"已安装的模板"选项，然后在所显示的"已安装的模板"列表框中选择所需的模板。如果是创建一个默认 Normal 模板的"空白文档"，Normal 模板则提供了由 Word 建立的基本格式设置：

- 中文为宋体，英文为 Times New Roman，字号大小为五号，字符缩放为 100%。
- 段落对齐方式为两端对齐，行距为单倍行距。
- 默认制表位为 2 个字符。
- 纸张大小为 A4，上下页边距均为 2.54cm，左右页边距均为 3.17cm。

2）文档输入

用户可在插入点处输入文档内容。录入文本后，插入点自动后移，同时文本被显示在屏幕上。当用户输入文本到达右边界时，Word 会自动回车换行，插入点移到下一行头，用户可继续输入，当输入满一屏时，自动下移。

关于各种符号的输入，简要说明如下：

- 常用的标点符号，只要切换到中文输入法时，直接按键盘的标点符号或者利用 Word 2007 增加的"特殊符号"组输入标点符号。
- 其他符号，可在智能 ABC 输入法状态栏右击软键盘，显示如图 5-6 的各种符号菜单，选择其他符号。

● 用户可切换到"插入"选项卡,单击"符号"组中的"符号"按钮 Ω,选择"其他符号"项,弹出如图5-7所示的对话框,选择相对应的符号。

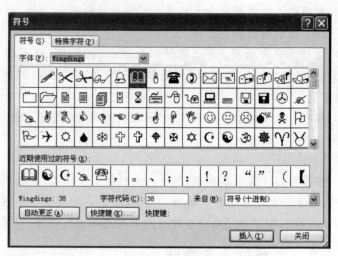

图5-6 "其他符号"菜单   图5-7 "符号"组图

● 常用的特殊符号会显示在"插入"选项卡"特殊符号"组的"符号"下拉菜单中,单击某一图标按钮即可插入相应的符号,如图5-8所示。

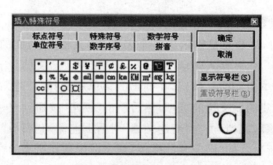

图5-8 "插入特殊符号"对话框

在输入文本时应该注意以下几方面问题:

(1) 为了排版方便起见,各行结尾处不要按回车键,开始一个新段落时才可以按此键。

(2) 对齐文本时不要用空格键,应该使用后面将讲到的制表符、缩进等对齐方式。

(3) 要将插入点重新定位,有下面3种方法:

① 利用键盘(↑、↓、←、→、PgDn、PgUp等)。

② 利用鼠标移动或移动滚动条,然后单击。

③ 利用"编辑｜定位"命令或者直接在状态栏双击"页码"处,再输入所需定位的页码。

(4) 如果发现输入有错时,将插入点定位到错误的文本处,按Del键删除插入点右侧的出错字,按Backspace键删除插入点左侧的错字。

(5) 如果需要在输入的文本中间插入补加进去的内容,可以将插入点定位到需插入处,然后输入内容。要注意当前处于插入状态,此时状态栏最左端的"改写"框字迹暗淡,否则为

"改写"状态。按 Insert 键切换这两种状态。

（6）反复按 Ctrl＋空格键进行中西文的切换,单击输入法进行输入法的选择。

3）保存文档

用户所输入的文档仅存放在内存中并显示在屏幕上。为了保存文档以备今后使用,需要对输入的文档给定文件名并存盘保存。根据文档的有无名字和文档的模式,可以用以下几种方法来保存文档。

（1）保存未命名的文档：首次保存某文档时,必须给它指定一个名字,并且要决定把它保存到什么位置。可通过"Office 按钮 ︱ 另存为"命令或"保存"命令,也可通过快速访问工具栏"保存"命令按钮,这时会显示"另存为"对话框,如图 5-9 所示。在默认情况下,Word 自动将文档第一行的前几个字作为文件名;并且将文档保存在"我的文档"文件夹中。用户可以在"文件名"列表框输入适当的文件名;单击"保存位置"列表框箭头,选择不同的文件夹;"保存类型"表示要保存的文件类型,默认为 Word 2007 的扩展名 docx 并自动添加,若用户要保存为其他类型的文件,单击该列表框的箭头,选择所需的文件类型。

图 5-9 "另存为"对话框

（2）保存已命名的文档：当一个文档已经命名,再要进行对其操作,在操作结束后还必须对其保存。这时,可方便地通过快速访问工具栏中的"保存"按钮或"Office 按钮︱ 保存"命令实现。

（3）保存为 RTF 文件或低版本的 Word 格式：保存为 doc 扩展名的文件具有特殊的内部格式,其他软件一般不能存取该格式的文档。为了便于与其他软件传递文档,Word 允许在保存文档时采用其他一些格式。RTF（rich text format）文件就是一种 Word 能够存取,并且在多种软件之间通用的文件格式;同时,也解决了以前 Word 高版本中建立的 Word 文档不能在低版本中打开的缺陷。要把文档保存为 RTF 文件,可以在上述的"另存为"对话框中,单击下拉"保存类型"列表框,从中选择"RTF 格式",其他操作相同。在 Word 2007 中,还新增了保存为 Word 97-2003 等低版本的格式（以 Word 97-2003 格式保存的文件在 Word 2007 中也能打开）;也可保存为 HTML（超文本标记语言）格式文档,用于制作 Web 页。

（4）自动保存文档：为了防止突然断电或意外事故，提供了在指定时间间隔中为用户自动保存文档的功能。可通过"工具按钮 ｜ 保存选项"命令中的"保存"标签来指定自动保存时间间隔，系统默认为 10 分钟。

2. 编辑文档

文档建立后，可将文档打开，进行编辑，确保其内容正确。

1）打开文档

文档以文件形式存放后，可以重新打开、编辑和打印输出。"打开文件"是指将文件从磁盘中读到计算机内存中，并且将内容显示在对应的窗口中。用以下方法可以打开文档。

（1）打开最近使用的文件：为了方便用户对前面工作的继续，系统会记住用户最近使用的文件。

（2）打开以前的文件：单击"Office 按钮｜打开"命令，这时将出现如图 5-10 所示的"打开"对话框。左边竖栏列出了文档存放的位置，分别为我最近的文档、桌面、我的文档、我的电脑及网上邻居等。"查找范围"列表框显示当前的文件夹，用户可以通过列表框选择不同的驱动器和文件夹；下面的列表框显示当前路径下的子文件夹和文件（默认为 Word 文档）。若要打开其他类型的文件，可以在"文件类型"框中，选择所需打开的文件的类型。

图 5-10　"打开"对话框

（3）文件预览：在 Word 2007 中，"打开"对话框中还新增了"预览"文件的功能，即不打开文档情况下预览文档的内容。选择"打开"对话框中"视图"下拉菜单，选择"预览"菜单项，如图 5-11 所示。

（4）打开多个文档：在打开多个文档时，在某一时刻只有一个文档是活动的，因为只有一个窗口是活动窗口。用户可通过"窗口"菜单选择某一文档为活动的窗口。为了提高速度和减少占用的内存，每次打开的文档数不要太多。

（5）其他文件操作：在 Word 2007 的"打开"对话框中，新增加了对文件进行复制、删除、移动和重命名等操作。操作方法是：在打开文件前，选定要操作的文件，利用快捷菜单的发送到、复制、剪切、删除、重命名菜单项进行所需要的操作；若是复制或移动操作，还要选

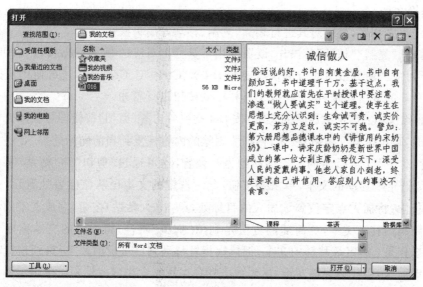

图 5-11 "打开"对话框时"预览"文档

择目标文件夹,进行相应的操作。

2) 选定文本内容

打开文件后,就可以对文件内容进行选定操作。在选定文本内容后,被选中的部分变为黑底白字,如图 5-12 所示。对被选定了的文本,能够方便地实施删除、替换、移动、复制等操作。

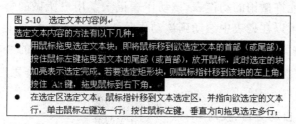

图 5-12 选定文本内容示例

有以下几种选定文本内容的方法。

(1) 用鼠标拖曳选定文本块:即将鼠标移到欲选定文本的首部(或尾部),按住鼠标左键拖曳到文本的尾部(或首部),放开鼠标,此时选定的块加亮表示选定完成。若要选定矩形块,则鼠标指针移到该块的左上角,按住 Alt 键,拖曳鼠标到右下角。

(2) 在选定区选定文本:鼠标指针移到文本选定区,并指向欲选定的文本行,单击鼠标选一行;按住鼠标左键,垂直方向拖曳选定多行;若要选定文本某一段落,将鼠标指针移到该段落任何位置,快速按鼠标左键 3 下或按住 Ctrl 键,单击鼠标全选。

(3) 组合方式选定长文本:若要选定的内容较多,则单击欲选定的文本首部(或文本尾部),利用滚动条找到欲选定的文本尾部,按住 Shift 键,单击文本尾部(或文本首部)。也可利用光标移动键将插入点定位到欲选定的文本首部,然后按住 Shift 键,同时按下光标移动键拉开亮条,一直延伸到欲选定的文本的尾部后释放按键,选定完成。

若要取消选定的文本,将鼠标指针移到非选定的区域,单击鼠标或者按箭头键即可。

3）编辑文档

当选定了文本后，就可对其进行删除、复制、移动等编辑操作。

对"剪切""复制""粘贴"等操作，既可使用工具栏上对应的 ✂、📋、🖼 按钮，也可使用"编辑"菜单下对应的命令或者对应的快捷键 Ctrl＋X、Ctrl＋C、Ctrl＋V，还可使用快捷菜单下对应的命令。为减少篇幅，以下均以工具栏中的按钮进行叙述。

（1）删除文本：选定欲删除的文本，按 Del 键或单击 ✂（剪切）按钮即可删除文本。当发生误删除时，可单击 ↺（撤销）按钮，将刚才删除的内容恢复到当前光标处。

（2）移动文本：将选定的文本移动到另一位置，这可通过"剪切"和"粘贴"来实现。具体操作是：选定要移动的文本，单击 ✂ 按钮，此时选定的文本已从原位置处删除，并将其存放到剪贴板中；将插入点定位到欲插入的目标处，单击 🖼（粘贴）按钮，完成文本的移动。如果想在短距离内移动文本，更简捷的方法是利用"拖曳"特性，将选定的文本拖曳到新的位置。具体操作是：选定欲移动的文本；把鼠标指针移动到已选定的文本，直到指针转变为指向左上角的箭头；按住鼠标器左键，鼠标箭头处会出现一个小虚线框和一个指示插入点的虚线；拖动鼠标指针，直到虚线到达待插入的目标处，释放鼠标器按钮，完成文本的移动。

（3）复制文本：复制文本与移动文本操作相类似，只是复制后选定的文本仍在原处。操作时与移动不同的是只要将"剪切"改为"复制"即可。

（4）已做操作的撤销与重复：操作过程中，如果对先前所做的工作不满意，可利用 ↺（撤销）按钮恢复到原来的状态。例如，若刚做过移动文本操作，单击 ↺ 按钮会将刚刚移去的文本放回到原来的位置。Word 2007 中可以撤销最近进行的多次操作。单击 ↺▾ 按钮旁边的向下箭头，打开允许撤销的动作表，该动作表记录了用户所做的每一步动作，如果希望撤销前几次的动作，可以在列表中滚动到该动作并选择它。"重复"指再次改变主意，即允许撤销一个 ↺ 动作。例如，单击 ↻（重复）按钮将还原刚才被"撤销"的文本移动。同样，允许撤销上几次的"撤销"操作，单击 ↻▾ 按钮旁边的向下箭头，打开动作表选择前几次的"重复"动作，实现多级"重复"。

3. 查找与替换、自动更正、校对

文章输入完以后，往往需要对全文进行校对修正错误。"查找""替换""校对"等命令将为用户带来很大的方便。

1）查找与替换

在文字编辑中，经常要快速查找某些文字，定位到文档的某处，或者将整个文档中给定的文本替换掉，这可通过"开始"选项卡"编辑"组中的"查找"按钮或"替换"按钮来实现。由于"查找"与"替换"操作在同一对话框中，而且查找比替换更简单，故在这里主要介绍替换操作。

例如，要将文档中所有出现的"计算机"用"电脑"替换，对话框中输入的内容如图 5-13 所示。

图 5-13 中，"查找""替换"和"定位"标签分别对应相应的功能。"查找下一处"按钮从当前位置往下查找，"替换"按钮替换当前查找到的一处，"全部替换"按钮则不经确认即替换掉所有找到的与查找内容相符的文字。

除了查找或替换输入的文字外，有时需要查找或替换某些特定的格式或符号等，这就需

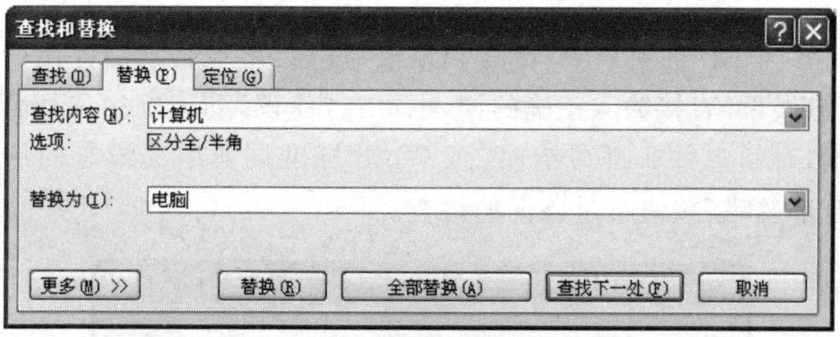

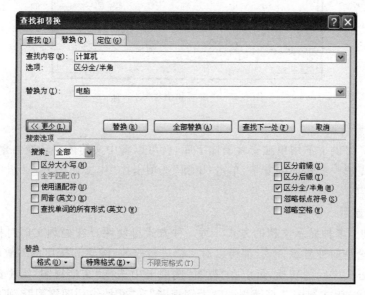

图 5-13 "查找和替换"对话框

要通过"更多"按钮来扩展查找与替换对话框,如图 5-14 所示。读者可以试着实现这项功能。

图 5-14 "替换"对话框的扩展

2)自动更正

Word 2007 提供的自动更正功能可以帮助用户更正一些常见的输入错误、拼写错误和语法错误等,这对英文输入是很有帮助的,对中文输入的用处是可以将一些常用的长词句定义为自动更正的词条,再用一个缩写词条名来取代它。

3)拼写检查

在 Word 2007 中,虽然克服了以往版本只能检查英文拼写错误的局限,增加了对简体中文进行校对的功能,但是对中文的校对作用不大,漏判、误判经常出现。真正有用的还是对英文文档的校对。当在文档中输入错误或者不可识别的单词时,Word 会在该单词下面用红色波浪线标记;对有语法错误时,用绿色波浪线标记。用户可使用拼写检查功能对整篇英文文章进行快速而彻底的校对。

在进行校对时,Word 是将文件中的每个英文单词与一个标准词典中的词进行比较。因此,检验器有时也会将文件中的一些拼写正确的词(如人名、公司或专业名称的缩写等)作为错字挑出来,原因是这些词在 Word 使用的标准词典中没有。碰到这种情况时,只要忽略跳过这些词便可。

图 5-15 是单击"审阅"选项卡中"拼写和语法"按钮,发现错误后弹出的对话框,提醒用户处理。如果有错误,可直接输入正确的词,也可在"建议"列表框中选择合适的词,然后按"更改"按钮;当然,对一些并非拼写错误,而 Word 标准词典中又没有的那些词,可以选择"忽略一次"或"全部忽略"按钮跳过该词的检查。

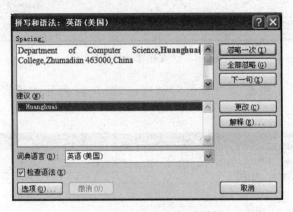

图 5-15 "拼写和语法"对话框

4) 中文简繁转换

Word 2007 提供了不用单独安装繁体字库,就可以将中文简体字转换为繁体字,反之亦然。操作时首先选中要转换的文字,单击"审阅"选项卡中"中文简繁转换"组中对应的按钮即可。

4. 文档的显示

Word 提供了多种显示文档的方式。每一种方式可使用户在处理文档时把精力集中在不同方面。无论是何种显示方式,都可以对文档进行修改、编辑和按比例缩放等。

各种显示方式之间的切换,可以在"视图"选项卡中选择"文档视图"组中的按钮。对于"普通视图""Web 版式视图""页面视图""大纲视图"和"文档结构图视图"5 种显示方式的切换,可以单击状态栏右端的有关显示按钮。

1) 普通视图

普通视图是最常用的,就是初次进入 Word 所见到的情形。普通视图主要用于快速输入文本、图形及表格,并进行简单的排版。这种视图方式可以看到版式的大部分(包括图形),但是不能见到页眉、页脚、页码等,也不能编辑这些内容;不能显示分栏的效果等;当输入的内容多于一页时,系统自动加虚线表示分页线。

2) Web 版式视图

在 Web 版式视图中,Word 能优化 Web 页面,使其外观与在 Web 或 Intranet 上发布时的外观一致,还可以看到背景、自选图形和其他在 Web 文档及屏幕上查看文档时常用的效果。

3) 页面视图

页面视图用于显示整个页面的分布状况和整个文档在每一页上的位置,包括文本、图形、表格、图文框、页眉、页脚、页码等,并且对它们进行编辑。它具有"所见即所得"的显示效果,与打印效果完全相同。

应用页面视图可以处理图文框、分栏等的位置，并且可以对文本、格式及版面进行最后的修改。还可以通过鼠标拖曳来移动页面上的图文框。页面视图对图文混合编排最为方便。例如，一个图形或表格在一页中安放不下时，Word将它安放到下一页，但是在本页将留下原部分图形或表格位置的空白，对于这种情况，用户可以在页面视图方式下调整图文分布，准确地填补空白，有效地利用版面。

4）大纲视图

大纲视图用于显示文档的框架，可以用它来组织文档并观察文档的结构。也为在文档中进行大块文本移动，生成目录和其他列表提供了一个方便的途径，如图5-16所示。

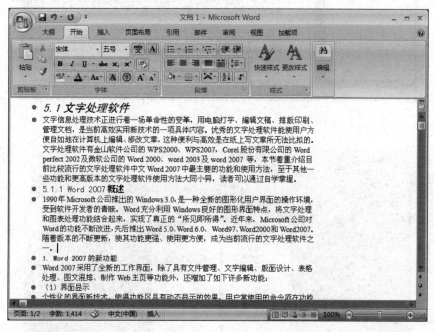

图5-16　大纲视图

大纲视图提供了工具栏，可为用户调整文档结构提供方便。在这种方式下，用户先将文档标题的格式对应为一级标题，而将其中各章的标题格式定义为二级标题，每章的各节的标题定义为三级标题，依次下去，将文档的各标题分级定义。在组织文档或者观察文档结构时可以只显示所需要级别的标题，而不必将下级标题以及文本一同显示出来。

5）文档结构图视图

文档结构图视图是新增的内容，作为大纲视图的补充，它可以在任何视图中显示类似大纲视图的标题结构（如图5-17所示）。在该视图方式中，将文档窗口分为左窗格和右窗格两部分。左窗格中显示的是文档的各级标题，右窗格是可以用各种视图显示的内容。

6）打印预览

打印预览用于显示文档的打印效果。在打印之前，可以通过打印预览观看文档全貌，包括文本、图形、多个分栏、图文框、页码、页眉、页脚等。打印预览与页面视图类似，但提供了打印预览工具栏，可用放大镜或按缩放比例显示一页或多页文档的外观。在打印前使用打印预览查看打印的结果是很有必要的。可以单击Office按钮中"打印｜打印预览"命令，选择不同的比例显示文档内容，比页面视图操作更方便。图5-18给出了选择一屏显示4页的效果。

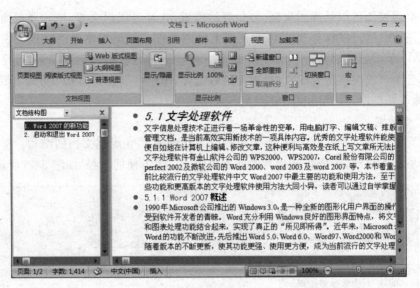

图 5-17　文档结构图视图

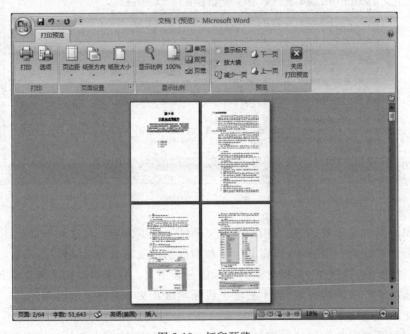

图 5-18　打印预览

7) 全屏显示

全屏显示是将菜单栏、工具栏、标尺、状态栏等隐藏起来,使一屏可以看到更多的文本内容。要进行对文本的其他操作,此时必须使用键盘命令。例如,按 Alt+F 键显示"Office 按钮"菜单,要返回其他视图中,可以单击屏幕右下角的"关闭全屏显示"按钮。

5.1.3　文档的排版

为了使文档具有漂亮的外观、便于阅读,必须对文本进行必要的排版。Word 是所见即所得的字处理软件,在屏幕所显示的字符格式就是实际打印时的形式,这给用户提供了极大的方便。Word 2007 在字体、中文版式等方面有了进一步的增强,满足用户多方面的要求。

1. 字符的格式化

1) 字符格式

字符格式是指对英文字母、汉字、数字和各种符号进行下列类型的格式化,格式化字符的例子见下框。

```
五号方正舒体    五号宋体    四号黑体    三号楷体    二号隶书
倾斜    字符加粗    加下划线    删除线    波浪线    上标  下标
字符底纹    动态效果    字符加边框    字 符 间 距 加 宽    字符间距
紧缩
字符缩放        空心字        标准      提升
                                          降低
```

字符格式的设置大部分通过使用"开始"选项卡"字体"组中的按钮或者"字体"对话框实现,有些通过相应命令实现。在字符输入前或输入后,都能对字符进行格式设置的操作。输入前可以通过选择新的格式定义将要输入的文本;对已输入的文字格式进行修改,同样遵循"先选定,后操作"的原则,首先选定需要进行格式设置的部分内容,然后对选定的文本进行格式的设置。

2) 使用"字体"组中按钮设置

"字体"组中显示的是当前插入的格式设置。如果不进行新的定义,显示的字体和字号将用于下一个输入的文字。若所做的选择包含多种字体和字号,那么字体和字号的显示将为空。"字体"组中的有关按钮如图 5-19 所示。

图 5-19 "字体"组按钮

(1)"样式"框:定义文本的样式。例如,文章的章、节、小节等各级标题及正文。可分别采用"样式"框中的各级标题和正文的设置。

(2)"字体"框:中文 Word 2007 对"字体"列表框有了进一步的增强。不仅有多达 14 种中文字体,同时,还以字体的实际外观显示。

(3)"字号"框:定义将要输入或已选定文本的字号,中文字号从八号到初号,英文磅值从 5 到 72,部分"字号"与"磅值"对应关系如表 5-1 所示。

表 5-1 部分"字号"与"磅值"的对应关系

字号	初号	一号	二号	三号	四号	五号	六号	七号	八号
磅值	42	26	22	16	14	10.5	7.5	5.5	5

"加粗、倾斜、下画线、加边线、加边框、加底纹、进行缩放"等属于开关型按钮,即对所需按钮单击一下,对应设置起作用;再单击一下,则取消该设置。

3) 使用"字体"对话框

"字体"组中仅给出了常用的字符格式设置,其他的字符格式设置可以通过"字体"对话框来实现。

选择"字体"组右下角的 ▣ 按钮,显示如图 5-20 所示的 "字体"对话框。该对话框有两个标签:"字体"和"字符间距"。

（1）"字体"标签：用来设置字体、字形、大小、下画线做出类型、颜色及效果等字符格式。用户可根据需要选择各项参数。例如，英文字母的大写转换、加着重号、加阴文、改变字的颜色等。

（2）对于大小写相互转换，可使用"字体"组中"更改大小写"命令按钮 **Aa**▾，弹出菜单如图 5-21 所示。

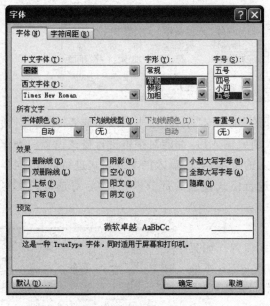

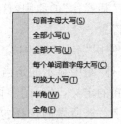

图 5-20 "字体"对话框　　　　　　　　图 5-21 "更换大小写"命令

（3）"字符间距"标签：用来设置字符的缩放、间距及位置。缩放有：缩放％；间距有：标准、加宽、紧缩；位置有：标准、提升、下降。用户可根据需要输入磅值。

定义后的参数将作用于新输入字符的格式或者修改选定部分的字符设置。对话框中"预览"框实时显示出选样效果。当对所做的选择满意时，单击"确定"按钮。

4）中文版式

在 Word 2007 中，还有一些比较特殊的排版格式，在这里作简要介绍。

（1）拼音指南：此功能对选定的文字（一次最多只能选定 30 个字符）加拼音。其操作是：选定要加拼音的文字，单击"拼音指南"按钮，弹出如图 5-22 所示的对话框。

（2）带圈字符：此功能对选定的一个字符加圈。在对话框内，也可直接输入欲加圈的字符，可选择不同的圈号和样式。

（3）合并字符和双行合一："合并字符"将选定的字符（最多 6 个字符）合并在一起，默认情况下合并后的宽度同一个汉字等宽；也可改变字号和字体，使合并后的宽度变化，达到好的可视效果。"双行合一"功能将选定的文字分两行显示，两行的高度与原一行等高。"双行合一"的效果与"合并字符"相似，区别在于："双行合一"不可改变字体和字号，但可以增加括号。

5）复制字符格式

利用工具栏上的 ✎（格式刷）按钮，可将一个文本的格式复制到另一文本上，格式越复杂，效率越高。其操作如下：

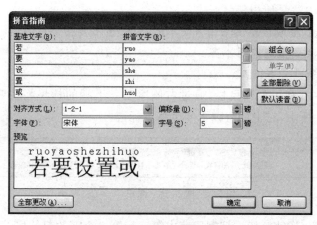

图 5-22 "拼音指南"对话框

（1）选定需要这种格式的文本或将插入点定位在此文本上。

（2）单击工具栏上的 <img /> 按钮，此时格式刷按钮下沉。

（3）移动鼠标，使鼠标指针指向欲排版的文本头，此时鼠标指针的形状变为一个格式刷，按下鼠标按钮，拖曳到文本尾，此时欲排版的文本被加亮，然后放开鼠标器，完成复制字符格式工作。

若要复制格式到多个文本上，则双击 <img /> 按钮；完成复制格式化后，再单击 <img /> 按钮，复制结束。

2. 段落的格式化

段落的排版是指整个段落的外观，包括段落缩进、对齐、行间距和段间距等。Word 中"段落"是文本、图形、对象或其他项目等的集合，后面跟有一个段落标记（一个回车符）。要显示或隐藏段落标记符，选择"Office 按钮│Word 选项│显示"命令。

在以下对段落的排版操作中，如果对一个段落操作，只需在操作前将插入点置于段落中即可。倘若是对几个段落操作，首先应当选定这几个段落，再进行各种段落排版操作。

1）文本的对齐

在文档中对齐文本可以使得文本更容易阅读、更清晰。在"开始"选项卡中"段落"组中设置了 5 个对齐按钮，如图 5-23 所示。

图 5-23 文本对齐按钮

（1）"左对齐"：使正文向左页边对齐。

（2）"居中"：正文居于左、右页边的正中，一般用于标题、表格的居中对齐。

（3）"右对齐"：使正文向右页边对齐。

（4）"两端对齐"：通过词与词间自动增加空格的宽度，使正文沿页的左右页边对齐，对英文文本有效，对于中文效果同"左对齐"（"左对齐"无按钮，在"段落"命令中有）。

（5）"分散对齐"：以字符为单位，均匀地分布在一行上，对中、英文均有效。

对于对齐的操作也可以使用"格式"菜单中的"段落"命令。

2）文本的缩进

对于一般的文档段落都规定首行缩进两个汉字；为了强调某些段落，有时需适当进行缩进。Word 提供了多种段落缩进的方法：使用"段落"组中的按钮、使用标尺、使用段落对话框等。最快的缩进方法是使用标尺。

最好不要用 Tab 键或空格键来设置文本的缩进,也不要在每行的结尾处使用 Enter 键,因为这样做打印的文章很可能对不齐。

(1) 使用标尺缩进文本。

在 Word 窗口中,有一个标尺栏,通过右侧滚动条上端的标尺栏按钮显示或隐藏。标尺显示见图 5-24 所示,它上面有以下 4 个缩进标记。

图 5-24　标尺

① "首行缩进":拖动该标记控制段落中第一行第一个字的起始位。

② "悬挂缩进":拖动该标记控制段落中首行以外的其他行的起始位。

③ "左缩进":拖动该标记控制段落左边界缩进的位置。

④ "右缩进":拖动该标记控制段落右边界缩进的位置。

利用标尺缩进段落的操作方法,首先选择欲进行缩进的段,然后将相应的缩进标记拖动到合适位置,使被选择的段或者当前插入点所在的段随缩进标记伸缩重新排版。

(2) 使用"段落"缩进按钮缩进文本。

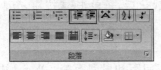

图 5-25　缩进示例

"段落"组中的"缩进"按钮(见图 5-25)能很快地设置一个或多个段落的首行缩进格式。每次单击"增加缩进量"按钮,所选段落将右移一个汉字;同样,每次单击"减少缩进量"按钮,所选段落将左移一个汉字。

对于缩进的操作也可以使用"段落"组中的"段落"缩进按钮,如图 5-25 所示。

3) 行间距、段间距

使用"段落"组中的"行距"按钮可以调整段落的行间距、段间距等,也可以完成上述对齐、缩进等段落排版操作,"缩进"度量单位可以是厘米,也可以是以段首的第一个字的大小为"字符"单位;"间距"度量单位可以是行,也可以是磅值等。

单击"段落"组右下角的按钮,可打开"段落"对话框。在对话框中选择"缩进和间距"标签(如图 5-26 所示)。

(1) "对齐方式"栏:与对齐的 4 个按钮起的作用相同,还增加"左对齐"功能。

(2) "缩进"栏:以精确值设置段落缩进,与标尺缩进和缩进按钮效果相同。

(3) "间距"栏:调整段落中的行距和段落间距。

(4) "预览"框:显示出排版的效果。

"间距"栏有段间距和行距。段间距用于段落之间加大间距,有"段前"和"段后"的磅值设置,使得文档显示更加清晰。行距用于控制每行之间的间距,有"最小值""固定值""多倍行距"等选项。用得较多的是"最小值"选项,其默认值为 5.6 磅,当文本高度超出该值,Word 自动调整高度以容纳较大字体。"固定值"选项,可指定一个行距值,当文本高度超出该值,则该行的文本不能完全显示出来。

设置段落间距和行距的方法相同:选定要设置的文本,在其对话框的"间距"框根据需要设置段间距、行距。

在 Word 2007 中增加了"中文版式"标签(见图 5-27)的处理,最有用的是"文字对齐方式"。

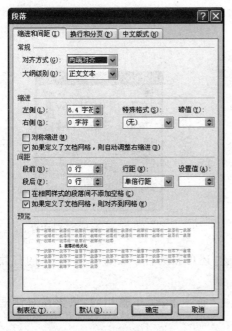

图 5-26 "缩进和间距"标签

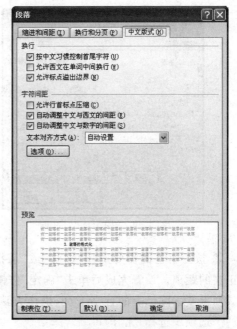

图 5-27 "中文版式"标签

4)制表符

有许多不是从边界开始的文本或者需要制作简易的表格,使用 Tab 键比较方便。每按一次 Tab 键就插入一个制表符,其宽度的默认值为 0.75 厘米(或 2 个字符),也可由用户设置。

制表符有 4 种对齐方式,即左对齐、居中、右对齐、小数点对齐,如图 5-28 所示。设置制表符的步骤如下:

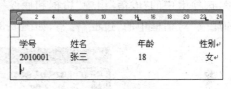

图 5-28 制表符使用

① 选定要设置制表符的段落,也可以是一个新段落,设置好制表符后再输入。

② 单击水平标尺最左侧的"制表符对齐方式"按钮,用鼠标逐次单击,将在 4 种类型之间切换。

③ 在标尺对应位置上单击所设置的制表符。

输入文本时,可按 Tab 键使插入点达到所需要的位置,如图 5-28 所示,每行结束按回车键。

设置制表位还可以单击"开始"选项卡上"段落"组右下角的按钮 ,打开"段落"对话框。单击"段落"对话框左下角的"制表位"按钮,打开"制表位"对话框,如图 5-29 所示。

5)首字下沉

在报刊文章中,经常看到文章的第一个段落的第 1 个字都使用"首字下沉"的方式来表现,其目的就是希望引起读者的注意,并由该字开始阅读。建立"首字下沉"步骤如下:

① 先将插入点定位在要设定成"首字下沉"的段落中。

② 单击"插入"选项卡中的"文本"组中的"首字下沉"下拉菜单中的"首字下沉选项"命令,打开"首字下沉"对话框,如图 5-30 所示。

图 5-29　"制表位"对话框　　　　　　图 5-30　"首字下沉"对话框

③ 按照自己的需要选择"下沉"或"悬挂"位置,还可以为首字设置字体、下沉的行数及与正文的距离。设置完成后单击"确定"按钮。

如果要去除已有的首字下沉,操作方法跟建立"首字下沉"步骤相同,只要在对话框的"位置"选项中选择"无"即可。

6)添加边框

Word 提供了为文档中的段落或表格添加边框和底纹的功能。

(1)添加边框:选定要添加边框的内容,或者把插入点定位到所在的段落处;单击"开始"选项卡中的"段落"组中"边框和底纹"按钮下拉菜单中的 "边框和底纹"命令,打开"边框和底纹"对话框中的"边框"标签,如图 5-31 所示。

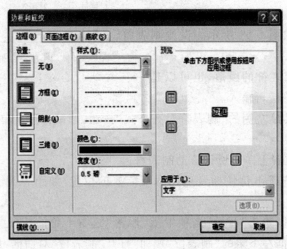

图 5-31　"边框"标签

(2)"设置"框:选择预设的边框形式,要取消边框线选择"无"。

(3)"样式""颜色"和"宽度"列表框:设置框线的外观效果。

（4）"预览"框：显示设置后的效果，也可以单击某边改变该边的框线设置。

（5）页面边框：可以利用如图 5-32 所示的"页面边框"标签对页面设置边框，各项设置同"边框"标签，仅增加了"艺术型"下拉式列表框。其应用范围为整篇文档或节。

图 5-32　"页面边框"标签

7）添加底纹

添加底纹的目的是为了使内容更加醒目突出。选定要添加底纹的段落，或者把插入点定位到所在的段落处；在"边框和底纹"的对话框中，单击"底纹"标签，设置添加底纹，如图 5-33所示。

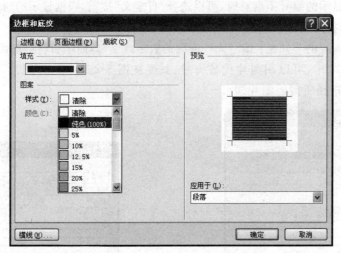

图 5-33　"底纹"标签

（1）"填充"框：选择底纹的颜色，即背景色。

（2）"样式"列表框：选择底纹的样式，即底纹的百分比和图案。

（3）"颜色"列表框：选择底纹内填充点的颜色，即前景色。

图 5-34 是设置了边框和底纹的示例。

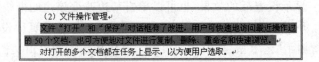

（2）文件操作管理

文件"打开"和"保存"对话框有了改进，用户可快速地访问最近操作过的 50 个文档，也可方便地对文件进行复制、删除、重命名和快速浏览。

对打开的多个文档都在任务上显示，以方便用户选取。

图 5-34 边框和底纹示例

3. 项目符号和编号

在 Word 中可以快速地给列表添加项目符号和编号，使得文档更有层次感，还可以在输入时自动产生带项目符号和编号的列表；项目符号除了使用"符号"外，还可以使用"图片"。

1）自动创建项目符号和编号

当在段落的开始前输入诸如"1.""a)""一、"等格式的起始编号，然后输入文本。当按回车键时，Word 自动将该段转换为列表，同时将下一个编号加入到下一段的开始。

若要设置或取消自动创建项目符号和编号功能，可以选择"开始"标签的"段落"组中的项目符号和编号按钮设置。

2）添加编号

对已有的文本，可以通过"编号"按钮自动转换成编号列表。

选定要设置编号的段落；单击"开始"标签的"段落"组中的编号按钮，就会在这些段落前加数字编号。

若要改变编号的形式，单击"开始"选项卡"段落"组中的编号按钮，再选择"定义新编号格式"命令，显示如图 5-35 所示的对话框，在"编号样式"列表中选择所喜欢的编号即可。

当对屏幕上显示的编号不满意时，可以选择"自定义"按钮，根据显示的对话框进行选择。

3）添加项目符号

项目符号与编号的不同是：编号为一连续的数字或字母，而项目符号都使用相同的符号。

在 Word 2007 中，可以用图片代替符号，只要在图 5-36 中单击"图片"按钮，在图 5-37 所示的对话框中选择所需的图片即可。

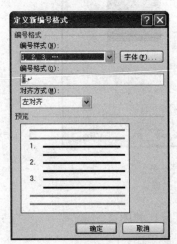

图 5-35 "定义新编号格式"对话框

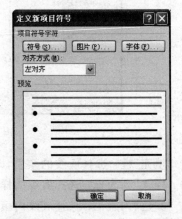

图 5-36 "定义新项目符号"对话框

图 5-37　"插入图片"对话框

4）多级列表

多级列表可以清晰地表明各层次之间的关系。创建多级列表必须首先通过单击"开始"选项卡"段落"组中的"多级符号"按钮设置多级格式；然后可输入文本，通过"减少缩进量"和"增加缩进量"来确定层次关系，图 5-38 显示各项目符号和编号设置的效果。

编号	项目符号	多级编号
1）编号设置	▫ 编号设置	1 编号设置
2）项目符号	▫ 项目符号	1.1　项目符号
3）多级编号	▫ 多级编号	1.1.1　多级编号

图 5-38　项目符号与编号、多级编号结果

4. 分栏

在编辑报纸、杂志时，经常需要对文章进行各种复杂的分栏排版，使版面生动和更具可读性。

利用"页面布局"选项卡"页面设置"组中的"分栏"按钮 ▦，便可在文档中生成分栏或改变分栏数。建立分栏必须切换到"页面视图"显示方式，才能显示分栏的效果。

1）利用"分栏"按钮

操作方法：选择要分栏的段落；单击"分栏"按钮后，弹出供用户选择的栏数；按住鼠标左键，指出所需的栏数即可，如图 5-39 所示。

2）利用"分栏"对话框

用"分栏"按钮只能建立相同的栏宽。若要建立不同的栏宽并且加分隔线，可以用"更多分栏"命令打开"分栏"对话框，如图 5-40 所示，效果如图 5-41 所示。

"栏宽相等"复选框取消，表示建立不同的栏宽；各栏的宽度可在"栏宽"框输入或选择；"分隔线"复选框选中，表示在各栏间加分隔线。

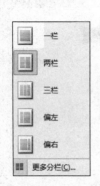

图 5-39　利用"分栏"按钮建立二分栏

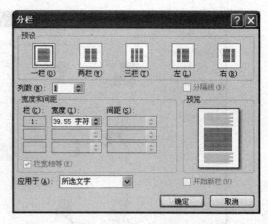

图 5-40　"分栏"对话框

1990年 Microsoft公司推出的 Windows 3.0,是一种全新的图形化用户界面的操作环境,受到软件开发者的青睐。Word 充分利用 Windows	良好的图形界面特点,将文字处理和图表处理功能结合起来,实现了真正的"所见即所得"。近年来,Microsoft 公司对 Word 的功能不断改进,先后推出 Word 5.0、Word 6.0、Word97、Word2000 和 Word2007。随着版本的不断更新,使其功能更强、使用	更方便,成为当前流行的文字处理软件之一。 1. Word 2007 的新功能

图 5-41　分栏效果图

3) 多种分栏并存

若要对文档进行多种分栏,只要分别选择需要分栏的段落,然后进行上述分栏的操作即可。多种分栏并存时,可以看到不同栏之间系统自动增加了双虚线表示的"分节符"。

若要取消分栏,只要选择已分栏的段落,进行一分栏的操作即可。

5. 样式

1) 样式的概念

样式是一组已命名的字符和段落格式的组合。例如,一篇文档有各级标题、正文、页眉和页脚等,它们都有各自的字体和字号大小及段落间距等,各以其样式名存储以便使用。

样式有两种:字符样式和段落样式。字符样式是保存了对字符的格式化,例如文本的字体和字号大小、粗体和斜体、大小写以及其他效果等;段落样式是保存了字符和段落的格式,例如,字体和字号大小、粗体和斜体、大小写以及其他效果等。

使用样式有两个好处:若文档中有多个段落使用了某个样式,当修改了该样式后,即可改变文档中带有此样式的文本格式;有利于构造大纲和目录等。

2) 应用样式

Word 中存储了大量的标准样式和用户定义的样式,要将已有的样式和格式应用于某对象,只需将插入点置于该段中或者选择要应用样式的对象,然后在"开始"选项卡"样式"组中选择样式库中的样式图标即可。单击"样式"组右下角的"其他"按钮 ,可以展开样式库,如图 5-42 所示。

此外,单击"样式"组右下角的对话框启动器,可以打开"样式"任务窗格,上半部的列表框中列出了当前文档中所使用的样式,用户也可以在此为文档中的其他内容选择样式,如图 5-43所示。

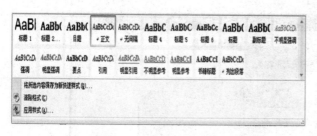 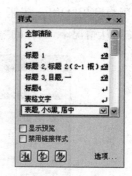

图 5-42　展开的样式库　　　　　　　图 5-43　"样式"任务窗格

应用样式有两种情况：对于应用段落样式，将插入点置于该段落中的任意位置，单击或者选定任意数量的文字；对于应用字符样式，则选定所要设置的文字，然后在展开的"样式"库中选择所需的样式名字即可。

3）样式的建立

若用户想建立自己的样式，首先将一个段落格式化为特定的格式，作为创建样式的基准；然后选定该段落，单击"开始"选项卡的"样式"组右下角的"其他"按钮，选择"将所选内容保存为新快速样式"命令，在弹出的"根据格式设置创建新样式"对话框中指定样式的名称、类型、格式等选项即可，但只能建立段落样式。

例如，已排版了如下的段：

《**计算机导论**》

其文本字体为隶书、粗体字、字号大小为四号，排列居中，样式名字为"书名 1"。而这一个新样式一旦建立好后，用户可以随时应用到文档的任何一个段落上。

4）修改和删除样式

若要改变文本的外观，只要修改应用于该文本的样式格式，即可使应用该样式的全部文本都随着样式的更新而更新。修改样式的步骤如下：

① 选定要修改样式的段落（段落样式）或字符（字符样式）。

② 在"格式"工具栏的"样式"框中选择要修改的样式名字。

③ 更改样式的格式。

④ 单击"格式"工具栏的"样式"框，按回车键。

⑤ 显示"重新应用样式"对话框，选择"以选定内容为模板重新定义样式"。

也可在"样式"库中选择"样式"命令，在样式框内选择想修改的样式，然后再按"样式"库右侧的"更改样式"按钮 ，即可对样式的格式进行修改。

要删除已有的样式，选择按"样式"库下的"清除格式"命令，再选择要删除的样式名后单击"删除"命令按钮即可。这时，带有此样式的段落自动应用"正文"样式。

6. 使用模板

Word 提供的模板包括信函与传真、备忘录、简历、新闻稿、议事日程、Web 主页等，它们以.dot 为扩展名存放在 Template 文件夹下。

用户利用"Office 按钮 | 新建"命令,显示如图 5-44 的"新建文档"对话框,选择所需模板;在默认情况下,选择的"空白文档"使用的是 Normal.dot 模板。

图 5-44 "新建文档"对话框

除了使用 Word 提供的模板外,用户也可以把一个已存在的文档创建成模板,用"保存类型"为"文档模板(.dotx)"的方法就可创建一个新模板。

Word 2007 还有很多有用的功能,限于篇幅不能在此作全面介绍,但有了以上基础,读者可以根据自己的需要参考有关使用手册,很方便地达到进一步学习其他功能的目的。

网上资源:

国内金山软件公司的文字处理软件 WPS 2007 以及永中科技有限公司推出的永中 Office 中也有很好的字处理功能,可以访问下面有关的网站了解情况。

http//:www.wps.com.cn

http://www.evermoresw.com/webch/index.jsp

5.2 电子表格软件

Excel 2007 是 Office 2007 的重要组件之一,是一款非常优秀的电子表格编辑制作软件,适用于进行各种电子表格的制作与编辑。本节主要介绍使用 Excel 2007 进行电子表格制作与处理的一些基础知识和常见的操作方法,例如,创建和编辑工作表、格式化工作表、在工作表中使用图表技术、数据的管理和分析以及报表的打印等。通过本节的学习,读者应能使用 Excel 2007 顺利地制作并管理电子表格文档。

5.2.1 Excel 2007 基本知识

Excel 2007 是目前流行的电子表格软件,本节简要介绍中文 Excel 2007 的一些入门知识,为系统地学习这个应用软件进行一些铺垫。

1. Excel 2007 概述

Excel 是微软公司办公自动化软件 Office 的重要成员,其主要功能是能够方便地制作出各种电子表格。在表格中可以使用公式对数据进行复杂的运算,将数据用各种统计图表的形式表现得直观明了,还可以进行一些数据分析和统计工作。由于 Excel 具有十分友好的人机界面和强大的计算功能,它已成为国内外广大用户管理公司和个人财务、统计数据、绘制各种专业化表格的得力助手。

中文 Excel 2007 不仅秉承了 Excel 97 的众多优秀功能,还增加了许多新的功能,其中的界面显示、文件操作管理和剪贴板工具栏在 Word 中已有论述,其他功能如下。

(1) 数据图表:数据图表中的数据较大时,可以通过更改坐标轴的显示单位而使坐标轴文本变短而且更加易读。

(2) 数据清单:数据清单中可自动扩展清单中的格式和公式以简化此项任务。

(3) 数据透视表:数据透视图报表具有交互式功能,可使用其字段按钮显示或隐藏图表中的项。动态视图功能允许用户在"数据透视表"工具栏中单击要调整的字段,拖曳到透视表的任意合适的位置,以随时更改透视表的结构。创建数据透视表时可以使用"自动套用格式"。

(4) Web 功能:随着全球计算机网络技术及 Internet/Intranet 技术的发展和迅猛普及,Excel 2007 也加强了对 Internet 和 Intranet 的支持,使 Excel 可与处于世界任何位置的 Internet 用户共享图表信息或协同工作。

2. Excel 窗口组成

启动 Excel 2007 成功后,出现如图 5-45 所示的界面,窗口的组成与 Word 大体相似。

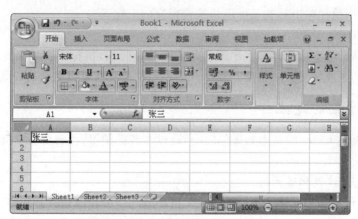

图 5-45　Excel 2007 窗口组成

下面介绍 Excel 与 Word 窗口组成的不同之处。

1) 功能区

在默认情况下,Excel 窗口中将出现"选项卡"和"功能区"按钮,如图 5-46 所示。用户可以通过"功能区"中的按钮对表格进行个性化设计。

图 5-46　"功能区"窗口

以下是常用"功能区"的一些工具按钮。

(1) 插入超级链接：插入或编辑指定的超级链接。

(2) 自动求和：可用于输入求和函数 SUM 并可选择求和的区域。

(3) 粘贴函数：显示粘贴函数对话框，用户可设置参数、选择函数求值区域。

(4) 图表向导：启动"图表向导"可以指导用户建立或修改工作表中的嵌入式图表。

(5) 绘图：显示或隐藏绘图工具栏。

2) 编辑栏

编辑栏默认在格式栏的下方，当选择单元格或区域时，相应的地址或区域名称即显示在编辑栏左端的名称框中，名称框主要用于命名和快速定位单元格和区域。在单元格中编辑数据时，其内容同时出现在编辑栏右端的编辑框中。编辑框还可用于编辑当前单元格的常数或公式。由于单元格默认宽度通常显示不下较长的数据，在编辑框中编辑数据比较方便。

3) 工作表

工作表为 Excel 窗口的主体，由单元格组成，每个单元格由行号和列号来定位，其中行号位于工作表的左端，行号用数字表示，从 1 到 1 048 576，列号位于工作表的上端，列号从 A 至 XFD 列，一张工作表可以容纳上万个单元格。

4) 工作表标签

工作表标签位于工作簿文档窗口的左下底部，初始为 Sheet1、Sheet2 和 Sheet3，代表着工作表的名称，用鼠标单击标签名可以切换到相应的工作表中。

5) 标签拆分框

标签拆分框是位于标签栏和水平滚动条之间的小竖块，鼠标单击小竖块向左右拖曳可以增加水平滚动条或标签栏的长度。鼠标双击小竖块可以恢复其默认的设置。

5.2.2　工作表的建立

建立工作表是 Excel 的基本的操作之一，通过本节的学习，读者可以掌握工作表建立的全过程。

1. 工作簿、工作表和单元格

工作簿、工作表和单元格是 Excel 的 3 个重要概念。工作簿是计算和储存数据的文件，一个工作簿就是一个 Excel 文件，其扩展名为 xlsx。一个工作簿可以包含多个工作表，这样可使一个文件中包含多种类型的相关信息，用户可以将若干相关工作表组成一个工作簿，使用时不必打开多个文件，而直接在同一文件的不同工作表中方便地切换。在默认情况下，Excel 2007 的一个工作簿中有 3 个工作表，名称分别是 Sheet1、Sheet2 和 Sheet3，默认当前工作表为 Sheet1，用户根据实际情况可以增减工作表和选择工作表。

单元格是组成工作表的最小单位。Excel 2007 的工作表由 1 048 576 行、A 至 XFD 列组成，每一行列交叉处即为一单元格。每个单元格用它所在的行号和列号来引用，如 A6、D20 等。对单元格数据的编辑和运算是制作工作表的基础，所以对它先作介绍。

要输入单元格数据，首先要激活单元格。在任何时候，工作表中仅有一个单元格是激活的，鼠标单击单元格可使单元格被粗边框包围，此时输入数据出现在该单元格中，如图 5-45 中的 A1。

1）选取单个单元格

单个单元格的选取即前述单元格的激活。除了用鼠标、键盘上的方向键外，在编辑栏中输入单元格地址（如 A88），也可选取单个单元格。

2）选取多个连续单元格

鼠标拖曳可使多个连续单元格被选取；或者用鼠标单击要选区域的左上角单元，按住 Shift 键再用鼠标单击右下角单元。选取多个连续单元格的特殊方法列于表 5-2 中。

表 5-2　选取多个连续单元格的特殊方法

选择区域	方　　法	选择区域	方　　法
整行（列）	单击工作表相应的行（列）号	相邻行或列	鼠标拖曳行号或列号
整个工作表	单击工作表左上角行列交叉的按钮		

在工作表中任意单击一个单元格即可清除单元区域的选取。

2. 数据输入

在工作表中用户可以输入两种数据：常量和公式，两者的区别在于单元格内容是否以等号（＝）开头。

1）常量数据的输入

常量数据类型分为文本型、数值型和日期时间型。

（1）文本输入：文本包括汉字、英文字母、数字、空格以及其他键盘能输入的符号。文本输入时向左对齐。有些数字（如电话号码、邮政编码）常常当作字符处理。此时只需在输入数字前加上一个单引号。当输入的文字长度超出单元格宽度时，如右边单元格无内容则扩展到右边列；否则，将截断显示。

（2）数值输入：数值除了数字（0～9）组成的字符串外，还包括＋、－、E、e、$ 、/、％以及小数点等特殊字符（如 $50,000）。表格软件还支持分数输入（如 123/4），在整数和分数之间应有一个空格，当分数小于 1 时，如 3/4 要写成 0 3/4，不写 0 会被识别为日期 3 月 4 日。字符"￥"和"$"放在数字前会被解释为货币单位。

（3）日期时间数据输入：表格软件内置了一些日期时间的格式，当输入数据与这些匹配时，可以识别它们。其常见日期时间格式为 mm/dd/yy、dd-mm-yy 和 hh：mm AM/PM，其中表示时间时在 AM/PM 与分钟之间应有空格，否则将被当作字符数据处理。

2）数据自动输入

如果输入有规律的数据，可以考虑使用自动输入功能，它可以方便快捷地输入等差、等比直至预定义的数据填充序列。这里先介绍区域的概念，区域是连续的单元格，用单元格左上角：右下角表示，如 A3：B6 表示左上起于 A3、右下止于 B6 的 8 个单元格。数据自动输入有自动填充、特别的自动填充和产生一个序列 3 种方式。

（1）自动填充方式：是根据初始值决定以后的填充项，用鼠标按住初始值所在单元的右下角，鼠标指针变为实心十字形拖曳至填充的最后一个单元格，即可完成自动填充，如图 5-47 所示。

自动填充可实现以下几种功能：

① 单个单元格内容为纯字符、纯数字或是公式，填充相当于数据复制。

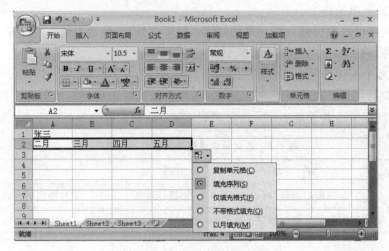

图 5-47　数据自动输入示意图

②　单个单元格内容为文字数字混合体，填充时文字不变，最右边的数字递增。例如，初始值为 K1，填充为 K2、K3……

③　单个单元格内容为 Excel 预设的自动填充序列中一员，按预设序列填充。例如，初始值为一月，自动填充二月、三月……。

④　如果有连续单元格存在等差关系，如 1,3,5……或者 A1,A3,A5……则先选中该区域，再运用自动填充可自动输入其余的等差值，拖曳可以由上往下或由左往右拖动，也可以反方向进行。

(2) 特别的自动填充方式：如果只想实施数据的简单复制，可以采用特别的自动填充方式，即只要按住 Ctrl 键，则不论事先选中的是单个单元格还是一个区域，也不论相邻单元格是否存在特殊关系，自动填充都将实施数据的复制。

(3) 产生一个序列方式：使用菜单命令可以自动产生一个数据输入序列。产生一个序列的操作步骤如下：

①　在单元格中输入初值并回车。

②　用鼠标单击选中第 1 个单元格或要填充的区域，在"开始"选项卡上单击"编辑"组中的"填充"按钮，从弹出的菜单中选择"序列"命令，打开"序列"对话框，如图 5-48 所示。

③　"序列产生在"指示按行或列方向填充。

④　"类型"选择序列类型，如果选"日期"，还需选择"日期单位"。

⑤　"步长值"可输入等差、等比序列增减、相乘的数值，"终止值"可输入一个大于序列终值的数。

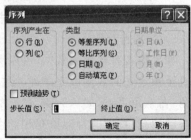

图 5-48　"序列"对话框

3) 输入有效数据

用户可以预先设置选定的一个或多个单元格允许输入的数据类型、范围。操作步骤如下：

①　选取要定义有效数据的若干单元格。

② 在"数据"选项卡上单击"数据工具"组中的"数据有效性"按钮,从弹出的菜单中选择"数据有效性"命令,打开"数据有效性"对话框,如图 5-49 所示,选中"设置"标签。

图 5-49 "数据有效性"对话框

③ 在"允许"下拉列表框中选择允许输入数据类型,如"整数"和"时间"等。

④ 在"数据"下拉列表框中选择所需操作符,如"介于"和"不等于"等,然后在数值栏中根据需要填入上下限。

如果在有效数据单元格中允许出现空值,应选中"忽略空值"复选框。有效数据设置以后,当数据输入时,如果无效将提示并禁止用户输入,直至正确为止。

3. 使用公式与函数

如果电子表格中只是输入一些数字和文本,文字处理软件完全可以取代它。在大型数据报表中,计算统计工作是不可避免的,通过在单元格中输入公式和函数,可以对表中数据进行总计、平均、汇总以及其他更为复杂的运算。

1) 使用公式

最常用的公式是数学运算公式,除此之外也有一些比较运算、文字连接运算。使用公式的特征是以"="(等号)开头,由常量、单元格引用、函数和运算符组成。

公式中可使用的运算符包括:数学运算符、比较运算符、文字运算符。

(1) 数学运算符:+(加号)、-(减号)、*(乘)、/(除)、%(百分号)和^(乘方)等。

(2) 比较运算符:=、>、<、>=(大于等于)、<=(小于等于)、<>(不等于),比较运算符公式返回的计算结果为 TRUE 或 FALSE。

(3) 文字运算符:&(连接)可以将两个文本连接起来,其操作数可以是带引号的文字,也可以是单元格地址。

当多个运算符同时出现在公式中时,数学运算符中从高到低分为 3 个级别:百分号和乘方、乘除、加减。比较运算符优先级相同。3 类运算符又以数学运算符最高,文字运算符次之,最后是比较运算符。优先级相同时,按从左到右的顺序计算。

公式输入一般可以直接输入,例如要在 A4 中存放 A2 和 A3 的和,其步骤为:先选取要输入公式的单元格 A4,输入=号(表示输入的是公式),然后输入"A2+A3"这个公式,最后按回车键或鼠标单击编辑栏中的√按钮。

2) 使用函数

一些复杂的运算如果由用户自己来设计公式计算将会很麻烦,而使用函数就十分便捷。

函数的语法形式为：

<函数名称>(<参数 1>,<参数 2>,…)

其中,参数可以是常量、单元格、区域、区域名、公式或其他函数。

函数输入有两种方法：粘贴函数法和直接输入法。

由于记住函数的所有参数难度很大,为此提供了粘贴函数的方法来引导用户正确输入函数。例如,计算从 A1 至 C2 这 6 个单元格的数据平均值,并存放到 C3 中。需要在 C3 中输入公式"＝AVERAGE(A1:C2)",粘贴函数输入法步骤如下：

① 选择要输入函数的单元格 C3。

② 鼠标单击"编辑栏"中的 fx_x(插入函数)按钮 f_x ,弹出如图 5-50 所示的"插入函数"对话框。

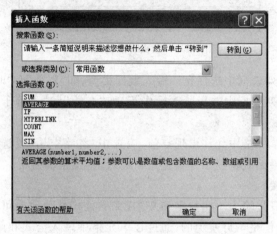

图 5-50　"插入函数"对话框

③ 在"选择类别"列表框中选择函数类型(如"常用函数"),在"选择函数"列表框中选择函数名称(如 AVERAGE),单击"确定"按钮,出现如图 5-51 所示的"函数参数"对话框。

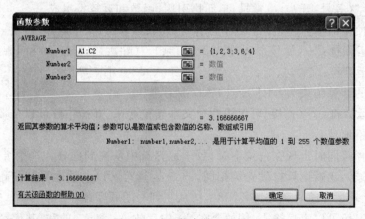

图 5-51　"函数参数"对话框

④ 在参数框中输入常量、单元格引用或区域。对单元格引用或区域无把握时,可单击参数框右侧"折叠对话框"按钮,以暂时折叠起对话框,显露出工作表,用户可选择单元格区域(如从 A1 到 C2 的 6 个单元格),最后单击折叠后的输入框右侧按钮,恢复参数输入对话

框就可以看到 A1:C2 出现在参数框中。

⑤ 完成函数所需参数输入后,单击"确定"按钮。在单元格中显示计算结果,编辑栏中显示公式"=AVERAGE(A1:C2)"。

粘贴函数还有一种方法,即单击"开始"选项卡的"编辑"组中的"自动求和"按钮,出现函数列表,如图 5-52 所示。单击选定函数名(如果所需函数未出现在列表中,可单击"其他函数"命令),出现参数输入对话框,以后操作与前述方法相同。

如果用户对函数名称和参数意义都非常清楚,也可以直接在单元格中输入该函数,如"=AVERAGE(A1:C2)",按回车键得出函数结果。

函数输入后如果需要修改,可以在编辑栏中直接修改,也可用粘贴函数按钮或编辑栏的"="按钮进入参数输入框进行修改。如果要换成其他函数,应先选中要换掉的函数,再去选择其他函数,否则会将原函数嵌套在新函数中。

求和是常用函数之一,如果要对一个区域中各行(各列)数据分别求和,可选择这个区域以及它右侧一列(下方一行)单元格,再单击"开始"选项卡的"编辑"组中的"自动求和"按钮 Σ。各行(列)数据之和分别显示右侧一列(下方一行)单元格中。图 5-53 所示就是对学生成绩数据自动求和的结果。

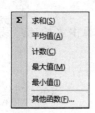

图 5-52 在函数列表中选择常用函数

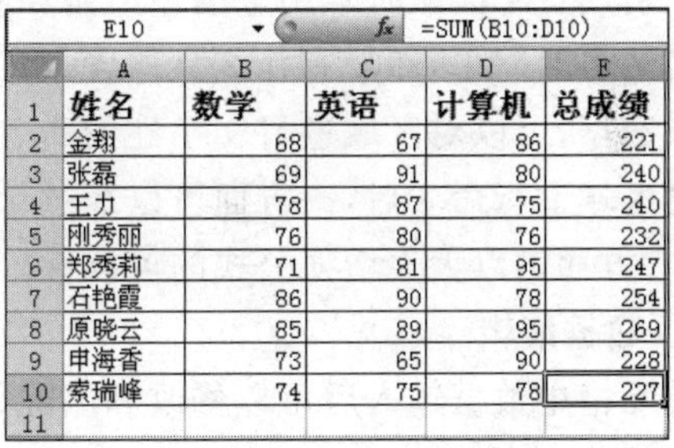

E10 =SUM(B10:D10)

	A	B	C	D	E
1	姓名	数学	英语	计算机	总成绩
2	金翔	68	67	86	221
3	张磊	69	91	80	240
4	王力	78	87	75	240
5	刚秀丽	76	80	76	232
6	郑秀莉	71	81	95	247
7	石艳霞	86	90	78	254
8	原晓云	85	89	95	269
9	申海香	73	65	90	228
10	索瑞峰	74	75	78	227
11					

图 5-53 自动求和功能

利用自动计算功能可以计算选定单元格的总和、均值、最大值等,其默认计算为求总和。在状态栏单击鼠标可显示自动计算快捷菜单,如图 5-54 所示。选择设置某自动计算功能(如求和)后,选定单元格区域时,其计算结果将在状态栏显示出来。

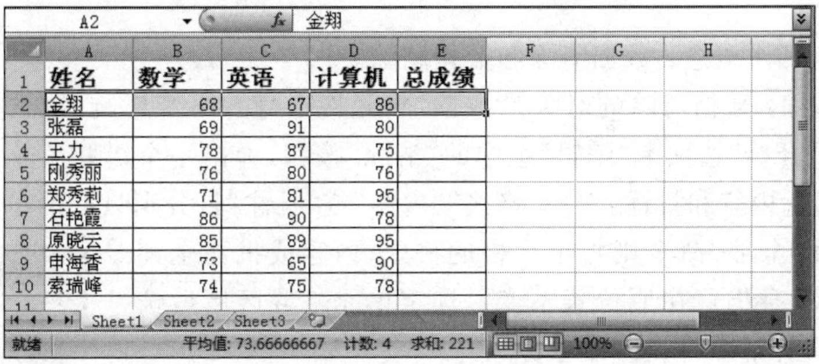

A2 金翔

	A	B	C	D	E
1	姓名	数学	英语	计算机	总成绩
2	金翔	68	67	86	
3	张磊	69	91	80	
4	王力	78	87	75	
5	刚秀丽	76	80	76	
6	郑秀莉	71	81	95	
7	石艳霞	86	90	78	
8	原晓云	85	89	95	
9	申海香	73	65	90	
10	索瑞峰	74	75	78	

图 5-54 自动计算快捷菜单

3) 单元格引用与公式的复制

公式的复制可以避免大量重复输入公式的工作。复制公式时,若在公式中使用单元格和区域,应根据不同的情况使用不同的单元格引用。单元格引用分为相对引用、绝对引用和混合引用。

(1) 相对引用:相对引用是当公式在复制时会根据移动的位置自动调节公式中引用单元格的地址。此类公式复制还可采用成批复制即前面介绍的数据自动填充的方法。

(2) 绝对引用:在行号和列号前均加上符号$,则代表绝对引用。公式复制时,绝对引用单元格将不随着公式位置变化而改变。

(3) 混合引用:混合引用是指单元格地址的行号或列号前加上符号$,如$A1 或 A$1。当公式单元格因为复制或插入而引起行列变化时,公式的相对地址部分会随位置变化,而绝对地址部分仍保持不变。

上述 3 种引用在输入时可以互相转换:在公式中用鼠标或键盘选定引用单元格的部分,反复按 F4 键可进行引用间的转换,转换规律如下:A1→A1→A$1→$A1→A1。

如果需要引用同一工作簿的其他工作表中的单元格,例如将 Sheet2 的 B6 单元格内容与 Sheet1 的 A4 单元格内容相加,其结果放入 Sheet1 的 A5 单元格,则在 A5 单元格中应输入公式"Sheet2!B6+Sheet1!A4",即在工作表名与单元格引用之间用感叹号分开。

4) 区域命名

在引用一个区域时常用它的左上角和右下角的单元格地址来命名,如"A1:C2"等。这种命名法虽然简单,却没有什么具体含义,不易读懂。为了提高工作效率,帮助人们记忆、理解区域数据,可以对区域进行文字性的命名。

对区域进行命名后,一方面可以通过从编辑栏的名称框中单击来快速地选择所要的区域,另一方面可以大大增强公式的可读性。

4. 数据编辑

单元格中数据输入后可以修改和删除、复制和移动。

1) 数据修改

修改数据有两种方法:一是在编辑栏修改,只需首先选中要修改的单元格,然后在编辑栏中进行相应修改,按√按钮确认修改,按×按钮或者 Esc 键放弃修改,此种方法适合内容较多和公式的修改;二是直接在单元格修改,此时须双击单元格,然后进入单元格修改,此种方法适合内容较少的修改。

2) 数据删除

数据删除有两个概念:数据清除和数据删除。

(1) 数据清除:数据清除的对象是数据,单元格本身并不受影响。在选取单元格或一个区域后,选择"开始"选项卡"编辑"组中的"清除"按钮,弹出一个级联菜单,菜单中含子菜单项:全部、格式、内容和批注,选择"格式""内容"或"批注"将分别只取消单元格的格式、内容或批注。选择"全部"命令则将单元格的格式、内容或批注全部取消,但单元格本身仍留在原位置不变。选定单元格或区域后按 Del 键,相当于选择清除"内容"命令。

(2) 数据删除:数据删除的对象是单元格,删除后选取的单元格连同里面的数据都从工作表中消失。

选取单元格或一个区域后,选择"开始"选项卡"单元格"组中的"删除"按钮,单击"删除单元格"命令,出现如图 5-55 所示"删

图 5-55 "删除"对话框

除"对话框,用户可选择"右侧单元格左移"或"下方单元格上移"来填充被删掉单元格后留下的空缺。选择"整行"或"整列"将删除选取区域所在的行或列,其下方行或右侧列自动填充空缺。当选定要删除的区域为若干整行或若干整列时,将直接删除而不出现对话框。

3)数据复制和移动

Excel 数据复制方法多种多样,可以利用剪贴板,也可以用鼠标拖放操作。

剪贴板复制数据与 Word 中的操作相似,稍有不同的是:在源区域执行复制命令后,区域周围会出现闪烁的虚线。只要闪烁的虚线不消失,粘贴可以进行多次,一旦虚线消失,粘贴无法进行。如果只需粘贴一次,有一种简单的粘贴方法,使用"开始"选项卡上"剪贴板"组中的"复制""剪切"和"粘贴"按钮,可以方便地复制或移动单元格中的数据。也可以激活"Office 剪贴板",粘贴多达 12 个复制对象。

选择目标区域时,要么选择该区域的第一个单元格,要么选择与源区域一样大小。与源区域大小不一致时,除非选择目标区域是源区域大小的多倍,依此倍数进行多次复制,否则将无法粘贴信息。

鼠标拖放复制数据的操作方法也与 Word 有些不同:选择源区域和按下 Ctrl 键后,鼠标指针应指向源区域的四周边界,而不是源区域内部,此时鼠标指针变成右上角为小十字的空心箭头。

此外,当单个单元格内的数据为纯字符或纯数值,且不是自动填充序列的一员时,使用鼠标自动填充的方法也可以实现数据复制。此方法对于在同行或同列的相邻单元格内复制数据非常快捷有效,而且可达到多次复制的目的。

数据移动与复制类似,可以利用剪贴板的先"剪切"再"粘贴"方式,也可以用鼠标拖放,但不需按 Ctrl 键。

一个单元格含有多种特性,如内容、格式、批注等,它还可能是一个公式,含有有效规则等,数据复制时往往只需复制它的部分特性。此外,复制数据的同时还可以进行算术运算、行列转置等。这些都可以通过选择性粘贴来实现。

选择性粘贴操作步骤为:先将数据复制到剪贴板,再选择待粘贴目标区域中的第一个单元格,右击,在快捷菜单中选择"选择性粘贴"命令,出现如图 5-56 所示对话框。选择相应选项后,单击"确定"按钮完成选择性粘贴。各选项含义列于表 5-3 中。

4)单元格、行、列的插入和删除

数据输入时难免会出现遗漏,有时是漏输一个数据,有时可能漏掉一行或一列。这些都能用"插入"操作来弥补。

(1)插入单元格:用鼠标右击要插入单元格的位置;选择"插入"命令,出现与图 5-55 类似的"插入"对话框;选择"活动单元格右移"将选中单元格向右移,新单元格出现在选中单元格左边,选择"活动单元格下移"将选中单元格向下移动,新单元格出现在选中单元格上方;单击"确定"按钮插入一个空白单元格。

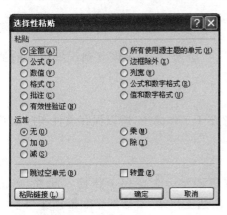

图 5-56 "选择性粘贴"对话框

表 5-3　"选择性粘贴"选项说明表

目的	选　项	说　明
粘贴	全部	默认设置,将源单元格所有属性都粘贴到目标区域中
	公式	只粘贴单元格公式,但不粘贴格式、批注等
	数值	只粘贴单元格中显示的内容,但不粘贴其他属性
	格式	只粘贴单元格的格式,但不粘贴单元格内的实际内容
	批注	只粘贴单元格的批注,但不粘贴单元格内的实际内容
	有效性验证	只粘贴源区域中的有效数据规则
	边框除外	只粘贴单元格的值和格式等,但不粘贴边框
	列宽	将某一列的宽度粘贴到另一列中
运算	无	默认设置,不进行运算,用源单元格数据完全取代目标区域中数据
	加	源单元格中数据加上目标单元格数据,再存入目标单元格
	减	源单元格中数据减去目标单元格数据,再存入目标单元格
	乘	源单元格中数据乘以目标单元格数据,再存入目标单元格
	除	源单元格中数据除以目标单元格数据,再存入目标单元格
	跳过空单元	避免源区域的空白单元格取代目标区域的数值,即源区域中空白单元格不被粘贴
	转置	将源区域的数据行列交换后粘贴到目标区域

(2) 插入行、列:要插入一行或一列,先用鼠标右击要插入新行或新列的单元格;选择"插入 | 行"或"插入 | 列"命令,选中单元格所在行向下移动一行或者所在列向右移动一列,以腾出位置插入一空行或空列。此外,在上述"插入"单元格对话框中选择"整行"或"整列",也可插入一空行或空列。

单元格、行、列的删除参见前述"数据删除"。

数据编辑时如有误操作均可使用"常用"工具栏的"撤销"按钮来恢复到误操作之前的状态。

5. 新建、打开和保存文件

由于工作簿是以文件形式存在的,而工作表又存在于工作簿中,所以保存文件实际上就保存了工作簿和工作表。

1) 新建工作簿

用户可以直接单击快速启动栏中的"新建"按钮新建一个空白工作簿。此外,单击"Office 按钮"中的"新建"命令,出现如图 5-57 所示"新建工作簿"对话框。如果创建一个空白工作簿,双击"工作簿"图标即可;如果要创建一个基于模板的工作簿,则单击"已安装的模板"命令,然后双击相应的图标,如图 5-57 所示。利用模板建立工作簿,可以快速建立具有专业水准的工作簿,且可节省设计工作簿格式的时间。

2) 打开工作簿

选择"Office 按钮"中的"打开"命令,或者单击快速启动栏中的"打开"按钮,都可以打开工作簿文件。

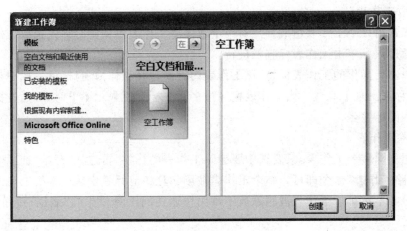

图 5-57　"新建工作簿"对话框

3）保存工作簿

除了编辑结束，在编辑过程中为防意外事故，也需经常保存工作簿。单击快速启动栏中的"保存"按钮或单击"Office 按钮"中的"保存"命令即可保存。

如果想将当前文件保存到另一个文件中，则选择"Office 按钮"中的"另存为"命令。"另存为"对话框中"保存类型"框还可用于不同文件格式间的转换。

5.2.3　工作表的编辑和格式化

工作簿内工作表在使用过程中不够时需插入；多余或重复时则需删除；为了安全或要减少输入工作量可复制；排列顺序不合理时可移动；要使名字反映工作表内容可重命名：这些操作都称为工作表的编辑。而当工作表内所有数据都基本无误后，就可以考虑如何让工作表的版面更生动活泼，更具可读性，这必须通过工作表的格式化来完成。

1. 工作表的删除、插入和重命名

空白工作簿创建以后，默认情况下由 3 个工作表 Sheet1、Sheet2、Sheet3 组成。改变工作簿中工作表的个数，可以通过在"另存为"对话框中选择"Excel 选项"按钮，在"常用"标签中设置，如图 5-58 所示。根据用户的需要可对工作表选取、删除、插入和重命名。

图 5-58　"Excel 选项"对话框

1）选取工作表

工作簿常由多个工作表组成。想对单个或多个工作表操作则必须先选取工作表。工作表的选取通过鼠标单击工作表标签栏进行。

鼠标单击要操作的工作表标签,该工作表内容出现在工作簿窗口,标签栏中相应标签变为白色,名称下出现下画线。当工作表标签过多而在标签栏显示不下时,可通过标签栏滚动按钮前后翻阅标签名。

2）删除工作表

如果想删除整个工作表,只要选中要删除工作表的标签,再选择"开始"选项卡"单元格"组中的"删除工作表"命令即可。整个工作表被删除且相应标签也从标签栏中消失。剩下标签名中序号并不重排。工作表被删除后不可用快速访问工具栏中的"撤销"按钮恢复,所以要慎重。

3）插入工作表

如果用户想在某个工作表前插入一空白工作表,只需单击该工作表(如 Sheet1),再选择"开始"选项卡"单元格"组中的"插入工作表"命令,就可在 Sheet1 之前插入一个空白的新工作表,且成为活动工作表。

4）重命名工作表

工作表初始名字为 Sheet1、Sheet2……如果一个工作簿中建立了多个工作表时,显然希望工作表的名字最好能反映出工作表的内容,以便于识别。重命名方法为:先用鼠标双击要命名的工作表标签,工作表名将突出显示;再输入新的工作表名,按回车键确定。

2. 工作表的复制或移动

实际应用中,为了更好地共享和组织数据,常常需要复制或移动工作表。复制或移动既可在工作簿之间进行,又可在工作簿内部进行。其操作方式分快捷菜单和鼠标操作两种。

1）使用快捷菜单命令复制移动工作表

在工作簿之间复制或移动工作表,操作步骤如下:

① 打开源工作表所在工作簿和所要复制到的目标工作簿中的工作表。

② 鼠标单击选定所要复制或移动的工作表标签,如 Sheet1。

③ 鼠标右击工作表标签,弹出如图 5-59 所示的快捷菜单。选择"移动或复制工作表"命令,弹出如图 5-60 所示的"移动或复制工作表"对话框。

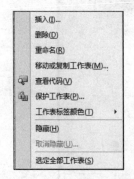

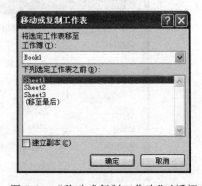

图 5-59 工作表操作快捷菜单   图 5-60 "移动或复制工作表"对话框

④ 在"工作簿"列表框中选择所希望复制或移动到的目标工作簿。

⑤ 在"下列选定工作表之前"列表框中选择希望把工作表插在目标工作簿哪个工作表之前,例如放在最后可选择"(移到最后)",如选 Sheet3。

⑥ 如果想复制工作表则选中"建立副本"复选框,否则执行的是移动操作。

工作簿内工作表的复制或移动也可以用上述方法完成,只要在"工作簿"列表框中选择源工作簿即可。

2) 使用鼠标复制或移动工作表

工作簿内工作表的复制或移动用鼠标操作更为方便。如果想执行复制操作,按住 Ctrl 键,鼠标单击源工作表(如 Sheet1),光标变成一个带加号的小表格,鼠标拖曳要复制或移动的工作表标签到目标工作表(如 Sheet3)上即可,Sheet1 将复制到 Sheet3 之前。如果想执行移动操作,则不用按 Ctrl 键,直接拖曳即可,此时光标变成一个没有加号的小表格。

对工作表的操作还可以通过单击"开始"选项卡"单元格"组中的"移动或复制工作表"命令,弹出如图 5-60 所示的对话框。再选择相应的项进行设置即可。

3. 数据格式化

工作表建立和编辑后,就可对其中各单元的数据格式化,从而使工作表的外观漂亮、排列整齐、重点突出。

单元格数据格式主要有 6 个方面的内容:数字格式、对齐格式、字体、边框线、图案和列宽行高的设置等。数据的格式化一般通过用户自定义格式化,也可通过自动格式化功能实现。

1) 自定义格式化

自定义格式化工作可以两种方法实现:使用"开始"选项卡"数字"组中的按钮及命令。相比之下,"设置单元格格式"命令弹出的对话框中,格式化功能更完善,但工具栏按钮使用起来更快捷、更方便。

在数据的格式化过程中,首先要选定格式化的区域,然后再使用格式化命令。格式化单元并不改变其中的数据和公式,只是改变它们的显示形式。

"设置单元格格式"对话框中的"数字"标签,用于对单元格中的数字格式化。

对话框左边的"分类"列表框分类列出数字格式的类型,右边显示该类型的格式,用户可以直接选择系统已定义好的格式,也可以修改格式,如小数位数等。假定单元格中输入的是数字 1234.567,对日期和时间类型存放的是 NOW 函数,数字格式示例见表 5-4。

表 5-4 数字格式示例

分　　类	显示格式举例	说　　明
常规	1234.567	不包含特定的数字格式
数值	1,234.5670	数字显示,包括小数位、千分位和负数等格式
货币	￥1,234.57	除包括数值的格式外,还增加￥等货币符号
会计专用	￥1,234.57	与货币格式相似,增加小数点对齐
日期	2001 年 3 月 12 日	把日期、时间序列的数字以日期形式显示

分　类	显示格式举例	说　明
时间	下午 2 时 23 分	把日期、时间序列的数字以时间形式显示
百分比	123456.70％	将数字乘以 100 再加％号，也可指定小数位
分数	1234 55/97	以分数显示，分母为两位数
科学记数	1.2346E＋03	以科学记数法表示，可指定小数位数
文本	1234.567	数字作为文本处理
特殊	壹仟贰佰叁拾肆.伍陆柒	以中文大小写、邮政编码、电话号码等显示
自定义	￥1,234.57	用户自定义所需的格式：￥＃，＃＃0.00

"自定义"格式类型为用户提供了自己设置所需格式的便利，它直接以格式符形式提供给用户使用和编辑。

在默认情况下，表格软件根据输入的数据自动调节数据的对齐格式，例如，文字内容向左对齐、数值内容向右对齐等。

利用"设置单元格格式"对话框的"对齐"标签，可以自己设置单元格的对齐格式：

- "水平对齐"列表框包括常规、靠左缩进、居中、靠右（缩进）、填充、两端对齐、跨列居中、分散对齐（缩进）。
- "垂直对齐"列表框包括靠上、居中、靠下、两端对齐、分散对齐。
- "自动换行"对输入的文本根据单元格列宽自动换行。
- "缩小字体填充"减小单元格中的字符大小，使数据的宽度与列宽相同。
- "合并单元格"将多个单元格合并为一个单元格，和"水平对齐"列表框的"居中"按钮结合，一般用于标题的对齐显示。在"格式"工具栏的"合并及居中"按钮，直接提供了该功能。
- "方向"框用来改变单元格文本旋转的角度，角度范围为$-90°\sim90°$。

在字体设置中，字体类型、字体形状、字体尺寸是最主要的 3 个方面。"设置单元格格式"对话框的"字体"标签，各项意义与 Word 2007 的"字体"对话框相似。

在默认情况下，表格线都是淡虚线。这样的边线不一定适合于突出重点数据，可以给它加上其他类型的边框线。"设置单元格格式"对话框的"边框"可以放置在所选区域各单元格的上、下、左、右、外框（即四周）等；边框线的式样有点虚线、实线、粗线、双线等，在"样式"框中进行选择；在颜色列表框中可以选择边框线的颜色。

边框线也可以通过"开始"选项卡"字体"组中的"边框"按钮 ▦ ▾ 列表来设置，这个列表中含有 12 种不同的边框线。

图案就是指区域的颜色和阴影。设置合适的图案，可以使工作表显得更为生动活泼、错落有致。"设置单元格格式"对话框中的"填充"框中有两部分选项：上面 3 行列出了 18 种图案，下面 7 行则列出了用于绘制图案的颜色。"颜色"按钮可以用来改变单元格背景的颜色。

当用户建立工作表时，所有单元格具有相同的宽度和高度。在默认情况下，当单元格中输入的字符串超过列宽时，超长的文字被截去，数字则用 ＃＃＃＃＃＃ 表示。当然，完整的数据还在单元格中,只是没有显示。因此,可以调整行高和列宽,以便于数据的完整显示。

列宽、行高的调整用鼠标来完成比较方便。鼠标指向要调整列宽(或行高)的列标(或行标)的分隔线上,这时鼠标指针会变成一个双向箭头的形状,拖曳分隔线至适当的位置。

列宽、行高的精确调整,可用"格式"菜单中的"列"或"行"子菜单,进行所需的设置。

2) 自动格式化

利用"设置单元格格式"对话框,可以对工作表中的单元格逐一进行格式化,但每次都这样做实在太烦琐了,利用自动套用格式的功能,既可节省大量的时间,又有较好的效果。

自动格式化的方法是:选定要格式化的区域;选择"开始"选项卡"样式"组中的"其他"按钮,显示其对话框,在对话框左边的"格式"框中选择某种已有的格式即可。取消某个复选按钮,则保持工作表中原有该项格式。

3) 格式的复制和删除

对已格式化的数据区域,如果其他区域也要使用该格式,可以不必重复设置格式,通过格式复制来快速完成,也可以把不满意的格式删除。

(1) 格式复制:格式复制一般使用"开始"选项卡"剪贴板"组中的"格式刷"按钮。首先选定所需格式的单元格或区域;然后单击按钮,这时鼠标指针变成刷子;再用鼠标指向目标区域拖曳即可。格式复制也可以使用"开始"选项卡"剪贴板"组中"复制"命令确定复制的格式;然后选定目标区域,使用快捷菜单中的"选择性粘贴│格式"命令来实现对目标区域的格式复制。

(2) 格式删除:当对已设置的格式不满意时,可以使用"开始"选项卡"单元格"组中的"清除│清除格式"命令进行格式的清除。格式清除后单元格中的数据以通用格式来表示。

5.2.4 数据的图表化

数据的图表化就是将单元格中的数据以各种统计图表的形式显示,使得数据更加直观、易懂。当工作表中的数据源发生变化时,图表中对应项的数据也自动更新。

除了将数据以各种统计图表显示外,还可以将数据创建为数据地图以及具有插入或绘制各种图形的功能,使工作表中数据、文字、图形并茂。

1. 创建图表

将工作表以图形形式表示,能够更快地理解和说明工作表数据。图表有两种类型:一种是嵌入式的图表,它和创建图表的数据源放置在同一张工作表中,打印的时候也同时打印;另一种是独立图表,它是一张独立的图表工作表,打印时将与数据表分开。

表处理软件中的图表类型有十多种,有二维图表和三维图;每一类又有若干种子类型。创建图表有两类途径:利用图表向导创建图表;利用"图表"工具栏或直接按 F11 键快速创建图表。

正确地选定数据区域是能否创建图表的关键。选定的数据区域可以连续,也可以不连续。下面以销售统计表为例,说明创建如图 5-61 所示图表的步骤。

首先选定的数据区域见图 5-62,本例中 3 个区域的所在行是相同的。

(1) 利用"插入"选项卡的"图表"组创建图表。用户可以在图表向导的指导下,按以下步骤建立图表。

① 选择图表的类型和子类型:通过上述选定创建图表的数据区域后,单击"插入"选项

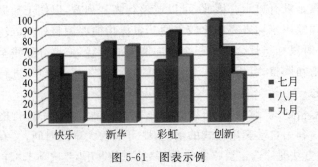

图 5-61　图表示例

中华商场三季度电视机销售统计表							
							二〇一〇年十月二十九日
品牌	七月	八月	九月	单价	销售小计	平均销量	销售额
快乐	64	45	47	2400	156	248	374400
新华	76	43	73	2350	192	64	451200
彩虹	58	86	63	2500	207	69	517500
创新	97	70	46	2450	213	71	521850
总计	295	244	229	9700	768	452	1864950

图 5-62　选定的数据区域

卡的"图表"组的"其他图表"按钮,选择"所有图表类型"命令显示"插入图表"对话框,如图 5-63 所示。用户可以在该对话框选择图表的类型和子类型。

图 5-63　"插入图表"对话框

②　修改选择的数据源区域和显示方式:在创建出的图表区右击,在快捷菜单中选择"选择数据"命令,弹出"选择数据源"对话框,在"图表数据区域"框中可输入正确的区域;单击"切换行/列"进行系列切换。

③　图表上添加说明性文字:单击"布局"选项卡"标签"组的按钮可以对图表添加说明性的文字或线条。用户可以根据需要分别在标题、坐标轴、网格线、图例、数据标志和数据表标签中设置相应的选项。本例中,在"标题"标签的"图表标题"文本框输入"销售统计表",在"图例"标签设置图例为"右面"。

(2)　确定图表的位置。在创建出的图表区右击,在快捷菜单中选择"移动图表"命令,弹出"移动图表"对话框。此对话框确定图表的位置,即建立的图表是嵌入图还是独立图表。其中,"新工作表"单选按钮中表示建立独立图表,否则为嵌入式图表。本例选择"对象位于"按钮。当单击"确定"按钮后,创建图表完成,结果如图 5-64 所示。

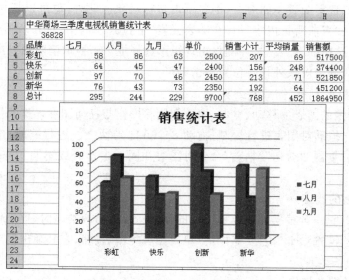

图 5-64　创建的嵌入式图表

（3）快速建立图表。利用"插入"选项卡的"图表"组按钮或者直接按 F11 键，可以对选定的数据区域快速地建立图表。其中，按 F11 键创建的默认图表类型为"柱形图"的独立图表；"图表"列表，如图 5-65 所示。

单击"图表"列表的"图表类型"框，显示多种图表类型（见图 5-66）供用户选择。当选定某一图表类型后，将按照默认的子类型创建嵌入式图表。若要改变制作图表的系列数据，可单击"按行"或"按列"按钮；要显示当前图表应用的数据区域，单击"数据表"按钮。

图 5-65　"图表"列表

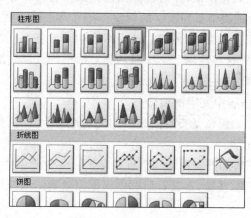

图 5-66　"图表类型"框

2. 图表的编辑

图表编辑是指对图表以及图中各个对象的编辑，包括数据的增加、删除以及图表类型的更改、数据格式化等。

单击图表即可将图表选中，然后可对图表进行编辑。

1）选择图表对象

在对图表对象进行编辑时，必须先选择它们。若要选择整个图表，只需在图表中的空白

162

处单击即可;若要选择图表中的对象,则要单击目标对象。此外,也可以切换到图表工具的"格式"选项卡,在"当前所选内容"组的"图表元素"下拉列表框中,选择所需元素的名称,以选择相应元素。选中的图表元素外侧将出现矩形选择框。若要取消对图表或图表元素的选择,只需在图表或图表对象外任意位置单击即可。

2) 图表的移动、复制、缩放和删除

实际上对选定的图表的移动、复制、缩放和删除操作与任何图形操作相同: 拖动图表进行移动;按 Ctrl+拖动对图表进行复制;拖动 8 个方向句柄之一进行缩放;按 Del 键进行删除。也可以通过"复制""剪切""粘贴"命令对图表在同一工作表或不同工作表间进行移动、复制。

3) 图表类型的改变

对已创建的图表,可根据需要改变图表的类型。改变图表类型时,首先单击图表将其选中,然后选择"设计"选项卡"类型"组中的"更改图表类型"按钮,在其弹出的对话框中选择所需的图表类型和子类型。

4) 图表中数据的编辑

当创建了图表后,图表和创建图表的工作表的数据区域之间就建立了联系,当工作表中的数据发生了变化,则图表中的对应数据也自动更新。

(1) 删除数据系列:当要删除图表中的数据系列时,只要选定所需删除的数据系列,按 Del 键即可把整个数据系列从图表中删除,但并不影响工作表中的数据。若删除工作表中的数据,则图表中对应的数据系列被删除。

(2) 向图表添加数据系列:当要给嵌入式图表添加数据系列时,只要在工作表中选中要添加的数据区域,然后将数据拖曳到图表区即可。

(3) 图表中系列次序的调整:有时为了便于数据之间的对比和分析,可以对图表的数据系列重新排列,步骤是: 选中图表中要改变系列次序的某数据系列;右击鼠标,在快捷菜单中选择"选择数据"命令,显示其对话框,通过"添加""编辑""删除"等按钮设置便可以实现数据系列的改变。

5) 图表中文字的编辑

文字的编辑是指对图表增加说明性文字,以便更好地说明图表中的有关内容;也可删除或修改文字。

(1) 增加图表标题和坐标轴标题:首先选中图表,然后选择"布局"选项卡"标签"组的"图表标题"按钮,在其对话框中根据需要确定增加何种标题,即图表标题、分类轴标题、数据标题等。

(2) 增加数据标志:数据标志是为图表中的数据系列增加标志,标志形式与创建的图表类型有关。例如,要对创建的三维饼图增加数据标志,只要选中三维饼图图表,"布局"选项卡"标签"组的"数据标志"按钮,在其对话框中选择所需的数据标志即可。

(3) 突出指定数据:对于图表中的某个数据为了引起重视,可以利用"绘图"工具栏按钮增加一些说明性的文字和线条。

(4) 修改和删除文字:若要对增加的文字修改,只要先单击要修改的文字处,就可直接修改其中的内容;若要删除文字,待选中文字后,按 Del 键就可删除文字。

5.2.5 数据列表

表处理软件不仅具有简单数据计算处理的能力,还具有数据库管理的一些功能,它可对数据进行排序、筛选、分类汇总等操作。

1. 数据列表

数据列表又称数据清单,也有称之为工作表数据库。它与一张二维数据表非常相似,数据由若干列组成,每列有一个列标题。数据列表与一般工作表的区别在于数据列表必须有列名,且每一列必须是同类型的数据。可以说,数据列表是一种特殊的工作表。

如果想在数据列表中增加一条记录,既可在工作表中增加空行输入数据来实现,也可单击记录编辑对话框的"新建"按钮后输入数据实现,新建记录位于列表的最后,并且可一次连续增加多个记录。

单击"上一条"或"下一条"按钮可以查看各记录内容,显示的记录内容除为公式外,其余可直接在文本框中修改。对话框中部的滚动条也可用于翻滚记录。

当要删除时,可先找到该记录,再单击"删除"按钮实现。

如果需要查找符合一定条件的记录,可通过单击"条件"按钮,在出现对话框的文本框中分别输入条件,单击"下一条"或"上一条"按钮查看符合该组合条件的记录。

2. 数据排序

在实际应用过程中,用户往往有按一定次序对数据重新排列的要求,例如用户想按总分从高到低的顺序排列数据。对于这类按单列数据排序的要求,可用"数据"选项卡"排序和筛选"组中的"排序"按钮实现:先单击要排序的字段列(如"总分"列)任意单元格,再单击"降序"按钮 ,即可将学生数据按总分从高到低排列。"升序"按钮 作用正好相反。

3. 数据筛选

当数据列表中的记录非常多,用户如果只对其中一部分数据感兴趣时,可以使用数据筛选功能,即将不感兴趣的记录暂时隐藏起来,只显示感兴趣的数据。

如果只想在成绩表中看到全部女生的记录,操作步骤如下:

① 单击数据列表中任一单元格。

② 单击"数据"选项卡"排序和筛选"组中的"自动筛选"按钮。

③ 在每个列标题旁边将增加一个向下的筛选箭头,单击"性别"列的筛选箭头,选择下拉菜单中的"女",如图 5-67 所示,筛选结果只显示女生记录。其中,含筛选条件的列旁边的筛选箭头变为蓝色。

筛选并不意味着删除不满足条件的记录,而只是暂时隐藏。如果想恢复隐藏的记录,只需在筛选列的下拉菜单中选择"全选"即可。其他更复杂的筛选方法留待读者进一步学习。

4. 分类汇总

在实际应用中分类汇总经常要用到,像仓库的库存管理经常要统计各类产品的库存总量,商店的销售管理经常要统计各类商品的售出总量等,它们共同的特点是首先要进行分类,将同类别数据放在一起,然后再进行数量求和之类的汇总运算。

1) 简单汇总

下面以求各系学生的 C 语言平均成绩为例,说明简单分类汇总功能。

① 首先进行分类,同系的同学记录放在一起,这可通过"系别"字段排序来实现。

姓名 ▾	性别 ▾	数学 ▾	英语 ▾	计算机 ▾	总分 ▾
升序(S)		68	67	86	221
降序(O)		69	91	80	240
按颜色排序(T) ▸		78	87	75	240
		76	*53*	*53*	182
从 "性别" 中清除筛选(C)		71	81	95	247
按颜色筛选(I) ▸		86	90	78	254
文本筛选(F) ▸		85	89	95	269
		73	65	90	228

☐ (全选)
☐ 男
☑ 女

图 5-67　利用自动筛选进行简单筛选

② "数据"选项卡"分级显示"组中的"分类汇总"按钮,出现如图 5-68 所示分类汇总对话框,分类汇总后的结果如图 5-69 所示。

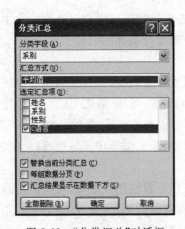

图 5-68　"分类汇总"对话框

1 2 3		A	B	C	D
	1	姓名	系别	性别	C语言
	2	郑秀莉	计算机	女	71
	3	李军利	计算机	男	87
	4	李改英	计算机	女	77
	5		计算机 平均值		78.33333
	6	张磊	经济	男	69
	7	刚秀丽	经济	女	76
	8	原晓云	经济	女	85
	9	郝瑞芬	经济	女	79
	10		经济 平均值		77.25
	11	金翔	数学	男	68
	12	王力	数学	男	78
	13	索瑞峰	数学	男	74
	14	王静芬	数学	女	89
	15		数学 平均值		77.25
	16	李丽萍	信息	女	93
	17	付桂平	信息	女	56
	18		信息 平均值		74.5
	19	石艳霞	自动控制	女	86
	20	申海香	自动控制	女	73
	21		自动控制 平均值		79.5
	22		总计平均值		77.4

图 5-69　求各系 C 语言平均值的分类汇总结果

其中:
- "分类字段"表示按该字段分类,本例在列表框中选择"系别"。
- "汇总方式"表示要进行汇总的函数,如求和、计数、平均值等,本例中选择"平均值"。
- "选定汇总项"表示用选定汇总函数进行汇总的对象,本例中选定"C 语言",并清除其余默认汇总对象。

2) 分类汇总数据分级显示

在进行分类汇总时,Excel 会自动对列表中数据进行分级显示,在工作表窗口左边会出现分级显示区,列出一些分级显示符号,允许人们对数据的显示进行控制。

在默认的情况下,数据会分 3 级显示,可以通过单击分级显示区上方的"1""2""3"3 个按钮进行控制,单击"1"按钮,只显示列表中的列标题和总计结果;单击"2"按钮,则显示列标题、各个分类汇总结果和总计结果;单击"3"按钮,则显示所有的详细数据,即图 5-69 所示的所有数据。

5.2.6 页面设置和打印

工作表创建好后,为了提交或者留存查阅方便,常常需要把它打印出来,其操作步骤是:先进行页面设置(如果打印工作表一部分时,还需先选定要打印的区域),再进行打印预览,最后打印输出。

1. 设置打印区域和分页

设置打印区域可将选定的区域定义为打印区域,分页则是人工设置分页符。

1) 设置打印区域

用户有时只想打印工作表中部分数据和图表,如果经常需要这样打印时,可以通过设置打印区域来解决。

先选择要打印的区域,再选择"Office 按钮"下拉菜单中的"打印"命令,若"选定区域"的边框上出现虚线,表示打印区域已设置好,如图 5-70 所示。打印时只有被选定的区域中的数据才被打印。而且工作表被保存后,将来再打开时设置的打印区域仍然有效。

	A	B	C	D	E	F	G	H
1	序号	学号	姓名	系别	性别	数学	英语	计算机
2	1	801001	金翔	数学	男	68	67	86
3	2	801002	张磊	经济	男	69	91	80
4	3	801003	王力	数学	男	78	87	75
5	4	801004	刚秀丽	经济	女	76	*53*	*53*
6	5	801005	郑秀莉	计算机	女	71	81	95
7	6	801006	石艳霞	自动控制	女	86	90	78
8	7	801007	原晓云	经济	女	85	89	95
9	8	801008	申海香	自动控制	女	73	65	90
10	9	801009	索瑞峰	数学	男	74	75	78
11	10	801010	李军利	计算机	男	87	80	*50*
12	11	801011	李丽萍	信息	女	93	62	80
13	12	801012	郝瑞芬	经济	女	79	68	90
14	13	801013	付桂平	信息	女	*56*	60	68
15	14	801014	李改英	计算机	女	77	75	80
16	15	801015	王静芬	数学	女	89	60	74
17	16	801016	靳合祖	信息	男	65	75	87

图 5-70 打印区域和分页示例图

以后打印时,如果想改变打印区域,可以选择"页面布局"选项卡的"页面设置"组"打印区域"按钮中的"取消打印区域"命令。

2) 分页与分页预览

工作表较大时,一般会自动为工作表分页,如果用户不满意这种分页方式,可以根据自己的需要对工作表进行人工分页。

为达到人工分页的目的,用户可手工插入分页符。分页包括水平分页和垂直分页。水平分页操作步骤为:首先单击要另起一页的起始行行号(或选择该行最左边单元格);然后选择"页面布局"选项卡的"页面设置"组"分隔符"按钮中的"插入|分页符"命令,在起始行上端出现一条水平虚线表示分页成功。

垂直分页时必须先单击另起一页的起始列号(或选择该列最上端单元格),分页成功后将在该列左边出现一条垂直分页虚线。如果选择的不是最左或最上的单元格,插入分页符将在该单元格上方和左侧各产生一条分页虚线。

如图 5-70 所示,E10 单元格的上方和左侧各出现一条分页虚线,C4:G15 为打印区域,在其四周出现虚线框。

删除分页符可选择分页虚线的下一行或右一列的任一单元格,选择"页面布局"选项卡的"页面设置"组"分隔符"按钮中的"删除分页符"命令即可。选中整个工作表,然后选择"分隔符"按钮中的"重设所有分页符"可删除工作表中所有人工分页符。

分页预览可以在窗口中直接查看工作表分页的情况。它的优越性还体现在分页预览时,仍可以像平常一样编辑工作表,可以直接改变设置的打印区域大小,还可以方便地调整分页符位置。

分页预览时,改变打印区域大小操作非常简单,将鼠标移到打印区域的边界上,当指针变为双箭头时,鼠标拖曳即可改变打印区域。

此外,预览时还可直接调整分页符的位置:将鼠标指针移到分页实线上,当指针变为双箭头时,鼠标拖曳可调整分页符的位置。

选择"视图"选项卡的"工作簿视图"组中的"普通"命令,可结束分页预览回到普通视图中。

2. 页面设置

表处理软件中具有默认页面设置功能,用户因此可直接打印工作表。如果有特殊需要,使用页面设置可以设置工作表的打印方向、缩放比例、纸张大小、页边距、页眉、页脚等。读者可以自己单击"页面布局"选项卡的"页面设置"按钮,在弹出的"页面设置"对话框来试一试。

3. 打印预览和打印

打印预览为打印之前浏览文件的外观,模拟显示打印的设置结果。一旦设置正确即可在打印机上正式打印输出。

1) 打印预览

选择"Office 按钮"下拉菜单中"打印|打印预览"命令,屏幕显示"打印预览"界面。界面下方状态栏将显示打印总页数和当前页码。上方有一排按钮,部分功能简介如下。

(1) 缩放:此按钮可使工作表在总体预览和放大状态之间来回切换,放大时能看到具体内容,但一般需移动滚动条来查看,注意这只是查看,并不影响实际打印大小。

(2) 页边距:单击此按钮使预览视图出现虚线表示页边距和页眉、页脚位置,鼠标拖曳可直接改变它们的位置。

2) 打印工作表

经设置打印区域、页面设置、打印预览后,工作表即可正式打印。选择"Office 按钮"下拉菜单中"打印|打印"命令,或者在"页面设置"对话框、"打印预览"视图中单击"打印"按钮即可。

5.3　文稿演示软件

PowerPoint 2007 是 Microsoft Office 2007 办公组件之一,用于创作电子演示文稿。利用 PowerPoint 2007 能够制作出集文字、图形、图像、声音及视频剪辑等多媒体元素于一体的演示文稿。通过本节的学习,读者应该掌握制作 PowerPoint 2007 标准演示文档的一般方法和基本操作等内容,包括:PowerPoint 2007 窗口界面,一般演示文档的建立与基本设置,动画、特技效果、声音等多媒体效果的添加,幻灯片动画的制作等。

5.3.1　文稿演示软件的基本操作

1. 启动、退出和打开

1）启动 PowerPoint

单击任务栏中的"开始"按钮，选择"程序 | Microsoft Office | Microsoft Office PowerPoint"程序项，即可进入文稿演示软件。

2）退出 PowerPoint

要退出 PowerPoint，一般选择"Office 按钮|关闭"命令；也可单击 PowerPoint 标题栏右上角的关闭按钮。

同其他 Office 软件一样，退出 PowerPoint 时，对当前正在操作的演示文稿，系统也会显示保存文件的询问框。用户可以根据需要选择是否保存文件。

3）打开和保存演示文稿

当用户制作好演示文稿后可以通过"Office 按钮 | 另存为"命令或"Office 按钮 | 保存"命令将演示文档保存，系统默认演示文稿文件的扩展名为 pptx。

单击快速访问工具栏中的"打开"按钮或者使用"Office 按钮|打开"命令，可以打开用户已经制作过的演示文稿。

2. 建立演示文稿

1）建立演示文稿的方法

和创建其他 Office 文档一样，新建演示文稿的方法也有多种。用户可用以下几种方法创建演示文稿：

（1）按 Ctrl＋N 组合键创建一个空白演示文稿。

（2）如果在快速访问工具栏上添加了"新建"按钮，单击"新建"按钮创建空白演示文稿。

（3）单击 Office 按钮，从弹出的菜单中选择"新建"命令，打开"新建演示文稿"对话框，选择一种模板，然后单击"创建"按钮。在"模板"列表框中选择"已安装的模板"选项，然后在"已安装的模板"列表框中选择合适的图标，如图 5-71 所示。其中：

- "演示文稿"模板是一组预先设计好的带有背景图案、文件格式和提示文字的若干张幻灯片组成，用户只要根据提示输入实际内容即可建立演示文稿。
- "演示文稿设计"是仅有图案背景的空演示文稿，以后建立幻灯片的方法与建立演示文稿相同。

2）建立空演示文稿

用户如果希望建立具有自己风格和特色幻灯片，可以从空白的演示文稿开始设计。它不包含任何背景图案但包含了多种自动版式供用户选择。这些版式中包含许多占位符，用于添入标题、文字、图片、图表和表格等各种对象。用户可以按照占位符中的文字提示输入内容；也可以对多余的占位符删除或通过"插入"选项卡插入自己所需的图片、表格等各种对象。

用户如果觉得插入的对象不满意，可以进行修改。用"绘图"按钮创作的各种图形，可单击选中后进行修改或删除。修改文本时先单击选中文本框，再对文字进行修改；修改艺术字、图表、表格等，要双击需修改的对象就可以转到运行该对象的应用程序，用户进行修改后再单击对象外的空白处返回。

图 5-71 选择模板

另外,对选定的对象可以进行移动、复制、删除等操作。

PowerPoint 可以将来自其他应用程序(如 Microsoft Word 和 Microsoft Excel)的文本、表格、图表形成演示文稿,并且可以对其编辑。

3. 演示文稿的浏览和编辑

1) 视窗的切换

为了建立、编辑、放映幻灯片的需要,演示软件提供了多种不同的视窗,各个视窗间的切换可以单击"视图"选项卡的"演示文稿视图"组中的按钮实现。

(1) 普通视图:按下"普通视图"按钮,有 3 个分开的窗格,如图 5-72 所示,左边的窗格

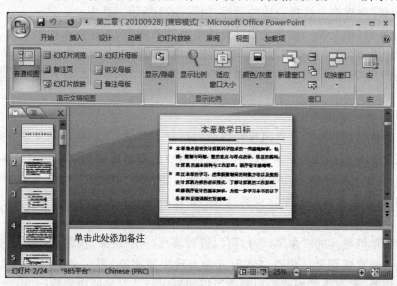

图 5-72 "普通视图"的三个窗格

以大纲的形式显示演示文稿中的文本内容,右边的窗格显示当前幻灯片中所有的内容和设计元素;右边下面的第三个窗格显示当前幻灯片的备注。单击任何一个窗格,就可以选择对演示文稿的大纲、幻灯片、备注进行编辑。

(2) 大纲视图:按下"大纲视图"按钮即转换到大纲视图,此时仅显示文稿中所有标题和正文,右击鼠标在快捷菜单中显示"大纲视图"的设置命令,如图 5-73 所示。用户可以用这些命令调整幻灯片标题、正文的布局和内容、移动幻灯片的位置等。

图 5-73 "大纲视图"设置命令

(3) 幻灯片视图:按下"幻灯片视图"按钮即转换到幻灯片视图,如果对幻灯片的各个对象细节进行关注可以在此视图下进行操作。在幻灯片视图下,可以建立幻灯片并且可对幻灯片中各个对象进行编辑,还可插入剪贴画、表格、图表、艺术字、组织结构图等图片。

(4) 幻灯片浏览:按下"幻灯片浏览"按钮即转换到多页并列显示,此时所有的幻灯片缩小,并按顺序排列在窗口中,用户可以一目了然地看到整个演示文稿的外观,每张幻灯片若有动画效果、换片动画、自动放映时间、隐藏等放映属性,则在幻灯片的下面出现表示这些属性的图标。在幻灯片浏览视图下可以对幻灯片进行移动、复制、删除等操作。

(5) 幻灯片放映:按下"幻灯片放映"按钮,幻灯片将按顺序在全屏幕上显示,右击鼠标或按回车键显示下一张幻灯片,按 Esc 键或放映完所有幻灯片则恢复原样。

2) 编辑幻灯片

编辑幻灯片是指对幻灯片进行删除、复制、移动等操作。

(1) 选择幻灯片:在"幻灯片浏览"视图下,所有幻灯片都会以缩小的图形在屏幕上显示,在进行删除、移动或复制幻灯片之前,首先选择要进行操作的幻灯片。如果选择单张幻灯片,那么单击它即可,此时被选中的幻灯片周围有一个黑框;如果选择多张幻灯片,则先选中第一张幻灯片,再按住 Shift 键,单击要选中的最后一张幻灯片,用户也可以用 Ctrl 键选择不连续的多张,或者用"开始"选项卡的"编辑"组中的"选择|全选"命令选中所有的幻灯片。

(2) 幻灯片删除:在幻灯片浏览视图中,单击要删除的幻灯片再按 Del 键即可删除该幻灯片,后面的幻灯片会自动向前排列。如果要删除两张以上的幻灯片,可选择多张幻灯片再按 Del 键即可删除。

(3) 幻灯片复制:将已制作好的幻灯片复制一份到其他位置上,便于用户直接使用和修改。

● 选择要复制的幻灯片,使用"复制"和"粘贴"命令复制幻灯片。

● 选择要复制的幻灯片,单击"复制"按钮,并将指针定位到要粘贴的位置,单击"粘贴"
  按钮。

(4) 幻灯片移动:可以利用"剪切"和"粘贴"命令来改变幻灯片的排列顺序,其方法和复制过程相似。

5.3.2 格式化和美化演示文稿

制作好的幻灯片可以用文字格式、段落格式、对象格式来进行美化,通过合理使用母版和模板,可以制作出风格统一、画面精美的幻灯片来。

1. 幻灯片格式化

用户在幻灯片中输入标题、正文之后,这些文字、段落的格式仅限于模板所指定的格式。为了使幻灯片更加美观、便于阅读,可以重新设定对象、文字和段落的格式。

1) 对象格式化

对于幻灯片中的标题、正文、表格、图表、剪贴画等对象的形成,一种是幻灯片新建时用"占位符"建立,另一种是用插入命令形成。对这些对象的格式化主要包括大小、在幻灯片中的位置、填充颜色、边框线等,用户可以单击"幻灯片母版"选项卡"母版版式"组中的"插入占位符"按钮实现。

2) 文字格式化

利用"开始"选项卡"字体"组中的按钮,可以改变文字的格式设置。例如,字体、字号、加粗、倾斜、下画线、字体颜色等。用户也可以通过单击"字体"组右下角的按钮,在弹出的"字体"对话框中进行设置。

3) 段落格式化

(1) 段落对齐设置:演示文稿中输入的文字均有文本框,设置段落的对齐方式,主要用来调整文本在文本框中的排列方式。首先选择文本框或文本框中的某段文字,然后单击"开始"选项卡"段落"组中的"右对齐""居中对齐""右对齐"或"分散对齐"按钮。

(2) 行距和段落间距的设置:可以单击"开始"选项卡"段落"右下角的按钮,在弹出的"段落"对话框中设置。

(3) 项目符号设置:在默认情况下,单击"开始"选项卡"段落"组中的"项目符号"按钮,插入一个圆点作为项目符号;用户也可选择"项目符号"按钮下拉列表中的"项目符号"命令,在弹出的"项目符号"对话框中进行重新设置。

4) 对象格式的复制

在对象处理规程中,有时对某个对象进行上述格式化后,希望其他对象有相同的格式,这时并不需要做重复的工作,只要用"开始"选项卡"剪贴板"中的"格式刷"按钮就可以复制。

2. 设置幻灯片外观

演示软件的一大特点就是可以使演示文稿的所有的幻灯片具有一致的外观。控制幻灯片外观的方法有 3 种,母版、配色方案和应用设计模版。

1) 使用母版

母版用于设置文稿中每张幻灯片的预设格式,这些格式包括每张幻灯片标题及正文文字的位置和大小、项目符号的样式、背景图案等。母版可以分成 4 类:幻灯片母版、标题幻灯片母版、讲义母版和备注母版。

(1) 幻灯片母版:最常用的母版是幻灯片母版,因为幻灯片母版控制的是除标题幻灯片以外的所有幻灯片的格式。在幻灯片视图中按着 Shift 键不放,再单击"幻灯片视图"的按钮,或者选择"视图"选项卡"演示文稿视图"组中的"幻灯片母版"按钮,就进入"幻灯片母版"视图。它有 5 个占位符,用来确定幻灯片母版的版式。

① 更改文本格式：在幻灯片母版中选择对应的占位符，例如标题样式或文本样式等，可以设置字符格式、段落格式等。修改母版中的某一对象格式，就同时修改了标题幻灯片以外的所有幻灯片对应对象的格式。

② 设置页眉、页脚和幻灯片编号：在幻灯片母版状态选择"插入"选项卡的"文本"组中的"页眉和页脚"按钮，这时会弹出"页眉和页脚"对话框，选中"幻灯片"标签，显示如图 5-74 所示。

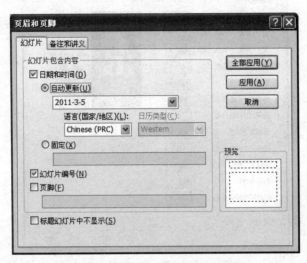

图 5-74 "页眉和页脚"对话框

- "日期和时间"选项选中，表示在"日期区"显示日期和时间。若选择了"自动更新"选项，则时间域会随着制作日期和时间的变化而改变，用户可以打开下拉式列表框从中选择一种喜欢的形式；若选择"固定"选项，则用户得自己输入一个日期或时间。
- "幻灯片编号"选项选中，则每张幻灯片上加上编号。
- "页脚"选项选中，则可在"页脚区"输入内容作为每一页的注释。
- 拖动各个占位符，把各区域位置摆放合适，还可以对它们进行格式化；如果不想在标题幻灯片（一般是第 1 张）上看到编号、日期、页脚等内容，可选择"标题幻灯片中不显示"选项。

单击"全部应用"按钮，这样日期区、数据区、页脚区设置完毕。

③ 向母版插入对象：要使每一张幻灯片都出现某个对象，可以向母版中插入该对象。通过幻灯片母版插入的对象，只能在幻灯片母版状态下编辑，其他状态无法对其编辑。

（2）标题幻灯片母版：它控制的是演示文稿的第 1 张幻灯片，必须是由"新幻灯片"对话框中的第一种"标题幻灯片"版式建立的。由于标题幻灯片相当于幻灯片的封面，所以要把它单独拿出来设计。

（3）讲义母版：用于控制幻灯片以讲义形式打印的格式，可增加页码（并非幻灯片编号）、页眉和页脚等，也可在"讲义母版"工具栏选择在一页中打印 2、3 和 6 张幻灯片。

（4）备注母版：主要供演讲者备注使用，以及设置备注幻灯片的格式。

2）改变幻灯片背景和给幻灯片重新配色

利用"设计"选项卡的"背景"组中的"背景样式"按钮，可以对需要强调突出重点的幻灯

片采用区别于其他幻灯片的背景颜色布置；利用"设计"选项卡的"主题"组中的"颜色|新建主体颜色"命令，对幻灯片需要强调的部分进行重新配色。幻灯片的各个部分是指文本、背景、强调文字等内容，用不同的颜色组成。如图 5-75 所示，用户可以对幻灯片的各个细节定义自己喜欢的颜色。

图 5-75 "新建主题颜色"对话框

(1) 幻灯片母版：此状态当选择或定义了一种方案后，单击"应用"命令按钮，将作用于除标题幻灯片外的全部幻灯片；单击"全部应用"按钮，将作用于包括标题幻灯片的所有幻灯片。

(2) 幻灯片视图：包括幻灯片、大纲和幻灯片浏览 3 种视图，此状态当选择或定义了一种方案后，单击"应用"命令按钮，仅作用于当前选中的幻灯片；单击"全部应用"按钮，则作用于包括标题幻灯片的所有幻灯片。

(3) 应用设计模板：切换到"设计"选项卡，在"主题"组的样式库中单击某一主题样式图标，即可将该主题应用到当前演示文稿中。当选择了某一模板后，则整个演示文稿的幻灯片都按照选择的模板进行改变。用户也可以根据自己的具体情况，对已有的应用设计模板稍加修改后使用。

5.3.3 动画、超链接和多媒体技术

演示软件提供了动画、超链接和多媒体技术，为幻灯片的制作和演示提供了较多手段。

1. 动画效果

用户可以为幻灯片中的文本、图片、表格等设置动画效果，以突出重点、控制信息的流程、提高演示的趣味性。

在设计动画时，有两种不同的动画设置：一是幻灯片内动画设置；二是幻灯片间切换效果设置。

1) 幻灯片内动画设置

幻灯片内动画设计指在演示一张幻灯片时,随着演示的进展,逐步显示片内不同层次、对象的内容。例如,首先显示第一层次的内容标题;然后一条一条显示正文,这时可以用不同的切换方法来显示下一层内容,这种方法称为片内动画。

(1) 使用"动画"列表设置动画效果。

对幻灯片内仅有标题、正文等层次易区别的情况,在"动画"选项卡"动画"组的"动画"下拉列表框中选择所需的选项,即可为所选元素应用相应的动画效果。

"动画效果"工具栏将一些特殊的声音和移动效果结合起来,这些特殊的动画效果使标题、幻灯片正文具有"飞入""驶入""闪烁""空投""打字机"等动画效果。

操作方法:先选中要动态显示的对象,单击"动画"选项卡"动画"组的"动画"下拉列表框中对应的动态命令。

为了检查动态效果的方便,可以选择"动画"选项卡"预览"组的"预览"按钮,设置的片内动画效果都会在窗口中连续地预演示一遍。

(2) 使用"自定义动画"命令设置动画效果。

当幻灯片中插入图片、表格、艺术字等难以区别层次的对象时,可以利用"动画"选项卡"动画"组的"自定义动画"按钮来定义幻灯片中各对象显示的顺序。

当用户单击"动画"选项卡"动画"组的"自定义动画"按钮时,打开"自定义动画"任务窗格,如图 5-76 所示。

图 5-76 "自定义动画"任务窗格

- 添加效果:用于为所选元素添加动画效果。单击此按钮可弹出一个下拉菜单,其中包含"进入""强调""退出"和"动作路径"4 个子菜单,代表 4 种效果类型,分别用于为所选对象设置以某种效果进入幻灯片放映演示文稿的动画效果、自身变换的动画效果、在某一时刻离开幻灯片的动画效果以及按照指定的模式移动的动画效果。
- 删除:用于删除自定义动画效果。
- 开始:用于设置动画开始的时间,有单击、之后和之前 3 种选择。"单击"表示在单击鼠标时开始动画;"之后"表示在上一动画结束后自动开始此动画;"之前"则表示在下一动画开始之前自动开始此动画。
- 属性:用于设置动画的属性。不同的动画效果的属性表达可能有些不同。
- 速度:用于选择动画的速度。
- 重新排序:已设置的自定义动画项目均按顺序显示在列表框中,单击向上或向下按钮可调整动画项目的顺序。
- 播放:用于播放当前幻灯片中所应用的动画效果。
- 幻灯片放映:用于切换到幻灯片放映视图,从当前幻灯片开始放映。
- 自动预览:用于使用户在为元素设置动画效果后可以即时预览动画效果。

2) 设置幻灯片间切换效果

幻灯片间的切换效果是指幻灯片放映时两张幻灯片之间切换的动画效果,设置幻灯片

切换效果一般在"幻灯片浏览"窗口进行,操作步骤如下:

① 选择要进行切换效果的幻灯片。当选择多张连续的幻灯片时,按住 Shift 键单击最后一张幻灯片,也可用按住 Ctrl 键单击所需幻灯片选择多张不连续的幻灯片。

② 选择"动画"选项卡"切换到此幻灯片"组中的按钮,其中:

- "切换速度"列表框列出切换效果,3 个单选按钮"慢速""中速""快速"可设置切换速度。
- "换片方式"框中,系统默认是"单击鼠标换页",也可以输入幻灯片放映的时间。
- "切换声音"框中可设置换片时衬托的声音,如"风铃"声、"鼓掌"声、"打字机"声等。
- "全部应用"命令按钮作用于演示文稿的全部幻灯片。
- "应用"命令按钮作用于选中的幻灯片。

2. 演示文稿中的超级链接

用户可以在演示文稿中添加超级链接,然后利用它转跳到不同的位置。例如,转跳到演示文稿的某一张幻灯片、其他演示文稿、Word 文档、Excel 电子表格、公司 Intranet 地址等。

图 5-77 在幻灯片上已设置了"图片演示"超级链接。幻灯片放映时,当鼠标移到下画线显示处将出现一个超级链接标志,单击鼠标就跳转到超级链接设置的相应位置,如图 5-78 所示。

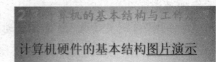

图 5-77　超级链接示例

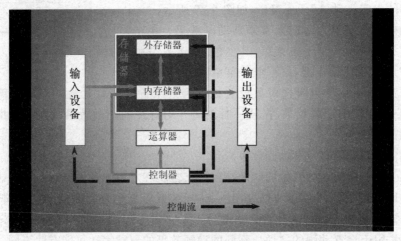

图 5-78　跳转到文件示例

1) 创建超级链接

创建超级链接起点可以是任何文本或对象,激活超级链接最好用鼠标单击的方法。设置超级链接,代表超级链接起点的文本会添加下画线,并且显示成系统配色方案指定的颜色。

创建超级链接方法有两种:使用"超级链接"命令或者"动作按钮"。

(1)"使用超级链接"命令创建超级链接。

① 超级链接跳转到当前演示文稿的某幻灯片:以图 5-77 为例说明使用"超级链接"命

令创建超级链接的过程,此超级链接的跳转位置是当前演示文稿的某幻灯片,操作方法为:保存要进行超级链接的演示文件;在幻灯片视图中选择代表超级链接起点的文本对象,如本例选择"图片演示";选择"插入"选项卡的"链接"组中的"超级链接"按钮或"动作"按钮,出现如图5-79"编辑超链接"对话框;单击"链接到"框中"原有文件或Web页"按钮,"本文档中的位置"框中显示出当前幻灯片位置结构示意,选择要超级链接到的幻灯片的标题,超级链接设置完毕。

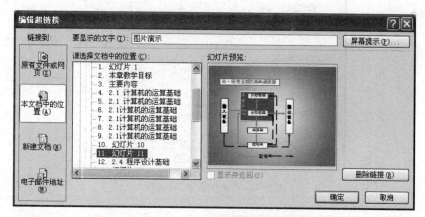

图 5-79 "编辑超链接"对话框

② 超级链接跳转到已有文档、应用程序或 Internet 地址等:使用"链接到"对话框中"原有文件或 Web 页"按钮,可以跳转到已有的文档、应用程序或 Internet 地址等;只要单击"浏览目标"的"文件"按钮,就可以打开"链接到文件"对话框,在对话框中找到要跳转的文件,单击"确定"按钮,超级链接成功。

跳转到 Internet 地址和跳转到已有的文档相似,只要在"链接到"对话框中的"请输入文件名或 web 页名称"文本框中输入网站地址,或者单击"浏览过的页"按钮,在右边的列表框中选取最近访问过的网站名即可。

(2)使用动作按钮创建超级链接。

利用动作按钮,也可以创建同样效果的超级链接。操作方法为:选择"插入"选项卡的"链接"组中的"动作"按钮,系统自动弹出"动作设置"对话框,如图5-80所示,其中:

● "单击鼠标"标签:单击鼠标启动转跳。

● "鼠标移过"标签:移过鼠标启动转跳。

● "超级链接到"选项:在列表框中选择跳转的位置。

2)编辑和删除超级链接

编辑超级链接的方法:指向欲编辑超级链接的对象,在快捷菜单中选择"超级链接"命令,显示"编辑超链接"对话框或"动作设置"对话框,改变超级链接的位置即可。

删除超级链接操作方法同上,只要在"编辑超链接"对话框选择"取消链接"命令按钮或者在"动作设置"对话框选择"无动作"选项即可。

3. 多媒体技术的运用

用户不仅可以在幻灯片中插入图片、图像等,也可将声音或动画置于幻灯片中,在放映幻灯片时,这些多媒体元素会自动执行。

图 5-80 "动作设置"对话框

1) 插入"剪辑库"中的声音和动画文件

选择"插入"选项卡的"媒体剪辑"组中的"影片"和"声音"按钮中的"剪辑管理库中的影片"或者"剪辑管理库中的声音"命令,就能插入剪辑库中的动画或者声音。

2) 从文件中添加声音和动画

用户也可以从硬盘、光盘中添加 CD 乐曲、MIDI 音乐到幻灯片,或者添加动画、影片到幻灯片。

添加这些对象时,只要选择"插入"选项卡的"媒体剪辑"组中的"影片"和"声音"按钮中的"文件中的影片"或者"文件中的声音"命令,就可插入动画或者声音。

3) 录制旁白

在幻灯片中添加旁白,可以使幻灯片在放映时画面有配音的效果。例如,对放映画面的说明,人物的对白,自然界的风声、雨声、动物的叫声,等等。录制旁白需要在计算机上安装声卡、话筒等录音设备。录制旁白有两种方式,对单张幻灯片录制旁白且有录音标记,另一种是对整套或多张幻灯片录制旁白且没有任何标记。

(1) 对单张幻灯片录制旁白:单击选中要进行录制旁白的幻灯片,使用"幻灯片放映"选项卡的"设置"组中的"录制旁白"命令,会出现"录音"对话框,单击圆形按钮开始录音,单击方形按钮录音结束,三角形按钮可将录制的声音播放一次。录制完毕后幻灯片上也有一个声音图标,在幻灯片放映时,只要单击此图标录制的旁白就播放出来。

(2) 对整套或多张幻灯片录制旁白:先单击选中要录制旁白的第一张幻灯片,再用"幻灯片放映"选项卡的"设置"组中的"录制旁白"命令,录制旁白。

录制的声音文件,系统保存在默认的 C:\My Documents\ 文件夹下,用户也可以重新选择保存声音文件的文件夹,单击选中"链接旁白"前的选项,使声音文件和幻灯片链接,最后单击"确定"按钮,幻灯片呈放映状态,用户可以一边对着话筒进行录音,一边单击鼠标控制放映速度,或者根据"排练计时"设置的放映速度进行录音。用户可以用此方法录制旁白到最后一张幻灯片或者按 Esc 键中止录制旁白。

5.3.4 放映和打印演示文稿

演示文稿创建后,用户可以根据使用者的不同设置放映的方式,进行所需的放映;也可以将演示文稿以各种方式打印。

1. 放映演示文稿

1) 设置放映方式

在幻灯片放映前可以根据使用者的不同,通过设置放映方式满足各自的需要。

单击"幻灯片放映"选项卡"设置"组中的"设置幻灯片放映"按钮,或按 Shift 键再单击"设置幻灯片放映"按钮,就可以出现"设置放映方式"对话框。在对话框的"放映类型"框中,上部 3 个是单选按钮,它的选择决定了放映的方式。

(1) 演讲者放映(全屏幕):以全屏幕形式显示。用户可以通过快捷菜单或 PgDn 键、PgUp 键显示不同的幻灯片。

(2) 观众自行浏览(窗口):以窗口形式显示。用户可以利用滚动条或"浏览"菜单显示所需的幻灯片。

(3) 在展台放映(全屏):以全屏形式在展台上进行演示。在放映前,一般先利用"幻灯片放映|排练计时"将每张幻灯片放映的时间规定好。在放映过程中,除了保留鼠标指针用于选择屏幕对象外,其余功能全部失效(连中止也要按 Esc 键),以免破坏演示画面。

(4) "放映幻灯片"框提供了幻灯片放映的范围:全部、部分,还是自定义幻灯片。其中,自定义放映是通过"幻灯片放映"选项卡中的"自定义幻灯片放映"按钮,逻辑地组织演示文稿中的某些幻灯片以某种顺序组成,并且以一个自定义放映名称命名,然后在"幻灯片"框中选择自定义放映的名称,就仅放映该组幻灯片。

2) 幻灯片演示

在屏幕上演示文稿可以说是展现演示文稿的最佳方式,此时幻灯片可以显示出鲜明的色彩,演讲者可以通过鼠标指针给听众指出幻灯片重点内容,甚至可以通过屏幕上画线或者加入说明文字的方法增强表达效果。

用户可以在"幻灯片""大纲"或"幻灯片浏览"模式下,选定要开始演示的第一张幻灯片,或者在"设置放映方式"对话框的"幻灯片"中选择放映的范围或自定义幻灯片。最后单击滚动条上的"幻灯片放映"命令按钮 ☐,演示软件放大了当前选中幻灯片。

单击鼠标到下张幻灯片,直到放完最后一张或按 Esc 键回到原来状态。

2. 演示文稿的打印

完整的演示文稿,除了可以演示外,还可以将它们打印出来直接印刷成教材或资料;也可以将幻灯片打印在投影胶片上,以后可以通过投影放映机放映。

1) 页面设置

在打印之前,必须精心设计幻灯片的大小和打印方向,以使打印效果满足创意要求。

选择"设计"选项卡"页面设置"按钮,此时会弹出一个如图 5-81 所示的对话框。其中:

● "幻灯片大小"下拉列表可选择幻灯片尺寸。

●"幻灯片编号起始值"可设置打印文稿的编号起始值。

● "方向"框中,设置好"幻灯片"和"备注、讲义和大纲"等的打印方向。

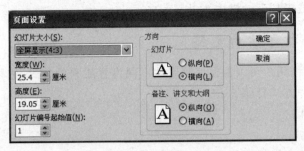

图 5-81 "页面设置"对话框

2）设置打印选项

页面设置后就可以将演示文稿、讲义等进行打印，打印前应对打印机设置、打印范围、打印份数、打印内容等进行设置或修改。

打开要打印的文稿，单击"Office 按钮"菜单中的"打印|打印"命令，弹出"打印"对话框，其中：

● "打印范围"框中，选择要打印的范围。

● "打印内容"列表框中，选择需打印的是幻灯片、讲义或注释等。

本 章 小 结

本章介绍了文字处理软件、表格处理软件和文稿演示软件这 3 种常用的应用软件，这 3 种软件在日常工作和生活中起着重要的作用，可以帮助完成文件的起草、生成各类报表以及在各种会议上进行有声有色的演示。学会这 3 种软件工具的使用方法是本章的基本要求。这里所说的基本要求并非要读者去死记那些并不常用的细节，而是要求读者能掌握这 3 种软件最常用、最基本的操作方法，使其真正在学习、工作中发挥作用。

唐纳德·克努特　唐纳德·克努特（Donald Ervin Knuth）1938 年生于威斯康星州。1960 年，克努特在开思理工学院毕业，不但被授予学士学位，还被破例同时授予硕士学位。之后进入加州理工学院研究生院，1963 年获得博士学位并留校工作，后转入斯坦福大学任教。

克努特至今进行了两大工程。第一个大工程就是《计算机程序设计的艺术》系列，开始于他念博士期间，计划出七卷，第一卷《基本算法》于 1968 年出版，第二卷《半数字化算法》于 1969 年出版，第三卷《排序与搜索》于 1973 年出版，第四卷《组合算法》尚在写作之中。前三卷书出版以后，克努特根据自己在校对清样时的感受，决心对排版技术进行彻底改造，因此中止了第一个工程，而开始其第二个工程。这个工程花费了克努特整整 9 年的时间和精力，成果是 T_EX 排版软件和 METAFONT 字形设计软件。这两个软件为克努特赢得了 ACM 1986 年度的软件系统奖。

克努特获得了很多荣誉与奖励。ACM 除了授予他图灵奖和软件系统奖外，还授予他以专门奖励 30 岁以下的优秀青年计算机科学家的霍泼奖。美国数学会也先后授予他 Lester R. Ford 奖（1975）、J. B. Priestley 奖（1981）和 Steele 奖（1986）。1979 年，美国总统向他颁发了全国科学奖章。IEEE 授予他 McDowell 奖（1980）和计算机先驱奖（1982）。1994 年，瑞典科学院授予克努特 Adelskold 奖。1995 年获得冯·诺依曼奖和 Harvey 奖，1996 年获得日本 INAMORI 基金会设立的 KYOTO 奖,奖励他在高科技领域做出的贡献。ACM 于 1974 年向克努特颁发图灵奖。克努特发表了题为"作为一种艺术的计算机程序设计"的演说。克努特已于 1992 年在斯坦福大学荣誉退休。

习　题

一、简答题

1. Word 2007 中选定文本的方法有哪些? 它们各有什么特点?

2. 当新建文件时,默认的文件模板是什么? 使用模板的优点是什么?

3. 如何打开某文件夹中的 Word 文档? 如何保存文档?

4. 请考虑在 Word 2007 中插入数学公式怎样实现?

5. 邮件合并有何作用? 如何实现?

6. Word 中有几种视图?

7. 如何设置文本的格式,如字体、字号、各种效果等? 请上机试一试。

8. 段落缩进有哪几种方法? 如何设置? 请上机试一试。

9. 如何设置页眉、页脚? 如何设置奇、偶页不同的页眉、页脚? 请上机试一试。

10. 如何进行页面设置? 请上机试一试。

11. 请制作一页诗配画的版面,要求使用艺术字、插入相关图片、配色等技术。

12. 什么是单元格、工作表、工作簿? 简述它们之间的关系。

13. 简述在工作表中输入数据的几种方法。

14. 请使用"自动填充"功能输入"星期一"到"星期日"。

15. 使用"自动填充"功能在 B 列中输入 2001,2003,…,2049。

16. 在单元格 A1~A9 输入数字 1~9,A1~I1 输入数字 1~9,试用最简单的方法在 B2:I9 区域设计出九九乘法表。(提示:使用混合引用和公式复制)

17. 如何进行单元格的移动和复制?

18. 自己设计一个工作表,把全班同学的若干门课程的成绩输入,并在此基础上做一些饼图和直方图的处理。

19. 选择"数据/筛选/全部显示命令"和选择"数据/筛选/自动筛选"命令都可以使被筛选的数据恢复显示,请指出它们的区别。

20. 请比较数据透视表与分类汇总的不同用途。

21. 如果一张工作表比较大,不能在一张纸上打印出来时,请问有几种情况能改变这种情况?

22. 请给出 3 种对一行或一列求和的不同方法。

23. 默认情况下 Excel 打印的表格是不带表格线的,请问打印表格线应如何设置?

24. 如何进行窗口的拆分和冻结?

25. 简述图表的建立过程,请设法建立某组数据,并对其建立直方图、饼图,加上有关注解后打印输出。

26. 建立演示文稿有几种方法? 建立好的幻灯片能否改变其幻灯片的版式?

27. 在用"演示文稿"对话框建立演示文稿时,用"演示文稿设计"和"演示文稿"有何区别?

28. 从 Word 导入大纲到 PowerPoint,除了用"样式"的"标题"来决定演示文稿的标题和正文外,有没有其他方式,例如用 Tab 键的缩进或空格键的缩进方式来决定演示文稿的标题和正文,请上机调试。

29. 简述幻灯片母版的作用,以及母版和模板区别。

30. "幻灯片配色方案"和"背景"这两条命令有何区别?

31. 在幻灯片放映当中,如果想将放映定义为"隐藏幻灯片"的幻灯片,应该如何操作?

32. 一张幻灯片有标题和正文,在放映时先出现标题,然后单击鼠标才能出现一条正文,直至正文结束。请问在设置该类动画效果时,如何设置?

33. 为什么要"自定义动画"? 在"自定义动画"对话框中有哪些功能可定义?

34. 如用"内容提示导向"的"市场计划"建立一个演示文稿,从中挑选出第 1、3、5、7、9 共 5 张幻灯片,设计成换片动画(可采用"溶解"方式或其他方式),每张幻灯片放映时间为 2 秒,并且设计成循环放映方式。请写出关键的几个步骤并在计算机上试一试。

35. 怎样进行超级链接? 代表超级链接的对象是否只能是文本? 跳转的对象应该是什么类型的文件? 请上机尝试建立超级链接。

二、上机与上网实践题

1. 请输入如下文字,然后按照指定的要求进行操作。

"国际都市上海

上海是我国的历史文化名城。上海的自然地理环境优越,港口条件得天独厚,内外交通畅达,经济腹地辽阔。上海发展至清代乾隆、嘉庆年间,已成为我国"江海之通津,东南之都会"。近代以来,上海进一步发展成为我国工业金融的中心,对外开放的最大口岸,东西文化交汇的要津。

1949 年,上海历史翻开了崭新的一页,巨大而深刻的社会变革,推动了城市和社会的发展和进步。20 世纪 80 年代,改革开放的春风,给上海这座古老而年轻的大都市增添了生机和活力,各项建设事业欣欣向荣,城市面貌日新月异。浦东开发的启动,使上海以更加开放的姿态面向世界。

上海是太平洋西岸的国际大都会,素有"近代中国的缩影"和"现代中国的钥匙"之称。在加快改革开放的今天,上海以其独有的优势和魅力,正日益引起海内外人士广泛的兴趣。

了解上海

认识上海

研究上海

已成为人们的迫切愿望。"

操作要求:

(1) 将"国际都市上海"设成艺术字体:黑体、高 3 厘米,宽 7 厘米,红色。

(2) 将正文每段首行缩进 2 个字符或 0.75 厘米,行距为 1.5 倍,两端对齐。第一段首行不缩进。

(3) 第二段左、右缩进各为 1 厘米,文字设为黑体,粗形,四号,加 3 磅黑框线。

(4) 除文首外所有的"上海"改为"Shanghai":幼体、三号、粗体、蓝色,加下画波浪线。

(5) 将正文第一段的段首"上海"设为一号,红色,空心。第一段分为栏宽相等的三栏,加分隔线。

(6) 在了解上海、认识上海、研究上海前设置二号大小的项目符号,项目符号选用书本图案,小二字体,颜色绿色。段前段后间距均为 5 磅,符号和文字缩进位置为 0;段落居中。

(7) 最后一段文字设为:楷体、二号、粗体、下画双线、分散对齐、段前段后间距均为 8 磅。

(8) 请试着在文字的最后插入一幅和城市有关的图片:高 6 厘米、宽 10 厘米。

2. 请输入表 5-5 和表 5-6 所示的文字,然后按照指定的要求进行操作。

表 5-5　长虹学院外语(英语)考试人数汇总

年　　份	四　　级	六　　级	TOFEL	年 度 合 计
2007 年	450	528		
2008 年	487	560		
2009 年	589	482	641	
2010 年	724	431	692	

续表

年　份	四　级	六　级	TOFEL	年 度 合 计
2011 年	560	523	657	
分级合计				
分级平均				
合　计				

表 5-6　九七级(3)班期中考试成绩单

学　号	姓　名	性　别	数　学	政　治	英　语
1	吴 敏	男	79	66	68
2	曹 茵	女	96	77	82
3	江毅军	男	65	49	79
4	徐燕燕	女	94	90	87
5	张 丽	女	73	87	68
6	王 颖	女	84	63	69
7	季小明	男	74	82	79
8	马 辉	男	68	56	63
9	潘莉莉	女	47	60	72
10	陈 晨	男	91	74	86
11	陆国峰	男	77	90	66
12	沈晓芸	女	58	82	51
13	钱 瑾	女	70	67	72
14	何智华	男	78	83	84
15	吕佳艳	女	91	88	80
16	邓 晖	男	92	90	91
17	林海峰	男	83	86	87
18	杨玉铭	女	84	70	75
19	汪 洋	女	91	82	81
20	邱晓萍	女	88	86	77
21	董丽佳	女	94	55	73
22	李嘉伟	男	79	94	69
23	叶志荣	男	99	85	77
24	何清茹	女	50	66	68
25	俞 飞	男	74	62	81

操作要求：

(1) 仅将表 5-5"年份"列的列宽和"合计"行的行高各扩大一倍,在 TOFEL 列后面增加 GRE 栏并输入相应数据。

(2) 计算表 5-5 两分级单元格的值。

(3) 对齐表 5-5 单元格内容,画线分隔,填充底纹灰色—25%。

(4) 将表 5-5 做成若干种图形(如饼图、直方图等)。

(5) 对表 5-6 出各科成绩都大于或等于 80 分的学生记录,并按所增设的总分栏成绩递减排,删除多余记录。

(6) 将表 5-6 内容对齐,画线分隔,并设置标题字体为:幼圆、22 磅、粗形、合并居中。

3. 利用演示软件(PowerPoint)作一套介绍自己家乡的演示文稿。文稿中要求包含文字、图片、声音以及与家乡所在省市网站的连接。

4. 浏览相关网站。

(1) 本章学习了一些应用软件,不妨到与这些软件有关的网站上浏览一番。它们的网址是 http://office. microsoft. com/。

(2) 除了微软公司的产品外,还有其他公司也有相关产品,我国金山公司的字处理软件开辟了一个办公平台,很值得一游: http://wps. kingsoft. com。

(3) Corel 公司的应用软件在国际市场上也比较有名,Word Perfect 和 CorelDRAW 是这个公司的知名产品,该公司的网址是: www. corel. com。

(4) 如果你想购买软件或者想了解有关行情,那么软件在线网站是比较合适的,它的网址是: www. softonline. com. cn。

(5) 北京用友华表软件技术有限公司是专门设计和销售表格软件的,它有各种软件供用户选择,在学了表处理软件后,不妨到它们公司浏览: www. cellsoft. cc。

第 **6** 章

数据库系统及其应用

当今,数据库技术的应用已遍及各个领域,成为 21 世纪信息化社会的核心技术之一。本章在阐述数据库系统的定义、发展、分类、体系结构、数据库管理系统和数据库语言等基本概念的基础上,具体介绍结构化查询语言(SQL)的使用方法,包括结构化查询语言的数据定义操作、数据查询操作和数据更新操作等。此外,还简要介绍将传统的数据库技术与其他相关技术相结合而产生的几种新型的数据库系统,以及数据库系统在事务处理、信息管理、决策支持以及数据挖掘等领域的应用。通过本章的学习,应理解数据库系统与信息系统的基本概念和基本知识,并掌握结构化查询语言。

6.1 数据库系统的基本概念

数据库技术是计算机科学技术中发展最快、应用最广泛的领域之一,它是计算机信息系统与应用程序的核心技术和重要基础。本节介绍数据库系统的基本概念,包括数据库系统的定义、发展、类型、结构,以及数据库管理系统和数据库语言等基本知识。

6.1.1 数据库系统的定义

数据库系统是由数据库(data base,DB)、数据库管理系统(data base management system,DBMS)、数据库管理员(data base administrator,DBA)、数据库应用程序以及用户 5 个部分组成的。

(1) 数据库:数据库是统一管理的相关数据的集合。这些数据以一定的结构存放在存储介质(一般为磁盘)中。其基本特点是数据能够为各种用户共享、具有最小冗余度、数据对程序具有独立性以及由数据库管理系统统一管理和控制等。

(2) 数据库管理系统:数据库管理系统是对数据库进行管理的软件,是数据库系统的核心。数据库管理系统位于用户与操作系统之间,为用户或应用程序提供访问数据库的方法,包括数据库的建立、更新、查询、统计、显示、打印以及各种数据控制。

(3) 数据库管理员:数据库管理员是对数据库进行规划、设计、协调、维护和管理的工作人员。其主要职责是决定数据库的结构和信息内容、决定数据库的存储结构和存取策略、定义数据库的安全性要求和完整性约束条件以及监控数据库的使用与运行。

(4) 数据库应用程序:数据库应用程序是使用数据库语言开发的、能够满足数据处理需求的应用程序。

（5）用户：用户可以通过数据库管理系统直接操纵数据库，或者通过数据库应用程序来操纵数据库。

数据库系统的 5 个部分及其相互关系如图 6-1 所示。

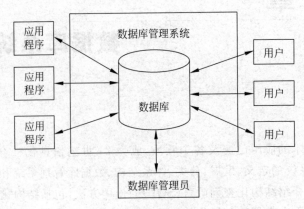

图 6-1　数据库系统的组成

6.1.2　数据管理技术的发展

数据库技术是随着使用计算机进行数据管理的发展而产生的。数据管理技术的发展经历了 4 个阶段：人工管理阶段、文件系统阶段、数据库阶段和高级数据库阶段。

1. 人工管理阶段

在 20 世纪 50 年代中期以前，计算机的外部设备只有磁带机、卡片机和纸带穿孔机等，没有可以直接存取的磁盘设备。数据处理采取批处理的方式，没有专门用于数据管理的软件。计算机主要用于科学计算，所涉及的数据在相应的应用程序中进行管理，数据与程序之间不具有独立性。

2. 文件系统阶段

在 20 世纪 50 年代后期至 60 年代后期，磁盘、磁鼓等外部存储设备的出现和操作系统中提供的文件管理功能，使得计算机在信息管理方面的应用得到了迅速的发展，数据管理技术也提高到一个新的水平。其主要特点是：数据独立于程序，可以重复使用；实现了文件的长期保存和按名存取。

3. 数据库阶段

在 20 世纪 70 年代发展起来的数据库技术进一步克服了文件系统的缺陷，提供了对数据进行管理的更有效、更方便的功能。其主要特点是：具有较高的逻辑数据独立性；提供了数据库的创建、操纵以及对数据库的各种控制功能；用户界面友好，便于使用。

4. 高级数据库阶段

自 20 世纪 80 年代以来，以分布式数据库和面向对象数据库技术为代表，使数据管理技术进入了高级数据库阶段。此后，根据数据管理应用领域的不断扩大，如知识库、多媒体数据库、工程数据库、统计数据库、模糊数据库、主动数据库、空间数据库、并行数据库以及数据仓库等新型数据库系统如雨后春笋般大量涌现，为数据管理以及信息的共享与利用带来了极大的方便。

6.1.3 数据库系统的体系结构

数据库系统的体系结构可分为 3 个层次：外模式、内模式和概念模式，如图 6-2 所示。外模式与概念模式之间的映像以及概念模式与内模式之间的映像由数据库管理系统（DBMS）来实现，内模式与数据库物理存储之间的转换则由操作系统来完成。

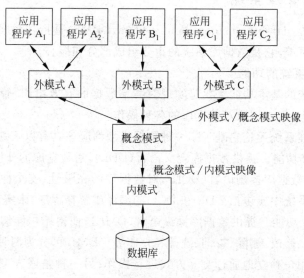

图 6-2 数据库系统的体系结构

1. 外模式

外模式是应用程序与数据库系统之间的接口，是应用程序所需要的那部分数据库结构的描述，是概念模式的逻辑子集。用户可以使用数据定义语言（DDL）和数据操纵语言（DML）来定义数据库的结构和对数据库进行操纵。对于用户而言，只需要按照所定义的外模式进行操作，而无须了解概念模式和内模式等的内部细节。

2. 内模式

内模式是数据库内部数据存储结构的描述，即物理描述。它定义了数据库内部记录类型、索引和文件的组织方式以及数据控制方面的细节。

3. 概念模式

概念模式是数据库整体逻辑结构的完整描述，包括概念记录类型、记录之间的联系、所允许的操作以及数据的完整性、安全性约束等数据控制方面的规定。

4. 外模式/概念模式映像

在外模式和概念模式之间存在着外模式/概念模式映像，它用于保持外模式与概念模式之间的对应性。当数据库的概念模式（即整体逻辑结构）需要改变时，只需要对外模式/概念模式映像进行修改，而使外模式保持不变。这样可以尽量不影响外模式和应用程序，使得数据库具有逻辑数据独立性。外模式/概念模式映像由数据库管理系统来实现。

5. 概念模式/内模式映像

在概念模式和内模式之间存在着概念模式/内模式映像，它用于保持概念模式与内模式之间的对应性。当数据库的内模式(如内部记录类型、索引和文件的组织方式以及数据控制等)需要改变时,只需要对概念模式/内模式映像进行修改,而使概念模式保持不变。这样可以尽量不影响概念模式以及外模式和应用程序,使得数据库具有物理数据独立性。概念模式/内模式映像同样是由数据库管理系统来实现的。

6.1.4 数据库管理系统

数据库管理系统(database management system,DBMS)是指在数据库系统中实现对数据进行管理的软件系统,它是数据库系统的重要组成部分和核心。

1. 数据库管理系统的功能

数据库管理系统的基本功能主要是实现对共享数据的有效组织、管理和存取。它建立在操作系统的基础上,支持用户对数据库的各种操作。

一个数据库管理系统无论它基于哪一种数据模型都应该具有以下基本功能:

(1) 数据库定义功能。提供数据库定义语言(DDL),对数据库的外模式、概念模式和内模式进行定义;提供数据库控制语言(DCL),对数据库的完整性、安全性和保密性等进行定义。在数据库管理系统中应包括 DDL 和 DCL 的编译或解释程序,来实现数据库定义功能。

(2) 数据库操纵功能。提供数据库操纵语言(DML),使得用户能够对数据进行各种操作,包括数据的录入、修改、删除、查询、统计和打印等。DML 可分为两种类型:一种是自含型的 DML,即可由用户独立地通过交互方式进行操作;另一种是嵌入型的 DML,即它不能独立地进行操作,必须嵌入某一种宿主语言(如 C、PL/1 等)中才能使用。同样,在数据库管理系统中应包括 DML 的编译或解释程序,来实现数据库操纵功能。

(3) 数据库事务管理功能。事务是一个应用或一个应用的一部分,它具有原子性、持久性、可串行性和隔离性。数据库管理系统通过并发控制、存取控制、完整性控制、安全性控制以及系统恢复等机制实现事务管理功能,以保证数据库系统有效、正确地运行。

(4) 数据库维护功能。包括数据库的初始化、数据转储、数据库性能监测、数据库重组等。

(5) 其他功能。为了扩大数据库的应用,数据库管理系统还应具有与其他类型数据库系统之间的格式转换以及网络通信等功能。

2. 数据库管理系统的类型

由于所采用的数据模型不同,数据库管理系统可分成多种类型,如层次型数据库、网状型数据库、关系型数据库以及面向对象数据库等。

(1) 层次型数据库:层次型数据库采用层次数据模型,即使用树状结构来表示数据库中的记录及其联系。典型的层次型数据库系统有 IBM、SYSTEM2000 等。

(2) 网状型数据库:网状型数据库采用网状数据模型,即使用有向图(网络)来表示数据库中的记录及其联系。典型的网状型数据库系统有 IDMS、UDS、DMS1100、TOTAL 和 IMAGE3000 等。

网状数据库之父——查尔斯·巴赫曼 查尔斯·巴赫曼(Charles W. Bachman) 1924 年 12 月出生,1948 年在美国密歇根州立大学取得工程学士学位,1950 年在美国宾夕法尼亚大学取得硕士学位。毕业后曾在多家电气或软件公司任职,并创办了自己的公司。

他在数据库方面的主要贡献有两项：一是主持设计和开发了最早的网状数据库管理系统 IDS，其设计思想和实现技术被许多数据库产品所仿效；二是积极推动与促成了数据库标准的制定，美国数据系统语言委员会（CODASYL）下属的数据库任务组（DBTG）提出了网状数据库模型及数据定义和数据操纵语言（DDL 和 DML）的规范说明，成为数据库发展历上具有里程碑意义的文献。查尔斯·巴赫曼被公认为"网状数据库之父"或"DBTG 之父"，荣获 1973 年图灵奖。

（3）关系型数据库：关系型数据库采用关系数据模型，即使用二维表格的形式来表示数据库中的数据及其联系。由于关系模型比较简单、易于理解且有完备的关系代数作为其理论基础，所以被广泛使用。典型的关系型数据库系统有 DB2、Oracle、Sybase、Informix 以及在微型机中广泛使用的 Access、Visual FoxPro、Delphi 等。

关系数据库之父——埃德加·科德 埃德加·科德（Edgar Frank Codd），1923 年 8 月生于英格兰。1948 年在牛津大学取得数学学士和硕士学位。毕业后在美国 IBM 等公司任职。1970 年在 *Communications of ACM* 上发表了"用于大型共享数据库的关系数据模型"一文，使数据库技术的发展发生了伟大的转折。该文后来被 ACM 列为 1985 年以来的四分之一世纪中最具有里程碑意义的 25 篇论文之一。论文首次明确而清晰地为数据库系统提出了一种崭新的模型，即关系模型，用以描述、设计和操纵数据库。由于关系模型简单明了，有坚实的数学理论基础，所以一经提出就受到学术界和产业界的高度重视和广泛响应，并很快成为数据库市场的主流。基于埃德加·科德所做出的卓越贡献，1981 年的图灵奖授予了这位"关系数据库之父"。此外，他在多道程序设计系统、流水线计算机以及关系代数和关系演算等方面也有许多成就，是美国工程院院士。

（4）面向对象数据库：面向对象数据库采用面向对象数据模型，是面向对象技术与数据库技术相结合的产物。在面向对象数据库中使用了对象、类、实体、方法和继承等概念，具有类的可扩展性、数据抽象能力、抽象数据类型与方法的封装性、存储主动对象以及自动进行类型检查等特点。面向对象模型能够完整地描述现实世界的数据结构，具有丰富的表达能力。目前，在许多关系型数据库系统中已经引入并具备了面向对象数据库系统的某些特性。

3. 数据库管理系统的构成

数据库管理系统是一个庞大的软件系统，构造这种系统的方法是按其功能划分为多个程序模块，这些模块相互联系共同完成复杂的数据库管理功能。

以关系型数据库为例，数据库管理系统可分为应用层、语言处理层、数据存取层和数据存储层 4 个层次：

（1）应用层：该层是数据库管理系统与终端用户和应用程序的界面，负责处理各种数据库应用，例如使用 SQL 发出的事务请求或嵌入宿主语言的应用程序对数据库的请求。

（2）语言处理层：该层由 DDL 编译器、DML 编译器、DCL 编译器、查询器等组成，负责完成对数据库语言的各类语句进行词法分析、语法分析和语义分析，生成可执行的代码。此外，还负责进行授权检验、视图转换、完整性检查和查询优化等。

（3）数据存取层：该层将上层的集合操作转换为对记录的操作，包括扫描、排序、查找、插入、删除和修改等，完成数据的存取、路径的维护以及并发控制等任务。

(4) 数据存储层：该层由文件管理器和缓冲区管理器组成，负责完成数据的页面存储和系统的缓冲区管理等任务，包括打开和关闭文件、读写页面、读写缓冲区、页面淘汰、内外存交换以及外存管理等。

上述 4 层体系结构的数据库管理系统是以操作系统为基础的，操作系统所提供的功能可被数据库管理系统调用。因此，可以说数据库管理系统是操作系统的一种扩充。

6.2　结构化查询语言(SQL)概述

SQL 是结构化查询语言(structure query language)的英文缩写，它是一种基于关系运算理论的数据库语言。由于 SQL 所具有的特点，目前关系数据库系统大都采用 SQL 语言，使其成为一种通用的国际标准数据库语言。本节先介绍 SQL 的产生、发展、特点与功能等基本概念。

6.2.1　SQL 的产生与发展

SQL 是于 1974 年由 Byce 和 Chamberlin 首先提出的，并在 IBM 公司研制的关系数据库管理系统 SYSTEM-R 上实现。从 1982 年开始，美国国家标准局(ANSI)即着手进行 SQL 的标准化工作，1986 年 10 月，ANSI 的数据库委员会 X3H2 批准了将 SQL 作为关系数据库语言的美国标准，并公布了第一个 SQL 标准文本。1987 年 6 月国际标准化组织(ISO)也做出同样的决定，将其作为关系数据库语言的国际标准。这两个标准现在称为 SQL86。1989 年 4 月，ISO 颁布了 SQL89 标准，其中增强了完整性特征。1992 年 ISO 对标准又进行了修改和扩充，并颁布了 SQL92(又称 SQL2)，其正式名称为国际标准数据库语言(international standard database language) SQL92。随着 SQL 标准化工作的不断完善，SQL 已从原来比较简单的数据库语言逐步发展成为功能比较齐全、内容比较复杂的数据库语言。

由于 SQL 具有功能丰富、语言简洁、使用灵活等优点，因而受到广泛的欢迎。众多的数据库产品的厂家纷纷推出了支持 SQL 的软件或者与 SQL 的接口软件，并很快得到了应用和推广。目前，无论是大型机、小型机还是微型机，其数据库管理系统大都采用 SQL 作为共同的数据库存取语言和标准接口，例如 DB2、Oracle、Sybase、SQL Server、Access、Delphi、Visual FoxPro 等。

虽然有了 SQL 的标准，但各个数据库厂商在各自开发的数据库管理系统中还是进行了一些选择和扩充，以适应各自系统的特性。不过这些差异是很细微的，只要掌握了 SQL 的基本内容，就不难学习和掌握各个数据库管理系统中的 SQL。

6.2.2　SQL 的特点

SQL 具有以下特点：

(1) 功能的一体化。SQL 集数据定义语言(DDL)、数据操纵语言(DML)和数据控制语言(DCL)于一体，能够实现定义关系模式、建立数据库、录入数据、查询、更新、维护、数据库重构以及数据库安全控制等一系列操作。

(2) 语法结构的统一性。SQL 有两种使用方式：一是自含式，二是嵌入式。前一种使用方式适用于非计算机专业的人员,后一种使用方式适用于程序员。虽然 SQL 的使用方式有所不同,但其语法结构是统一的,这将便于各类用户和程序设计人员使用和进行交流。

(3) 高度的非过程化。对于过程化语言而言,用户不但要说明需要什么数据,而且要说明获得这些数据的过程。而 SQL 是一种高度非过程化的语言,用户只要了解数据的逻辑模式,不必关心数据的物理存储细节;用户只要指出"做什么",而无须指出"怎么做",从而免除了用户描述操作过程的麻烦。系统能够根据使用 SQL 语句提出的请求,确定一个有效的操作过程。

(4) 语言的简洁性。尽管 SQL 的功能十分强大,但经过精心的设计其语言非常简洁,实现核心功能只需要很少的动词(如 SELECT、CREATE、INSERT、UPDATE、DELETE、GRANT 等),语法接近于英语口语,易于学习和使用。

6.2.3 SQL 的功能

SQL 的功能包括了数据定义、数据操纵、数据控制和嵌入式功能 4 个方面。

(1) 数据定义功能:该功能由 SQL DDL(数据定义语言)实现,用于定义数据库的逻辑结构,包括定义基本表(basetable)、视图(view)和索引。基本表是独立存在的表,其数据存储在相应的数据库中。视图是由一个或多个基本表导出的表,在数据库中只存储视图的定义,并不存储对应的数据,因此视图是一种虚表。对于一个基本表,可以根据应用的需要建立若干个索引,以提供多种存取的路径。

(2) 数据操纵功能:该功能由 SQL DML(数据操纵语言)实现,主要包括数据查询和数据更新两大类操作。查询是数据库系统中最重要的操作,在 SQL 中,由于查询语句中的成分有许多可选的形式,因此不仅可以进行简单查询,也可以进行连接查询、嵌套查询等复杂的查询。SQL 的数据更新操作包括插入、修改和删除 3 种语句,用于对记录进行增加、删除、修改操作。

(3) 数据控制功能:该功能由 SQL DCL 实现,主要是对用户对数据的存取权限进行控制,包括基本表和视图的授权、完整性规则的描述和事务控制等。

(4) 嵌入式功能:由于自含式 SQL 的功能主要是对数据库进行操作,数据处理能力比较弱。如果一个应用程序不仅要访问数据库,又要处理数据,则把 SQL 嵌入程序设计语言中,将两者的功能结合起来,是解决问题的有效途径。SQL 可以嵌入某种高级程序设计语言程序中使用,它依附于宿主语言。由于 SQL 是关系数据模型的语言,其数据类型、数据结构、操作种类等与宿主语言之间有很大的差距。为此,SQL 提供了与宿主语言之间的接口,规定了 SQL 在宿主语言中使用的有关规则。

6.3 SQL 的数据定义操作

SQL 的数据定义功能主要包括对基本表、视图和索引 3 类对象的定义和撤销操作。下面先介绍实现对基本表和索引进行数据定义操作的 SQL 语句,关于对视图的有关操作将在

6.6 节中介绍。在描述 SQL 语句的一般形式中，尖括号"＜ ＞"和方括号"［ ］"是定义语句的语法结构使用的元符号。其中，＜ ＞表示其中的文字为一个语法范畴，［ ］表示其中的内容是可选的。

6.3.1 基本表的定义、修改与撤销

1. 定义基本表

基本表是独立存在的表，其数据存储在相应的数据库中。基本表定义语句的一般形式如下：

CREATE TABLE ＜基本表名＞
(＜属性名 1＞ ＜数据类型 1＞[NOT NULL][,＜属性名 2＞ ＜数据类型 2＞[NOT NULL]]
…
[＜完整性约束＞])

该语句以 CREATE TABLE 开头，后面给出需要创建的基本表名，如果该基本表属于某一个关系模式，则应写为"＜模式名＞.＜基本表名＞"。语句中的＜属性名＞即＜字段名＞，一个基本表可有一列或多个列，列定义需说明属性名和数据类型，并指出列值是否允许为空值（NULL）。SQL 中提供的基本数据类型如表 6-1 所示。如果某一列作为表的关键字，则该列应定义为非空（NO NULL）。＜完整性约束＞主要有 3 种子句：主键子句（PRIMARY KEY）、检查子句（CHECK）和外键子句（FOREIGN KEY）。

表 6-1 SQL 提供的基本数据类型

数 据 类 型	说　　明
CHAN(n)	长度为 n 的定长字符串
VARCHAR(n)	最大长度为 n 的变长字符串
INTEGER	全字长整数
SMALLINT	半字长整数
NUMERIC(p,d)	由 p 位数字(不包括符号和小数点)组成的定点数,小数点后面有 d 位数字
REAL	浮点数
DOUBLE RECISION	双精度浮点数
FLOAT(n)	精度至少为 n 位数字的浮点数
DATE	日期,形如 YYYY-MM-DD(年-月-日)
TIME	时间,形如 HH:MM:SS(时:分:秒)

【例 6-1】 设有 3 个关系 S、C 和 SC，其中 S 为学生表、C 为课程表、SC 为学生选课成绩表，如图 6-3 所示。在关系 S 中有 5 个属性：学号、姓名、年龄、性别和系别，主键为学号。在关系 C 中有 3 个属性：课程号、课程名和教师名，主键是课程号。在关系 CS 中有 3 个属性：学号、课程号和成绩，主键是学号和课程号，且有两个外键（学号、课程号），CS 中的外键"学号"与关系 S 中的"学号"相对应，外键"课程号"与关系 C 中的"课程号"相对应。试使用

SQL 建立以上 3 个关系的基本表。

学号	姓名	年龄	性别	系　别
20022501	张卫国	21	男	计算机科学与工程系
20022502	李建峰	23	男	计算机科学与工程系
20022601	赵丽	21	女	信息与控制工程系
20022701	钱华	20	男	电气工程系
20022702	王小平	22	男	电气工程系

（a）学生表 S

课程号	课程名	教师名
C001	计算机引论	何东
C002	C 语言	张云
C003	数据结构	李峰
C004	操作系统	何东
C005	编译原理	周佳

（b）课程表 C

学号	课程号	成绩
20042501	C001	90
20042502	C001	78
20022602	C003	70
20022505	C003	82
20022501	C005	92
20022502	C005	80

（c）学生选课成绩表 CS

图 6-3　关系 S、C 和 SC

解:

（1）创建关系 S 的基本表可用下列 SQL 语句实现:

CREATE TABLE S(学号 CHAR(4) NOT NULL,姓名 CHAR(8)NOT NULL,
　　　　　　年龄 SMALLINT,性别 CHAR(2),系别 CHAR(20),
PRIMARY KEY(学号))

该语句定义了关系 S 的基本表中的 5 个属性名(字段名)及其数据类型。由于属性"学号"为主键,其值不允许为空,所以应有"NOT NULL"。对于非主键的属性,SQL 允许为空值,但如果实际应用中不允许其为空值,则可以在定义该属性时写上"NOT NULL",例中的属性"姓名"就是这种情况。这里,由于"PRIMARYKEY(学号)"中已定义了属性"学号"为主键,因此在定义该属性中的"NOT NULL"也可以省略。

（2）创建关系 C 的基本表可用以下 SQL 语句实现:

CREATE TABLE C(课程号 CHAR(4)NOT NULL,课程名 CHAR(4)NOT NULL,
　　　　　　教师名 CHAR(8),
PRIMARY KEY（课程号））

该语句定义了关系 C 的基本表中的 3 个属性名(字段名)及其数据类型。由于属性"课程号"为主键,在实际应用中"课程名"不允许为空值,故在定义这两个属性时应写上"NOT NULL"。同样,由于"PRIMARYKEY(学号)"中已定义了属性"课程号"为主键,因此在定义该属性中的"NOT NULL"也可以省略。

（3）创建关系 CS 的基本表可用以下 SQL 语句实现：

CREATE TABLE SC(学号 CHAR(4)NOT NULL,课程号 CHAR(4)NOT NULL,
　　　　　　　　成绩 CHAR(8)SMALLINT,
PRIMARY KEY(学号,课程号)
FOREIGN KEY(学号)REFERENCES S(学号),
FOREIGN KEY(课程号)REFERENCES C(课程号),
CHECK(成绩 IS NULL)OR(成绩 BETWEEN 0 AND 100))

该语句定义了关系 CS 的基本表中的 3 个属性名(字段名)及其数据类型。定义"学号"和"课程号"为主键,且为外键;"学号"与关系 S 中的"学号"相对应;"课程号"与关系 C 中的"课程号"相对应。最后面的 CHECK 子句是一个完整性约束,它指出"成绩"的值或者为空,或者在 0～100 之间。

2. 修改基本表

对基本表的结构可以进行修改,即增加列或删除列。在基本表中增加列可使用 ALTER-ADD 语句,其一般形式为：

ALTER TABLE ＜基本表名＞ ADD ＜属性名＞ ＜数据类型＞

注意：新增加的列不能定义为"NO NULL";当基本表增加了一个列后,原来的元组在新增加的列上的值均被定义为空值。

【**例 6-2**】 若要在例 6-1 的学生基本表 S 中增加一个属性"家庭地址",可用下列语句实现：

ALTER TABLE S ADD 家庭地址 VARCHAR(40)

注意：新增加的属性"家庭地址"不能定义为"NOT NULL",增加该属性后,基本表 S 原来的元组该属性的值为空值。

在基本表中删除列可使用 ALTER-DROP 语句,其一般形式如下：

ALTER TABLE ＜基本表名＞ DROP ＜属性名＞ ＜删除方式＞

其中,＜删除方式＞可以取 CASCADE 和 RESTRICT 两种方式。CASCADE 方式表示在基本表中删除列时,所有引用该列的视图或完整性约束均一起自动删除;RESTRICT 方式表示只有当没有视图或约束引用该指定列时才能够被删除,否则拒绝该删除操作。

【**例 6-3**】 若要在学生基本表 S 中删除一个属性"系别",可用下列语句实现：

ALTER TABLE S DROP 系别 CASCADE　　或　　ALTER TABLE S DROP 系别 RESTRICT

其中,CASCADE 和 RESTRICT 分别给出了列的删除方式。

3. 撤销基本表

当一个基本表已经不需要时,可以使用 DROP TABLE 语句将其撤销,该语句的一般形式为：

DROP TABLE ＜基本表名＞ ＜撤销方式＞

同样,这里 ＜撤销方式＞可以取 CASCADE 和 RESTRICT 两种方式。CASCADE 方式表示在撤销基本表时,所有引用该基本表的视图或完整性约束均一起自动撤销;RESTRICT

方式表示只有当没有视图或完整性约束引用该基本表时才能够被撤销,否则拒绝该撤销操作。

【例 6-4】 若要撤销学生基本表 S,可用下列语句实现:

DROP TABLE S CASCADE 或 DROP TABLE S RESTRICT

同样,CASCADE 和 RESTRICT 分别给出了基本表 S 的撤销方式。

6.3.2 索引的定义与撤销

1. 定义索引

为基本表建立索引的目的是加快对基本表的存取速度,降低存取代价。对于一个基本表,可以建立多个索引,以提供多种存取路径在查询时,系统会自动选择最优存取路径。

定义索引可用 CREATE INDEX 语句实现,其一般形式如下:

CREATE [UNIQUE] INDEX <索引名> ON <基本表名>
(<属性名 1> [<次序>][, <属性名 2>[<次序>]]…)
[PCTFREE={<整数>}]

该语句可用在所指定的基本表的一列或多列上建立索引。其中,任选项 UNIQUE 表示每个索引属性值只能对应一个元组;圆括号内是索引列的顺序说明表;任选项<次序>可以是 ASC(表示按升序排列)或 DESC(表示按降序排列),默认时为升序。任选项 PCTFREE 指明在建立索引时,索引项中为以后插入或更新索引项时保留的自由空间的百分比,默认值为 10%。

【例 6-5】 设学生基本表 S 和成绩基本表 CS 已经创建,若要在学生基本表 S 的列"学号"上按升序建立索引,则可用下列语句实现:

CREATE UNIQUE INDEX SNOINDEX ON S (学号 ASC)

若要在基本表 CS 的列"成绩"和"学号"上按降序建立索引,则可用下列语句实现:

CREATE INDEX GRADEINDEX ON S(成绩 DESC,学号 DESC)

2. 撤销索引

撤销基本表上建立的索引可用 DROP INDEX 语句实现,其一般形式如下:

DROP INDEX <索引名>

注意:如果撤销某一个基本表,则该基本表上建立的所有索引将被一起撤销。

【例 6-6】 若要撤销学生基本表 S 上的索引 SNOINDEX,则可用下列语句实现:

DROP INDEX SNOINDEX

6.4 SQL 的数据查询操作

数据查询语句是 SQL 的核心,是 SQL 数据操纵功能的重要组成部分。在数据库的实际应用中,用户最常使用的操作就是查询操作。SQL 的查询语句使用非常灵活,功能十分强大,它不仅可以实现简单查询,也可以实现连接查询、嵌套查询等复杂的查询操作。下面介绍查询语句的一般形式和各种常用的查询方法。

6.4.1 查询语句的一般形式

SQL 的数据查询语句(SELECT)之所以功能强大,是由于该语句的成分丰富多样,有许多可选的形式。灵活地运用 SELECT 语句可以从数据库中查询到你所需要的各种信息。查询语句的一般形式如下:

SELECT <目标属性> FROM <基本表名或视图名>
[WHERE <条件表达式>]
[GROUP BY <属性名 1>[HAVING <条件表达式>]]
[ORDER BY <属性名 2>[<次序>]]

查询语句由 SELECT 子句、FROM 子句、WHERE 子句、GROUP BY 子句和 ORDER BY 子句组成。SELECT 子句指明要查询的项目,FROM 子句指明被查询的基本表或视图,WHERE 子句指明查询的条件,GROUP BY 子句指明如何将查询结果进行分组,ORDER BY 子句指明查询结果如何排序。其中 SELECT 子句和 FROM 子句是每个 SQL 查询语句所必需的,其他子句是可以任选的。

该语句的完整含义是:根据 WHERE 子句中的<条件表达式>,从由<基本表名或视图名>指定的基本表或视图中找出满足条件的元组,按 SELECT 子句中的<目标属性>选出元组中的分量,形成查询结果。如果有 ORDER 子句,则将结果根据指定的<属性名 2>按<次序>所指定的顺序排列(选 ASC 为升序,选 DESC 为降序)。如果有 GROUP 子句,则将查询结果按<属性名 1>进行分组,每组产生结果表中的一个元组,分组的附加条件用 HAVING 短语中的 <条件表达式> 给出。

在 SELECT 子句中的<目标属性>可以是星号"*"或<选择列表>。*表示查询结果是整个元组;<选择列表>是用逗号分隔的项,这些项可以是属性名、常数或系统内部函数,当指定了<选择列表>时,查询结果将是由<选择列表>所指定的列。

在 WHERE 子句中的<条件表达式>是实现各种复杂查询的关键。在<条件表达式>中可以使用下列运算符。

- 算术运算符: $+$、$-$、$*$、$/$。
- 比较运算符: $<$、$<=$、$=$、$>=$、$>$、$<>$。
- 逻辑运算符: AND、OR、NOT。
- 集合运算符: UNION(并)、INTERSECT(交)、EXCEPT(差)。
- 集合成员运算符: IN(属于)、NOT IN(不属于)。
- 谓词: EXISTS(存在量词)、ALL、SOME、UNIQUE。
- 系统内部函数: 常用的系统内部函数如表 6-2 所示。

WHERE 子句的<条件表达式>中的运算对象需根据运算符而定,可以是常量、标量、字符串、属性名、集合、关系等。这里需要指出的是,<条件表达式>中的运算对象还可以是另一个 SELECT 语句(即其执行的结果),因而 SELECT 语句是可以嵌套的。

表 6-2　常用的系统内部函数

函数名称	一般形式	含义
平均值	AVG([DISTINCT] <属性名>)	求列的平均值,有 DISTINCT 选项时只计算不同值
求和	SUM([DISTINCT] <属性名>)	求列的和,有 DISTINCT 选项时只计算不同值
最大值	MAX(<属性名>)	求列的最大值
最小值	MIN(<属性名>)	求列的最小值
计数	COUNT(*) COUNT([DISTINCT]<属性名>)	统计结果表中元组的个数 统计结果表中不同属性名值元组的个数

6.4.2　简单查询

为了说明 SQL 查询语句的使用方法,下面通过实例介绍如何使用 SQL 查询语句实现在单个基本表上的投影、选择以及经过计算等的查询。由于其中将暂不涉及多个基本表的连接查询和嵌套查询等复杂的情况,因此称之为简单查询。

在这些实例中,仍使用例 6-1 中给出的 3 个基本表 S、C 和 SC,其中 S 为学生表、C 为课程表、SC 为学生成绩表。

【例 6-7】　在基本表 S 中查询全体学生的详细信息,可用以下查询语句实现:

SELECT * FROM S

由于是查询 S 表的全部属性,所以在 SELECT 的后面使用星号“ * ”。该查询语句等价于:

SELECT 学号,姓名,年龄,性别,系别 FROM S

【例 6-8】　在基本表 S 中查询计算机科学与工程系和电气工程系学生的学号、姓名和年龄,可用以下查询语句实现:

SELECT 学号,姓名,年龄 FROM S
WHERE 系别＝′计算机科学与工程系′ OR 系别＝′电气工程系′

在该语句的条件表达式中使用了比较运算符(＝)和逻辑运算符(OR),也可以使用“IN”运算符来限定“系别”值的范围,因此该查询语句等价于:

SELECT 学号,姓名,年龄 FROM S
WHERE 系别 IN(′计算机科学与工程系′,′电气工程系′)

【例 6-9】　在基本表 S 中查询年龄在 18～20 岁学生的姓名和性别,可用以下查询语句实现:

SELECT 姓名,性别 FROM S
WHERE 年龄 >＝ 18 AND 年龄 <＝ 20

在上面的条件表达式中使用了比较运算符(>＝ 、<＝)和逻辑运算符(AND),也可以使用“BETWEEN…AND…”比较运算符来限定“年龄”值的范围,因此该查询语句等价于:

SELECT 姓名,性别 FROM S
WHERE 年龄 BETWEEN 18 AND 20

【例 6-10】 在基本表 S 中查询所有男学生的学号、姓名和出生年份。

在学生基本表 S 中只有"年龄"属性,并没有"出生年份"这一属性,但它可由"当年年份
－年龄"计算出来。设当年年份为 2008 年,则上述查询可用以下语句实现:

SELECT 学号,姓名,2008－年龄 FROM S WHERE 性别 ＝'男'

【例 6-11】 在基本表 S 中查询计算机科学与工程系女学生的总数和平均年龄,可用以
下查询语句实现:

SELECT COUNT(＊),AVG(年龄)FROM S
WHERE 系别＝'计算机科学与工程系' AND 性别＝'女'

【例 6-12】 在基本表 SC 中查询有课程号为 C001 课程成绩学生的学号和成绩,查询结
果按成绩降序排列,可用以下查询语句实现:

SELECT 学号,成绩 FROM SC
WHERE 课程号＝'C001'ORDER BY DESC

6.4.3　多表查询

6.4.2 节介绍的例子虽然多种多样,但都是只涉及一个基本表的查询操作。如果查询
涉及两个或两个以上基本表,则称为多表查询。由于多表查询需要将多个基本表连接,因此
也称为连接查询。下面仍然使用例 6-1 中给出的 3 个基本表 S、C 和 SC 为例,介绍如何实
现多表查询。

【例 6-13】 在基本表 S、C 和 SC 中查询选修课程号为 C001 学生的学号和姓名。

该查询的信息一部分(学号、姓名)在基本表 S 中,而另一部分(所选课程号)在基本表
SC 中,因而需要从两个基本表中查询信息,可用以下查询语句实现:

SELECT S.学号,姓名 FROM S,SC
WHERE S.学号＝SC.学号 AND 课程号＝'C001'

在该查询语句中,通过条件"S.学号＝SC.学号"实现基本表 S 和 SC 的连接,因此称该
条件为连接条件或连接谓词。在该连接条件中,"S.学号"表示基本表 S 中的属性名"学
号","SC.学号"表示基本表 SC 中的属性名"学号",以区分不同基本表中相同的属性名,对
于仅出现在一个基本表中的属性名可以不加前缀(即所在的基本表名)。该查询语句在执行
时,先要对 S 和 SC 做笛卡儿积运算,然后根据条件选择出符合要求的元组和列。

【例 6-14】 在基本表 S、C 和 SC 中查询选修课程名为"操作系统"学生的学号和姓名。

该查询中的学号、姓名信息在基本表 S 中,课程名在基本表 C 中,而选课情况在基本表
SC 中,因而需要从 3 个基本表中查询信息,可用以下查询语句实现:

SELECT S.学号,姓名 FROM S,C,SC
WHERE S.学号＝SC.学号 AND C.课程号＝SC.课程号 AND 课程名＝'操作系统'

在该查询语句中,通过条件"S.学号＝SC.学号 AND C.课程号＝SC.课程号"实现基本

表 S、C 和 SC 的连接,执行笛卡儿积运算后,根据条件选择出符合要求的元组和列。

【例 6-15】 在基本表 S、C 和 SC 中查询选修课程号为 C001 且成绩为 80 分及 80 分以上学生的学号、姓名和成绩。

该查询需要进行基本表 S 和 SC 的连接,可用以下查询语句实现:

```
SELECT S.学号,姓名,成绩 FROM S,SC
WHERE S.学号=SC.学号 AND SC.课程号='C001'AND 成绩 >= 80
```

6.4.4 嵌套查询

嵌套查询是指在查询语句 WHERE 后面的条件表达式中出现另一个查询,SQL 允许多层嵌套。由于 SQL 查询语句的灵活性,同一个查询要求往往可以写出多种功能等价的 SQL 查询语句。下面把多表查询中的例子改用嵌套查询来实现。

【例 6-16】 在基本表 S、C 和 SC 中查询选修课程号为 C001 学生的学号和姓名。可用以下嵌套查询语句实现:

```
SELECT 学号,姓名 FROM S
WHERE S.学号 IN(SELECT 学号 FROM SC WHERE 课程号='C001')
```

在该查询语句中,外层 WHERE 子句中嵌入了一个 SELECT 语句。嵌套查询是由内向外处理的,即每个子查询在上一级查询处理之前执行。本例中内层的 SELECT 语句先执行,在基本表 SC 中求出选修了课程 C001 的学生的学号,然后再根据学号的值在基本表 S 中求出这些学生的姓名。

【例 6-17】 在基本表 S、C 和 SC 中查询选修课程名为"操作系统"学生的学号和姓名。可用以下查询语句实现:

```
SELECT 学号,姓名 FROM S WHERE 学号 IN
    (SELECT 学号 FROM SC WHERE 课程号 IN
    (SELECT 课程号 FROM C WHERE 课程名='操作系统'))
```

在该查询语句中使用了多层嵌套查询。首先由最内层的 SELECT 语句从基本表 C 中求出课程名为操作系统的课程号;然后由第二层的 SELECT 语句从基本表 CS 中根据内层求出的课程号选出选修了操作系统学生的学号;最后由最外层的 SELECT 语句求出符合条件学生的学号和姓名。

6.5 SQL 的数据更新操作

数据更新操作是 SQL 数据操纵功能的重要组成部分,主要包括数据插入、删除和修改等操作。在数据库的实际应用中,用户在创建了基本表的结构后,必须输入有关的数据并及时地进行插入、修改和删除等维护工作,这样才能通过查询实时地获得所需的信息。

6.5.1 插入操作

在基本表中插入数据可通过 INSERT 语句实现。INSERT 语句有如下两种形式。

形式 1：

INSERT INTO ＜基本表名＞[(＜属性名 1＞[,＜属性名 2＞]…)]
VALUER(＜常量 1＞[,＜常量 2＞]…)

采用该形式一次可以插入一个元组(＜属性名＞表缺省时)，这时 VALUER 后面的常量表应给出该元组每一列的值；采用该形式也可以一次插入一个元组的某几列值(由＜基本表名＞后面的＜属性名＞表指定)，这时VALUER 后面的常量表的值应与属性名相对应，元组中未指定属性名的值为 NULL。

形式 2：

INSERT INTO ＜基本表名＞[(＜属性名 1＞[,＜属性名 2＞]…)]
＜SELECT 语句＞

采用该形式可将 SELECT 语句查询得到的一组值插入到指定的基本表中。由 SELECT 语句查询结果的列数、类型和顺序应与要插入的数据相一致。

【例 6-18】 在学生基本表 S 中插入一名新学生的元组，其学号、姓名、年龄、性别和所在系别分别为 20022503、周冰、22、男和计算机科学与工程系。可用以下 INSERT 语句实现：

INSERT INTO S
VALUER('20022503','周冰',22,'男','计算机科学与工程系')

【例 6-19】 创建一个存放各个系学生平均年龄的基本表 DEPTAGE(系别，平均年龄)，然后把基本表 S 中每一个系学生的平均年龄存入基本表 DEPTAGE。

创建基本表 DEPTAGE 可用如下 CREATE 语句实现：

CREATE TABLE DEPTAGE(系别 CHAR(20)NOT NULL,平均成绩 SMALLINT,
PRIMARY KEY(系别))

将查询结果存入基本表 DEPTAGE 可用如下 INSERT 语句实现：

INSERT INTO DEPTAGE(系别,平均年龄)
SELECT 系别,AVG(年龄)FROM S GROUP BY 系别

6.5.2 删除操作

在基本表中删除元组可通过 DELETE 语句实现，其一般形式如下：

DELETE FROM ＜基本表名＞[WHERE ＜条件表达式＞]

该语句从指定的基本表中删除满足条件的那些元组,当没有 WHERE 子句时表示删除该基本表中的全部元组,但该基本表的定义仍然保存在数据字典中。应该注意的是,删除操作是删除元组,而不是删除元组中的某些属性值;删除操作只能从一个基本表中删除元组,执行删除操作有可能产生破坏数据一致性的情况,若要从多个基本表中删除元组,则需使用多个 DELETE 语句。另外,执行

DELETE FROM ＜基本表名＞

操作将使指定的基本表为空表,使用时要格外慎重。

【例 6-20】 在学生基本表 S 中删除学号为 20022501 学生的记录,可用以下 DELETE 语句实现:

DELETE FROM S WHERE 学号='20022502'

6.5.3 修改操作

修改基本表中元组的某些属性值可使用 UPDATE 语句实现,该语句的一般形式如下:

UPDATE <基本表> SET <属性名 1>=<表达式 1>[,<属性名 2>=<表达式 2> ,…]
[WHERE <条件表达式>]

该语句的含义是:修改指定基本表中满足条件表达式的元组中的指定属性值,SET 子句中的表达式给出了修改后的值。

【例 6-21】 在学生基本表 S 中把学号为 20022501 学生的系别改为'电气工程系'。可用以下 UPDATE 语句实现:

UPDATE S SET 系别='电气工程系'WHERE 学号='20022501'

【例 6-22】 在学生基本表 S 中把所有学生的年龄加 1,可用以下 UPDATE 语句实现:

UPDATE S SET 年龄=年龄+1

6.6 几种新型的数据库系统

目前,数据库技术已形成了较为完整的理论体系和实用技术,其应用遍及各个领域,成为 21 世纪信息化社会的核心技术之一。目前,传统的数据库技术与其他相关技术相结合,已经出现了许多新型的数据库系统,例如分布式数据库、多媒体数据库、并行数据库、演绎数据库、主动数据库、工程数据库、时态数据库、工作流数据库、模糊数据库以及数据仓库等,形成了许多数据库技术新的分支和新的应用。下面简要介绍几种新型数据库系统。

6.6.1 分布式数据库

分布式数据库(distributed database,DDB)是传统的数据库技术与通信技术相结合的产物,是当今信息技术领域备受重视的分支。一个分布式数据库是物理上分散在计算机网络各结点上,但在逻辑上属于同一系统的数据集合。它具有数据分布性(即数据物理上分散在计算机网络各结点上)和逻辑相关性(即存储在各结点上的局部数据在逻辑上是具有统一的联系)。此外,它还具有局部自治与全局共享性、数据的冗余性、数据的独立性、系统的透明性等特点。

分布式数据库由分布式数据库管理系统(distributed database management system,DDBMS)进行管理。它是一个支持分布式数据库的建立、操纵与维护的软件系统,负责实现局部数据管理、数据通信、分布数据管理以及数据字典管理等功能。其主要研究内容包括 DDBMS 的体系结构、数据分片与分布、冗余的控制(多副本一致性维护与故障恢复)、分布查询优化、分布事务管理、并发控制以及安全性等。

在当今网络化的时代,分布式数据库技术有着广阔的应用前景。无论是企业、商厦、宾馆、银行、铁路或航空部门,还是政府部门等,只要是涉及地域分散的信息系统都离不开分布式数据库系统。随着计算机硬件、软件和计算机网络技术的发展,DDBMS 将日趋成熟,其功能将更加强大,使用将更加方便,能够更好地满足应用的需求。

6.6.2　多媒体数据库

多媒体数据库(multimedia database,MDB)是传统的数据库技术与多媒体技术相结合的产物,是以数据库的方式合理地存储在计算机中的多媒体信息(包括文字、图形、图像、音频和视频等)的集合。这些数据具有媒体多样性、信息量大和管理复杂等特点。

多媒体数据库由多媒体数据库管理系统(multimedia database management system,MDBMS)进行管理。它是一个支持多媒体数据库的建立、操纵与维护的软件系统,负责实现对多媒体对象的存储、处理、检索和输出等功能。其主要研究内容包括多媒体的数据模型、MDBMS 的体系结构、多媒体数据的存取与组织技术、多媒体查询语音、MDB 的同步控制以及多媒体数据压缩技术等。通常,多媒体数据库系统也是一个分布式的系统,因而还需研究如何与分布式数据库相结合以及实时高速通信问题。

6.6.3　并行数据库

并行数据库(parallel database,PDB)是传统的数据库技术与并行技术相结合的产物,它在并行体系结构的支持下,实现数据库操作处理的并行化,以提高数据库的效率。并行数据库产生的主要动力在于:多处理机并行系统的日趋成熟、超大规模集成电路技术的发展、大型数据库应用系统的需求以及目前关系型数据库系统查询效率的低下。

并行数据库的目标是提高系统的效率,提高效率的途径不仅依靠软件手段来实现,还要依靠硬件手段通过并行操作来实现。因此,并行数据库管理系统的主要任务就是如何利用众多的 CPU 来并行地执行数据库的查询操作。

并行数据库技术主要研究内容包括并行数据库体系结构、并行数据库机、并行操作算法、并行查询优化、并行数据库的物理设计、并行数据库的数据加载和再组织技术等。

6.6.4　演绎数据库

演绎数据库(deductive database,DeDB)是传统的数据库技术与逻辑理论相结合的产物,它是一种支持演绎推理功能的数据库。演绎数据库由用关系组成的外延数据库 EDB 和由规则组成的内涵数据库 IDB 两部分组成,并具有一个演绎推理机构,从而实现数据库的推理演绎功能。

演绎数据库技术主要研究内容包括逻辑理论、逻辑语言、递归查询处理与优化算法、演绎数据库体系结构等。演绎数据库的理论基础是一阶谓词逻辑和一阶语言模型论。这些逻辑理论是研究演绎数据库技术的基石,对其发展起到了重要的指导作用。

演绎数据库系统不仅可应用于诸如事务处理等传统的数据库应用领域,而且将在科学研究、工程设计、信息管理和决策支持中表现出优势。

6.6.5　主动数据库

主动数据库(active database,Active DB)是相对于传统数据库的被动性而言的。也就是说,传统数据库及其管理系统是一个被动的系统,它只能被动地按照用户所给出的明确请求执行相应的数据库操作,完成某个应用事务。而主动数据库则打破了这一常规,它除了具有传统数据库的被动服务功能外,还提供主动进行服务的功能。这是因为在许多实际应用领域(如计算机集成制造系统、管理信息系统、办公自动化系统)中,往往需要数据库系统在某种情况下能够根据当前状态主动地做出反应,执行某些操作,向用户提供所需的信息。

主动数据库的目标是提供对紧急情况及时反应的功能,同时又提高数据库管理系统的模块化程度。实现该目标常用的方法是采取在传统数据库系统中嵌入"事件-条件-动作"(event-condition-action,ECA)规则。ECA规则的含义是:当某一事件发生后引发数据库系统去检测数据库当前状态是否满足所设定的条件,若条件满足则触发规定动作的执行。这种所谓"触发子"机制可以用于描述和自动维护具体应用系统中的商业规则。

目前,虽然大部分数据库系统产品中都具有一定的主动处理用户定义规则的能力,但还不能满足大型的应用系统在技术上的需求。未来需要进一步完善和解决的技术问题包括主动数据库中的知识模型、执行模型、事件监测和条件检测方法、事务调度、安全性和可靠性、体系结构和系统效率等。

6.6.6　数据仓库

目前,无论是工商企业、科研机构、政府部门都已积累了海量的、以不同形式存储的数据,要从中发现有价值的信息、规律、模式或知识,达到为决策服务的目的,已成为十分艰巨的任务。随着计算机技术的飞速发展和企业界不断提出的新需求,数据仓库(data warehouse,DW)技术应运而生,并引起国内外广泛的重视。应用数据仓库技术,使系统能够面向复杂数据分析、高层决策支持,可提供来自种类不同的应用系统的集成化数据和历史数据,为决策者进行全局范围内的战略决策和长期趋势分析提供有效的支持。

数据仓库是支持管理决策的面向主题的、集成的、稳定的、定期更新的数据集合。其功能包括对异构数据源中数据的提取、过滤、加工和存储以及响应用户的查询和决策分析请求。它采用全新的数据组织方式,对大量的原始数据进行采集、转换、加工,并按照主题和维进行重组,将其转换为有用的信息。

数据仓库管理系统通常由监控器、转换器、集成器和元数据管理器等部件组成,分别完成对源数据库数据更新的监控、异构数据的转换、数据加载以及对元数据进行管理等功能。此外,数据仓库系统需提供工具层,包括联机分析处理(OLAP)工具、预测分析工具和数据挖掘工具等,供决策者使用。

由于数据仓库是一个综合技术,所以其概念、结构、设计方法和实用系统等都还在不断地完善和发展。

数据库技术和"事务处理"专家——詹姆斯·格雷　1998年的图灵奖授予了在数据库和"事务处理"技术取得卓越成就的詹姆斯·格雷(James Gray)。格雷生于1944年,在美国加州大学伯克利分校计算机科学系获得博士学位,毕业后曾在多家著名IT公司工作,致力于数据库技术的研究。在 IBM 公司工作期间,主持或参与了 IMS、System R、SQL/DS、DB2 等项目的开发。在 Tandem 公司工作期间,改进了该公司的主要数据库产品 ENCOMPASS,并参与了分布式 SQL、Nonstop SQL 等系统的研制。在 DEC 公司工作期间,当时关系数据库理论已经成熟,但在关系数据库管理系统的实现中遇到了许多技术问题(如数据的完整性、安全性、并行性及故障恢复等),格雷创造性的研究成果给出了成功解决上述问题的"事务处理技术",该技术不仅对数据库系统,而且对分布式系统、Client/Server 结构中的数据管理与通信、高可靠性系统等也具有重要意义。在微软公司工作期间,格雷担任微软"湾区研究中心"主管,他领导的团队研发出了 MS SQL Server 7.0,成为微软关系数据库系统的里程碑式产品。

6.7　数据库系统的应用

当今信息化社会中的关键技术是信息技术(information technology,IT),而信息系统在信息技术中占有重要的地位,它是数据库技术最直接的应用领域。

6.7.1　信息与信息系统

1. 信息及其基本特征

在信息系统中,信息通常是指"经过加工而成为有一定的意义和价值且具有特定形式的数据,这种数据对信息的接收者的行为有一定的影响"。由此可知,数据是信息的素材,是信息的载体;而信息则是对数据进行加工的结果,是对数据的解释。信息在管理中起着主导作用,是管理和决策的依据,是一种重要的战略资源。

信息具有以下基本特征:

(1) 时间性。即信息的价值与时间有关,它有一定的生存期,当信息的价值变为零时,则其生命结束。

(2) 事实性。即信息必须是正确的、能够反映现实世界事物的客观事实,而不是虚假的或主观臆造的。

(3) 明了性。即信息中所含的知识能够被接收者所理解。

(4) 完整性。即信息需详细到足够的程度,以便信息的接收者能够得到所需要的完整信息。

(5) 多样性。即信息的定量化程度、聚合程度和表示方式等都是多样化的。可以是定量的也可以是定性的,可以是摘要的也可以是详细的,可以是文字的也可以是数字、表格、图形、图像和声音等表示形式。

(6) 共享性。即信息可以广泛地传播,为人们所共享。

(7) 模糊性。即由于客观事物的复杂性、人类掌握知识的有限性和对事物认识的相对性,信息往往具有一定的模糊性或不确定性。

2. 信息系统的定义

信息系统(information system,IS)是一个由人员、活动、数据、网络和技术等要素组成的集成系统,其目的是对组织的业务数据进行采集、存储、处理和交换,以支持和改善组织的日常业务运作,用于管理人员解决问题和制定决策,以满足对信息的各种需求。由于现代的信息系统都是利用计算机系统来实现的,因此所谓信息系统一般都是指计算机信息系统。下面对构成信息系统的各个要素进行说明。

(1) 人员:主要包括系统用户和系统开发人员,它们分别是系统的直接使用并受益者,或者是系统的设计、开发和维护者。

(2) 活动:定义了信息系统的功能,它包括业务活动和信息系统活动。

(3) 数据:是信息系统的原材料,包括业务数据、属性、规则等。

(4) 网络:是实现信息传输和共享的重要手段,包括计算机硬件、软件、通信线路和网络设备。

(5) 技术:即信息技术,包括集成电路技术、计算机技术和网络通信技术等。

3. 信息系统的分类

信息系统的主要目的是支持管理和决策,按照管理活动和决策过程信息系统可以分为不同的层次和类型,其分类框架如图 6-4 所示。

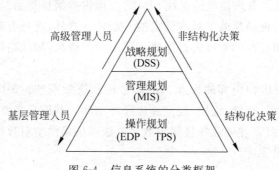

图 6-4　信息系统的分类框架

6.7.2　事务处理系统

事务处理系统(transaction processing system,TPS)是指利用计算机对工商业、社会服务性行业等中的具体业务进行处理的信息系统。基于计算机的事务处理系统也称为电子数据处理系统(electronic data processing,EDP),是最早使用的计算机信息系统。这类系统的逻辑模型虽然不同,但基本处理对象都是事务信息。它以计算机、网络为基础,对业务数据进行采集、存储、检索、加工和传输,要求具有较强的实时性和数据处理能力,而较少使用数学模型。例如,工商业中的销售、库存、人事、财会等业务的处理系统,社会服务业中的银行、保险以及医院、旅馆、饭店、邮局等的业务处理系统,均属于这类系统。

按不同的分类方法事务处理系统有不同的类型。例如,按处理作业方式的不同,可分为批处理系统和实时处理系统;按联机方式不同,可分为联机集中式系统和联机分布式系统;按系统的组织和数据存储方式不同,可分为使用文件的系统和使用数据库的系统;按面向管理工作的层次不同,可分为高层、中层和操作层事务处理系统等。

6.7.3　管理信息系统

管理信息系统(management information system,MIS)是对一个组织机构进行全面管理的、以计算机为基础的、集成化的人—机系统,具有分析、计划、预测、控制和决策功能。它把数据处理功能与管理模型的优化计算、仿真等功能结合起来,能准确、及时地向各级管理人员提供决策用的信息。管理信息系统用于支持管理层决策的信息系统,完成辅助管理控制的战术规划和决策活动,所处理的问题大多数是结构化的或半结构化的。

在上述概念中,应特别强调以下几点:

(1) MIS 是一个以计算机为基础的人—机系统。MIS 是以计算机为基础的,它使用数据库来存储产生信息的大量数据,并且在数据库管理系统的控制下存取和使用数据。MIS 是由人和计算机共同构成的组合系统,问题的答案由人和计算机的一系列交互作用获得。MIS 用户负责输入数据、指挥系统工作并使用系统输出的结果;计算机则负责接收、存储和加工数据,并以用户需要的形式输出。

(2) MIS 是一个集成化的系统。MIS 通常为组织机构的集成化信息处理工作提供基础,它把多种功能子系统组合在一起,通过共同操作完成特定应用的目标。为了实现 MIS 的集成化,需要有总体开发计划、标准和规范,以保持系统的一致性和相容性。

(3) MIS 是一个提供管理信息的系统。MIS 所提供的信息是组织机构的各级管理人员所需要的管理信息。管理信息除了具有信息的一般特性之外,还具有滞后性(即数据滞后于决策)和层次性(即不同层次的管理人员需要不同层次的信息,如战略级信息、战术级信息和作业级信息等)。

(4) MIS 支持组织机构内部的作业、管理、分析和决策职能。MIS 作用于管理的全过程,具有很强的信息收集、存储、维护、处理和传递等功能。其信息来源于外部环境和组织机构内部的各个环节,按照管理规程并且使用数学方法和决策模型对数据进行加工,为组织机构的各层管理人员提供支持。

6.7.4 决策支持系统

决策支持系统(decision support system,DSS)是计算机科学(包括人工智能)、行为科学和系统科学(包括控制论、系统论、信息论、运筹学、管理科学等)相结合的产物,是以支持半结构化和非结构化决策过程为特征的一类计算机辅助决策系统,用于支持高级管理人员进行战略规划和宏观决策。它为决策者提供分析问题、构造模型、模拟决策过程以及评价决策效果的决策支持环境,帮助决策者利用数据和模型在决策过程中通过人机交互设计和选择方案。

DSS 概念的核心是关于决策模式的理论。美国卡耐基—梅隆大学西蒙(H. A. Simon)教授提出了著名的决策过程模型。该模型指出:以决策者为主体的管理决策过程经历了信息(即进行信息的收集与加工)、设计(即发现、开发及分析各种可行方案)和选择(即确定最优方案并予以实施和审核)3 个阶段。

在决策模型中,信息、方案、选择等都能够准确识别的决策问题称为结构化决策问题。这类决策问题可以以一定的决策规则和通用的模型实现决策过程的自动化。而非结构化决策问题则是指那些决策过程复杂、决策前提难以准确识别的一类决策问题。这类决策问题一般无固定的决策规则和模型可依,决策者的主观行为对决策的效果有相当的影响,要实现其决策过程的自动化需要与人工智能技术相结合。半结构化决策问题则兼有以上两种决策问题的部分特点。

DSS 是由多功能协调配合构成的指出整个决策过程的集成系统。根据系统的功能,其逻辑结构也有所不同。在 DSS 中一般都包括以下几个子系统。

（1）数据库管理子系统：数据库中存放决策支持所需要的数据。该子系统具有对数据库进行维护、控制和管理的功能，并能按用户要求快速选择和抽取数据。

（2）模型库管理子系统：模型库中存放各种通用的决策模型和能适用于部分决策类型的特殊模型。该子系统能够提供非结构化的建模语言，具有对模型库进行维护以及模型的调用控制与校核等功能。

（3）方法库管理子系统：方法库中存放实现各类模型的求解方法和最优化算法。该子系统具有对方法库进行维护以及方法调用的控制与校核等功能。

（4）知识库管理子系统：知识库中存放有经验的决策者的决策知识和推理规则。该子系统不仅能够对知识库进行维护，而且将知识库与推理机制相结合组成专家系统，从而使 DSS 具有更强的决策支持能力。

（5）会话子系统：包括交互式驱动的操作方式、提供非过程语言以及用户接口，为用户提供一个良好的人机交互界面。

6.7.5 数据挖掘系统

随着数据库技术的迅速发展以及数据库管理系统的广泛应用，积累的数据越来越多。激增的数据背后隐藏着许多重要的信息，人们希望能够对其进行更深层次的分析，以便更好地利用这些数据。目前的数据库系统可以高效地实现对数据的录入、查询和统计等功能，但无法发现数据中存在的关系和规则，无法根据现有的数据预测未来的发展趋势，从而导致了"数据爆炸但知识贫乏的"现象。因此，数据仓库技术和数据挖掘技术应运而生。

数据挖掘（data mining，DM）又称为数据库中的知识发现（knowledge discovery in database，KDD），它是从大型数据库或数据仓库中提取人们感兴趣的知识的高级处理过程，这些知识是蕴含的、事先未知的、潜在的有用信息，提取的知识表现为规则、概念、规律、模式等形式。

在实际应用中，数据挖掘可以细分为以下几种类别。

（1）建立预测模型（predictive modeling）：用于预测丢失数据的值或对象集中某些属性的值分布。用于建立预测模型的常用方法有回归分析、线性模型、关联规则、决策树预测、遗传算法和神经网络等。

（2）关联分析：用于发现项目集之间的关联，它广泛地运用于帮助市场导向、商品目录设计和其他商业决策过程的事务型数据分析中。关联分析算法有 APRIORI 算法、DHP 算法、DIC 算法、PARTITION 算法以及它们的各种改进算法等。另外，对于大规模、分布在不同站点上的数据库或数据仓库，关联规则的挖掘可以使用并行算法，如 Count 分布算法、Data 分布算法、Candidate 分布算法、智能 Data 分布算法（IDD）和 DMA 分布算法等。

（3）分类分析：即根据数据的特征建立一个模型，并按该模型将数据分类。分类分析已经成功地用于顾客分类、疾病分类、商业建模和信用卡分析等。用于分类分析的常用方法有 Rough 集、决策树、神经网络和统计分析法等。

（4）聚类分析：用于识别数据中的聚类。所谓聚类是指一组彼此间非常"相似"的数据对象的集合。好的聚类方法可以产生高质量的聚类，保证每一聚类内部的相似性很高，而各聚类之间的相似性很低。用于聚类分析的常用方法有随机搜索聚类法、特征聚类和 CF

树等。

(5) 序列分析：用于分析大的时序数据、搜索类似的序列或子序列,并挖掘时序模式、周期性、趋势和偏离等。

(6) 偏差检测：偏差检测(deviation detection)用于检测并解释数据分类的偏差,它有助于滤掉知识发现引擎所抽取的无关信息,也可滤掉那些不合适的数据,同时可产生新的关注性事实。

(7) 模式相似性挖掘：用于在时间数据库或空间数据库中搜索相似模式时,从所有对象中找出用户定义范围内的对象或找出所有元素对,元素对中两者的距离小于用户定义的距离范围。模式相似性挖掘的方法有相似度测量法、遗传算法等。

(8) Web 数据挖掘：基于 Web 的数据挖掘是当今的热点之一,包括 Web 路径搜索模式的挖掘、Web 结构挖掘和 Web 内容挖掘等。

本 章 小 结

本章在阐述数据库系统的基本概念的基础上,具体介绍了结构化查询语言(SQL)的使用方法。此外,还介绍了一些新型的数据库系统以及数据库系统在 IT 领域中的应用。

通过本章的学习,应该理解数据库系统与信息系统的基本概念和基本知识,并掌握 SQL 的基本使用方法。通过"数据库系统""软件工程""计算机网络"等后续课程的学习,读者将进一步掌握数据库系统的概念、原理、理论以及数据库应用系统的开发方法,提高自己的实践能力。

习　　题

一、简答题

1. 数据库系统由哪几部分组成?

2. 试阐述数据库、数据库管理系统以及数据库系统的定义。

3. 数据管理技术经历了哪几个阶段? 各阶段的主要特点是什么?

4. 什么是外模式、内模式和概念模式? 如何实现模式间的转换?

5. 试阐述数据库管理系统的功能与类型。

6. 什么是数据定义语言(DDL)和数据操纵语言(DML)? 它们的主要功能是什么?

7. 数据库管理员(DBA)的职责是什么?

8. SQL 有何特点? SQL 有哪些功能? SQL 有哪两种使用方式? 各有何特点?

9. 写出 SQL 定义、撤销和修改基本表语句的一般形式,并解释其含义。

10. 写出 SQL 定义和撤销索引语句的一般形式,并解释其含义。

11. 写出 SQL 数据查询语句的一般形式,并解释其含义。

12. 怎样使用 SQL 语句实现选择、投影和连接等关系运算?

13. SQL 的数据更新包括哪些基本操作?

14. 写出 SQL 数据插入语句、数据删除语句和数据修改语句的一般形式,并解释其含义。

15. 什么是分布式数据库? 它有哪些主要的特点?

16. 什么是多媒体数据库? 它有哪些主要的特点?

17. 什么是并行数据库？它有哪些主要的特点？

18. 什么是演绎数据库？它有哪些主要的特点？

19. 什么是主动数据库？它有哪些主要的特点？

20. 什么是数据仓库？它与传统的数据库系统体系有何区别？

21. 什么是信息？其基本特征是什么？

22. 什么是信息系统？它由哪些要素组成？常用的信息系统有哪几种？它们的主要功能是什么？

23. 什么是决策支持系统？它由哪些子系统组成？

24. 什么是数据挖掘？它与一般的事务处理有何区别？

二、选择题

1. 目前数据管理的主要方法是_____。

A. 文件系统和数据库系统　　　　　　B. 文件系统和操作系统

C. 文件系统和批处理系统　　　　　　D. 数据库系统和批处理系统

2. 在数据管理技术的发展过程中，经历了人工管理、文件系统、数据库系统等阶段，其中数据独立性最高的是_____阶段。

A. 文件系统　　　　B. 人工管理　　　　C. 数据库系统　　　　D. 数据项管理

3. _____是统一管理的相关数据的集合，这些数据以一定的结构存放在存储介质（一般为磁盘）中。

A. 数据库系统　　　　B. 数据库　　　　C. 数据库管理系统　　　　D. 文件

4. 数据库的基本特点是_____。

A. 数据能够为各种用户共享、具有较大的冗余度、数据对程序具有独立性以及由数据库管理系统统一管理和控制

B. 数据能够为各种用户共享、具有最小冗余度、数据互换性以及由数据库管理系统统一管理和控制

C. 数据能够为各种用户共享、具有最小冗余度、数据对程序具有独立性以及由数据库管理系统统一管理和控制

D. 数据不能够共享、具有最小冗余度、数据对程序具有独立性以及由数据库管理系统统一管理和控制

5. 数据库系统的核心是_____。

A. 数据模型　　　　B. 数据库　　　　C. 数据库开发工具　　　　D. 数据库管理系统

6. DB、DBMS、DBS 三者之间的关系是_____。

A. DBMS 包括 DB 和 DBS　　　　B. DB 包括 DBS 和 DBMS

C. DBS 包括 DB 和 DBMS　　　　D. DB、DBMS、DBS 是同一个意思

7. 数据库管理系统中用来定义数据库的结构、各类模式之间的映像和完整性约束等的语言是_____。

A. 数据定义语言（DDL）　　　　B. 数据操纵语言（DML）

C. 数据库子语言　　　　D. 数据结构语言

8. 数据库管理系统能够实现对数据库中的数据进行修改、插入、删除、查询和统计等操作，这种功能称为_____。

A. 数据管理功能　　　　B. 数据操纵功能

C. 数据控制功能　　　　D. 数据定义功能

9. 按照所使用的数据类型，数据库管理系统可分为_____ 3 种类型。

A. 小型、中型和大型　　　　B. 层次型、网状型和关系型

C. 集中型、联机型和分布型　　　　D. 实时型、分时型和共享型

10. SQL 是一种_____的语言。

A. 格式化　　　　B. 过程化　　　　C. 非过程化　　　　D. 导航式

11. SQL 有两种使用方式,分别称为自含式和_____。

A. 外含式　　　　B. 交互式　　　　C. 嵌入式　　　　D. 解释式

12. 信息系统是一个由_____等要素组成的集成系统,其目的是对组织的业务数据进行采集、存储、处理和交换,以支持和改善组织的日常业务运作,用于管理人员解决问题和制定决策,以满足对信息的各种需求。

A. 硬件、软件、网络和技术　　　　　B. 硬件、软件、数据、网络和技术

C. 人员、活动、数据、硬件和软件　　D. 人员、活动、数据、网络和技术

13. 管理信息系统(MIS)是对一个组织机构进行全面管理的以计算机为基础的集成化的_____,具有分析、计划、预测、控制和决策功能。

A. 数据库系统　　　　　　　B. 数据库应用系统

C. 分布式系统　　　　　　　D. 人—机系统

三、综合练习题

1. 为了开发一个销售管理信息系统,需创建和设计订货单表、雇员表和产品表,各个表的结构如表 6-3、表 6-4 和表 6-5 所示。试使用 SQL 创建这些表并向表中输入数据。

表 6-3　订货单表

字 段 名	数据类型	字段长度	规　　则
订货单号	文本	10	不能为空
订货单位	文本	32	不能为空
产品名称	文本	32	不能为空
数量	数值	长整型	默认值为 0
单价	货币	(默认)	不能为空
合计金额	货币	(默认)	不能为空
订货日期	日期/时间	(默认)	
销售人员	文本	32	不能为空

表 6-4　雇员表

字 段 名	数据类型	字段长度	规　　则
姓名	文本	12	不能为空
部门	文本	32	不能为空
职务	文本	12	不能为空
办公电话	文本	12	不能为空
家庭电话	文本	12	
地址	文本	42	

表 6-5　产品表

字 段 名	数据类型	字段长度	规　　则
产品名称	文本	32	不能为空
单价	货币	(默认)	不能为空
库存数量	数值	长整型	不能小于 0

2. 设有关系 R(NO,NAME,SEX,AGE,CLASS),其中 NO 为学号,NAME 为姓名,SEX 为性别,AGE 为年龄,CLASS 班级。试写出实现下列功能的 SQL 语句:

(1) 插入一个记录(31,'张云','女',20,'2002032')。

(2) 将学号为 20 的学生姓名改为'孙大光'。

(3) 将所有'2002032'班级号改为'2002082'。

(4) 删除学号为 30 的记录。

(5) 删除班级号为'1998032'的所有记录。

3. 设有图书登记表 BT(BNO,BC,BNA,AU,PUB),其中 BNO 为图书编号,BC 为图书类别,BNA 为书名,AU 为著者,PUB 为出版社。试写出实现下列功能的 SQL 语句:

(1) 创建基本表 BT。

(2) 按图书编号 BNO 建立基本表 BT 的索引 IBT。

(3) 查询著者为'王建国'所出版的图书的书名和出版社。

(4) 按出版社统计其出版图书的总数。

（5）删除索引 IBT。

4. 设一个数据库的关系模式如下：

S(S♯,SNAME,CITY)

P(P♯,PNAME,COLOR,WEIGHT)

J(J♯,JNAME,CITY)

SPJ(S♯,P♯,J♯,QTY)

其中,S 为供应商关系,S♯ 为供应商号,SNAME 为供应商名称,CITY 为供应商所在的城市;P 为零件关系,P♯ 为零件编号,PNAME 为零件名称,COLOR 为零件的颜色,WEIGHT 为零件的重量;J 为工程关系,J♯ 表示工程号,JNAME 为工程名,CITY 为工程所在的城市;SPJ 为供应关系,S♯、P♯ 和 J♯ 的含义同前,QTY 为供应的零件数。

试用 SQL 语句表示下列查询：

（1）检索城市在上海的所有供应商的编号和名称。

（2）检索所有零件的编号、名称、颜色和重量。

（3）检索为工程 J1 提供零件的供应商名称。

（4）检索工程 J1 提供零件 P1 的供应商名称。

（5）检索由编号为 S1 的供应商提供的零件的工程名。

（6）检索编号为 S1 的供应商提供的零件的颜色。

（7）检索为编号为 J1 和 J2 的工程提供零件的供应商名称。

（8）检索为所在城市为上海的工程提供零件的供应商名称。

第 7 章

多媒体技术及其应用

本章主要介绍多媒体技术、多媒体创作工具及其应用,包括多媒体、超媒体、超文本的概念,视频、音频等各种媒体技术及其制作工具。通过本章的学习,初步掌握多媒体技术及其应用,了解超文本、超媒体的组成和创作方法,了解虚拟现实等多媒体应用。

7.1 多 媒 体

近年来多媒体计算、多媒体通信及其应用已经有了长足的进步。计算机与网络不再仅仅处理和传输文本和图像,视频(动态图像)、音频(声音、音乐等)和其他连续媒体(与时间相关,如动画、视频等)动态数据以及离散媒体(与时间无关,如文本等)静态数据已经成为集成计算机应用的一个重要部分。

7.1.1 媒体的定义

媒体(medium)是指分发和表示信息的方法,例如文本、图形、图像、语音和声音。通常可以按照感知(perception)、内部表示、外部表示、存储和传输等几个方面对媒体进行分类。

1. 感知媒体

感知媒体帮助人们理解周围的环境,通常人们可以通过视觉、听觉和嗅觉来感知周围的信息。但对于计算机而言,主要是通过视觉、听觉来感知信息,当然也可以通过触觉来增强感知事物的存在。

当使用计算机时,视觉和听觉的主要区别在于:在看信息时,使用文本、图像和视频等可视的媒体;而听信息时,使用音乐、噪声和语音等听觉的媒体。

2. 媒体的内部表示

媒体的内部表示,即计算机内部表示信息的方法。在计算机中表示信息的方法通常有以下几种:

- 用 ASCII、EBCDIC、Unicode(UTF-8)和 GBK/GB 2312/GB 1803 编码表示文本字符。
- 用 BMP、TIFF、GIF、PNG、JPEG/JPEG 2000 编码表示图像。
- 用 AVI、WMV、MPEG(MPEG-1、MPEG-4、MPEG-7、MPEG-21 等)编码表示视频。
- 用 PCM、MP3/MP3pro、OGGVorbis、MPC 编码表示音频。

- 图形除了可以用图像格式表示外,另一种常用的方法是矢量图表示法,常见的编码有 SWF、SVG、WMF、EMF、PXF 及 PDF 等。

3. 媒体的外部表示

媒体的外部表示是指输入输出信息的工具和设备。例如,打印机、屏幕和喇叭等作为输出媒体,而键盘、鼠标、扫描仪、数字相机和麦克风等作为输入媒体。

4. 存储媒体

存储媒体是指能存储信息的数据载体。例如,缩微胶卷、软盘、硬盘和光盘等,当然纸张也应算作一种存储媒体。

5. 传输媒体

传输媒体是指信息在用有线媒体或无线媒体连接的网络上连续地进行数据传输。

7.1.2 多媒体系统的主要特征

如果仅从字面上理解,多媒体系统是任何支持多于一个媒体的系统。这个描述显然是不够的,因为它只涉及对一个系统的数量评价。例如,根据这个描述,一个能处理文本和图形的系统应为多媒体系统。但是,在计算机环境中的多媒体概念出现以前,这样的系统已经存在(如字处理软件 Word 和 WPS)。在计算机环境中,多媒体概念应更多地从定性的角度而不是定量的角度来考虑。为此,多媒体系统可以根据以下特征区别于其他的系统。

1. 信息媒体的多样性

通信技术及计算机技术的发展,使得用户能够比以往更加和谐地把现有的文本、声音、图形、图像、动画和视频等多种形式的信息媒体有机组合起来。

2. 可表达的信息量大

信息量大,即所谓海量信息,指的是可以通过多媒体的手段,有效、有序地组织庞大的信息,呈现给用户一个清晰、有组织的信息集。

3. 多种技术的集成性

多媒体技术包含了计算机领域内较新的软件和硬件技术,并将不同性质的设备和信息媒体集成为一体,以计算机为中心综合处理各种信息。

4. 处理过程的交互性

多媒体技术最重要的一点就是它的交互性,如果仅仅认为多媒体集成了文本、声音、图形、图像、动画和视频等多种形式的信息媒体,那么电视机也可称为多媒体系统,但是电视机之所以不能称为多媒体系统的原因就在于它不能和用户进行交流。而多媒体处理过程的交互性使得人们更加具有主动性和可控性。

5. 通信系统

由于当今大多数计算机是联网的,所以不能仅从本地机处理的观点考虑多媒体系统。具有通信功能的多媒体系统不再局限于创建、处理和存储多媒体信息,而是通过计算机网络实现多媒体信息的共享和分发。

7.1.3 多媒体系统的技术研究与应用开发

多媒体涉及的技术范围广而新,并且研究的内容也很深,它是多种学科和多种技术交叉领域。归纳起来,多媒体技术的研究与开发技术有以下几种。

(1) 多媒体数据的表示与存储技术：包括文字、声音、图形与图像、动画、视频等媒体在计算机中的表示方法。由于多媒体的一大特征就是数据量巨大，为了解决数据传输通道带宽和存储器容量的限制，大量的研究用来开发数据压缩和解压缩技术，除此之外，人—机接口技术，虚拟现实等也是当今技术研究的重点。

(2) 多媒体数据的存储设备与技术：包括 CD 技术、DVD 技术等。

(3) 多媒体创作和编辑工具：使用这些工具会大大缩短提供信息的时间，并且容易创作出丰富多彩的多媒体产品。

(4) 多媒体的应用开发：包括多媒体数据库、环球超媒体信息系统(Web)、多目标广播技术(multicasting)、影视点播(video on demand，VOD)、电视会议(video conferencing)、远程教育系统以及多媒体信息检索等。

7.2　超文本与超媒体

随着多媒体技术的兴起和发展，超文本和超媒体技术以其能提供简单、直观、快捷、灵活的数据表示、组织和管理手段而得到人们的好感。它所提供的各种媒体信息之间的链接方式与结构，与传统的线性文本结构有很大的区别。超文本和超媒体的组织形式更符合人们的逻辑思维习惯。

7.2.1　多媒体文档

文档是由一组不同形式媒体组成的结构化信息体。其主要目标是表达人们的感知以及便于计算机的处理。而多媒体文档是至少由一个连续媒体和一个离散媒体组成的文档。不同媒体的集成是通过信息单元(可以是不同形式媒体)之间的紧密联系获得的，即所谓的同步(synchronization)。

1. 文档结构

文档包含文档内容、文档结构和模型(model)3 部分。当前流行的标准化文档结构是标准通用标记语言(standard generalized markup language，SGML)和开放文档体系(open document architecture，ODA)。

文档结构描述了文档中各模型之间的联系。该联系包括模型之间的链接(link)和同步。常见的模型有操纵模型、表达模型和演示模型。其中，操纵模型描述所允许的文档操作，例如创建、修改及删除多媒体信息；表达模型则定义了不同计算机之间信息交换的协议和数据存储的格式，存储格式包含演示期间有联系的信息单元之间的关系；演示模型定义了怎样进行多媒体信息的显示和输出。

2. 多媒体数据的操纵

用户最感兴趣的是通过工具软件操纵多媒体文档的数据，例如编辑器、桌面出版程序以及其他文本处理程序。

传统文档和交互式多媒体表达的处理周期是相似的，即作者用文本编辑器编辑一个文档，使用系统的字符集作为文档的实际存储内容(如 ASCII 和 GB 编码)，加上有效的隐藏语言作为其结构的描述(如 SGML)，此时该文档已是一个经过预处理的表达形式。而进一步的格式化处理决定了文档的排版。典型的工具软件有 Word、PostScript。超文本和多媒体技术已经改变了文档的表示方法,其主要改变是文档怎样被显示。

7.2.2　超文本与超媒体的概念

借助各种媒体的通信能在人类大脑中重现存储的知识。文档是一种传递信息的方法,阅读一篇文档实际是重建知识的行动。当今普通文档是以线性方式组织数据的,它与现实世界的信息结构截然不同,并且与人类的组织知识、联想思维也有很大的距离。而在超文本(hypertext)与超媒体(hypermedia)的场合下,利用图结构表示文档,它提供的方法是建立各种媒体信息之间的网状链接结构。这种结构将信息单元作为结点,它们之间的联系没有固定的顺序,也不要求必须按某个顺序检索,所以它与传统文档的线性文本结构有很大的区别。

1. 非线性的信息链

超文本和超媒体不是顺序的,而是非线性的网状信息链。它把文本或其他媒体按其内部固有的独立性和相关性划分成不同的基本信息单元,称为结点(node)。以结点作为信息的单位,一个结点可以是一个信息单元,也可以是若干结点组成的一个更大的信息单元。它可以是文本、图形、图像、视频、音频或它们的组合体。而结点之间使用链或边连接起来形成网状结构。

2. 链

为了在超文本与超媒体的信息链间进行浏览,必须在用户界面上标记能进一步浏览其他信息单元的指示器(pointer),即通常所称的链(anchor)。链是构成用户界面的主要要素,它采用"控制按钮"的方式组织用户界面。这些按钮由作者设置在正文中,用户通过按钮访问其他的信息单元。常用的"控制按钮"可以是文本、图像、移动视频以及音频。

3. 超文本系统

超文本系统的特点主要是由其非线性信息链结构所决定的,它通过指示器连接基本信息单元(结点)。不同信息单元的数据可以用一种或多种媒体表示。

4. 多媒体系统

多媒体系统包含连续和离散编码的信息。例如,如果仅连接文本数据,那么它不是多媒体。在视频会议应用中,同时传输文档处理程序产生的文本(离散)和图像(连续),则可认为是一个多媒体应用系统。

5. 超媒体系统

超媒体系统包括超文本系统的非线性信息链和多媒体系统中的连续和离散媒体。例如,如果一个非线性链由文本和视频数据组成,它就是一个超媒体、多媒体和超文本系统。

7.2.3　超文本与超媒体示例

超文本与超媒体应用在很多领域。例如,在操作系统 Windows 中的"帮助"就使用了超文本的方式。此外,在电子百科全书、教学应用的 CAI、旅游信息、软件工程、娱乐等领域超文本与超媒体都有着广泛的应用。

1. 超文本示例

Windows 操作系统的"帮助"界面是由多种媒体组成的非线性信息链。例如,在"帮助"中的"gif 文件,用作墙纸"帮助内容中,有传统的文本内容和"单击此处""图案""相关主题"

等指示器。用户可以根据自己的逻辑思维选择所需内容,单击有关的指示器,阅读自己感兴趣的信息单元。这些信息单元可以是传统的文本,也可以是图片。

2. 超媒体示例

目前,在 Internet 上有许多网站的网页是由超媒体组成的。例如,用户可以在 MP3 网站上试听相关音乐,也可以在娱乐网站观看电影片段。值得注意的是,播放网上的连续媒体一般都需要附件程序,例如前面介绍的播放 CD 的 Realplayer 附件程序。

7.2.4 超文本系统的体系结构

1. 超文本系统的 3 层模型

超文本系统的体系结构可以分为 3 层:表现层、超文本抽象机和存储层。

(1)表现层:又称用户接口层或用户界面层,是 3 层模型的最高层,也是超文本系统特点的重要表现,并且直接影响着超文本系统的成功。它根据给定的结构和用户所期望的显示,决定了超文本系统的人机交互界面、信息的表现方式、交互操作方式以及浏览导航方式。

(2)超文本抽象机(hypertext abstract machine,HAM):介于表现层和存储层之间,它以下层在分布式环境中存储的多媒体数据的数据库功能为基础,而不考虑上层的输入输出功能。HAM 决定了超文本系统的结点和链的基本特征,记录了结点之间的链接关系,并保存了有关结点和链的结构信息。在这一层中还可以了解到每个相关链的属性。例如,结点的"物主"属性指明该结点的创建者、修改权限、版本号等信息。

(3)存储层:又称数据库层,是 3 层模型的最低层。它涉及所有存储数据的问题,实际上这一层并不构成超文本系统的特殊性。但是,它以庞大的数据库作为基础,而且在超文本系统中的信息量巨大,一般用到磁盘、光盘等大容量存储器,或把信息存放在 Internet 上的各个远程服务器上。此外,存储器层还必须解决传统数据库中也要解决的问题,例如信息的安全保密和备份等。

2. 结点

结点是超文本中的信息单元,是围绕某一特殊主题组织起来的数据集合。结点的内容可以是文本、图形、图像、动画、视频和音频等,也可以是一个计算机程序。

结点可分为两种类型:表现型和组织型。表现型结点用于记录各种媒体信息,例如文本结点、图形结点、图像结点、视频结点、音频结点和动画结点等;组织型结点用于组织并记录各结点间的连接关系,它实际上起索引目录的作用,是连接超文本网状结构的纽带。

3. 指示器

指示器是超文本网状结构的边或链。超文本系统可以根据边的不同标准进行分类。常用的指示器主要有以下几种。

(1)简单指示器(simple pointer):它链接超文本网状图中的两个结点,但不包含任何其他信息。

(2)链接类型指示器(typed pointer):它除了链接两个结点外,还包含进一步的信息。每个指示器有一个标签(label),通过这个标签注释相关的信息。

(3)隐式指示器(implicit pointer):结点之间的关系可由超文本系统自动设立,创作者只要根据需要编制设立指示器的算法,超文本系统则根据当前的状态确定结点之间的链接关系。

（4）显式指示器（explicit pointer）：指作者创建的固定的所有链接。

4. 同步

先进的多媒体系统具有有机结合连续的和离散的媒体，通过计算机控制，进行生成、存储、通信、操纵和表现等操作的特征。提供有机结合的关键问题是，任何媒体信息的数字化表示以及各种媒体和数据之间的同步。多媒体系统中的"同步"指的是多媒体系统中媒体对象之间的时间关系。

媒体对象之间的同步由时间相关媒体对象、时间无关媒体对象之间的联系组成。例如，电视中的听觉和视觉信息的同步是时间相关媒体对象之间的同步。同理，多媒体系统中的音频和视频也是时间相关媒体对象之间的同步。而时间相关和时间无关媒体同步的例子是幻灯片中静态（时间无关）图片和旁白的音频（时间相关）媒体之间的同步。

7.3　多媒体技术

多媒体技术的特点是由计算机交互式综合处理声、文、图信息。根据心理学测定和估计，进入人类大脑的信息约有 80% 来自眼睛，10% 来自耳朵，其余来自人的其他器官。本节讨论多媒体系统中各种媒体所涉及的主要技术。

7.3.1　音频技术

声音是由物质振动所产生的一种物理现象。当物质振动时，它在其周围的大气中产生不断变化的压力，这个高低变化的压力通过大气以波状传播。当该声波到达人的耳朵时，就能听到声音。声音方法学和音频技术就是用来处理这些声波的，它涉及编码、录音机或数字音频磁带上的存储以及音乐和语音的处理。

1. 模拟音频和数字音频

在计算机内，所有的信息都是以数字形式表示的，声音信号也用一系列数字表示，称为数字音频。

模拟音频的特征是时间上连续，而数字音频是离散的数据序列。为此，当把模拟音频变成数字音频时，需要每隔一个时间间隔在模拟音频的波形上取一个幅度的值，称之为采样。采样的时间间隔称为采样周期。

在数字音频技术中，把采样得到的表示声音强弱的模拟电压用数字表示。模拟电压的幅值仍然是连续的，而用数字表示音频幅度时，只能把无穷多个电压幅度用有限个数字表示，即把某一幅度范围内的电压用一个数字表示，该过程称为量化。

2. 数字音频的文件格式

在多媒体技术中，数字音频信息的主要文件格式有 CDA 文件、MP3 文件、WAV 文件、AIF 文件、VOC 文件、MIDI 文件以及 RMI 文件。

（1）CDA 文件和 MP3 文件：CD 格式的音质是比较高的音频格式，在大多数播放软件的"打开文件类型"中都可以看到 *.cda 格式。标准 CD 格式是 44.1kHz 的采样频率，速率 88kbps，16 位量化位数，因为 CD 音轨可以说是近似无损的，因此它的声音基本上是忠于原声的。而 MP3 格式诞生于 20 世纪 80 年代的德国，所谓 MP3 是指 MPEG 标准中的音频部分，也就是 MPEG 音频层。根据压缩质量和编码处理的不同分为 3 层，分别对应 *.mp1、

＊.mp2 和＊.mp3 这 3 种声音文件,MPEG 音频文件的压缩是一种有损压缩,MPEG3 音频编码具有 10∶1～12∶1 的高压缩率,同时基本保持低音频部分不失真,但是牺牲了声音文件中 12kHz 到 16kHz 高音频这部分的质量来换取文件的尺寸。

(2) WAV 文件与 AIF 文件:WAV 文件是微软公司的音频文件格式,其文件扩展名为.wav。该文件数据来源于对模拟声音波形的采样,用不同的采样频率对模拟的声音波形进行采样可以得到一系列离散的采样点,以不同的量化位数(8 位或 16 位)把这些采样点的值转换成二进制编码,存入磁盘,形成声音的 wav 文件。而 AIF 文件是苹果计算机的波形音频文件格式,其文件扩展名为.aif。另外,还有一种比较常用的是 SND 波形文件格式。

(3) VOC 文件:是 Creative 公司的波形音频文件格式,也是声霸卡(sound blaster)使用的音频文件格式。

(4) MIDI 文件与 RMI 文件:数字化乐器接口(musical instrument digital interface,MIDI)文件是一种将电子乐器与计算机相连接的标准,以便能够利用计算机控制和演奏电子乐器,或利用程序记录电子乐器演奏的音乐,然后进行回放。MIDI 与上述 WAV、AIF 文件格式的不同之处在于,MIDI 文件记录的不是乐器数字编码本身,而是一些描述乐器演奏过程中的指令。MIDI 文件的录制比较复杂,它涉及 MIDI 音乐的创作、修改以及一些诸如键盘合成器的专门工具。而 RMI 文件则是微软公司的 MIDI 文件格式,包括图片、标记和文本等。

3. 数字音频文件的操作

Windows 7 中的 Windows media player 提供了用于音频操作的功能,它可以播放多种多媒体文件,包括上面介绍的各种音频文件。而"录音机"除了可以播放.wav 文件外,还能录制声音,当然这必须具备有声卡、麦克风等硬件设备。除此之外,"录音机"还可以录制在 CD-ROM 上播放的 CD 音乐或者连接在计算机上的家用音箱上播放的乐曲。

4. 语音识别

随着计算机科学技术的不断发展,人们已经不能满足于通过键盘和显示器同计算机交互信息,而是迫切需要一种更加自然的、更能为普通用户所接受的方式与计算机交流,即通过人类自己交换信息的、最直接的语言方式与计算机进行交互。语音识别技术涉及的领域包括信号处理、模式识别、概率论和信息论、发声机理和听觉机理、人工智能等。目前比较有影响生产语音识别产品的企业有国外的 Nuance、苹果、Google 公司以及国内的科大讯飞、百度、阿里、腾讯等公司。

7.3.2 图像和图形

图像是对象的立体表现,它可以是二维或三维的景色。一个记录的图像可以是摄影、模拟视频信号或数字的格式。但从计算机的角度理解,一个记录的图像是视频图像、数字图像或者就是一个图片。在计算机图形学中,图像永远是数字图像,而在多媒体应用中,所有的格式都是被允许的。

1. 数字图像的表示

在计算机中,数字图像通过矩阵来表示。矩阵中每个元素值表示图像的一个量化的亮度值,它对应图像的基本元素,称为像素(pixel)。每个像素的亮度通过一个整型量表示。

如果图像只有两种亮度值,即黑白图像,则可由 0 或 1 表示。而对于具有灰度或彩色的图像,每个像素就需要多位二进制表示。例如,当使用 8 位二进制表示一个像素时,该图像从黑到白具有 256 种不同的灰度或 256 种不同的颜色。

根据采样数目及特性的不同,数字图像可以划分为:二值图像、彩色图像、伪彩色图像、三维图像(3D Image),其中三维图像是由一组堆栈的二维图像组成。每一幅图像表示该物体的一个横截面。

数字图像可以由许多不同的输入设备和技术生成,例如数码相机、扫描仪、坐标测量机以及 seismographic profiling、airborne radar 等;也可以从任意的非图像数据合成得到,例如数学函数或者三维几何模型,三维几何模型是计算机图形学的一个主要分支。数字图像处理领域就是研究它们的变换算法。

2. 图像的格式

如上所述,图像是以二维矩阵表示和存储的,矩阵的每个数值对应图像的一个像素。对于位图(bitmap),这个数值是一个二进制数字;而对于彩色图像,则情况有些复杂。彩色图像一般以下列方式表示:

- 3 个数值分别表示一个像素的红、黄、绿 3 个分量的强度。
- 3 个数值存放在一个索引表中。
- 像素矩阵中的元素值对应该表的索引。

目前图像文件格式比较多,常用的格式有 GIF、TIFF、TGA、BMP、PCX 以及 MMP。

- BMP(bitmap)格式:是与设备无关的图像文件格式,它是 Windows 操作系统推荐使用的一种格式。
- GIF(graphics interchange format)格式:是由 Compu-Serve 公司为制定彩色图像传输协议而开发的文件格式,它支持 64 000 像素分辨率的显示。
- TIFF(tag image file format)格式:是 Alaus 和 Microsoft 公司为扫描仪和桌面出版系统研制开发的较为通用的图像文件格式。
- PCX 格式:是 ZSoft 公司研制开发的,主要与商业性 PC-Paint brush 图像软件一起使用。
- TGA 格式:是 Truevision 公司为 Targe 和 VISTA 图像获取电路板所设计中 TIPS 软件使用的文件格式。
- MMP 格式:是 Anti-Video 公司以及清华大学在其设计制造的 Anti-Video 和 TH-Video 视频信号采集板中采用的图像文件格式。

3. 图形的格式

图形格式通过图形的基本元素和属性来表示。图形的基本元素有线、矩形、圆和椭圆。在图形格式中,一般使用文本字符串表示二维或三维对象。属性主要表示诸如线的风格、宽度和色彩等影响图形输出效果的内容。

图形基本元素和属性的表示方法与像素矩阵相比,具有较高的抽象性。但是,在显示图形时,它必须被转换为直观的、便于显示的诸如位图等形式。PHIGS(programmer's hierarchical interactive graphics system)和 GKS(graphical kernel system)软件包就是用于接收图形的基本元素和属性表示,并将其转换成位图的形式进行显示。

7.3.3 视频和动画

视频和动画日益成为多媒体系统中的主要媒体。视频图像的数字化与音频数据的数字化极其相似。所不同的是,视频图像的数字化是把连续的模拟视频信号转换成数字信号供计算机处理,然后又可以通过显示器、显示卡和相关软件将其转换成模拟的视频信号进行显示;此外,彩色视频信号的数字化必须对 3 种基本颜色红、黄、绿进行量化。

1. 计算机视频格式

计算机的视频格式与视频媒体的输入输出设备有很大的关系。当前流行的视频信号数字化仪在数字图像分辨率、量化以及帧的速率方面有很大区别。例如,Sun Microsystem 公司的 SunVideo 信号数字化仪采集的数字图像的分辨率为 320×240 像素,量化为每个像素用 8 位二进制表示,帧的速率为 30 帧/秒。

标清、高清、超高清 "高清"和"标清"的划分来自于看到的视频效果,由于图像质量和信道传输所占的带宽不同,使得数字电视信号分为 HDTV(高清晰度电视)、SDTV(标准清晰度电视)和 LDTV(普通清晰度电视)。从视觉效果来看,HDTV 的规格最高,其图像质量可达到或接近 35mm 宽银幕电影的水平,它要求视频内容和显示设备水平分辨率达到 1000 线以上,分辨率最高可达 1920×1080 像素。标清是物理分辨率在 1280P×720P 以下的一种视频格式,是指视频的垂直分辨率为 720 线逐行扫描;而全高清(FULL HD),是指物理分辨率高达 1920×1080 像素显示(包括 1080i 和 1080P),其中 i(Interlace Scan interlace)代表隔行扫描,P(Progressive Scan)代表逐行扫描,这两者在画面的精细度上有着很大的差别,相同分辨率情况下逐行扫描的画质要高于隔行扫描,如 1080P 的画质要胜过 1080i。

数字化视频的输出与显示设备有关。最常用的显示器是光栅扫描显示器,它一般通过视频控制器和帧缓冲区进行管理和控制。因为光栅扫描显示器的抖动特性,视频控制器必须周期地从缓冲区中取图像数据,每一次扫描一行,典型的扫描速率为 60 次/秒。

关于视频图像的文件格式,目前在多媒体计算机中常用的有 MPG、AVI 和 AVS。

● MPG 格式:是 ISO 在 1993 年 8 月 1 日正式颁布的国际标准。
● AVI 和 AVS 格式:是 Intel 公司和 IBM 公司共同研制开发的数字视频交互系统的动态图像文件格式。

2. 计算机动画

动画涉及人类视觉效果的所有变化。视觉效果具有不同的自然特征,包括对象的位置、形状、颜色、透明度、构造、纹理以及亮度、摄像的位置、方向和聚焦。而计算机动画是指由计算机使用图形软件工具所完成的具有视觉效果的动画,它一般也是以视频的方式进行存放,最常用的文件格式就是 AVI。

7.3.4 多媒体数据压缩技术

信息时代的重要特征就是信息的数字化,但是数字化信息带来了"信息爆炸"。多媒体应用面临数值、文字、音频、图形、动画、图像和视频等多种媒体,其中视频和音频信号的数量之大是非常惊人的。这样大的数据量,无疑给存储器的存储容量、通信信道的带宽以及计算机的运行速度都增加了极大的压力。通过数据压缩手段,可以节约存储空间,提高通信信道的传输效率,同时也使计算机实时处理音频、视频信息以及保证播放出高质量的视频、音频节目成为可能。

1. 多媒体数据压缩方法

多媒体数据压缩方法根据不同的依据分类,最常用的是根据质量有无损失分为有损编码和无损编码。

数据压缩技术的理论基础是信息论。根据信息论的原理,可以找到最佳数据压缩编码方法,数据压缩的理论极限是信息熵。如果要求在编码过程中不丢失信息量,即要求保存信息熵,这种信息保存编码被称为熵编码。用这种编码结果经过解码后可以无失真地恢复原有图像。当考虑到人眼对失真不易察觉的生理特征时,有些图像编码不严格要求熵保存,信息可以允许部分损失以换取高的数据压缩比,这种编码是有失真数据压缩。

2. 静态图像压缩编码的国际标准

联合图像专家小组(Joint Photographic Experts Group,JPEG)多年来一直致力于标准化的工作。他们开发研制出连续色调、多级灰度、静止图像的数字压缩编码方法,这个压缩编码方法称为 JPEG 算法。JPEG 算法被确定为 JPEG 国际标准,它是国际上彩色、灰度、静止图像的第一个国际标准。

3. 运动图像压缩编码的国际标准

在国际标准化组织 ISO/IEC 的领导下,运动图像专家小组(Motion Picture Experts Group,MPEG)经过数十年卓有成效的工作,为多媒体计算机系统、运动图像压缩编码技术的标准化和实用化做出了贡献。下面是常用的 MPEG 标准。

- MPEG-Ⅰ视频压缩技术:是针对运动图像的数据压缩技术,它包括帧内图像数据压缩和帧间图像数据压缩,其图像质量是家用录像机的质量,分辨率为 360×240 像素的 30 帧/秒的 NTSC 制式和 360×288 的 25 帧/秒的 PAL 制式。
- MPEG-Ⅱ标准:该标准克服并解决了 MPEG-I 不能满足日益增长的多媒体技术、数字电视技术、多媒体分辨率和传输率等方面的技术要求的缺陷,推出了运动图像及其伴音的通用压缩技术标准,分辨率为 720×480 像素的 30 帧/秒的 NTSC 制式和 720×576 像素的 25 帧/秒的 PAL 制式。
- MPEG-Ⅳ标准:该标准与高清晰度电视有关。
- MPEG-Ⅶ标准:是低数据率的电视节目标准,主要用于交互式多媒体场合。

4. 音频压缩编码的国际标准

多媒体应用中常用的压缩标准是 MPEG 的音频压缩算法。它是第一个高保真音频数据压缩的国际标准。该标准提供 3 个独立的压缩层次供用户选择。

第一层主要用于数字录像机,压缩后的数据速率为 384kbps。

第二层主要用于数字广播的音频编码、CD-ROM 上的音频信号以及 VCD 的音频编码,压缩后的数据速率为 192kbps。

第三层的音质最佳,Internet 常见的 MP3 和微软公司的 Windows Media 文件格式就是在这一层进行压缩的语音或音乐,压缩后的数据速率为 64kbps。

7.4   多媒体通信系统技术

当前的网络通信主要采用公共交换电话网络(public switch telephone network,PSTN)的线路交换网络和 IP 网络的信息包交换网络。前者用于提供高质量的声音通信,但没有存储信息资源的能力;而后者存储有极其丰富的信息资源,但目前提供的声音通信质量还远不如 PSTN。

为了在这两种网络上开发多媒体通信,国际电信联盟(International Telecommunications Union,ITU)制定了一系列标准。其中,T.120 实时数据会议标准、H.320 综合业务数字网(integrated services digital network,ISDN)电视会议标准、H.323 局域网上多媒体通信标准以及 H.324 公共交换电话网络上多媒体通信标准组成了多媒体通信的核心标准。

7.4.1   多媒体通信系统体系结构

多媒体通信一般可以理解为通过已存在的网络(如因特网、局域网、电话网等)传输压缩的数字图像和声音信号。

数字图像的编码标准都采用 H.261 和 H.263。H.261 主要用来支持电视会议和可视电话,该标准采用帧内压缩和帧间压缩技术。H.263 是在 H.261 的基础上开发的电视图像编码标准,用于低速率通信的电视图像编码,目标是改善调制解调器上传输的图像质量,并支持电视图像格式。

声音编码的主要标准有 G.711、G.722 和 G.728 等,它们主要的性能差异在于速率、延时、运算速度和声音质量,以适应不同带宽的网络。

除了上述协议标准外,要构成一个多媒体通信系统,一般需要的硬件有网关、会务器和通信终端。通信终端指的是执行 H.320、H.323、H.324 协议的计算机或者是执行 H.324 的电话机。网关和会务器则是多媒体通信系统的两个重要部件,其中网关提供面向媒体的功能,会务器提供面向服务的功能。

1. 网关

网关是一台功能强大的计算机,负责线路交换网络和信息包交换网络之间进行实时的双向通信,同时提供异构网络之间的连通性。网关具有以下基本功能。

(1) 转换协议:网关作为一个解释器,它使不同的网络能够建立联系。

(2) 传输信息:负责在不同网络之间传输信息。

(3) 信息格式转换:不同的网络使用不同的编码方式,为使异构网之间能够自由地交换信息,网关负责对信息进行转换。

2. 会务器

会务器是用于连接 IP 网络上的 H.323 电视会议客户,是电视会议的关键部件之一。它提供授权和验证、保存和维护呼叫记录、执行地址转换、监视网络、宽带管理等。

会务器通常设计成内外两层,内层称作核心层,它由执行 H.323 协议的软件和实现多点控制单元(multipoint control unit,MCU)功能的软件组成,其中 MCU 的主要功能是连接多条线路并自动或者在会议主持人的指导下手动交换电视信号;外层则有许多应用程序的接口组成,用于连接网络上现有的许多服务,主要模块有用户的授权和验证、事务管理、网络管理和安全、目录服务、账单管理、媒体资源服务以及辅助功能。

7.4.2 H.323 电视会议

H.323 是 H.320 的改进版。H.320 阐述的是在 ISDN 和其他线路交换网络上的电视会议和服务,而 H.323 定义局域网上的电话会议以及局域网通过网关扩展到广域网的电视会议和服务,它使用了因特网工程任务组(Internet Engineering Task Force,IETF)开发的实时传输协议/实时传输控制协议(real-time transport protocol/real-time transport control protocol,RTP/RTCP)和国际标准化的声音和电视图像编码。

1. H.323 终端

H.323 终端是局域网上客户使用的设备,提供实时的双向通信,即支持 H.245 标准,H.245 是多媒体通信控制协议,它定义流程控制、加密、抖动管理、启动呼叫信号、磋商终端特性以及终止呼叫过程等。在 H.323 终端中,可供选择的标准包括电视图像编码器(H.263/H.261)、声音编码器(G.71X/G.72X/G.723.1)、T120 实时数据会议和 MCU 的功能。另外,H.323 还需支持的协议包括定义呼叫信令和呼叫建立的 Q.931 标准、与网关进行通信的注册/准入/状态(RAS)协议以及 RTP/RTCP 协议。

2. H.323 网关

网关是一个可选部件,用于 LAN 电视会议与其他网络终端的连接。网关可连接的终端类型包括 PSTN 终端、运行在 ISDN 网络上与 H.320 兼容的终端。终端与网关之间的通信采用 H.245 和 Q.931。

3. H.323 会务器

H.323 会务器是管辖区域里所有呼叫的中心控制部件,它执行两个重要的呼叫功能:一是定义在 RAS 规范中的地址转换,如终端别名或网关别名转换成因特网的 IP 地址;二是在 RAS 规范中定义的网络管理功能,如同时召开会议的数目。

4. H.323 多点控制单元

MCU 支持在 3 个或 3 个以上的终端之间召开电视会议。在 H.323 电视会议中,一个 MCU 单元有多点控制器(multipoint controller,MC)和多个多点处理器(multipoint processor,MP)组成。MC 处理 H.245 标准中指定的在所有终端之间进行协商的方法,以便确定在通信过程中共同使用的声音和电视图像处理能力;MP 处理媒体的混合,以及处理声音数据、电视图像数据等。

7.4.3 H.324 可视电话

可视电话指的是在调制解调器连接的设备之间共享电视图像、声音和数据。H.324 就是由 ITU 制定的一个可视电话的标准,它包括电视图像编码标准 H.263、声音编码标准 G.723.1、低速率多媒体通信的多路复用协议 H.223、多媒体通信终端之间的控制协议 H.245 等。

H.324 使用 28.8kbps 调制解调器来实现可视电话呼叫者之间的连接,调制解调器的连接一旦建立,H.324 终端使用内置的压缩编码计算把声音和电视图像转换成数字信号,并压缩这些信号,使之适合于模拟电话线的数据速率。

7.4.4 IP 电话

IP 电话,又称因特网电话或 VoIP(Voice over IP),它指的是在 IP 网络上进行电话的呼叫和通话。

1. IP 电话与 PSTN 电话的差异

IP 电话与 PSTN 电话之间的差异在于它们所使用的交换方式。PSTN 在线路交换网上使用静态的交换技术,它对每个通话分配一个固定的带宽。而 IP 电话采用因特网的动态路由技术,它将声音数据装配成 IP 信息包,然后按照 TCP/IP 网络上路由方法将 IP 信息包送到对方的 IP 电话网关,当接收到这种 IP 信息包后,把信息包还原成原来的声音数据。

2. IP 电话的通话方式

IP 电话的通话方式主要有 3 种:IP 终端之间通话、IP 终端与普通电话之间通过 IP 网络和 PSTN 网络进行通话、普通电话之间通过 IP 网络和 PSTN 网络进行通话。

7.5 多媒体创作工具

多媒体创作工具是电子出版物、多媒体应用系统的开发工具。它提供组织和编辑电子出版物和多媒体应用系统各种成分所需要的重要框架,包括图像、图形、动画、视频、音频的剪辑。创作工具的用途是建立具有交互式的用户界面,在输出设备上演示电子出版物及多媒体应用系统,同时可以将各种媒体成分集成为一个完整而有内在联系的系统。

7.5.1 音乐制作

听流行音乐的人应该知道,现在大部分的流行音乐里都有 MIDI 的成分。原因很简单,使用 MIDI 创作的音乐不需要另外请乐队进行伴奏,省时省钱,而且只需一个人就够了。专业的 MIDI 设备有音源、取样机、MIDI 键盘等,凑齐一套大约需要十几万元人民币,但作为业余 MIDI 制作,一台多媒体计算机加一套软件就足够了。

1. MIDI 简介

数字化乐器接口(music instrument digital interface,MIDI)是一个供不同设备进行信号传输的接口的名称。如今的 MIDI 音乐制作全都要靠这个接口,在这个接口之间传送的信息也称为 MIDI 信息。

MIDI 音乐的制作过程中始终离不开 3 件"法宝":音源、音序器和输入设备。通俗地说,音源就是一个装了很多音色的装置。要听到音乐就必须靠它提供音色,不同的音源能提供不同的音色。采样器实际上也是音源的一种,只不过它音色不是固定的,而是来自于各类采样盘或是自己采样。音序器的任务就是记录人的旨意,实际上就是记录音乐的速度、节奏、音色、音符的时值等基本要素。这样,在播放的过程中,音序器就会根据其内容指挥音源在什么时候、用什么音色、发多长的音,人们就能听到一首动听的歌曲了。至于输入设备比较容易理解,它输入音序器所需的内容。为了符合人们原有的演奏习惯,制造商生产了许多基于传统乐器的 MIDI 输入设备,例如 MIDI 键盘、MIDI 吉他、MIDI 吹管、MIDI 小提琴等。用户可以按照演奏传统乐器的方法去演奏它们。该演奏通过 MIDI OUT 出口传送到音序器,被记录为音序内容。所以,可以说 MIDI 文件的内容实际上就是音序内容,它只是一堆数字而已。

2. MIDI 制作软件

制作 MIDI 的软件有很多,例如 CakeWalk Pro Audio、MidiSoft Studio、Fruity Loop、Cubase 等。在众多的 MIDI 音乐处理软件中,美国 CakeWalk 软件公司研制的 CakeWalk Pro Audio 软件是其中的优秀代表,也是目前世界上最为流行的计算机音乐处理软件。CakeWalk Pro Audio 从最初的 1.0 版本到目前的 9.0 版本。

CakeWalk 实际上就是一个软件音序器,它的任务是记录音乐信息,提供各种编辑、修改手段供人们修改已经录入的音乐信息。当要求它播放时,它就把音符信息传输给音源,由音源发出声音。音源可以是声卡、合成器或其他独立音源,用户可以使用任意多个音源。

CakeWalk 的主要功能包括:

- 音乐的播放、录音以及相关控制。
- 以五线谱形式创作或复制音乐,生成 wrk 或 MIDI 音乐文件。
- 使用模拟钢琴进行演奏并自动记录、生成 MIDI 文件。

7.5.2 图形与图像制作

随着计算机硬件、软件技术的发展以及图像处理的需求越来越大,利用计算机创作图形、图像已经成为计算机应用的一个分支。目前,计算机上的图形、图像处理软件种类繁多,各有特点,主要包括桌面出版、图像编辑和绘图程序。

1. 桌面出版程序

桌面出版程序允许用户混合文本和图形来创建具有专业水准的出版物。例如,Word 处理软件主要的功能是创建文本,同时也具有结合文本和图形的能力。而桌面出版则主要侧重于页面设计和安排,并且提供了很大的操作灵活性。

桌面出版程序主要用于创作小册子、时事通信、新闻报纸以及书籍。最常用的桌面出版程序包括 Adobe FrameMaker、Adobe PageMaker、Corel Ventura 和 QuarkXPress。本书的排版是通过国产的桌面出版程序"北大方正"完成的。

2. 图像编辑程序

图像编辑(image editors)程序主要用于创建和修改位图图像文件。在位图文件中,图像是由成千上万个像素点组成的,就像计算机屏幕显示的图像一样。位图文件是非常通用的图像表示方式,适合表示像照片那样的真实图片。当前使用的多数图像编辑程序都具有对不同图像文件格式进行自动转换的功能,例如 gif、tiff 文件等。通常图像编辑程序能纠正或改变颜色或合并多个图像以产生所需的效果。

Windows 自带的 PaintBrush 是一个简单的图像编辑器,而目前最流行的图像编辑器有 Adobe Photoshop、Corel Photo 以及 Macromedia xRes。

3. 绘图程序

绘图程序(illustration program)主要用于修改矢量图形、图像。在矢量文件中,图像是由对象的集合组成,这些对象包括线、圆、矩形和椭圆等,同时它还包括创建图像所必需的形状、颜色以及起始和终止点。绘图程序主要用于创作杂志、书籍等出版物上的艺术线图以及用于工程和三维模型。常用的绘图程序有 Adobe Illustrator、CorelDRAW、Macromedia FreeHand 和 Micrografx Designer。

4. 图形套件

一些公司将上述单独的图形、图像软件组合成一个套件。最著名的当数 Corel 公司,它销售的 CorelDRAW 包括 5 个独立的 Corel 图形程序,外加一个艺术、媒体摘录和字体库。除此之外,还有两个套装软件也有一定的用户群,即 Corel's Graphics Pack 和 Micrografx's ABC Graphics Suite。

7.5.3　动画制作

三维动画(简记为 3D)不仅出现在游戏软件中栩栩如生的三维动画场景中,许多电影、电视中也都运用三维动画这种计算机特技技术。例如,轰动全球的影片《泰坦尼克号》运用高超的计算机动画制作技术,产生了精彩、逼真的效果。

所谓计算机三维,就是利用计算机在其二维的屏幕上通过视角的转换显示出三维的虚拟真实效果。计算机三维动画就是利用这种效果制作出可以连续移动变换的动画。在市面上的计算机三维动画软件中,简单的有 LightWave 和 3ds max,具有专业水准的有 Maya、Softimage(下一版本称为 Sumatra)和 Hounidi。

对于中国国内而言,用得最多的是 3ds max,因为它是最早面市的基于个人计算机的三维动画软件。经过十来年的发展,它已经拥有大量的固定用户,也有很多的人为其开发插件。由于它对系统的要求并不高,所以很多人用它来进行游戏开发和各种设计。

7.5.4　视频影像处理

处理数字化影视作品与处理静态图像的主要区别在于,处理数字化影视作品有对媒体和时间两个方面的要求。与传统的模拟电影、电视相比,数字化影视作品与它们的主要区别在于传播方式、传播媒体的不同。电影和电视的传播媒体是胶片和磁带,而数字化影视作品的传播媒体是计算机常用的辅助存储设备,例如磁盘、光盘等。

Adobe Premiere 是众多影视处理软件中最具代表性的软件,它能处理影视作品的视频编辑和音频编辑。该软件除了能录制视频信号外,还能对影像进行过滤、解析、擦除、精确定位以及数字化处理。作为一个基本原则,在用 Adobe Premiere 进行影视作品创作以前,先要规划作品,包括影视作品的主要情节等。然后选择相关视频素材、音频素材和静态图像等。当最终完成影视作品后,则可以通过光盘刻录机将文件刻录到 VCD 盘上。

7.5.5　多媒体图文制作

Authorware 是一套多媒体制作软件。与一般的多媒体制作软件不同之处是,它具有不用编写程序的特色,即它只要使用流程线(如分支流程、判断流程等)以及一些工具图标,就可制作出一些程序软件才能达到的功能。此外,它超强的编辑环境所做的特殊效果,令人叹为观止。如果再搭配 3D Studio Max、Photoshop 等制作动画、影像的软件来制作多媒体产品,将会使制作出来的作品达到非常好的效果。Authorware 所具有的高效的多媒体管理机制和丰富的交互方式,尤其适合制作多媒体辅助教学课件。

Authorware 是由 MacroMedia 公司推出的,1997 年推出的 4.0 版较之以前版本在功能上有很大改进,它是基于 Windows 95/98/NT 和 Power Macintosh 等环境的多种版本,也正是充分利用了这些操作系统的图形工作界面,使编程变得非常简单。总体而言,Authorware 是面向对象的,以图形流程线逻辑编辑为主导,以函数变量为辅助,以动态链接库(DLL)为扩展机制的"无须编程"的多媒体工具软件。Authorware 的问世,使得广大非专业人员可以非常快速地掌握使用,编制出自己的多媒体软件。

2001 年 8 月,Macromedia 公司推出 Authorware 6.0 版,它是一个先进且丰富的视音频、可视媒体集成制作的解决方案,可用于制作网页和在线学习应用软件。培训开发人员、指导设计员、教育工作者和其他方面的专家可以使用这个产品制作迷人的、包含丰富媒体的学习软件,然后通过 Internet、局域网或光盘等载体进行面向员工和客户的培训和讲解。还可以记录学生的学习情况和培训投资的回报率。与以前版本比较,它新增了以下功能。

- 一键式出版(one button publishing):保存应用程序,然后发布到 Web,CD-ROM 或企业内部网,使用这一强大功能只需要简单的一步。
- MP3 流式音频:将窄带的 MP3 音频加入为 Intranet 和 Web 而设计的应用程序中。
- 媒体同步:显示与文本、图形和其他基于时间的媒体,包括音频、视频文件等同步。
- 媒体编辑:利用新的编辑器建立丰富的文本格式文件,并提供先进的支持内涵式图形、外形、Authorware 表达式的格式能力。
- 丰富的外部文本:动态链接到丰富的外部文本文件,并创建容易编辑、更新、维护的应用程序。
- XML 支持:利用新的 XML 分析能力,输入基于 XML 的信息到 Authorware 应用程序中。
- 可扩展的命令菜单:加入了像 Find Xtras 等新特点,可将自己的指令加入到新的、可扩展的 Authorware Commands 菜单中。
- 增强 ActiveX 支持:整合了全部的 ActiveX 控制的新范围,通过增强的通信支持以延伸 ActiveX 控制的道具和方法。
- 更小的网络播放器:用比以前小 40% 的 Authorware Web 播放器,使配置 E-Learning 应用程序更快。
- SCORM 元数据编辑器:生成标准适应元数据文件到课件,使 E-Learning 内容易于管理、再使用和配置。
- 丰富的媒体教学帮助:通过在 Authorware 帮助系统中加入交互式、多媒体指南,让使用者更容易上手。

7.5.6 Web 创作

Web 创作就是通常所说的创建 Web 站点。目前,Internet 拥有成千上万个 Web 站点,并且还在不断地增长。公司利用 Web 站点可以宣传它们的产品,建立与客户之间的一种新的联系。除此之外,个人也能创建自己的网页或网站。

1. Web 站点设计

Web 站点是一种交互式的多媒体通信形式。设计一个 Web 站点,首先要确定站点的整体内容,然后将内容分解成一系列相关的信息单元。整个站点的设计通常使用图形化示意图(graphical map)。图中,块表示信息单元,线表示信息单元之间的联系(链接)。

Web 站点的主页通常是该网站内容的目录,通过链接指示器(按钮),可以访问相关页及信息。设计优秀的网站还能包含声音、视频和动画等多媒体信息。

2. Web 创作软件

Web 页使用 HTML 文档进行显示,用户只需了解文本编辑和 HTML 语法,就能创建自己喜欢的网页。

更专业、功能更强大的开发工具称为 Web 创作程序(web authoring program),它主要用于开发具有专业水平的商业网站。这些程序都提供 Web 站点设计和 HTML 编码,例如 Adobe PageMill、Corel WebSite Builder 和 Microsoft FrontPage。

7.5.7 文字的艺术修饰与多媒体演示文稿制作

有史以来,人类就使用文字来交流知识、情感和经验。在多媒体技术的支持下,它表达信息的方式更有意义,也更加生动活泼。在多媒体应用中所使用的文本多少以及选择的字体、大小以及颜色等都直接影响到应用的目的与效果。几乎所有具有文本输入能力的计算机应用程序,都能把不同的字符格式集成到文档中去,从而能强调文本并使其产生特殊效果。对文字的艺术修饰,多是对标题、特殊章节以及具有特殊意义和特殊要求的内容做特殊的艺术处理,使其更醒目、更突出。

PowerPoint 是专门制作幻灯片和演示文稿的优秀软件,它是微软公司的办公自动化软件 Office 家族中的一员。它可以通过计算机播放文字、图形、图像、声音等多媒体信息。PowerPoint 除了可以输入文本、插入剪贴画、创建图表及图形外,还可以方便地为幻灯片和演示文稿设计出统一而漂亮的背景,这一点是一般文字处理软件做不到的。

7.6 多媒体编辑语言

7.6.1 HTML 与 DHTML

超文本标记语言(hypertext markup language,HTML),严格来说,并不是一种编程语言,它只是通过标记定义了 HTML 页面中文本和图形的格式,并可以定义超链接,即可以让浏览者在单击某一链接时从一个页面跳到另一个页面,或者跳到同一页面的其他地方。所有 Internet 上的网页都是基于 HTML 格式的文档。

由于 HTML 是一种流式传输语言,当浏览器生成 Web 页面的时候,是以数据流的方式从 HTML 文件读入数据并按照 HTML 标记所定义的格式来格式化 Web 文档的。一旦浏览器完成了数据的输入,流也就关闭了;而一旦流被关闭,HTML 页就再也不能改变。正是 HTML 固有的局限性,即数据流的关闭,导致了动态 HTML 的发展。动态 HTML 技术允许在数据流关闭之后,由脚本语言 JavaScript 或 VBScript 代码改变 Web 页中的 HTML。这可以通过把文档中的每一个标记当作带有属性的对象来完成。只要 Web 页在浏览器中未被关闭,脚本语言代码都可以使用这些属性,随时对网页内容进行动态的改变。应用 DHTML 技术的页面增加了网页的交互性,十足的页面动感,能够给用户全新的感受。DHTML 之所以有如此强大的功能是因为它可以通过脚本语言实现面向对象的编程,即把页面上的所有元素,包括文字、图像以及表格元素等都看作是对象,使脚本语言通过文档对象模型访问并控制它们。

7.6.2 JavaScript

JavaScript 最早是由 Netscape 公司开发的一种脚本语言,结构简单,使用方便。它的代码可以直接放入 HTML 文档中,无须编译就可在支持 JavaScript 的浏览器中运行。使用 JavaScript 开发的 Web 页具有更好的交互性,给 Web 页添加活泼的网页内涵,使网页更生动、灵活。

1. JavaScript 的特点

JavaScript 是一种基于对象的脚本语言。使用它可以开发 Internet 客户端的应用程序。JavaScript 在 HTML 页面中以语句形式出现,并且可以执行相应的操作。

(1) JavaScript 是一种脚本语言。它的标识符形式上与 C、C++、PASCAL 和 Delphi 十分类似。另外,它的命令和函数可以同其他的正文和 HTML 标识符一同放置在用户的 Web 主页中。当用户的浏览器检索主页时,将运行这些程序并执行相应的操作。

(2) JavaScript 是基于对象的语言。基于对象的语言也是一种面向对象语言,但它本身已具有创建完整的对象的功能。

(3) JavaScript 是事件驱动的语言。当在 Web 主页中进行某种操作时,就产生了一个"事件"。JavaScript 是事件驱动的,当事件发生时,它可对之做出响应。具体如何响应取决于事件响应处理程序。

(4) JavaScript 是安全的语言。JavaScript 被设计为通过浏览器来处理并显示信息,但它不能修改其他文件中的内容。也就是说,它不能将数据存储在 Web 服务器或用户的计算机上,更不能对用户文件进行修改或删除操作。

(5) JavaScript 是与平台无关的语言。JavaScript 不依赖于具体的计算机平台,它只与解释它的浏览器有关。不论使用的是 Macintosh 还是 Windows 或是 UNIX 版本的 IE 浏览器,JavaScript 都可以正常运行。

2. 如何在 HTML 中使用 JavaScript 语言

JavaScript 是一种脚本语言,可以直接加入 HTML 文档中,与 HTML 混合在一起由浏览器直接解释执行。将脚本嵌入 HTML 文档的方法很简单,最通用的就是使用"Script"标记,下面就是使用这个标记的一个简单的例子。使用 IE 浏览这个 HTML 脚本文件时将在屏幕上输出"Welcome"。

```
<Html>
<Script Language ="JavaScript">
document. write ("Welcome <br>"):
</Script>
<Head>
</Head>
<Body>
</Body>
</Html>
```

7.6.3 ASP

活动服务器页面(active server pages,ASP)文件通过<%…%>标记对把 VBScript 或

JavaScript 脚本语言的程序嵌入 ASP 页面文件中,当服务器遇到这对标志时,便将其视为程序来进行解释执行,然后将执行的结果传送到客户机上供用户浏览,并且用户无法看见 ASP 的源文件,因此 ASP 也被称为服务器端脚本文件。ASP 不但可以包含 HTML 标签,也可以直接存取数据库以及使用无限扩充的 Active X 控件,因此在程序编制上要比 HTML 方便而且更灵活。

Script 是由一组可以在 Web 服务器或客户端浏览器运行的命令组合而成的。目前,在网页编制上比较流行的脚本语言包括 VBScript 与 JavaScript。这些脚本大都是在客户端运行,因此,客户端可以清楚地取得脚本的内容。所以就安全性而言,这些客户端的脚本语言的确有危险。ASP 虽然具有脚本语言的方便性,但由于它是在 Web 服务器端运行,运行后再将运行结果以 HTML 格式传送至客户端的浏览器。因此,ASP 与一般的脚本语言相比要安全得多。由于 ASP 组件支持 Microsoft 的 COM(component object model),所以能用多种语言来编写这些组件,常见的有 VB、VC、C++ 和 Java 等语言。因此,能够用任何一种熟悉的语言进行网络编程,构造自己的页面组件,来扩展页面功能。

7.6.4　PHP

PHP 是一种能在 UNIX 上快速地开发动态 Web 网页的脚本语言。与 ASP 一样,PHP 是服务器端的、嵌入式 HTML 脚本语言,区别于其他客户端脚本的地方是它的页面嵌入代码在服务器端执行,仅把执行结果作为输出传给客户端。客户端收到的将是这个服务端脚本运行的结果,而无法获得服务端的执行源代码。

作为一种新兴的网络前向技术,PHP 具有以下优势:

(1) PHP 是免费的。

(2) 用 PHP 编写的代码执行起来更快,并且有很好的兼容性,能实现同样功能的 PHP 代码,不用改变就可以在不同的 Web 服务器上、不同的操作系统下运行。

(3) PHP 支持 HTTP 的身份认证、GIF 图像创建等功能。它的一个最有代表性的特点是它的数据库层,它使编写基于数据库的网页变得非常简单。目前,PHP 所支持的数据库有 Oracle、Sybase、MySQL、Informix、ODBC、UNIX dbm 等。

(4) PHP 提供了丰富的网络函数簇,利用这些函数,PHP 能轻松地实现与其他协议的交互,这使得开发一个综合性的网站变得很容易。

(5) PHP 提供了加密函数簇,这些函数为开发对安全性有较高要求的电子商务网站提供了坚实的基础。

(6) PHP 的功能可以扩展。开发者如果嫌 PHP 功能不够强大,可以在其上写自己的 DLL,扩展自己定义的功能。

7.6.5　XML

可扩展标记语言(extensible markup language,XML)同 HTML 一样,都是用标记来描述文档资料的通用语言(SGML)。XML 保留了 SGML 的可扩展功能,这使得 XML 从根本上有别于 HTML。XML 要比 HTML 强大得多,强大的超链接再生能力、高度结构化、良好的数据存储格式、完善的字符兼容性、可扩展性好成为 XML 主要的特点。它不再是固定的标记,而是允许定义数量不限的标记来描述文档中的资料,允许嵌套的信息结构。HTML

只是 Web 显示数据的通用方法,而 XML 提供了一个直接处理 Web 数据的通用方法。HTML 着重描述 Web 页面的显示格式,而 XML 着重描述的是 Web 页面的内容。

XML 称为可延伸的标记语言,事实上它并不仅是一种标记语言,而且是一种允许用户对自己的标记语言进行自定义扩展的源语言。XML 语言可以让信息提供者根据需要自行定义标记及属性名,也可以包含描述法,从而使 XML 文件的结构可以复杂到任意程度。与 HTML 不同,作为一种可扩展性语言,XML 允许文档开发人员自行创建描述数据的标记,并使开发人员可以创建被称为文档类型定义(DM)的规则集合。任何标准的 XML 语法分析器都可以读取、解码和检验这种基于文本的自描述文档,并以独立于平台的方式提取数据元素,因此使应用程序可以通过另一种名为文档对象模型(DOM)的标准访问数据对象。

为了使编写的 Web 页面成为有效的 XML 文档,文中每一添加的标记必须记入一个独立的文档类型定义(DTD)文件中。DTD 的采用为 XML 页面带来了以下强大的功能。

(1) DTD 文件使 XML 页面能包含更多的内容,表现更复杂的形式。XML 页面信息是结构化的,与数据库结构有些类似,因而更具访问性,其检索结果更有针对性、更准确。

(2) Web 页面的 URL 地址可以定义在 DTD 文件中,当 Web 主页地址发生变化时,只需改动 DTD 文件中的定义即可,而不必在 HTML 文档中一一改变 URL 地址,从而使 Web 的维护更方便,用户也不会遇到 URL 地址找不到的信息,Web 的应用更加稳定。

(3) 在用户浏览页面时,并不是所有的 DTD 文件都要下载到客户端。除了 DTD 外,XML 中还包括可扩展格式语言(XSL)和可扩展链接语言(XLL)。XSL 用于将 XML 数据翻译为 HTML 或其他格式的语言。XSL 提供了一种叠式页面 CSS 的功能,使开发者构造出具有表达层结构的 Web 页面来,以区别于 XML 的数据结构。XSL 也能和 HTML 结合使用,构造叠式页面。

(4) XSL 可以解释数量不限的标记,它使 Web 的版面更加丰富多彩。例如,动态的文本、跑马式的文字等。此外,XSL 还可处理多国文字、双字节的汉字显示、网格的各种各样的处理等。XLL 是 XML 的链接语言,它与 HTML 的链接相似,但功能更强大。XLL 支持可扩展的链接和多方向的链接。它打破了 HTML 只支持超文本概念下最简单的链接限制,能支持独立于地址的域名、双向链路、环路、多个源的集合链接等。XSL 链接可不受文档制约,完全按用户要求来指定和管理。XML 是一种元标记语言,没有太多固定的标记,为 Web 开发人员提供了更大的灵活性。

7.6.6 移动开发

移动开发,又称手机开发,或称移动互联网开发,是指以手机、平板电脑等便携式终端为基础,进行相应的开发工作。由于这些随身设备基本都采用无线上网的方式,因此业内也将移动开发称为无线开发。

移动应用开发是为小型、无线计算设备编写软件的流程和程序的集合,它类似于 Web 应用开发,起源于更为传统的软件开发。但关键的不同点在于,移动应用通常利用一个具体移动设备提供的独特性能来编写软件。例如,利用 iPhone 的加速器编写游戏应用。随着 4G/5G 移动通信的到来,各种常见的或是重要的信息化系统、互联网应用逐步都被移植到手机上同步使用,使用户无论在何时何地都可以方便地连接互联网,登录信息系统。

随着移动应用市场的不断扩大,移动开发的市场得到长足的发展。而无线中间件(又称

230

移动中间件)的出现,无疑提供了一个完美的解决方案,无线中间件的原理就是把原生的功能封装打包成简单的 API,开发人员只需了解调用这些 API 的方法,即可完成移动开发工作,国内外常见的无线中间件有 PhoneGap、Rexsee EMS、MKey、xMobi,其中 Rexsee 是支持 HTML5、开源的、免费的移动中间件,而 Mkey 的特点是跨平台。

提到移动开发,不得不提起社交软件提供的二次开发功能,例如 Facebook、Twitter、微信。微信开发就是常见的微信公众平台的开发,它可以将企业信息、服务、活动等内容通过微信网页的方式进行表现,用户通过简单的设置就能生成微信网站。通过微信公众平台将企业品牌展示给微信用户,能减少宣传成本,建立企业与消费者、客户的一对一互动和沟通,可以将消费者接入企业 CRM(客户管理系统)系统,进行促销、推广、宣传、售后等,形成了一种主流的线上线下微信互动营销方式。微信的核心是社交工具,这一工具属性将用户牢牢地黏在了平台上。用户和企业可以非常方便地在上面进行沟通,所以微信很自然地成了企业的 CRM 平台,可以直接面对用户,这也给了企业将服务引入平台的机会。事实上,除了CRM,很多企业开始尝试根据客户场景化需求引入直接交易。

7.7 虚拟现实技术

虚拟现实(virtual reality,VR)也称为虚拟环境(virtual environment),这项技术原本是美国军方开发出来的一项计算机技术。而 VR 媒体是指将 VR 技术应用于当今最具发展潜力的 Internet 及其数字媒体上(如 CD-ROM 光盘、触摸屏等)。它通过专用软件和硬件,对图像、声音、动画等进行整合,将三维的现实环境、物体等模拟成二维形式表现的虚拟现实,再由数字媒体作为载体传播给人们。当人们通过该媒体浏览、观赏时,就如身临其境一般,并且可以选择任一角度观看任一范围内的场景,或者选择观看物体的任一角度。

虚拟现实不仅可以模拟现实的世界,更重要的是它将通过计算机虚拟出人们梦想中的天堂。人们将有广阔的虚拟空间,在其间娱乐和生活。虚拟现实最重要也是最诱人之处是它的实时性和交互性。虚拟现实技术将带来全新的视野,可以想象,在一个更绚丽多彩的虚拟的三维场景中,数字化的有着真正三维身体的"人"在其间交谈工作。

7.7.1 VRML

实现虚拟现实有以下几种常用方法:QuickTime VR、VRML、Live Picture 等。QuickTime VR 通过对场景中 360°全方位图像的摄取、程序的无缝拼接、视角变形和热点设定等,给浏览者展现一个三维的空间。而 VRML 是一种虚拟漫游的方式,通过语言来描述场景中各种元素,构建一个真正的三维空间,模拟现实中的各种事件。

1. 什么是 VRML

目前,几乎所有的网页都是由 HTML 或者以其他程序语言嵌套在 HTML 中编写的。HTML 是用于编写超文本文档的标记语言,具有平台无关性,是目前网页编辑的主流语言。HTML 虽然在不断完善,但始终是一种平面结构的信息表达手段。VRML 创造的正是人们梦寐以求的可以进入、可以参与、生动逼真的三维互动网站——三维虚拟网上世界。

虚拟现实建模语言(virtual reality modeling language,VRML)是用于建立真实世界的场景模型或虚构的三维世界的场景建模语言。它也具有平台无关性,是目前 Internet 上基于 WWW 的三维互动网站制作的主流语言。VRML 虽然还不够成熟,但已经表现出强大生命力。它有可能将成为 WWW 服务的新一代标准。

顾名思义,三维互动网站就是三维的、动态的、交互性的网上虚拟世界。它的"网页"是一幅幅立体的境界。现实生活中的世界是三维立体的空间,VRML 可以将这个世界复制到 Internet 上,在网上建立各种各样活生生的现实世界场景的模型,或者构造现实生活中不存在的、想象中的虚拟立体世界。构建的这种虚拟世界或模型不但是三维的,而且是动态的,即这个虚拟世界里有风吹草动的地面、行驶的车辆、走动的人群等。对于浏览三维互动网站的用户而言,还能够进行第一人称的交互性体验;可以在三维互动网站中随意地走动,前进、后退、转弯;当向前行走或者转头时,所看见的景象也会随之改变;可推开面前的门,穿过大厅,拿起桌子上的玻璃杯子;而在虚拟商店中选购商品时,甚至可以上下左右、里里外外仔细地观察……用户能够在网站中体验到一种与现实生活一样的感觉,甚至可以到虚幻的三维境界中体验缥缈的天上人间的理想感觉。虽然三维互动网站在逼真性、沉浸性等方面离完全意义上的虚拟现实还有一段距离,但在不远的将来,人类终将实现虚拟现实。

2. VRML 的发展简史

VRML 开始于 20 世纪 90 年代初期。1994 年 3 月在日内瓦召开的第一届 WWW 大会上,首次正式提出了 VRML 这个名字。1994 年 10 月在芝加哥召开的第二届 WWW 大会上,公布了规范的 VRML 1.0 草案。

VRML 1.0 可以创建静态的三维景物,但没有声音和动画。用户可以在它们之间移动,但不允许用户使用交互功能来浏览三维世界。它只有一个可以探索的静态世界。

1996 年 8 月在新奥尔良召开的优秀三维图形技术会议——Siggraph'96 上公布通过了规范的 VRML 2.0 第一版。它在 VRML 1.0 的基础上进行了补充和完善。它以 SGI 公司的动态境界 Moving Worlds 提案为基础,比 VRML 1.0 增加了近 30 个节点,增强了静态世界、增加了交互性、动画功能、编程功能以及原型定义功能。

1997 年 12 月 VRML 作为国际标准正式发布,并于 1998 年 1 月正式获得国际标准化组织(ISO)批准(国际标准号 ISO/IEC 14772-1:1997,简称 VRML 97)。VRML 97 只是在 VRML 2.0 基础上进行了少量的修正。

1999 年底,VRML 的又一种编码方案 X3D 草案发布。X3D 整合正在发展的 XML、Java、流技术等先进技术,包括更强大、更高效的三维计算能力、渲染质量和传输速度。

2000 年 6 月世界 Web 3D 协会发布了 VRML 2000 国际标准(草案),2000 年 9 月又发布了 VRML 2000 国际标准(草案修订版)。

2002 年 7 月 23 日,web3d 联盟日前发布了可扩展 3D(X3D)标准草案,并且配套推出了软件开发工具供人们下载和对这个标准提出意见。这项技术是虚拟现实建模语言(VRML)的后续产品,是用 XML 语言表述的。X3D 基于许多重要厂商的支持,可以与 MPEG-4(即 MPEG-Ⅳ)兼容,同时也与 VRML 97 及其之前的标准兼容。

3. VRML 浏览器插件

VRML 语言用文档文本来描述三维物体。Web 浏览器就是 VRML 语言的解释器。微软公司的 IE 5.0 以上版本的浏览器运行 VRML 文档时,需要安装 VRML 浏览器插件。VRML 浏览器插件曾经以 SGI 公司的 Cosmo Player 最为著名。目前常用的 VRML 浏览器插件是 blaxxun Contact,其较新版本是 blaxxun Contact 4.4 和 Cosmo Player 2.1.1。

4. VR 的表现形式

VR 可分为 3 种表现形式：全景(panorama)、物体(object)和场景(scene)。

(1)全景：在全景模式下，物体是相对固定而镜头位置是相对移动(原地 360°转动)的。例如，在建筑的顶楼平台环顾四周 360°景观。

(2)物体：在物体模式下，物体运动而镜头相对固定。例如，玩手机时物体(手机)运动而镜头(眼睛)固定。

(3)场景：在场景模式下，物体和镜头都可以运动。例如，客户看房时从一个房间走到另外一个房间，这时镜头(眼睛)在运动，从一个结点(房间 1)移动到另外一个结点(房间 2)。简单地说，这是全景和物体模式的综合。

7.7.2 虚拟现实技术的应用

VR 技术广泛地应用于各个领域，例如城市规划、旅游、产品、建筑房地产、服装展示、展览等。

期房销售以前主要是通过户型平面图、表现图、模型等，在销售人员与购房者之间形成交流。购房者对此并不满足，希望看到更直观的样板房形象。如果在销售处放上一台计算机并运用 VR 技术，就能让购房者在计算机上亲眼看见几年后才能建成的小区，观赏到优美的小区环境，走进计算机上的样板房，亲身感受居室空间的温暖，在计算机上选户型等。虚拟现实技术在房地产销售领域的应用不仅能大大提高房地产开发商的品位和档次，同时也会为房地产销售商带来效益。

更高级的虚拟现实技术则需要特殊的硬件，包括帽子和手套。帽子中含有立体声耳机和三维立体感的屏幕；手套也称为数字手套，它内含的传感器能收集手移动的数据。这些设备加上特殊软件使用户能进入虚拟的现实世界，例如驾驶飞机、外科手术、空间站修理以及原子堆清除等。

7.7.3 VR、AR 及 MR 间的区别

增强现实(augmented reality,AR)，是一种实时地计算摄影机影像的位置及角度并加上相应图像的技术，这种技术的目标是在屏幕上把虚拟世界套在(带入)现实世界并进行互动。

增强现实技术是一种将真实世界信息和虚拟世界信息"无缝"集成的新技术，是把原本在现实世界的一定时间、空间范围内很难体验到的实体信息(如视觉信息、声音、味道、触觉等)，通过计算机等科学技术，模拟仿真后再叠加，将虚拟的信息应用到真实世界，被人类感官所感知，从而达到超越现实的感官体验。真实的环境和虚拟的物体实时地叠加到同一个画面或空间，同时存在。增强现实技术包含了多媒体、三维建模、实时视频显示及控制、多传感器融合、实时跟踪及注册、场景融合等新技术与新手段。归纳起来讲，AR 系统具有 3 个突出的特点：真实世界和虚拟世界的信息集成、具有实时交互性、在三维尺度空间中增添定位虚拟物体。

混合现实(mix reality,MR)是一组技术组合，不仅提供新的观看方法，还提供新的输入方法，而且所有方法相互结合，从而推动创新。混合现实技术是虚拟现实技术的进一步发展，该技术通过在现实场景呈现虚拟场景信息，在现实世界、虚拟世界和用户之间搭建一条

交互反馈的信息回路,以增强用户体验的真实感。

VR 是纯虚拟数字画面,而 AR 是虚拟数字画面加上裸眼现实,MR 是数字化现实加上虚拟数字画面。从概念上来说,MR 与 AR 更为接近,都是一半现实、一半虚拟影像。但是,传统的 AR 技术运用棱镜光学原理折射现实影像,视角不如 VR 视角大,清晰度也会受到影响;而 MR 技术结合了 VR 与 AR 的优势,能够更好地将 AR 技术体现出来。

7.8 全 息 幻 影

最新的全息幻影成像技术,也称为全息投影技术。这种技术可以把屏幕中的画面立体投影到真实的 360 度空间。例如,机场安检厅、汽车后排座,甚至是家里的客厅,形成机场虚拟服务员,后座观赏沿途风光影像,把远处的人或物以三维的形式投影在座椅前的空气之中。游戏玩家可以通过身体运动和语音来控制游戏,无须设备,无须按钮,只需有虚拟的控制键即可,就像在经典科幻电影《星球大战》中一样。现在,这些情景可以通过全息投影技术来实现。全息幻影的出现,在提供更好服务的同时,进一步满足了人们的感官享受。

7.8.1 全息幻影的概念

全息(holography)(来自于拉丁词汇,whole＋drawing 的复合)特指一种技术,可以让从物体发射的衍射光能够被重现,从不同的位置观测此物体其显示的影像也会变化,360 全息又称 360 度全息成像。

360 度全息幻影成像系统是用一种将三维画面悬浮在柜体实景的半空中的成像系统,可体现出亦幻亦真的氛围,成像色彩鲜艳,有空间感透视感,效果奇特,真假难辨。在所形成的空中幻象间可结合实物,实现影像与实物的结合,也可配加触摸屏实现与观众的互动,做到真人和虚幻人同台表演。360 全息幻影成像系统由柜体、分光镜、射灯、视频播放设备等组成,系统采用分光镜成像原理,通过对产品实拍构建三维模型的特殊处理,然后将拍摄的产品影像或者产品三维模型影像叠加进场景中,构成了动静结合的产品展示系统。人们不需要佩戴任何偏光眼镜,在没有束缚的环境下,就可以观看 3D 幻影立体显示特效,给人以视觉上的冲击,具有强烈的纵深感。

7.8.2 360 度全息幻影成像的特点

全息投影是无须配戴眼镜的 3D 技术,观众可以看到立体的虚拟人物。全息立体投影设备不是利用数码技术实现的,而是投影设备将不同角度影像投影至一种全息膜上,让你看不到不属于你自身角度的其他图像,因而实现了真正的全息立体影像。

全息投影分为 180 度全息投影以及 360 度全息投影和幻影成像,180 度这样的全息投影适合单面展示,一般应用在成像面积较大的场合,可以实现互动;360 度全息投影又称 360 全息,适合展示单件的贵重物品,并且可以四面都可以看到 3D 的影像。

360 度全息幻影成像利用干涉和衍射原理记录并再现物体真实的三维图像,有空间感、透视感,形成空中幻象。结合实物模型,可实现影像与实物的奇特融合。例如,人们可以通过各种手势动作,操纵 3D 汽车模型的旋转、部件分解。

全息投影技术中,计算机技术是它的灵魂,其他的设备是达到全息成像的必备条件,其具有成像尺寸由 2.1m～12.0m 灵活选择的空间,也可以根据现有的模型、建筑或者安装位置等来修改硬件体系和结构,同时还能根据实际应用需求随时随地更换影像内容。

全息投影技术应用广泛,除了可以应用在立体电影、电视、会议展示、产品展示、酒吧等方面外,还可以应用在显微术、干涉度量学、投影光刻、军事侦察监视、水下探测等方面,其发展前景非常可观。

本 章 小 结

多媒体技术是一门发展迅速的新兴技术,许多概念还在扩充、深入和更新。本章从基础内容出发,介绍了多媒体技术的基本概念、基本应用环境、基本技术以及各种创作多媒体应用系统的工具软件。同时,描述了多媒体的主要应用、超文本和超链接以及虚拟现实技术、全身幻影及其应用等。在后续的课程中,还将进一步学习多媒体技术的有关理论、多媒体操作系统、多媒体数据库技术、计算机图形学原理、多媒体设备,以及怎样利用各种工具软件设计多媒体应用程序。

计算机图形学之父——Ivan Edward Sutherland Ivan Edward Sutherland 生于 1938 年,1959 年在美国卡耐基-梅隆大学获得电气工程学士学位,第二年又在加州理工学院获得硕士学位,然后到 MIT 攻读博士学位,完成博士论文"三维的交互式图形系统",开发成功了著名的 Sketchpad 人机通信系统。Sutherland 的博士论文答辩受到信息论创始人香农、有"人工智能之父"之称的明斯基、计算机图形学的先驱考恩斯等著名学者、教授组成的答辩委员会的一致好评。Sketchpad 的成功奠定了 Sutherland 作为"计算机图形学之父"的基础,并为计算机仿真、飞行模拟器、CAD/CAM、电子游戏等应用领域的发展打开了通路。Sutherland 除了担当过国防部高级研究计划署(DARPA)的信息处理技术局的局长外,大部分时间是在哈佛大学、犹他大学以及加州理工学院从事教学和研究工作。

习 题

一、简答题

1. 什么是多媒体? 它有哪些主要用途?

2. 什么是 Web 创作程序? 目前有哪些流行的工具?

3. 描述桌面出版、图像编辑和绘图程序,并说明它们之间的区别。

4. 为什么说压缩技术是多媒体技术的关键? 除了本章介绍的多媒体技术压缩标准外,你还了解哪些多媒体技术标准?

5. 请举出几个计算机中常用的图像文件格式,并作简要说明。

二、选择题

1. 在超文本和超媒体中不同信息块之间是通过_____进行连接的。

A. 结点　　　　　B. 图形　　　　　C. 链　　　　　D. 文本

2. _____能连接各种媒体,并集成在单个表现形式中的应用。

A. 图像编辑　　　B. 字处理　　　　C. 电子表格　　　D. 多媒体

3. 由诸如线、矩形、圆等对象的集合所组成的图像是_____。

A. 位图 　　　　　　B. Web 　　　　　　C. 矢量图像 　　　　　　D. 桌面出版

4. Web 页中链接相关站点或网页的区域是＿＿＿＿＿。

A. 按钮 　　　　　　B. 专家系统 　　　　　　C. 人工智能 　　　　　　D. 虚拟现实

5. 多媒体最重要的特征是＿＿＿＿＿。

A. 图像 　　　　　　B. 动画 　　　　　　C. 音乐 　　　　　　D. 交互性

三、上机与上网练习

1. 共享软件(shareware)是指在一定条件或一定时间范围内可以免费使用的软件。在免费使用期内，可能会限制软件的某些功能，在经过试用期后，用户可以向软件作者或公司注册、购买，成为正版用户并享受正版用户的售后服务和免费升级。而免费软件(freeware)是指那些没有任何限制、不需要注册、随意使用和传播的软件。请通过上网搜索寻找最流行的多媒体软件，写出其中最感兴趣的 3 个软件的有关功能。

2. Macromedia 公司(2005 年被 Adobe 公司收购)是多媒体软件制造商，访问 Adobe 公司网站，浏览最新的软件并选择一个适合创建多媒体表示的程序，打印描述该软件的网页并写一段文章，说明怎样使用这个软件创建一个多媒体演示。

3. 虚拟现实技术是一种新型发展的技术，访问搜索引擎 Yahoo! 网站或其他搜索引擎，输入关键字"virtual reality""immersive environments technology""VR""AR"或"MR"进行搜索，打印出你认为有价值的网页。写一段文章，描述使用虚拟现实的公司或企业，以及它们是怎样应用虚拟现实的。

4. 目前几乎每个组织都有自己的网站或主页。请下载一个网页，修改网页中文本的字体、风格，然后加上更具吸引力的声音、动画等多媒体信息。

四、探索

1. 当前越来越多的大学生创办自己的公司，像先进的多媒体、Web 创作、图形程序等应用能为他们提供走向成功的有力工具。如果你想成立一个咨询公司或软件公司，你将怎样利用本章介绍的各种多媒体工具来启动和运行公司？

2. 学习创建一个好的动态网站的最简单方法是访问一个具有专业水准的网站。用浏览器(如 IE)的"查看"菜单中的"源文件"命令，学习其 HTML 源代码，然后进行修改。请联系国情，讨论这种方法复制部分或全部代码是否有背伦理道德。

3. 如果你看过 3D 立体电影，请分析 3D 电影和 3D 全息投影仪有什么不同。

4. 平昌冬奥会闭幕仪式上，张艺谋的"北京 8 分钟"在众所期盼中面世，科技感与中华传统文化的水乳交融震惊四座。请分析该演出中应用了哪些多媒体技术。

第 8 章

计算机网络及其应用

本章主要介绍计算机通信与网络的基本知识以及计算机网络的应用和操作。通过本章的学习，了解计算机通信的基础知识、计算机网络的体系结构与使用方式、企业内部网与外联网，并能运用 Internet 的服务功能进行上网操作。计算机网络是一种新的知识媒体，人们不仅可以从网络上获得各种各样的信息资源，而且还可以在网上办公、发布文件、发送E-mail 以及进行商业活动等。

8.1 数据通信与连通性

随着信息技术的发展，人们不再单一地利用传统的电话和邮政系统进行信息的交流。现在，利用电话系统和其他通信设备，可以方便地将自己的计算机连接到其他的计算机，也可以通过接入 Internet 连接到传统的电话、移动电话以及遍布世界各地的大型计算机资源。这种连通性（connectivity）使得桌面计算机的能力得到增强，不管是个人还是公司都能从连通性中受益。本节重点介绍连通性的各种选项（options），同时分析通信技术的各个部分，包括连接、信道和传输。

8.1.1 数据通信与连通性的定义

微型计算机连接在电话线上，便携式计算机连接在移动通信设备上，两台计算机直接连接。现在，数据通信系统（data communication systems）在许多场合都能使用户方便地进行信息的发送、接收以及访问丰富的信息资源。

数据通信是指通过通信信道（channel）在各计算机之间进行数据与信息的收集、传输、交换或重新分布的一个过程。这里的通信信道是指在各个系统之间或一个系统的各组成部分之间用来传递数据的信息路径及其互相联系着的各类通信线路（可以采用各种传输媒体）。

连通性指的是，通过电话或其他远程通信信道，原来孤立的计算机能够连接到几乎世界任何地方的计算机和信息源，也能连接功能强大的计算机资源，包括小型机（minicomputer）、大型机（mainframe）、大容量磁盘组以及巨大的信息资源。

8.1.2 连通方法

连通方法是指实现连通性所能使用的通信手段，包括传真、E-mail、语音信息系统、视频会议、共享资源和在线服务等。

(1) 传真(fax)：是办公自动化中最基本的方法。它扫描文档图像后，把图像转换为能在电话线上传输的信号，送到接收机器，接收机器反向转换该信号成图像，并在传真纸上打印。除了常见的传真机外，配置传真/调制解调器(fax/MODEM)接口卡的微型计算机也能用于发送和接收传真信息。

(2) E-mail：是指在个人或计算机之间发送电子书信和信息的方法。它类似于电话应答机(answering machine)，当人不在家时能自动接收信息。但是，电话应答机只能接收语音信息，而 E-mail 能够接收或发送包含文本、图片、图像以及声音等多媒体信息。另外，E-mail 还能同时与多人进行通信，方便地进行会议安排。

(3) 语音信息系统(voice-messaging system)：是连接电话的计算机系统，它将语音转换成数字比特。语音信息系统类似于传统的电话应答机和 E-mail 系统。但是，它能接收大量打入的电话，并能转发这些电话到适当的语音邮箱，它也能传递同一信息给多个人。除此之外，语音信息系统能自动录制收到的语音信息，如果需要，能转移电话呼叫到家里或宾馆。当用户检查录制的信息时，可以任意调节速度，并能口述应答到电话上，然后通过系统发出。

(4) 视频会议系统(video-conferencing system)：是一个计算机应用系统，它允许在世界各地的人员进行面对面的会议。许多公司长期地使用装备视频设备的房间举行大型的会议，在地理上不同位置的最高阶层的行政人员能定期举行会议。

(5) IP(Internet phone)电话：又称网络电话。它的基本工作原理是将普通电话的语音信号转换成数字信号，通过通信系统传输到对方，对方将收到的数字信号还原成语音，通过计算机、普通电话等设备都可接听。对于使用者而言，网络电话最大的魅力在于低廉的长途电话费用。

(6) 网络寻呼：其英文名为 ICQ，即"I Seek You"的谐音，中文的意思就是"我找你"。它使用一台微型计算机可以随时呼叫对方的手机，以便进行及时的通信。

(7) 共享资源：连通性的一个重要特征就是使得微型计算机的用户能共享昂贵的网上硬件资源和信息资源。

(8) 在线服务：互联网服务提供商(Internet service provider，ISP)的主要作用是提供互联网接入业务，比较著名的均是各国电信运营商，例如中国电信、中国移动、America Online 等；而互联网内容提供商(Internet content provider，ICP)的主要作用是互联网信息业务，在中国必须具备通信管理部门核发的《中华人民共和国电信与信息服务业务经营许可证》，简称 ICP 证，例如新浪、网易等。

8.1.3 用户端连接选项

目前，还有部分计算机通信是通过电话线。因为传统的电话为语音传输，即以模拟信号进行发送和接收。而计算机是以数字信号(digital signals)进行发送和接收，这就要求使用一个设备能进行模拟和数字信号的交换，也就是调制解调器(MODEM)。

注意：计算机表示数据的方法是采用二进制的数字系统，是离散信号，所以称为数字信号。语音是有不同频率的信号组成，它是一种连续的信号，所以称为模拟信号。

标准的电话线路和传统的调制解调器提供用户拨号上网的服务。由于速度慢，许多用户需要寻找一种性能更好的连接服务。

许多年来，大型的公司一直从电话公司租用高速的专线，这些线路称为 T1、T2、T3 和

T4(在中国使用 E1、E2、E3 和 E4)线路。它们支持数字通信,因此不需要传统的调制解调器,并能提供很高的数据速率。但是,这种类型的连接非常昂贵,例如 T1 线路提供 1.544Mbps 速度,花费大约需几千美元。为此,出现了一些新型的连接技术,例如 ISDN、ADSL、电缆调制解调器(cable MODEM)和卫星等无线连接方式。

(1) 综合业务数字网(ISDN):是由许多本地电话公司使用特殊的高速电话线路所提供的服务。近年来它在许多城市得到广泛的推广和使用,现在主要是较小的单位和个人使用 ISDN。ISDN 提供了比传统调制解调器更快的数据传输速率,且其价格远远低于 T1 或 E1 线路。

(2) 异步数字用户线路(asymmetric digital subscriber line,ADSL):使用已经存在的电话线路提供与 T1 线路同样速度的连接,并且价格低廉。这是一种非常新的、发展迅速的技术。虽然这种技术刚刚开始推广,相信在不远的将来,许多用户能享受到该技术所带来的好处。

(3) 电缆调制解调器:使用已经存在的有线电视电缆,以较低的价格,提供与 ADSL 和 T1 一样高速的连接。虽然绝大部分用户都拥有有线电视连接,但是它们都不支持电缆调制解调器,只有通过改造才能达到电缆调制解调器上网的要求。

(4) 卫星/大气连接服务:该项服务利用卫星和大气,以 7 倍于拨号上网的速度进行数据的接收和发送。遗憾的是,一般用户只能接收数据,发送还得依赖于拨号连接。尽管它的速度低于 ADSL 和 cable MODEM,但只要使用卫星接收器就可以在任何地方进行通信。

8.1.4 通信信道

计算机之间的通信主要有两种连接方式:有线(guided)和无线(unguided)。有线通信信道主要采用双绞线(电话线)、同轴电缆和光缆媒体,而无线通信信道可以使用微波、卫星等媒体。

1. 电话线

日常生活中经常可以看到电线杆上排列的电话线由双绞线电缆组成,它是由几百根铜线组合在一起的多路电话线。双绞线又称双扭线,是通信、网络中最常用的一种传输媒体。双绞线由两根具有绝缘保护层的铜导线组成。把两根绝缘的铜导线按一定密度互相绞在一起,可降低信号干扰的程度。电话线是传统的传输语音和数字信号的标准媒体,现在它们正逐步被更先进的技术和可靠的媒体所淘汰。

2. 同轴电缆

同轴电缆是一种高频率的传输电缆,它用一根实心铜芯线替代多对电话双绞线。同轴电缆由一根空心的外圆柱导体及其所包围的单根导线组成。按照电话连接数,同轴电缆传输容量是双绞线的 80 倍,主要用在一个建筑屋内连接计算机系统的各个部分。

3. 光缆

光缆是数据传输中最有效的一种传输媒体。由于光纤通信系统具有传输频带宽、通信容量大、线路损耗低、传输距离远、抗干扰能力强、线径细、重量轻、光纤制造资源丰富等优点,在现代通信、网络中得到广泛的使用。光纤通常是用石英玻璃制成的横截面积很小的双层同心圆柱体,也称为纤芯。数据在石英玻璃管中以光脉冲形式进行传输。按照电话连接数,光缆传输容量是双绞线的 26 000 倍。光缆正在迅速替代电话系统中的双绞线。

4. 微波

在微波信道中,媒体不是有形的物质,而是利用大气,即无线连接媒体。它是有线通信方式的补充,能快速、方便地解决有线方式不易实现的网络通信连通问题。微波通信使用高频率的无线电波以直线形式通过大气传播,因为微波不能沿着地球的曲率进行弯曲传播,所以它们仅能传播较短的距离。然而,对于城市的建筑物之间和大型的校园中传输数据,微波是一种理想的媒体。要进行较长距离的传输,应使用碟形卫星天线(dishes)或天线进行传播,并且要安装在高建筑上、山顶或塔顶上。而要实现更长距离的传输,则要使用中继站进行转接或下面介绍的卫星通信。

5. 卫星

卫星通信使用离地球 22 000 英里(1 英里≈1.6 千米)、绕轨道飞行的卫星作为微波转播站。它们中的许多站是由国际通信卫星机构提供的,这个机构拥有 114 个国家和地区的转插站,形成了全世界的通信系统。卫星以与地球精确的方位和同样的速度旋转,这使得它们像是挂在天空中的一个固定点上不动似的,因此它们能放大和传播来自地面发射机的信号到另外的地方。卫星通信能用来发送大量的数据,但是它容易受天气的影响,有时糟糕的天气会中断数据的流动。

8.1.5　数据传输

数据的传输受以下一些因素的影响:带宽、传输方式(串行还是并行)、数据流动的方向(单工还是双工)以及传输数据的模式(异步还是同步)。

1. 带宽

不同的通信信道有不同的数据传输速率,一个信道每秒传输的比特数的能力称为带宽(bandwidth)。带宽有以下 3 种类型。

(1) 语音频带(voice band):是标准电话线路的带宽,常用于微型计算机之间的传输。典型的速度 9600bps～56kbps,当然使用特殊的设备获得更高的速度也是可能的。

(2) 中等频带(medium band):是特殊租用线的带宽,主要用于小型计算机和大型计算机之间的数据传输,其速度 56kbps～264Mbps。

(3) 宽带(broadband):是包括微波、卫星、同轴电缆和光纤信道的带宽,主要用于高速计算机处理器之间的直接通信,其速度 264Mbps～30Gbps。

注意:精确地讲,通信信道的带宽和速率是两个不同的概念。带宽指的是通信信道能够通过信号的频率范围,其单位是赫兹(Hz)。而速率指的是每秒传输的比特数,其单位是bps。由于带宽和速率成正比,所以人们往往将它们混为一谈。

2. 串行和并行传输

和计算机内部数据的流动一样,通信数据有两种方法:串行和并行。

(1) 串行数据传输中,信息是以连续的比特流形式传输,就像汽车通过单通道的桥一样。串行传输是电话线上发送数据的常用方法,为此外置式调整解调器通过串行口连接到微型计算机,常用的串行口为 RS-232C 连接器和异步通信端口。

(2) 并行数据传输中,比特通过分开的多个线路同时传输,就像汽车以同样的速度在多车道的高速公路上同时行驶。并行传输典型的用于短距离的通信,特别是在一块电路板上,例如计算机处理器与打印机的通信。

RS-232C 的全称应为 EIA-RS-232C，EIA（Electronic Industry Association）说明是电子工业协会制订的标准，RS（Recommendation Standard）是推荐标准的英文缩写，而 C 表示版本号。它定义了串行口连接的机械、电气、过程和功能等方面的标准。

3. 数据流动方向

在数据通信系统中，有 3 种数据流动的方向或模式。

（1）单工通信（simplex communication）：类似于汽车在单行道上移动，数据仅能以一个方向传输。在当今数据通信系统中很少使用单工通信方式。商店里的 POS 终端使用单工通信方式，它仅是输入数据。

（2）半双工通信（half-duplex communication）：是指数据以两个方向流动，但是在某一时刻只能是一个方向传输。半双工方式在电话线连接微型计算机进行通信中经常使用。

（3）全双工通信（full-duplex communication）：是指数据同时能实现两个方向的传输。显然，它是最有效和速度最快的双向通信形式。全双工方式被广泛地使用在大型计算机中，也是目前微型计算机通信的标准模式。

4. 数据传输模式

数据的传输模式可分为异步和同步两种类型。

（1）异步传输模式：主要用在微型计算机中，每次发送和接收一个字节的数据。异步传输常常用于低速的终端传输。它的优点是对于发送者来说，传输的时间是任意的，其缺点是数据传输率较慢。

（2）同步传输模式：主要用于传输大量的信息，它每次发送多个字节或信息块。同步传输要求通信的双方时间上保持同步，即系统需要一个同步的时钟。它的优点是数据传输速度快，但要增加辅助的设备（如同步时钟）。

8.2　计算机网络体系结构

计算机网络体系结构描述了计算机网络是怎样构架的，本节重点描述计算机网络的定义、术语、软硬件结构和协议。

8.2.1　计算机网络的定义

可以把计算机网络看成是由各自具有自主功能而又通过各种通信手段相互连接起来以便进行信息交换、资源共享或协同工作的计算机组成的复合系统。该定义中包含了三重意思：首先，一个计算机网络中包含了多台具有自主功能的计算机，所谓具有自主功能指的是这些计算机若离开了网络也能独立运行与工作；其次，这些计算机之间是相互连接的，连接所使用的通信手段形式各异，距离可远可近，连接所使用的媒体可以是电话线（双绞线）、同轴电缆或光纤等有线信道和卫星、微波等无线信道，信息在媒体上传输的方式和速率也可以不同；最后，计算机连接的目的是进行信息交换、资源共享或协同工作。

一个网络可以仅由微型计算机组成，也可以集成微型计算机、大型计算机和其他设备（如高速打印机）。网络能由连接在一起的各个计算机所控制，也能由某一个特殊的计算机协同并提供资源。

8.2.2　计算机网络的术语

目前存在有大量描述计算机网络的术语,下面是常用的术语。

（1）结点（node）：一个结点指的是连接到网络上的任何设备,它可以是计算机、打印机、存储设备以及路由器等。

（2）客户端（client）：客户端是一个结点,该结点请求和使用来自其他结点的资源。通常,客户端是用户的微型计算机。

（3）服务器（server）：服务器是一个结点,它和其他结点共享资源（即提供资源）。根据共享资源的性质,服务器可分为文件服务器、打印机服务器、通信服务器、Web 服务器以及数据库服务器等。

（4）网络操作系统（network operating system,NOS）：微型计算机操作系统用于用户或应用程序和计算机硬件之间的交互,而网络操作系统用于控制和协调网络上计算机的活动,这些活动包括电子通信以及信息和资源的共享。

（5）分布式处理（distributed processing）：在一个分布式处理系统中,计算机的能力和资源分布于不同位置。这种类型系统通常用于地理分散的公司中,该公司有许多独立的办公室拥有计算机,这些计算机通过网络连接到公司的中央大型计算机。

（6）主机（host computer）：传统意义上,主机通常是指一个大型的中心计算机,一般是小型机或大型机。而现在人们把主机认为是 Internet 上具有固定 IP 地址的结点。

蓝牙技术　蓝牙是一种让掌上电脑、移动电话、数字相机等随身携带的手提装置互相联系的通信技术,令个人无线网络（personal area network,PAN）得以实现。所谓 PAN 就是以人身为主体的局域网络,利用单一手提装置去控制以人为核心的周边电子仪器,从而达到互动协作的功能。

8.2.3　计算机网络的结构

计算机网络的软硬件安排与配置构成了计算机网络结构的全部,本节讨论计算机网络的硬件体系、拓扑逻辑、软件体系以及配置计算机网络的策略。

1. 计算机网络组成

根据计算机网络的传输技术,可以将网络的结构分为两大类：广播式网络（broadcasting network）和点对点网络（point-point network）。

（1）广播式网络：是指一根通信信道被网上所有计算机所共享,某一机器发送的信息能被其他所有计算机接收。而信息中的地址表示谁将接收该信息,当其他计算机接收到该信息时,检查信息中的地址,如果地址与本计算机相同,则处理信息,反之则忽略该信息。这里广播式的含义有两个：一是指网上计算机都能接收到传输的信息；二是指广播式的操作,即当信息中的地址使用特殊编码时,所有计算机都处理该信息。

（2）点对点网络：与广播式网络不同,点对点网络是由许多一对计算机之间的连接组成。为了从信息源发送信息到目的地,这种类型的网络首先不得不访问一个或多个中间结点（通常称为路由器）,每个中间结点通过一定的路径（交通）算法和存储—转发技术（store and forward）把信息送到目的地。

在点对点网络中,可以认为计算机网络由通信子网(communication subnet)和资源子网(resource subnet)两部分构成,通信子网负责计算机间的通信,也就是信息的传输,通信子网覆盖的地理范围可能只是很小的局部区域,也可能是远程的,甚至跨越国界,直至洲际或全球。而向网络用户提供可共享的硬件、软件和信息资源,就构成了资源子网。

2. 计算机网络的拓扑逻辑

一个网络能用不同的结构进行安排和配置,这种安排或配置称为网络的拓扑逻辑(topology)。网络的拓扑逻辑主要有 4 种类型:星状、总线状、环状和层次状。

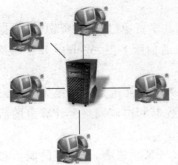

图 8-1   星状网络拓扑结构

(1) 星状网络(star network):其拓扑结构如图 8-1 所示,其中数台小型计算机或外部设备连接到称为主机或文件服务器的中央单元,网中所有的通信都通过中央单元。控制是通过轮询完成的,即中央单元询问每一个连接设备是否有信息发送,被询问设备进而被允许发送它的信息。

星状网络的特点之一是用来提供分时系统(time sharing system),即多个用户能共享中央计算机的资源(时间)。星状结构主要用于连接一系列微型计算机到大型计算机,以便允许微型计算机访问公司的数据库。

(2) 总线状网络(bus network):其拓扑结构如图 8-2 所示,其中每一个设备独立处理自己的通信控制,网中没有所谓主机的大型计算机。这里,总线是指所有设备连接的共同电缆,网上的所有信息都沿着这一电缆(总线)传输。当信息沿着总线传播时,每一个设备检查通过的信息(或信息中的地址)。

当仅仅是少量的微型计算机需要连接在一起时,总线状网络是首选的方式。总线状网络在共享共同资源时没有星状网络效率高(这是因为总线状网络不是直接连接到资源),但由于价格便宜,因此也是一种常用的连接方法。

(3) 环状网络(ring network):其拓扑结构如图 8-3 所示,其中网上每一个设备连接其他两个设备,这就形成一个环,网中不存在中心服务器或计算机,信息沿着环传递,直至到达正确的目的地。环状网络较少用于微型计算机的联网,它主要用来连接大型计算机,特别是区域较广的范围内,这些大型计算机通常进行自主的操作,主要完成自己的处理,只是偶尔共享其他大型计算机的数据和程序。

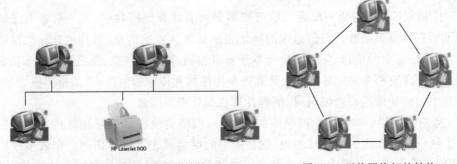

图 8-2   总线状网络拓扑结构   图 8-3   环状网络拓扑结构

因为环状网络使得分布式处理系统成为可能，它通常用于分散型管理的公司中。这就是说，计算机在自己分开的位置处理自己的任务。然而，它也能共享其他计算机的程序、数据和资源。

（4）层次状网络（hierarchical network）：又称为混合型网络（hybrid network），其拓扑结构如图 8-4 所示。层次状网络像星状网络一样，由一系列计算机连接到中央主机所组成。然而，这些计算机又是另外更小的计算机、外部设备的主机。

图 8-4　层次状网络拓扑结构

层次结构的顶端主机一般是一个大型计算机，在它下面可能是小型计算机，而小型计算机下面是微型计算机。层次状网络允许各个计算机共享数据库、处理器以及不同的输出设备。

层次状网络主要适用于集中式管理的公司。例如，在一个公司中，不同部门有许多微型计算机连接到部门的小型计算机，而小型计算机进一步连接到公司拥有可访问的数据库和程序的大型计算机。

3. 计算机网络的协议

为了能够成功地传输数据，发送者和接收者必须遵循一套交换信息的通信规则，这个在计算机之间交换数据的规则称为协议（protocol）。协议定义了确保通信成功的多方面的因素。例如，在微型计算机之间通信，协议应该定义通信的速度和传输模式。

当不同类型的微型计算机连接成网络时，协议的内容将更多、更复杂。显然，为了使得这种连接能正常工作，连接到网上的各个不同类型的微型计算机必须遵循一定的标准，即标准化的协议。第一个商业化的协议标准是 IBM 公司的 SNA（system network architecture），但是该协议仅能用于 IBM 公司自己生产的设备，其他机器不能与它们实现正常的通信。

国际标准化组织已经定义了一套通信协议，称为开放系统互联（open systems interconnection，OSI）。OSI 参考模型的目的是定义网络功能，为了便于实现网络的复杂功能，OSI 把网络的功能分成 7 层协议，对应的层次能进行数据的交换，这就要求联网的计算机和设备必须具有同样的功能和接口。

TCP/IP 是另一种既成事实的工业标准，它同样按照分层的概念描述网络复杂的功能，只不过根据实际的需要，TCP/IP 参考模型所定义的层次数少于 OSI 参考模型。TCP/IP 参考模型是人们非常熟悉的 Internet 的协议标准。

8.2.4　计算机网络的互联设备

计算机网络的硬件系统除了客户端、服务器以及通信信道外，互联设备是构成计算机网络的重要部分。

1. 集线器

集线器(hub)是对网络进行集中管理的重要工具,根据 IEEE 802.3(国际电子电气工程师协会 802 委员会)协议,集线器的功能是随机选出某一端口的设备,并让它独占全部带宽,与集线器的上联设备(交换机、路由器等)进行通信。

集线器只是一个多端口的信号放大设备,当一个端口接收到数据信号时,由于信号在从源端口到集线器的传输过程中已有衰减,所以集线器便将该信号进行整形放大,使被衰减的信号再生到发送时的状态,紧接着转发到其他所有处于工作状态的端口。另外,集线器只与它的上联设备进行通信,处于同层的各端口之间不直接进行通信,而是通过上联设备再将信息广播到所有端口上。

集线器有共享式和交换式两种方式。共享式集线器是多个用户共享一个出口,因此当一个用户使用此出口时,其他用户必须等待;而交换式集线器则可以不必等待。

2. 交换机

用集线器组成的网络称为共享式网络,而用交换机组成的网络称为交换式网络。对于中小企业,如果选用以太网、快速以太网、千兆以太网作为联网技术,则选择以太网交换机作为交换设备。而在较大范围内,也有选用 ATM 交换机。交换机有两种工作方式:一种是直接通过(cut through),当信息包进入交换器以后,交换器只检查目的地址,所以这种方式速度较快;另一种方式是存储转发(store and forward),这种方式需要在信息包转发之前接收和分析信息包,因而速度较慢。也有同时采用两种方法进行交换的混合交换器。

3. 路由器

通过路由器可以对两个相同或不同类型的网络进行连接。路由器在 OSI 模型中处于第三层即网络层。路由器主要完成信息包的选路和流量控制等处理。路由器对信息的转发和过滤是智能的。

4. 网关和网桥

网关是一种将不同网络体系结构的计算机网络连接在一起的设备。网桥则是连接相同网络体系结构的计算机网络的设备。

8.3　计算机网络的分类和使用方式

根据用户应用的需求,可以组建不同类型的网络,这就是常说的计算机网络的分类和构架计算机网络的策略。

8.3.1　计算机网络的分类

不同类型的通信信道(有线和无线)允许形成不同种类的网络。电话线可以在一个建筑物内连接通信设备,而在智能化大楼的建造中,同轴电缆或光缆可以预先铺设在墙内,这样可以方便地形成通信网络。使用有线媒体和无线媒体,网络也可以城市化,甚至洲际化、全球化。本节简要介绍 4 种不同规模的网络:局域网(LAN)、城域网(MAN)、广域网(WAN)和 Internet。

(1) 局域网:局域网中的计算机和外部设备通常是位于一个相对封闭的物理区域,例如房间内、建筑物内或校园内。通信信道的媒体主要是电话线、同轴电缆或光缆。局域网的主要效益是共享价格昂贵的硬件设备，如激光打印机、高性能服务器。另外，它能根据企业的需求，方便地扩充所需的设备(如小型计算机、光盘存储设备等)，只要购买设备并将其连接到局域网上即可。

(2) 城域网：局域网距离再扩大，则可以考虑城域网。这种网络用于连接城市中各建筑物的局域网。蜂窝式无线电话系统可以允许城域网连接汽车电话和移动电话。

(3) 广域网：广域网是地理范围更大的网络，它除了利用像电话系统这种已经存在的通信网络外，还可以使用微波和卫星进行长距离的通信。

(4) Internet：可以说 Internet 是当前世界上最大的计算机网络。但是更确切地说，Internet 并不是一个单一的计算机网络，而是由许多已存在的网络互联而成的，故也可以说成是网间网或互联网。

智能网　智能网是在原有通信网络基础上，为快速、方便、经济、灵活地提供新的电信业务而设置的附加网络结构。智能网的核心是如何高效地向用户提供各种新的业务，像国际上使用最早的智能业务：被叫集中付费(通常称为 800 号业务)、账号呼叫(通常称为 200 号业务呼叫)等。智能网的基本思想是在网络中把交换和智能分离开，实行集中业务控制，它通过设置一些网络的功能实体来实现，这些功能实体有业务控制点(SCP)、业务交换点(SSP)、智能外设(IP)、业务管理系统(SMS)、业务数据点(SDP)和业务生成环境(SCE)，这些功能实体独立于现有的网络，是一个附加网络结构。

不同规模网络的区别　局域网、城域网、广域网、Internet 4 种网络除了覆盖的地理范围不同外，它们的网络拓扑逻辑、协议等技术也有很大区别：局域网主要采用总线状和环状，协议是由 IEEE 802 委员会制定的防止共享通信信道冲突和竞争的规则；城域网是一种双总线的结构，并且每个总线都是单向的，协议是由 IEEE 802 委员会制定的解决网上结点公平使用总线的分布式队列算法；广域网是一种点对点结构的网络，协议主要遵循 OSI 参考模型来解决存储—转发的功能；而 Internet 主要是使用 TCP/IP 协议解决不同网络的互联问题。

8.3.2　构架计算机网络的策略

每一个网络的使用都有一个策略，或者可以理解为协调共享的资源和信息的方法。最常用的网络策略是终端网络系统、对等网络系统、客户/服务器网络系统以及浏览器/服务器网络系统。

1. 终端网络系统

在终端网络系统中，处理的能力是被集中在一个大型计算机上，而连接到该大型计算机的结点是终端。所谓终端，通常是指它几乎没有自己的处理能力。使用 UNIX 操作系统的星状和层次状网络是这种使用的典型配置。

终端网络系统的优点是位置集中，并且便于技术人员、软件和数据的控制与管理。其缺点是缺乏最终用户的控制和灵活性，且没有充分利用现有微型计算机的处理能力。

2. 对等网络系统

在对等网络系统中，结点既能作为服务器，又能作为客户端。例如，一台微型计算机能够获得其他微型计算机所提供的文件，也能提供文件给其他微型计算机。对等网络系统的典型配置是总线状网络。

使用这种类型策略网络的优点是价格便宜、易于安装，并且当网络结点数在 10 个以内时工作性能良好。其缺点是随着网络结点数的增加，网络的性能也随之下降，目前还缺乏功能强大的软件来有效地监控和管理大型网络的工作。

3. 客户/服务器网络系统

客户/服务器网络系统使用功能强大的计算机（通常称为服务器）协调网络中所有其他结点并提供所需要的服务。服务器提供了访问诸如数据库、应用软件和硬件等中心的资源。这种策略是基于特殊性（specialization），服务器结点协调和提供指定的服务，客户结点根据需要请求某一服务。

客户/服务器网络系统的优点是具有有效地处理大型网络工作的能力，以及具有监视和控制网络活动的网络管理软件。其缺点是安装和维护网络的费用较高。

4. 浏览器/服务器网络系统

浏览器/服务器结构是随着 Internet 技术的兴起，对客户/服务器结构的一种变化或者改进。在这种结构下，用户界面完全通过 WWW 浏览器实现，一部分事务逻辑在前端实现，但是主要事务逻辑在服务器端实现，形成所谓 3 层结构，也就是"前端接入（WWW 浏览器），中间应用（Web 服务器），后端数据库服务器"3 层。浏览器/服务器结构利用不断成熟和普及的浏览器技术实现原来需要复杂专用软件才能实现的强大功能，并且节约了开发成本，是一种全新的软件系统构造技术。这种结构更成为当今应用软件的首选体系结构。现在出现的 Microsoft.NET 和 Java/EJB/Servlet 是开发这种体系结构应用系统的两大平台。

客户/服务器在特定的应用中无论是客户端还是服务器端都还需要特定的软件，不能提供用户真正期望的开放环境；浏览器/服务器结构则不同，它的前端是以 TCP/IP 协议为基础的，企业内的 WWW 服务器可以接受安装有 Web 浏览程序的 Internet 终端的访问，作为最终用户，只要通过 Web 浏览器，各种处理任务都可调用系统资源来完成，这样大大简化了客户端的访问，减轻了系统维护与升级的成本和工作量，降低了用户的总体拥有成本。

8.4 Internet 与 TCP/IP 协议

Internet 像一个连接千千万万人员和组织的康庄大道，只是大路用于把人和物从一个地方移动到另外的地方，而 Internet 用于移动思想和信息，并且它不是通过地理上的空间，而是通过电子移动的空间传递思想和信息。

8.4.1 Internet 的起源

Internet 可追溯到其前身 ARPANET（advanced research project agency network），是美国 1969 年为支持国防研究项目而建立的一个试验网络。该网络将美国许多大学和研究机构从事国防研究项目的计算机连接到一起，是一个广域网。20 世纪 70 年代末，随着大规模集成电路技术的发展，大量小型计算机和微型计算机涌现，许多局域网技术开始发展。比大型机数量多得多的小型计算机和微型计算机在小范围内通过局域网互联，并产生了远程相互通信的需要。此时 ARPA 开始了一个称为 Internet 的研究计划，主要研究如何将各种

LAN 和 WAN 互联起来。

该项目的一项重要的成果称为网间协议(IP)和传输控制协议(TCP)。这个成果是使不同的计算机和网络可以相互通信的约定,即协议。以这两个协议为核心,以 ARPANET 为主干网,将许多不同的网络互联在一起,形成了 Internet 的雏形。

8.4.2 Internet 的应用

最常用的 Internet 的应用是通信、网上购物、研究和娱乐。

(1) 通信:借助于 E-mail 通信是 Internet 最常见的活动,通过它能和世界上任何地方的朋友和亲属进行信息的交换,也能加入和倾听内容广泛、感兴趣的话题的讨论或争论。

(2) 网上购物:发展最快的 Internet 应用是电子商务(electronic business 或 electronic commerce)。用户能访问计算机购物商场(cybermall),在最好的商店进行视窗购物(windowshop),寻找最新流行的时尚、淘便宜货和进行购买。

(3) 研究:通过 Internet 访问数字图书馆,能浏览目录、阅读选择的条款,甚至可以阅读有关书籍。

(4) 娱乐:在 Internet 上,可以听、看或玩 MP3 音乐、电影、书、杂志、计算机游戏以及欣赏实况音乐会等。

8.4.3 Internet 的工作方式

为了更有效地使用 Internet 所提供的功能,必须了解 Internet 的工作方式。本节分两个方面说明 Internet 的工作方式,即 Internet 中如何传递信息和 TCP/IP 协议。

1. 信息的传递

传统的人际信息交换采用电话和邮政。电话工作方式首先要拨号接通,在通话的过程中一条物理线路将两端的用户连接在一起,通话期间这条物理线路被这对用户所独占,因此电话是计时收费的。邮政工作方式则不同,用户的信件必须按一定的格式封装好,通过邮局的转发,最后投递到收信者,邮政的收费是按信件的重量和件数收费的,即按传递的信息量收费。

Internet 的工作方式与邮政系统相似,在其中传递的信息必须封装好,称为一个分组(packet),有时也称为包。Internet 中使用的 IP 协议就是关于在 Internet 中传递分组封装格式的约定。分组在 Internet 中通过若干个路由器(router)转发来传递到目的地。这里,路由器起到类似于邮政系统中邮局的作用。路由器之间的传输路径可以是一条专线、一条卫星通道、电话网,也可以是其他计算机网络,就如同邮局间的传输可以通过公路、铁路、航空或海运来实现一样。正如一封信件通常不会独占一部邮车和传输通路,而是大家共享,Internet 中的传输信道也是共享的。这种工作方式称为存储—转发的分组交换。

路由器 路由器实际上是一个计算机,它和通常使用的计算机的不同之处在于:路由器运行一个专用的程序,决定收到的分组向目标传递时应向哪一个另外的路由器转发(即选择路径)。这也是"路由器"名称的由来。

2. TCP/IP

TCP/IP 协议和其他协议的不同点在于:TCP/IP 是完全开放的,其所有的技术和规范都是公开的,任何公司都可以利用它来开发兼容的产品。

当信息在 Internet 上发送时,通常要经过数个中间网络和路由器。在信息发送以前,必须要分解成 Internet 所允许大小的尺寸,称为分组。每一个分组在 Internet 上单独传输,可能经过不同的路由器到达共同的目的地,在接收端,分组必须按照原来的顺序重新组装。IP (Internet protocol)协议定义了分组的格式、怎样分段信息和重新组装等方面的约定。在 IP 上定义的是 TCP(transmission control protocol),它们用于控制计算机之间如何进行信息传输以及什么时候进行传输。

8.4.4 Internet 中计算机的地址和命名

1. IP 地址

普通信件要想能够通过复杂的邮政系统,途经许多邮局转发,最后投递到目的地,它必须要有地址,同样地,连接到 Internet 上的每台计算机都必须有一个唯一的地址,这个地址称为 IP 地址。在计算机内部 IP 地址是用二进制表示的,共 32 位,它可以表示 $2^{32}=4\,294\,967\,296$ 台计算机,接近于全球人口的 2/3,大约是目前全球计算机数量的十几倍。但是,由于 IP 地址分为网络地址和网内计算机地址(或称主机地址)两部分,如果某个网络申请了一个网络地址,而网内并没有该地址所具有的主机地址数,则大量的 IP 地址浪费了。

2. 域名

接入 Internet 的某台计算机要和另一台计算机通信,就必须知道其正确的 IP 地址。但是 IP 地址在计算机里是 32 位的二进制数,即使转换为点十进制来表示,也可能多达 12 位,要记住这么多数字不是一件容易的事情,人们更习惯于使用字母表示的名字。域名系统 DNS(domain name system)就是使用易于记忆的字符串来表示计算机的地址,为了防止计算机名字的重复,Internet 网上的名字通常由许多域构成,域间用小黑点"."分隔。例如, mars. computer. usst. edu. cn 表示中国上海理工大学计算机系有一台名为 mars 的计算机。域名中的最后一个域(顶级域)有国际认可的约定,以区分机构或组织的性质。

常用的 Internet 顶级域名代码如表 8-1 所示。

表 8-1 部分顶级域名

域　名	说　明	域　名	说　明
edu	教育和科研机构	org	其他组织
com	商业机构	net	主要网络中心
mil	军事机构	cn	国家和地区代码,cn 表示中国,jp 表示日本……
gov	政府机关		

IP 地址 在 IP 分组中使用的是 IP 地址。在 Internet 中的许多称为域名服务器的系统可以帮助用户自动地从域名来找到其相应的 IP 地址。IP 地址是在 Internet 范围内标识主机的一种软件地址,它并不是每个具体网络内某个主机的物理地址(网卡地址)。实际传输过程中,在最后到达目的主机所在网络时,还存在一个把 IP 地址转换成网卡地址的过程。

8.4.5　Internet 的连接

Internet 的连接和电话系统非常相似,用户能像连接一个电话到电话系统方式一样,连接计算机到 Internet。一旦连接上 Internet,则该计算机的功能将大大增强。

1. 服务提供者

最常用的访问 Internet 的方法是通过提供者(provider)或主机(host computer)来访问。提供者指的是已经连接到 Internet,并且为个人访问 Internet 提供通路或连接的服务商。目前有 3 种广泛使用的提供者:学院和大学、Internet 服务提供商(ISP)、在线服务提供商(online service providers,OSP)。

2. Internet 的连接方式

为了访问 Internet,必须要有一个连接,这个连接可以是直接连接到 Internet 或者通过提供商间接连接到 Internet,主要有以下 3 种类型的连接方式。

(1) 直接或专线连接:访问 Internet 上所有功能最有效的方法是直接连接或使用专线。由于这种连接非常昂贵,个人几乎很少使用。专线连接的主要优点是完全的 Internet 功能访问,容易连接、快速响应和获取信息;而主要的缺点是费用高。

(2) SLIP/PPP 连接:SLIP(serial line Internet protocol,串行线 Internet 协议)和 PPP(point-to-point protocol,点到点协议)方式使用高速的调制解调器和标准的电话线,能连接到具有直接连接 Internet 能力的提供商。这种类型的连接需要串行线 Internet 协议和点到点协议两个特殊的软件。采用这两种类型的连接,用户的计算机成为客户/服务器网络的一部分,服务商或主机是提供访问 Internet 的服务器,用户的计算机是客户。使用特殊的客户软件,计算机能够与运行在服务商计算机和其他 Internet 计算机上的服务器软件进行通信。它以低于专线连接的价格提供高水平的服务。

(3) 终端连接:这种连接方式和 SLIP/PPP 连接方式一样,但不同之处在于此时客户端计算机上运行的不是支持 SLIP/PPP 协议的软件,而是仿真远地接入 Internet 的计算机终端的软件。此时,它并没有直接连上 Internet,而只是作为远地计算机的一个终端,通过远地计算机去访问 Internet。用户能够使用的 Internet 功能和资源完全取决于远地计算机所限制提供的应用种类。终端连接比 SLIP/PPP 连接更便宜,但是速度和方便性低于 SLIP/PPP 连接。

8.5　Internet 的服务功能

近几年来,Internet 在全世界迅速普及,人们已经进入一个崭新的信息时代。Internet 极大地改变了人们与世界的联系,使信息丰富多彩,来源更加广泛。

8.5.1　E-mail

借助于 E-mail 进行通信是最常用的 Internet 活动,世界上任何地方拥有 Internet 地址或 E-mail 账号的用户都能进行相互之间的通信,而所需做的就是访问 Internet 和 E-mail 程序。广泛使用的 E-mail 程序有 Microsoft 中的 Outlook Express、Foxmail(著名的国产邮件软件)等。

1. E-mail 的工作原理

随着计算机技术、通信技术的进步与扩展,现在的 E-mail 已经远远超出了普通邮件的范畴,它可以集成文字、二进制文件、图像、音频、视频等多媒体信息。

与其他 Internet 应用一样,为在 Internet 上实现 E-mail 服务功能,必须在技术上具备邮件通信协议、邮件服务器和客户端程序。

邮件服务器有两种类型:接收邮件服务器和发送邮件服务器。接收邮件服务器是将别人发送的 E-mail 暂时寄存,直到收信人通过客户端程序从服务器上将邮件取到自己的计算机上;而发送邮件服务器负责将自己撰写的 E-mail 交到收信人的接收邮件服务器。在这里"服务器"指的是计算机程序(进程),实际上,通常接收邮件服务器和发送邮件服务器是在一台计算机上。

由于发送邮件服务器遵循的是简单邮件传输协议(simple message transfer protocol, SMTP),所以在应用中,尤其是客户端邮件软件的设置中称它为 SMTP 服务器。而多数接收邮件服务器遵循的是 POP3 协议,所以被称为 POP 服务器或 POP3 服务器。在每个 E-mail 地址中@后的内容对应一个 POP 服务器的网址,@读作 at,表示"在"。

当用户在一个 ISP 或校园网登记邮件服务时,所分配的邮件地址不区分接收邮件服务器和发送邮件服务器。不过这两个服务器没有什么对应关系,可以在使用中设置成不同的。例如,可以在 Outlook Express 中设置多个 POP3 邮箱(如 eastday.com、163. net 等),而只设置一个 SMTP 发送服务器。

就协议本身而言,除了功能不同外,POP3 是需要口令和用户认证的。因为如果没有口令核对,任何一个人都可以收取并观看别人发的邮件,则其后果不堪设想。而 SMTP 协议是不需要口令的,用户可以通过 Internet 上任何一个发送邮件服务器进行发送。如果用户选择一个和自己 E-mail 地址(POP3 接收邮件服务器网址)不同的计算机发送邮件,则对方回信(reply)时,会回到正确的地址,这是因为邮件软件在回信时,是根据 E-mail 信头部分中发送者信息抄送回信的地址。

E-mail 也是采用客户/服务器模式,为此用户必须使用 E-mail 客户软件与邮件服务器通信,平时通常讲的邮件软件就是指 E-mail 客户软件。客户软件的功能是:负责将撰写的邮件通过 SMTP 协议发送给 SMTP 服务器,让它再将邮件辗转递交到目的地;通过 POP3 协议和 POP3 服务器建立网络连接;从 POP3 服务器上将自己的邮件接收到自己的计算机上,并存储在硬盘上面;编辑、浏览、解码以及管理邮件,其中解码主要用于文字信息以外的多媒体信息的解释和还原。

2. E-mail 的基本元素

一个典型的 E-mail 具有 3 个基本的元素:信头、信内容和签名。

信头出现在最前面,一般包括下列信息。

- 主题:一行的描述,用于说明邮件的主题,当接收者检查邮箱时,显示该主题行。
- 地址:包括发送人、接收者以及其他接收邮件拷贝的用户地址。
- 附件:许多 E-mail 程序允许附加文档和多媒体信息文件在邮件上。如果邮件有附件时,附加文件名出现在附件行上。

接下来是信内容。

最后签名行提供关于发送者辅助的信息,这个信息包括名字、地址和电话号码等。

注意：在 Internet 上,E-mail 地址形式是相同的,例如地址 admin@usst.edu.cn 地址中间的@符号把 E-mail 地址分成两个部分:左边是用户名,右边是域名。在传输中 Internet 不关心用户名,只是把 E-mail 发送到右边域名所命名的计算机上,然后再由计算机把 E-mail 分发给左边用户名所标识的邮箱中。

8.5.2　讨论组

为了一个共同感兴趣的想法或话题,能使用 E-mail 与不认识的人进行通信,也能参加关于一般主题(当前发生的事件和电影等)和特殊主题(关于计算机行业的纷争和行星的运动等)的讨论或争论。常见的方式有:邮件列表、新闻组、聊天组、及时消息传递。随着互联网技术和应用的发展,尤其是移动互联网的快速发展,目前常见的是论坛(BBS)和贴吧、SNS。

1. BBS 和贴吧

BBS(bulletin board system)最早是用来公布股市价格信息的,并且只能在苹果机上运行。近年来,由于爱好者的努力,BBS 的功能得到了很大的扩充。论坛与贴吧是两个非常相似的应用,只是在内容组织上有细微差异,论坛以"版"为单位,以内容主题为"版"的分类方式,这种内容主题通常比较大和笼统;而贴吧以"吧"为单位,以明确的讨论话题为"吧"的分类方式,通常一个话题关键字对应一个吧名。

论坛一般由站长(创始人)创建,并设立各级管理人员对论坛进行管理,包括论坛管理员(Administrator)、版主(Moderator,俗称斑竹)。目前国内比较著名的论坛猫扑社区、天涯社区、新浪论坛、网易论坛以及百度贴吧等。

2. SNS

SNS(Social Networking Services)专指社交网络服务,包括社交软件和社交网站,它是一种采用分布式技术(peer to peer,P2P)构建的下一代基于个人的网络基础软件。社交网络服务是一个平台,建立人与人之间的社交网络或社交关系的连接,社交网络允许用户在他们的网络共享想法、图片、文章、活动、事件、视频等。典型的 SNS 类的平台或 APP 有新浪微博、微信、Twitter、Line、WhatsApp、Facebook 等。

六度分割理论　1967 年,哈佛大学教授 Stanley Milgram 创立了六度分割理论,主要内容是"你和任何一个陌生人之间所间隔的人不会超过 6 个,即最多通过 6 个人你就能够认识任何一个陌生人",按照六度分割理论,每个个体的社交圈都不断放大,形成一个大型网络。根据六度分割理论,人们开始创立了面向社交网络的互联网服务,当然一般所谓的 SNS,其含义远远不止"熟人的熟人"层面。例如,根据学习经历进行凝聚(Facebook、人人网),根据爱好进行凝聚(Fexion 网)。

8.5.3　FTP 文件传输

FTP(file transfer protocol,文件传输协议)是 Internet 上二进制文件的标准传输协议。该协议是 Internet 文件传输的基础,无论是 Web 浏览器、Gopher 或者 FTP 客户程序均使用这一协议。FTP 是在不同计算机主机之间传送文件的最古老的方法,FTP 的两大特征决定它能广为人们使用:一是在两个完全不同的计算机主机之间传送文件的能力;二是以匿名服务器方式提供公用文件共享的能力。

同 Internet 上的其他应用一样,FTP 也需要客户程序和服务器。客户程序安装在用户的计算机内,用来浏览 FTP 服务器上的可用文件,并负责把文件下载到用户计算机中。而 FTP 服务器是 Internet 上的某台计算机,其中含有各种程序和信息,并负责处理 FTP 客户程序的各种请求。FTP 服务器像用户计算机一样有文件夹(或称目录),文件夹中有各种各样的文件或子文件夹。目前,大部分的 FTP 服务器是运行 UNIX 的计算机,它们与 Windows 操作系统有着不同的工作环境,幸运的是浏览 FTP 服务器的客户程序可以隐含这个问题,使访问 FTP 服务器的用户不用考虑实际运行的操作系统,仿佛就在 Windows 平台上工作。

1. 什么是 FTP 匿名服务器

FTP 是 Internet 上的一个文件传输工具,但是要实现交流文件等活动,就必须知道对方计算机的地址,同时还要知道对方所使用的用户名和密码。显然,如果普通用户都必须掌握每个要访问的 FTP 服务器的有关地址、用户名和密码的话,FTP 就失去了应用的价值。为此,拥有大量有用文件的 FTP 服务器允许每个用户自由地登录,这些 FTP 服务器被称为匿名服务器。

2. 怎样处理压缩的下载文件

在 Internet 上有许多不同类型的压缩文件。经常使用的 Windows 程序大部分也都是压缩文件。一般而言,WinZip 和 WinRar 能处理从 Internet 上下载的大部分压缩文件。

另外,在网上有许多文件被压缩成自展开文件。这些压缩文件内部含有.EXE 解压缩工具,并不需要 WinZip 等工具为它们解压缩,只需在计算机的空文件夹中复制自展开文件,并且运行该程序,就能完成解压缩工作。

FTP 服务器上的软件通常分为共享软件和免费软件两大类。共享软件(shareware)是指在一定条件或一定时间范围内可以免费使用的软件。在免费使用期内,可能会限制软件的某些功能,在经过试用期后,用户可以向软件作者或公司注册、购买成为正版用户,并享受正版用户的售后服务和免费升级。

免费软件又可分为自由软件和示例软件。自由软件(freeware)是指没有任何限制、不需要注册、随意使用和传播的软件。示例软件(DEMO)一般是一种宣传工具,包括游戏软件和大型软件的试用版,在正式版发行之前,往往会出一个 DEMO,用来演示软件的部分功能与效果。

8.5.4　Telnet 远程登录

远程登录是 Internet 重要的服务工具之一,它可以超越时空的界限,让用户访问连在 Internet 上的远程主机。

Telnet 使用客户/服务器模式,用户可以在本地运行 Telnet 客户程序,然后客户程序与远程的计算机服务程序建立连接。链路一旦建立,用户在本地输入的命令或数据可以通过 Telnet 程序传输给远程计算机,而远程计算机的输出内容通过 Telnet 程序显示在本地计算机的屏幕或其他输出设备上。

Telnet 原来是 UNIX 操作系统下的一个命令,作为远程登录可以通过网络连接访问远程的大型计算机,以便充分利用大型计算机的资源运行复杂程序或获取大量有用的信息。

8.6　Web 和浏览器

Web 或称为 WWW,是 Internet 的环球信息网,它提供广域超媒体信息服务,可以在同一画面中同时显示文本、图像、声音、动画,这就是所谓的超文本或超媒体。Internet 上最丰富的要数 Web 资源,如国内著名的新浪、搜狐、网易、免费软件和共享软件站点以及国内外大学、搜索引擎、娱乐站点等。

8.6.1　Web

Web 是由遍布世界各地、信息量巨大的文档组合而成的,通常称这些文档为网页(page)或主页(homepage),每一个网页能够包含指向 Internet 任何主机网页的超链接,指向另一网页的网页又称为超文本(hypertext)。与其他 Internet 工具一样,Web 也采用客户/服务器模式。下面分别从客户机和服务器两方面来介绍 Web 是怎样呈现给用户的,以及它内部又是如何工作的。

1. 客户端

浏览 Web 网页的程序称为浏览器(browser)。用户最熟悉的浏览器要数 IE(Microsoft Internet Explorer)、Google Chrome、Safari 等。浏览器从网上获取所需的网页,解释网页中包含的文本和格式化命令,并且按照预定的格式显示在屏幕上。网页中指向另外 Web 页的超链接(hyperlinks)文本或图像(包括图标、线图、地图及照片)一般用特殊方式显示,例如下画线、不同颜色以及当鼠标移到该位置时显示手状。用户如需进一步了解超链接的内容,只需要简单地移动鼠标到超链接文本或图像区,单击鼠标或按回车键即可。值得注意的是,所链接的新网页可能在同一计算机上,也可能在 Internet 上很远的计算机上。

随着多媒体技术的发展,网页中可以含有视频和音频,超文本页混合有其他媒体信息时称为超媒体(hypermedia)。有些浏览器能够显示所有的超媒体信息,而有些浏览器必须通过配置文件设置辅助的浏览程序。

2. 服务器端

每一个 Web 站点有一个服务器进程,负责监听是否有来自客户端的连接。在连接建立以后,客户端和服务器通过请求与响应来完成具体的操作。

值得注意的是,对于网页中的每一个在线图像(图标、照相以及多媒体信息),浏览器都要和图像所在的服务器建立一个新的 TCP 连接。

8.6.2　浏览器

正如上面讲到的,Web 是通过客户计算机的特殊软件(即浏览器)进行浏览或访问的。这个软件连接用户的计算机到远程的计算机,打开和传输文件,显示文本和图像,播放音频和视频,并且提供访问 Internet 和 Web 文档的简单化界面。

1. 统一资源定位器

为了使得浏览器连接到其他资源,必须定义资源的地址或位置。这些地址称为统一资源定位器(uniform resource locator,URL)。所有的 URL 至少有两个部分,例如微软的 URL 是 http://www.microsoft.com。其中,第一部分 http://定义连接资源的协议(或

https://,它们的差异在于 https 在协议基础上增加了 SSL 加密功能);而第二部分表示资源所在位置服务器的名字或域名,微软服务器的名字是 www.microsoft.com。许多 URL 还有附加的部分定义目录路径、文件名和指针。

微软的 URL 连接用户的计算机到提供关于微软信息的计算机,这些存放 Web 信息的位置称为 Web 站点(Web site),而从一个 Web 站点到另外一个 Web 站点又被称为网上冲浪(surfing)。

2. Web 页

一旦浏览器连接上 Web 站点,一个文档文件送到浏览器所在的计算机上,这个文档包含 HTML(hypertext markup language,超文本标记语言)命令。浏览器解释 HTML 命令并以 Web 显示文档。Web 站点的第一页一般称为主页。主页显示站点的信息以及超链接,即连接到包含相关信息的其他文档。这些文档可能在同一机器上,可能在附近的计算机上,也可能在遥远的计算机上。超链接在 Web 页以下画线和彩色文本、图像显示,要访问超链接材料,只需要单击该文本或图像,系统会自动连接到含有该材料的计算机上,并且显示其内容。

Web 也能包含指向特殊程序的连接,这种程序称为 Java 小程序(applet),即用网络语言 Java 编写的程序。这些程序能迅速下载到用户的计算机,并且被浏览器运行。Java 小程序用来增加 Web 站点的趣味性和活动性,例如显示动画、图像以及提供交互式游戏等。

HTML5 刚开始 WHATWG(Web Hypertext Application Technology Working Group,Web 超文本应用技术工作组)致力于 Web 表单和应用程序,而 W3C(World Wide Web Consortium,万维网联盟)专注于 XHTML 2.0。2006 年双方决定合作,创建一个新版本的 HTML。HTML5 草案的前身为 Web Application 1.0,于 2004 年被 WHATWG 提出,2007 年被 W3C 接纳,经过十年的修订,2014 年 10 月 29 日公开宣布相对完善的 HTML5 标准规范。HTML5 的设计目的是为了在移动设备上支持多媒体,例如 Video、Audio 和 Canvas 标记,同时也优化和引进了其他新的功能。

8.6.3 搜索引擎

如今随着 Internet 的飞速发展,网络资源越来越丰富。全世界成千上万的计算机通过 Internet 互联在一起,传播与分享着各种各样的信息资源。这些信息种类繁多、内容广泛、语言多样、更新频繁,好比是一个巨大的图书馆,具体查找某一条指定条目时,如果没有目录来指定条目所在的确切地点,那么想要查找信息是非常困难的。在图书馆中,用户通过各种索引和编目来查找图书的馆藏编号,而 Internet 完成同样工作的是各种搜索工具,即索引(index)和搜索引擎(search engines),它根据用户的需求,查找到信息的 URL。目前比较流行的搜索引擎有谷歌(http://www.google.com/)、雅虎(http://www.yahoo.com/)、百度(http://www.baidu.com/)、微软(http://www.bing.com/)、NHN(韩国)(http://www.naver.com/)、eBay(http://www.ebay.com)、时代华纳(http://www.timewarner.com/)、Ask.com(http://www.ask.com)、Yandex(俄罗斯)(http://www.yandex.com/)、阿里巴巴(http://www.alibaba.com)等。

虽然谷歌或者百度等可以提供海量的信息,但是信息的选择是一件非常烦琐的事情,为此在这些通用搜索引擎之外,还有一些垂直细分的引擎工具,便于用户查找特定领域的信息,例如电子书、图片、网盘、音乐、工作机会和商品价格等。

搜索引擎的分类方法有多种,最容易理解的是按照语言分类。国内用户常见的搜索引擎有英文、简体中文以及 BIG5 繁体中文。而最典型的是按照搜索引擎的信息组织形式进行分类。许多搜索引擎具有下面所描述的多种组织形式和多种查找方法。

1. 按内容分类进行搜索的引擎

这种搜索 Web 的方式,要求搜索引擎将内容分门别类地编排成树状目录结构。在搜索时按主题类别进行浏览,类似于翻阅图书的目录,再翻到某一章查找需要的信息。例如,"yahoo 中国"就是具有代表性的搜索引擎。

分类检索的优点是将信息分类。用户可以清晰方便地查找到某一大类信息,符合传统的信息查询方式,尤其适合那些仅希望了解某一方面、某个范围内的信息的用户。该搜索引擎一般提供的是网站简介,并不将网站上的所有文章和信息都收录进去,仅将网站分成多个种类。

2. 按关键字进行搜索的引擎

按输入的关键字进行搜索是常用的搜索 Web 的方法。进入搜索引擎主页时,在醒目的位置提供一个文本输入框和一个按钮,在文本框中输入要查找的关键字,然后单击搜索按钮搜索引擎便会查找相关的 Web 页,将查找的内容回送给用户。

在同时提供关键字查找和分类目录的搜索引擎上,也可以将两者结合,以加速查询的进程。

3. 全文和标题式搜索引擎

标题式搜索引擎是指数据库中存放网页或网站的标题和内容摘要,而全文式搜索引擎在数据库中保存各网页的全部内容,涉及的范围要大得多。全文搜索引擎的优点是查询全面而充分,它能给用户最全面、最广泛的搜索信息;其缺点是由于信息太多,可能导致检索速度慢。

4. 独立式搜索引擎

采用主动或被动方式收集 Internet 上的资源,通过搜索算法整理这些资源信息,生成搜索引擎的数据库,用户提出的搜索要求都在其自身的数据库中进行索引,这就是独立式的搜索引擎。

5. 中介搜索引擎

由于任何一个搜索引擎都不可能在网上包罗万象,各个搜索引擎均有其各自的侧重点,而且搜索方式往往也有所不同。所以,对同一个搜索要求用不同搜索引擎,其查询可能得到不同结果,甚至,如果用一个搜索引擎进行搜索,会遗漏某些内容。为此,网上又出现了一种特殊的搜索引擎站点,它把用户输入的搜索要求自动格式化,使之符合所查询的每个搜索引擎的语法,然后递交给网上多个搜索引擎同时进行查询,得到的结果先进行相关度排序,对结果进行综合,然后反馈给用户。这种中介搜索引擎具有智能化的搜索功能,能提供个性化的搜索服务。

8.7 局域网的基础构架

虽然目前所能看到的局域网主要是以双绞线为代表传输介质的以太网,但只不过所看到的基本上是企事业单位的局域网,在网络发展的早期或者在其他各行各业中,因其行业特点所采用的局域网并不一定都是以太网,目前在局域网中常见的有以太网(Ethernet)、令牌网(Token Ring)、FDDI网、异步传输模式网(ATM)等几类。

8.7.1　以　太　网

以太网最早是由 Xerox(施乐)公司创建的,在 1980 年由 DEC、Intel 和 Xerox 3 家公司联合开发形成一个标准。以太网是应用最为广泛的局域网,包括标准以太网(10Mbps)、快速以太网(100Mbps)、千兆以太网(1000Mbps)和 10G 以太网,它们都符合 IEEE 802.3 系列标准规范。

1. 标准以太网

早期的以太网只有 10Mbps 的吞吐量,它所使用的是 CSMA/CD(载波侦听多路访问/冲突检测)的访问控制方法,通常把这种最早期的 10Mbps 以太网称为标准以太网。标准以太网主要有两种传输介质,即双绞线和同轴电缆。所有的以太网都遵循 IEEE 802.3 标准,下面是常见的 IEEE 802.3 以太网络标准。

(1) 10Base-5:使用粗同轴电缆,最大网段长度为 500m,基带传输方式。

(2) 10Base-2:使用细同轴电缆,最大网段长度为 185m,基带传输方式。

(3) 10Base-T:使用双绞线电缆,最大网段长度为 100m,基带传输方式。

(4) 1Base-5:使用双绞线电缆,最大网段长度为 500m,传输速度为 1Mbps。

(5) 10Broad-36:使用同轴电缆(RG-59/U CATV),最大网段长度为 3600m,宽带传输方式。

(6) 10Base-F:使用光纤传输介质,传输速率为 10Mbps。

在这些标准中前面的数字表示传输速度,单位是 Mbps,最后的一个数字表示单段网线长度(基准单位是 100m),Base 表示"基带"的意思,Broad 代表"宽带"。

2. 快速以太网

随着网络的发展,传统的标准以太网技术已经难以满足日益增长的网络数据流量的速度需求。在 1993 年 10 月以前,对于要求 10Mbps 以上数据流量的局域网应用,只有光纤分布式数据接口(FDDI)可供选择,但它是一种价格非常昂贵的、基于 100Mbps 光缆的局域网。1993 年 10 月,Grand Junction 公司推出了世界上第一台快速以太网集线器 FastSwitch 10/100 和网络接口卡 Fast Ethernet NIC 100,快速以太网技术正式得以应用。随后 Intel、Syn Optics、3COM、BayNetworks 等公司也相继推出了自己的快速以太网设备。与此同时,IEEE 802 工程组也对 100Mbps 以太网的各种标准,如 100Base-TX、100Base-T4、MII、中继器、全双工等标准进行了研究。1995 年 3 月 IEEE 发布 IEEE 802.3u 100Base-T 快速以太网标准。

快速以太网与原来在 100Mbps 带宽下工作的 FDDI 相比具有许多优点,主要体现在快速以太网技术可以有效地保障用户在布线基础实施上的投资,支持 3、4、5 类双绞线及光纤的连接,能有效地利用现有的设施。

快速以太网的不足其实也是以太网技术的不足,即快速以太网仍是基于 CSMA/CD,当网络负载较重时,会造成效率的降低。

目前 100Mbps 快速以太网标准又分为 100Base-TX、100Base-FX、100Base-T4 这 3 个子类。

（1）100Base-TX：是一种使用 5 类数据级无屏蔽双绞线或者屏蔽双绞线的快速以太网技术。它使用两对双绞线，1 对用于发送数据，2 对用于接收数据。在传输中使用 4B/5B 编码方式，信号频率为 125MHz。符合 EIA 586 的 5 类布线标准和 IBM 的 SPT 1 类布线标准。使用同 10Base-T 相同的 RJ-45 连接器，它的最大网段长度为 100m，它支持全双工的数据传输。

（2）100Base-FX：是一种使用光缆的快速以太网技术，可使用单模和多模光纤（62.5μm 和 125μm），多模光纤连接的最大距离为 550m，单模光纤连接的最大距离为 3000m。在传输中使用 4B/5B 编码方式，信号频率为 125MHz。它使用 MIC/FDDI 连接器、ST 连接器或 SC 连接器。它的最大网段长度为 150m、412m、2000m，更长至 10km，这与所使用的光纤类型和工作模式有关，它支持全双工的数据传输。100Base-FX 特别适合于有电气干扰的环境、较大距离连接或者高保密环境等情况下的适用。

（3）100Base-T4：是一种可使用 3、4、5 类无屏蔽双绞线或者屏蔽双绞线的快速以太网技术。它使用 4 对双绞线，3 对用于传送数据，1 对用于检测冲突信号。在传输中使用 8B/6T 编码方式，信号频率为 25MHz，符合 EIA 586 结构化布线标准。它使用与 10Base-T 相同的 RJ-45 连接器，最大网段长度为 100m。

3. 千兆以太网

1995 年 11 月，IEEE 802.3 工作组委任一个高速研究组（Higher Speed Study Group），研究将快速以太网速度增至更高。该研究组研究了将快速以太网速度增至 1000Mbps 的可行性和方法。1996 年 6 月，IEEE 标准委员会批准了千兆位以太网方案授权申请，随后 IEEE 802.3 工作组成立了 802.3z 工作委员会。IEEE 802.3z 委员会的目的是建立千兆位以太网标准：包括在 1000Mbps 通信速率的情况下全双工和半双工操作、802.3 以太网帧格式、载波侦听多路访问和冲突检测（CSMA/CD）技术、在一个冲突域中支持一个中继器（repeater）、10Base-T 和 100Base-T 向下兼容技术、千兆位以太网具有以太网的易移植、易管理特性。千兆以太网在处理新应用和新数据类型方面具有灵活性，它是在赢得了巨大成功的 10Mbps 和 100Mbps IEEE 802.3 以太网标准的基础上的延伸，提供 1000Mbps 的数据带宽。这使得千兆位以太网成为高速、宽带网络应用的战略性选择。

1000Mbps 千兆以太网目前主要有 3 种技术版本：1000Base-SX，1000Base-LX 和 1000Base-CX 版本。1000Base-SX 系列采用低成本短波的 CD（compact disc，光盘激光器）或者 VCSEL（vertical cavity surface emitting laser，垂直腔体表面发光激光器）发送器；而 1000Base-LX 系列则使用相对昂贵的长波激光器；1000Base-CX 系列则打算在配线间使用短跳线电缆把高性能服务器和高速外围设备连接起来。

4. 10G 以太网

现在 10Gbps 的以太网标准已经由 IEEE 802.3 工作组于 2000 年正式制定，10G 以太网仍使用与以往 10Mbps 和 100Mbps 以太网相同的形式，它允许直接升级到高速网络。同样使用 IEEE 802.3 标准的帧格式、全双工业务和流量控制方式。在半双工方式下，10G 以太网使用基本的 CSMA/CD 访问方式来解决共享介质的冲突问题。此外，10G 以太网使用由 IEEE 802.3 小组定义的和以太网相同的管理对象。总之，10G 以太网仍然是以太网，只不过速度更快。但由于 10G 以太网技术的复杂性以及原来传输介质的兼容性问题（目前只能在光纤上传输，与原来企业常用的双绞线不兼容），还有设备造价太高，因此这类以太网技术目前仍处于研发的初级阶段,还没有得到实质应用。

8.7.2 令牌环网

令牌环网是 IBM 公司于 20 世纪 70 年代发展的,现在这种网络比较少见。在老式的令牌环网中,数据传输速度为 4Mbps 或 16Mbps,新型的快速令牌环网速度可达 100Mbps。令牌环网的传输方法在物理上采用了星状拓扑结构,但逻辑上仍是环状拓扑结构。结点间采用多站访问部件(multistation access unit,MAU)连接在一起。MAU 是一种专业化集线器,用来围绕工作站计算机的环路进行传输。由于数据包看起来像在环中传输,所以在工作站和 MAU 中没有终结器。

在这种网络中,有一种专门的帧称为"令牌",在环路上持续地传输来确定一个结点何时可以发送包。令牌为 24 位长,有 3 个 8 位的域,分别是首定界符(start delimiter,SD)、访问控制(access control,AC)和终定界符(end delimiter,ED)。首定界符是一种与众不同的信号模式,作为一种非数据信号表现出来,用途是防止它被解释成其他东西。这种独特的 8 位组合只能被识别为帧首标识符(SOF)。由于目前以太网技术发展迅速,令牌网存在固有的缺点,所以令牌环网在整个计算机局域网已不多见。

8.7.3 FDDI 网

FDDI 的英文全称为 fiber distributed data interface,中文名为"光纤分布式数据接口",它是于 20 世纪 80 年代中期发展起来的一项局域网技术,它提供的高速数据通信能力要高于当时的以太网(10Mbps)和令牌网(4Mbps 或 16Mbps)。FDDI 标准由 ANSI X3T9.5 标准委员会制定,为繁忙网络上的高容量输入输出提供了一种访问方法。FDDI 技术同 IBM 的 Token Ring 技术相似,并具有 LAN 和 Token Ring 所缺乏的管理、控制和可靠性措施,FDDI 支持长达 2km 的多模光纤。FDDI 网络的主要缺点是价格同前面所介绍的"快速以太网"相比贵了许多,而且因为它只支持光缆和 5 类电缆,所以使用环境受到限制,从以太网升级更是面临大量移植问题。

当数据以 100Mbps 的速度输入输出时,在当时 FDDI 与 10Mbps 的以太网和令牌环网相比,性能有相当大的改进。但是,随着快速以太网和千兆以太网技术的发展,用 FDDI 的人越来越少。因为 FDDI 使用的通信介质是光纤,这一点它比快速以太网及现在的 100Mbps 令牌网传输介质要贵许多,然而 FDDI 最常见的应用只是提供对网络服务器的快速访问,所以目前 FDDI 技术并没有得到充分的认可和广泛的应用。

FDDI 的访问方法与令牌环网的访问方法类似,在网络通信中均采用"令牌"传递。它与标准的令牌环又有所不同,主要在于 FDDI 使用定时的令牌访问方法。FDDI 令牌沿网络环路从一个结点向另一个结点移动,如果某结点不需要传输数据,FDDI 将获取令牌并将其发送到下一个结点中。如果处理令牌的结点需要传输,那么在指定的称为"目标令牌循环时间"(target token rotation time,TTRT)的时间内,它可以按照用户的需求来发送尽可能多的帧。因为 FDDI 采用的是定时的令牌方法,所以在给定时间中,来自多个结点的多个帧可能都在网络上,以便为用户提供高容量的通信。

FDDI 可以发送两种类型的包:同步的包和异步的包。同步通信用于要求连续进行且对时间敏感的传输(如音频、视频和多媒体通信);异步通信用于不要求连续脉冲串的普通的数据传输。在给定的网络中,TTRT 等于某结点同步传输需要的总时间加上最大的帧在网络上沿环路进行传输的时间。FDDI 使用两条环路,所以当其中一条出现故障时,数据可以从另一条环路上到达目的地。连接到 FDDI 的结点主要有两类,即 A 类和 B 类。A 类结点与两个环路都有连接,由网络设备(如集线器等)组成,并具备重新配置环路结构以在网络崩溃时使用单个环路的能力;B 类结点通过 A 类结点的设备连接在 FDDI 网络上,B 类结点包括服务器或工作站等。

8.7.4　ATM 网

ATM 的英文全称为 asynchronous transfer mode,中文名为"异步传输模式",始于 20 世纪70 年代后期。ATM 是一种较新型的单元交换技术,同以太网、令牌环网、FDDI 网络等使用可变长度包技术不同,ATM 使用 53 字节固定长度的单元进行交换。它是一种交换技术,没有共享介质或包传递带来的延时,非常适合音频和视频数据的传输。ATM 具有以下主要优点:

- ATM 使用相同的数据单元,可实现广域网和局域网的无缝连接。
- ATM 支持 VLAN(虚拟局域网)功能,可以对网络进行灵活的管理和配置。
- ATM 具有不同的速率,分别为 25Mbps、51Mbps、155Mbps、622Mbps,从而为不同的应用提供不同的速率。

ATM 是采用"信元交换"来替代"包交换"进行实验,发现信元交换的速度是非常快的。信元交换将一个简短的指示器称为虚拟通道标识符,并将其放在 TDM 时间片的开始。这使得设备能够将它的比特流异步地放在一个 ATM 通信通道上,使得通信变得能够预知且是持续的,这样就为时间敏感的通信提供了一个预 QoS,这种方式主要用在视频和音频上。通信可以预知的另一个原因是 ATM 采用的是固定的信元尺寸。ATM 通道是虚拟的电路,并且 MAN 传输速度能够达到 10Gbps。

8.7.5　无线局域网

无线局域网(wireless local area network,WLAN)是目前最新、最为热门的一种局域网,特别是自 Intel 公司推出首款自带无线网络模块的迅驰笔记本处理器以来。无线局域网与传统的局域网主要不同之处就是传输介质不同,传统局域网都是通过有形的传输介质进行连接的,如同轴电缆、双绞线和光纤等;而无线局域网则是采用空气作为传输介质进行连接的。正因为它摆脱了有形传输介质的束缚,所以这种局域网的最大特点就是自由,只要在网络的覆盖范围内,可以在任何一个地方与服务器及其他工作站连接,而不需要重新铺设电缆。这一特点非常适合移动办公一族,有时在机场、宾馆、酒店等(通常把这些地方称为"热点"),只要无线网络能够覆盖到,它都可以随时随地连接上无线网络甚至 Internet。

无线局域网所采用的是 802.11 系列标准,它也是由 IEEE 802 标准委员会制定的。目前主要有 4 个标准:802.11b、802.11a、802.11g 和 802.11z,前 3 个标准都是针对传输速度进行的改进,最开始推出的是 802.11b,它的传输速度为 11Mbps,因为它的连接速度比较低,随后推出了 802.11a 标准,它的连接速度可达 54Mbps。但由于两者不互相兼容,致使一些早已购买 802.11b 标准的无线网络设备在新的 802.11a 网络中不能使用,所以又推出了兼容 802.11b 与 802.11a 两种标准的 802.11g,这样原有的 802.11b 和 802.11a 两种标准的设备都可以在同一网络中使用。802.11z 是一种专门为了加强无线局域网安全的标准。因为无线局域网的"无线"特点,致使任何进入此网络覆盖区的用户都可以轻松地以临时用户身份进入网络,给网络带来了极大的不安全因素,为此802.11z标准专门就无线网络的安全性方面做出了明确规定,加强了用户身份认证制度,并且对传输的数据进行加密。

8.8 物 联 网

物联网是继计算机、Internet和移动通信之后信息产业的又一次革命性发展。目前,物联网已被列为国家重点发展的战略性新兴产业。本节介绍物联网的基本概念、物联网的组成、物联网的相关技术,以及物联网的应用模式与在我国的应用现状。

8.8.1 物联网的基本概念

1. 物联网的定义

物联网(Internet of Things)是现代信息技术发展到一定阶段后出现的新技术,是各种感知技术、网络技术、人工智能技术以及自动化技术等的集成应用和技术提升。

虽然目前国内对物联网还没有一个统一的标准定义,但从本质上看,物联网通常是指通过各种信息感知设备与技术,如传感器、射频识别(RFID)技术、全球定位系统、红外感应器、激光扫描器、气体感应器等,对任何需要监控、连接、互动的物体或过程,实时采集其声、光、热、电、力学、化学、生物、位置等各种需要的信息,与Internet结合形成的一个巨大网络,实现全面感知、可靠传送和智能处理,最终实现物与物、人与物之间的自动化信息交互与智能处理。在此基础上,人类可以更加精细和动态的方式管理生产和生活,达到"智慧"状态,提高资源利用率和生产力水平,改善人与自然之间的关系。

通俗地讲,物联网就是"物物相连的Internet",是将各种信息传感设备通过Internet使物品与物品结合起来而形成的一个巨大网络。也就是说,物联网把各种类型的感应器、射频识别器等终端设备和器件嵌入到电网、铁路、桥梁、隧道、公路、车辆、建筑物、工业系统、大坝、供水系统、家庭智能设施、油气管道等各种需要监控的物体中,并且通过无线或有线通信网络以及Internet实现互联互通(M2M),利用计算机的强大功能和计算能力,提供安全可控乃至个性化的实时监测、定位追溯、报警联动、调度指挥、预案管理、远程控制、安全防范、统计分析、决策支持等管理和服务功能,实现对"万物"的"高效、节能、安全、环保"的"管、控、营"一体化。

2. 物联网的特征

概括起来物联网具有以下3个特征:

(1) Internet特征。物联网是一种建立在Internet基础上的泛在网络,其技术的基础和核心是Internet,它通过各种有线和无线网络与Internet融合,各种类型的感应器定时采集的物体的海量信息通过网络传输,为了保障数据的正确性和及时性,必须适应各种异构网络和协议。

(2) 识别与通信特征。纳入物联网的"物"一定要具备自动识别与物物通信(M2M)的功能,物联网中广泛应用各种感知技术,在各种终端设备和设施中嵌入多种类型的感应器,每个感应器都是一个信息源,不同类别的感应器所捕获的信息内容和信息格式不同。

(3) 智能化特征。物联网将传感器与人工智能技术相结合,利用模式识别、云计算、深度学习等智能技术,从传感器获得的海量信息中分析、加工和处理出有意义的数据,网络系统具有自动化、自我反馈与智能控制的特点,以适应不同应用领域和应用模式的需求。

3. 物联网的发展

1999 年在美国召开的移动计算和网络国际会议上,MIT Auto-ID 中心的 Ashton 教授最早提出了物联网的概念,给出了将物品编码、射频识别技术和 Internet 技术相结合的解决方案,构造了一个实现全球物品信息实时共享的实物 Internet(简称物联网)。会议还指出"传感网是 21 世纪人类面临的又一个发展机遇"。

2003 年美国《技术评论》提出传感网络技术将是未来改变人们生活的十大技术之首。2005 年 11 月 17 日,在突尼斯举行的信息社会世界峰会(WSIS)上,国际电信联盟(ITU)发布《ITU Internet 报告 2005:物联网》,其中引用了"物联网"的概念,扩大了物联网的定义和范围,不再只是指基于 RFID 技术的物联网。2008 年后,为了促进科技发展,寻找经济新的增长点,各国政府开始重视下一代的技术规划,将目光放在了物联网上。2009 年美国将新能源和物联网列为振兴经济的两大重点。

在我国,物联网受到了全社会极大的关注。早在 1999 年就启动了物联网核心技术传感网的研究,研发水平位居世界前列。2009 年,物联网被正式列为国家五大新兴战略性产业之一,写入了《政府工作报告》。在新一代信息技术产业发展"十二五"规划中,物联网规划作为其中的重要组成部分而备受关注。规划要求大力开展物联网关键技术的研发和应用系统的工程实施,并且确定智能电网、智能交通、智能物流、智能家居、环境与安全检测、工业与自动化控制、医疗健康、精细农牧业、金融与服务业、国防军事等作为物联网应用的重点领域,要求建成若干个面向物联网应用的示范工程和示范城市。

8.8.2 物联网的组成

从技术架构上来看,物联网由以下 3 层组成。

1. 感知层

感知层由各种传感器以及传感器网关构成,包括温度传感器、湿度传感器、二氧化碳浓度传感器、二维码标签、RFID 标签和读写器、摄像头、GPS 等感知终端。感知层的主要功能是识别物体,采集信息。相当于人的眼、耳、鼻、舌和皮肤中的神经末梢。

2. 网络层

网络层由 Internet、各种私有网络、有线和无线通信网、网络管理系统和云计算平台等组成,其主要功能是负责传递和处理感知层获取的信息,相当于人的神经中枢系统。

3. 应用层

应用层是物联网和用户(包括人、组织和其他系统)的接口,其主要功能是根据行业特点,借助 Internet 技术手段,将物联网的优势与行业的生产经营、信息化管理、组织调度结合起来,形成各类的物联网解决方案,构建智能化的行业应用。

8.8.3 物联网的相关技术

物联网技术的涉及面很广,下面分别概要介绍在感知层、网络层和应用层中采用的相关技术。

1. 感知层的相关技术

感知层的相关技术主要包括传感器技术、射频识别技术、二维码技术、微机电系统和 GPS 技术等。

(1) 传感器技术:传感器是能感受规定的被测量件并且按照一定的规律(数学函数法则)转换成可用信号的器件或装置,通常由敏感元件和转换元件组成。敏感元件根据其基本感知功能,可以分为热敏、光敏、气敏、力敏、磁敏、湿敏、声敏、放射线敏感、色敏和味敏等十大类元件。转换元件是将一种能量转换成另一种形式能量的元件。根据传感器采用的敏感元件和转换元件的不同,可以构成各种用途的传感器。传感器的功能与人类五大感觉器官类似:光敏传感器类似于人的视觉、声敏传感器类似于人的听觉、气敏传感器类似于人的嗅觉、化学传感器类似于人的味觉、温敏和压敏等传感器类似于人的触觉。微型无线传感技术以及按该技术构造的传感网是物联网感知层的重要技术手段。

(2) 射频识别技术:射频识别(radio frequency identification,RFID)技术是 20 世纪 90 年代兴起的一种非接触自动识别技术。它可以利用射频信号及其空间耦合和传输特性,对静止或移动物体进行自动识别。一个完整的 RFID 系统的硬件通常由射频标签、读写器、读写器天线和计算机等组成。在物联网中,RFID 标签中存储着规范而具有互用性的信息,通过无线数据通信网络把它们自动采集到中央信息系统,结合已有的网络技术、数据库技术、中间件技术等,构筑一个由大量联网的阅读器和无数移动的标签组成的庞大物联网,实现物品(商品)的识别,进而通过开放性的计算机网络实现信息交换和共享,实现对物品的智能管理。

(3) 微机电系统:微机电系统(micro electro-mechanical systems,MEMS)是指利用大规模集成电路制造工艺,经过超精细加工得到的微型传感器、执行器、信号处理和控制电路、接口电路、通信部件和电源组成的微型机电系统。该技术在物联网等领域已广泛应用。

(4) GPS 技术:如前所述,GPS 即全球定位系统,它作为移动感知技术,是物联网延伸到移动物体采集移动物体信息的重要手段,也是智能物流、智能交通等领域的重要技术。

2. 网络层的相关技术

网络层的相关技术主要包括无线传感器网络技术、无线保真技术、通用分组无线服务、4G/5G 移动通信技术等。

(1) 无线传感器网络(wireless sensor network,WSN)技术:WSN 的基本功能是将一系列空间分散的传感器单元通过自组织的无线网络进行连接,从而将各自采集的数据通过无线网络进行传输汇总,以实现对空间分散的物理或环境状况的协作监控,并且根据这些信息进行相应的分析和处理。WSN 技术涉及物联网的 3 个层面,是结合了传感器、通信、计算 3 项技术的一门新兴技术。

(2) 无线保真(wireless fidelity,Wi-Fi)技术:Wi-Fi 技术是一种基于接入点(access point)的短距离无线网络技术。由于 Wi-Fi 具有传输速度高、电波覆盖范围广、可提供无线宽带服务等优点,所以在无线局域网等领域具有较为广阔的应用前景。

(3) 通用分组无线服务(general packet radio service,GPRS):GPRS 是一种基于 GSM 移动通信网络的数据服务技术,提供端到端、广域的无线 IP 连接,目前在物联网领域已有应用。

(4) 4G/5G 移动通信技术:4G 是英文 the 4rd generation 的缩写,指第四代移动通信技术,该技术包括 TD_LTE 和 FDD_LTE 两种制式。4G 通信技术将是继第三代移动通信技术以后的又一次无线通信技术演进,其目标是进一步提高移动装置无线访问互联网的速度,集成不同模式的无线通信,而且可以传送高分辨率的电影和电视节目,从而实现广播、电视和通信的三网融合。

5G Wi-Fi(802.11ac)是指运行在 5GHz 无线电波频段且采用 802.11ac 的 Wi-Fi。值得注意的是,运行在 5GHz 频段的还有 802.11a 和 802.11n(同时运行在 2.4GHz 和 5GHz 双频段),业界认为 5G Wi-Fi 的最低速度是 433Mbps,这至少是现在 Wi-Fi 的 3 倍,一些高性能的 5G Wi-Fi 速度能达 1Gbps。

可以通过以下方式提高传输速率:

① 增加频谱利用率。该方式主要技术是改变调制方式,通过操纵无线电波的幅度和相位产生更多的载波状态数量,即一个码元(symbol)代表的信息量(比特数)增加,其缺点是每个码元状态之间的间距变小,抗干扰能力变弱,误码率提高。

② 增加频谱带宽。在频谱利用率不变的情况下,利用带宽翻倍则可以实现传输速率的翻倍,为此,该领域主要解决难题是寻找频段有限的频谱资源。

3. NB-IOT

物联网的无线通信技术主要分为两类:一是 ZigBee、Wi-Fi、蓝牙、Z-wave 等短距离通信技术;二是低功耗广域网(low-power wide-area network,LPWAN)。

LPWAN 又可以分为两种:一种是工作于开放频谱的 LoRa、Sigfox 等技术;另一种是工作于授权频谱下,3GPP 支持的 2/3/4G 蜂窝通信技术,例如 NB-IOT、LTE Cat_m 及 EC_GSM。目前比较流行的窄带物联网(narrow band-Internet of things,NB-IOT)技术,聚焦于低功耗广覆盖物联网市场,它使用授权频谱,可采取带内、保护带或独立载波 3 种部署方式与现有网络共存。

8.8.4 物联网的应用模式与在我国的应用现状

1. 物联网的应用模式

根据物联网应用系统的实际用途,可以归结为以下 3 种基本应用模式。

(1) 对象的智能标签:通过二维码、RFID 等技术标识特定对象的属性,属性包括静态和动态的属性,静态属性可以直接存储在标签中,动态属性需要由传感器实时采集。通过智能标签还可以用于获得对象物品所包含的扩展信息。例如,智能卡上的金额余额,二维码中所包含的网址和名称,等等。

(2) 环境监控和对象跟踪:利用多种类型的传感器和分布广泛的传感器网络,可以实现对某个对象实时状态的获取和特定对象行为的监控。例如,使用分布在市区的各个噪音探头监测噪声污染,使用二氧化碳传感器监控大气中二氧化碳的浓度,使用 GPS 标签跟踪车辆位置,通过交通路口的摄像头捕捉实时交通流量,等等。

(3) 对象的智能控制:物联网基于云计算平台和智能网络,可以依据传感器网络获取的数据进行决策,对事务的行为进行控制和反馈。例如,根据光线的强弱调整路灯的亮度,根据车辆的流量自动调整红绿灯间隔,等等。

2. 物联网在我国的应用现状

物联网作为新一代信息技术的重要组成部分,已经列入国务院确定的首批加快培育的战略性新兴产业。我国物联网的发展受到各界广泛的关注和重视,促进了物联网产业的快速发展。

物联网在我国的应用现状从 2011 年 10 月在江苏无锡市举办的"第二届中国国际物联网(传感网)博览会"可见一斑。该博览会由中国工业和信息化部、国家发展和改革委员会、科学技术部等 6 家单位联合主办,主题为"应用,让物联网从概念走向现实!",旨在通过博览会平台,及时推广物联网行业优秀示范经验,探索物联网产业发展新路径,从而推动中国物联网产业发展。博览会期间,200 余家涵盖了物联网设备制造、软件产品开发、系统集成等领域的企业和研究机构,集中展示了物联网产业链各个关键环节的国内外新技术、新产品和新的解决方案,尤其是物联网技术在工业、农业、电力、交通、物流、水利、安保、教育、食品、医疗等领域的应用。会议重点聚焦智能工业、智能交通、智能电网、智能城市安全与管理、智能家居、智能建筑、智能医疗、智能环境监测、智能物流等主要应用领域,以及与物联网相关的云计算、移动互联网、RFID、二维码、传感器、系统集成等技术领域。

目前,我国各相关部门和企业正在进一步完善中国物联网长远发展规划,突破物联网关键核心技术,重点发展高端传感器和 RFID 中间件产业,加快相关标准的制定,研发和推广应用技术,推动我国物联网产业迈向新的阶段。

8.9　企业内部网和外联网

近年来,许多企业都在使用 Internet 推出产品和服务客户。Internet 和 Web 是提高知名度、接近大众的功能强大且容易使用的工具。可以使用 Internet 技术,在企业内部连接雇员和其他部门,这种网络被称为内部网(Intranet)和外联网(Extranet)。

8.9.1　内部网

建立在 TCP/IP 标准协议基础上的 Internet,能把遍布世界的各种型号的计算机有效地连通起来。尤其是 Web 技术的出现,使得用户只需借助于单一的浏览工具就能在相应的主页上查找到所需的信息资源,而不用关心它们究竟存放在什么地方或哪台机器上。Internet 的应用同样也冲击着企业的计算机应用,人们发现 TCP/IP 和 Web 等技术,也可用于企业内部信息网的建设,这就是这几年来发展迅速的企业内部网。

Internet 是公众网络,而内部网则是一个组织内部的私有网络,它表示在特定机构范围内使用的 Internet。这个机构的范围小到一个部门或小组,大到一个跨国企业集团。它们在地理位置上也不一定是集中的或只限定在一定范围的地域内。所谓"内部",只是针对这个机构职能而言的一个逻辑概念。

内部网通常采用的标准是 Internet 协议(如 TCP/IP 和 HTTP),并且其体系结构采用客户/服务器模式。服务器一端是一组 Web 服务器,用于存放可在内部网上共享的 HTML 信息和其他应用。客户端则是安装有浏览器的性能较低的微型计算机。使用时,用户通过浏览器以 HTTP 协议提出存取请求,Web 服务器将结果回送到客户端,然后显示。目前大多数内部网包含不止一个 Web 服务器,这些服务器包含企业全局和局部的方方面面的信息。

8.9.2 外联网

内部网使得企业内部的信息化运作效率得到了很大的提高,而如果企业之间要进行互访,则需要外联网。在过去的几年中,外联网已成为各企业为外部合作伙伴开放其内部网的一种方法。建立在开放的、公共的 Internet 标准上的内部网,能使各单位快速使用内部应用程序,而无须高成本的专线实施方案。

可以这样认为,Internet 提供了一个广阔的计算机网间网互联的天地,内部网将 Internet 局限在一个企业内部,而外联网则是两者功能的折中。通过外部网可以与公司经常需要联络的企业或客户,以及远程的用户成员保持联系。

8.10 集群与网格技术

高性能计算机系统主要是通过并行处理技术来提高性能的。并行处理技术的研究已经有相当长的时间了,其中一个主要的成果反映在并行机的体系结构上,主流的并行机体系结构可以分为 3 类:向量处理机、单指令多数据(SIMD)计算机以及多指令多数据(MIMD)计算机。

所谓分布式计算是一门计算机学科,它研究如何把一个需要非常巨大的计算能力才能解决的问题分成许多小的部分,然后把这些部分分配给许多计算机进行处理,最后把这些计算结果综合起来得到最终的结果。

分布式系统(distributed system)是建立在网络之上的软件系统。正是因为软件的特性,所以分布式系统具有高度的内聚性和透明性。因此,网络和分布式系统之间的区别更多的在于高层软件(特别是操作系统),而不是硬件。

8.10.1 集群系统

在超级计算机系统中集群技术的采用越来越普遍,可见集群技术的强大威力。事实上,不仅是在超级计算机,集群技术也同时在向服务器的较低端市场——以 PC 服务器为主的企业局域网应用扩展。

集群技术可定义为:一组相互独立的服务器在网络中表现为单一的系统,并以单一系统的模式加以管理。此单一系统为客户工作站提供高可靠的服务。

大多数模式下,集群中所有的计算机拥有一个共同的名称,集群内任一系统上运行的服务都可被所有的网络客户使用。集群技术必须能够协调管理各分离的组件的错误和失败,并可透明地向集群中加入组件。

一个集群系统包含多台(至少两台)拥有共享数据存储空间的服务器。任何一台服务器运行一个应用时,应用数据被存储在共享的数据空间内。每台服务器的操作系统和应用程序文件存储在其各自的本地存储空间上。

集群系统内各结点服务器通过一个内部局域网相互通信。当一台结点服务器发生故障时,这台服务器上所运行的应用程序将在另一结点服务器上被自动接管。当一个应用服务发生故障时,应用服务将被重新启动或被另一台服务器接管。当以上任一故障发生时,客户将能很快连接到新的应用服务上。

8.10.2　网格

简单地讲,网格是把整个 Internet 整合成一台巨大的超级计算机,实现计算资源、存储资源、数据资源、信息资源、知识资源、专家资源的全面共享。当然,网格并不一定非要这么大,也可以构造地区性的网格,例如企事业内部网格、局域网网格,甚至家庭网格和个人网格。事实上,网格的根本特征是资源共享而不是它的规模。

也有人把网格看成是未来的互联网技术。国外媒体常用"下一代 Internet""Internet2""下一代 Web"等词语来称呼与网格相关的技术。简单地讲,传统 Internet 实现了计算机硬件的连通,Web 实现了网页的连通,而网格试图实现互联网上所有资源的全面连通。归纳起来,网格具有如下特性:

(1) 网格是建立在 Internet 和 Web 基础上的,不会替代它们。Internet 的出现,将独立的计算机个体联成网络,但是它没有办法共享其他机器的资源。Web 的兴起是通过网页的方式连接起来的,计算机可以做包括电子商务在内的更多事情。但是,各行业在应用层面上的互联互通远远没有实现,计算机的使用也远不如电话方便。而网格将能实现应用层面上的互联互通,即用户使用层面上的互联互通。

(2) 网格可以实现全面的资源共享。

(3) 网格采用的是国际标准,标准化意味着网格可以使接入设备像电话一样易用。

(4) 网格使计算平台和技术发生变化。目前微型计算机和网络的运行主要基于微软的操作系统、Intel 的芯片、思科的网络设备等。网格的应用会改变计算平台,带动网络界发展。这是一个新的计算平台。平台使用模式改变了,平台也改变了,就会涌现大量的新产品和各种利用这些技术提供各类服务的新模式,包括新的技术模式和商业模式。

8.10.3　云技术

云计算(cloud computing)是分布式处理、并行处理、网格计算、网络存储、虚拟化等传统计算机和网络技术发展融合的产物,而提供云计算的服务可以理解为云服务。

云服务可以将用户/企业/政府等所需的软硬件资源、资料等都放在网络上,在任何时间、任何地点使用各种 IT 终端互相连接,实现数据的存取、处理等目的。

云计算一般分为 3 级:基础设施服务(infrastructure as a service,IaaS)、平台服务(platform-as-a-service,PaaS)以及软件服务(software-as-a-service,Saas)。IaaS 也称为 hardware-as-a-service,云计算平台提供场外服务器、存储、网络硬件及其虚拟化给用户;PaaS 是面向软件开发者的服务,云计算平台除提供 IaaS 内容外,还提供操作系统、编程语言、开发库、部署工具等,帮助开发者更快地开发软件服务;Saas 是面向软件消费者的,用户无须安装,可以通过标准互联网工具,即可使用云计算平台提供的应用软件获得。

本 章 小 结

计算机网络是一种新的知识媒体,人们不仅可以从网络上获得各种各样的信息资源,而且还可以在网上办公、发布文件、发送 E-mail 以及处理商业活动等。本章初步介绍了计算机网络的概念及其应用。特别描述了 Internet 的有关技术、各种应用及其相关工具软件,以及物联网与云计算的集群和网格技术。后续课程将学习计算机网络硬件的组成和网络操作系统涉及的 ISO 协议和 TCP/IP 协议,同时掌握网络软硬件的安装、设置以及最新发展的网络新应用和新技术,例如多媒体网络、网络安全、电子商务以及 ADSL、蓝牙通信等宽带和无线接入技术等。

1997 年图灵奖获得者——Douglas Engelbart Douglas Engelbart(道格拉斯·恩格尔巴特)生于 1925 年,1948 年在美国俄勒冈州立大学获得学士学位,1956 年在加州大学伯克利分校取得电气工程/计算机博士学位。毕业后到著名的斯坦福研究所 SRI 工作。1989 年,他在硅谷创建 Bootstrap 研究所,并领导该研究所的研究工作至今。20 世纪 60 年代初,他提出了计算机是人类智力"放大器"的观点。1964 年,他发明鼠标成为替代键盘操纵计算机的方便工具,为交互式计算奠定了基础,被 IEEE 列为计算机诞生 50 年来最重大的事件之一。在 SRI 期间,Douglas Engelbart 积极参与和推动了美国国防部的 ARPANET 计划,并且是联网初期该计划的 13 个主要研究人员之一。Douglas Engelbart 在《放大人类智力》论文中,提出了概念框架 CoDIAK,即对知识进行合作开发、集成和应用的进一步延伸和发展。在这一宗旨下,他与研究所在近 10 年的时间里发明和创造了屏幕多窗口、互联超媒体、远程会议、在线出版等。他的许多创新,对当今的超文本系统做出了重大贡献。

习　题

一、简答题

1. 讨论 4 种经常使用的 Internet 服务。

2. 举例两种不同的搜索引擎,并说明它们主要的不同点。

3. 描述一些典型的 Web 使用程序以及它们怎样帮助进行网上浏览。

4. 讨论内部网和外联网的相同点和不同点。

5. 描述典型的在线服务,你使用过哪几个? 怎样使用的?

6. 说明终端、对等网络和客户/服务器系统的区别。

7. 说明单工、半双工和全双工通信的区别。

8. 讨论 4 种基本的网络拓扑逻辑。

9. 讨论 3 个常用的网络策略。

10. 列出影响数据通信的因素。

11. 什么是物联网? 物联网有哪些特征?

12. 物联网由哪几个层次组成? 各层次有哪些相关技术?

二、选择题

1. _____通信通道使用光脉冲传输数据。

A. 卫星　　　　　B. 电话线　　　　　C. 光缆　　　　　D. 同轴电缆

2. 网上交换数据的规则称作_____。

A. 协议　　　　　B. 通道　　　　　C. 配置　　　　　D. 异步传输

3. 在 E-mail 中下列_____提供邮件的主要内容。

A. 收件人地址　　B. 签名　　　　　C. 附件　　　　　D. 主题

4. Web 是由_____工具访问的。

A. 过滤器　　　　　B. 浏览器　　　　　C. 新闻组　　　　　D. 搜索引擎

三、上网练习

搜索

为了在 Web 上快速找到相关的信息,通过搜索引擎能获得预想的效果,也可能失败。每一搜索工具是一个独特的资源,掌握应该使用的搜索工具以及使用方法,能节省许多宝贵的时间。探究和学习更多不同的搜索工具和搜索技术。写一段文章,描述所学到的内容。

四、探索

1. 连通性选项。

你已经使用过哪一种连通选项?使用它们来干什么?什么时候使用它们?怎样使用它们?并且讨论它们的效率。另外哪些连通选项还没有使用过?描述可能使用它们的特殊场合,试举个人和企业使用的例子。

2. 家庭局域网。

当今,许多新的住宅设计有局域网或基于住宅的计算机控制系统。这些系统用来协调家庭中的电子设备,例如电话、加热设备、空调系统以及安全系统等。准备一个报告来描述这些系统,讨论它们是什么?它们能做什么?谁使用它们?谁制造它们?

3. 浏览和搜索 Internet。

使用 Internet 查找下列主题,记录找到信息站点的 URL,写下所浏览信息的简短描述。

① 伦敦的旅馆　　　　　　　　② 你所喜欢的电视节目之一的演员表

③ 这周的 MTV 新闻　　　　　　④ 选择职业的雇员机会

⑤ 蒙娜丽莎油画　　　　　　　⑥ 你所在城市的天气情况

4. 随着手机、PAD 等移动终端的普及,许多 App 也具备了某些专业性的检索功能,对许多行业,还增加了预定功能,请下载 TripAdvisor、Booking.com、爱彼迎等 App,描述一个旅行攻略。

第 **9** 章

软件工程

本章介绍软件工程中相关的概念和内容。通过本章的学习,理解软件工程和软件生存期的含义,了解软件开发的工程化方法,知道软件开发的瀑布模型、渐增模型、演化模型、螺旋模型、喷泉模型和智能模型。了解软件开发的工程化方法,特别对面向对象方法和软件复用技术应有比较深入的了解。了解软件过程工程和过程改进的概念,特别是对软件开发能力成熟度模型应有比较深入的了解。

9.1 软件工程的概念

最初,编制程序完全是一种技巧,主要依赖于程序员的素质。考虑到研制一个软件系统特别是大型复杂的软件系统,同研制一台机器、一座楼房有许多共同之处,因此可以参考机械工程、建筑工程来处理软件研制的全过程。

1968 年,在北大西洋公约组织召开的学术会议上,软件工程(software engineering)作为一个概念首次被提出,并进行了讨论。这在软件技术发展史上是一件划时代的大事。其后的几十年里,有关软件工程的思想、方法和概念不断被提出,软件工程逐步发展成为一门独立的学科,被称为"软件工程方法学"或"软件工程学",软件工程的名称意味着用工业化的开发方法来替代小作坊式的开发模式。但是,几十年的软件开发和软件发展的实践证明,软件开发既不同于其他工业工程,也不同于科学研究。软件不是自然界的有形物体,它作为人类智慧的产物有其自身的特点。软件工程的方法、概念、目标等都在随着时间的推移而发展,认识和学习过去和现在的发展演变,真正掌握软件开发技术的成就,对进一步发展软件开发技术是有意义的。

9.1.1 为什么提出软件工程

软件工程的核心思想是把软件产品看作一个工程产品来处理。把需求计划、可行性研究、工程审核、质量监督等工程化的概念引入软件生产当中,以期达到工程项目的 3 个基本要素即进度、经费和质量的目标。同时,软件工程也注重研究不同于其他工业产品生产的独特特性,并针对软件的特点提出许多有别于一般工业工程技术的方法,例如结构化方法、面向对象方法和软件开发模型及软件开发过程等。从 20 世纪 40 年代起,人们从在 ENIAC 及 MARK-I 等计算机上编制程序,到软件工程术语提出时为止的 20 多年的时间里,对软件开发的理解就是编程序,且编程是在一种无序的、崇尚个人技巧的状态中完成的。与今天

的软件开发相比,那时的编程有以下特点:

(1) 软件规模相对较小,对软件的功能认识有限,所关心的是计算机硬件的发展。作为一个计算机专业人员,必须懂得计算机的结构。作为一个机构,其大量资金也用于计算机硬件开销上,软件只是作为展现其硬件性能的一种手段而投入少量资金。硬件性能从某种意义上左右着人们对软件的需求,速度低、存储量小的硬件只能支持简单、单一的软件应用。专业人员在考虑软件需求时,总是不自觉地在心中核算着硬件支持的可能性,这种现象从根本上阻碍了软件的广泛应用,从而限制了软件规模。

(2) 编程作为一门技艺,软件技术人员并不关心他人的工作,只关心自己的编程技巧,也无编程规范与标准,决定软件质量的唯一因素就是该编程人员的素质,时间进度也是如此。

(3) 缺少有效方法与软件工具的支持。在当时几乎谈不上有效的编程方法,使用最多的只是简单的控制流程图。

(4) 由于重视个人的技能,再加上软件开发过程能见度低,许多管理人员甚至根本不知道软件技术人员究竟做得如何。而且,一旦需要修改,就需要原编程人员进行修改。这使得软件开发后的维护工作很难进行。

进入 20 世纪 60 年代,国外在开发一些大型软件系统时,遇到了许多困难,有些系统彻底失败了;有些系统虽然完成了,但比原定计划推迟了好几年,而且费用大大超过了预算;有些系统未能圆满地符合用户当初的期望;有些系统则无法进行修改维护。这是由于大型软件系统大大增加了软件复杂性,软件规模的增加使得技术复杂性和管理复杂性呈指数上升。

20 世纪 60 年代末期所发生的软件危机,体现在软件可靠性没有保障、软件维护费用不断上升、进度无法预测、成本增长无法控制、程序人员无限度地增加等各个方面,以致形成人们难以控制软件开发的局面。软件开发工程化的要求迫在眉睫,于是软件开发工程化的概念和方法应运而生。

9.1.2　什么是软件工程

1968 年提出的软件工程术语,其概念是模糊的,也没有给出明确的定义和内涵,软件工程还只是看不清具体形态与内涵的一个术语。从此,人们对于软件开发是否已符合工程化思想以及软件工程作为一门学科有何自身特点等问题展开了广泛的讨论与研究,并形成了对软件工程各种各样的定义。目前认可的一种定义认为:软件工程是研究和应用如何以系统性的、规范化的、可定量的过程化方法去开发和维护软件,把经过时间考验而证明正确的管理技术和当前能够得到的最好的技术方法结合起来。事实上,对软件工程内容的理解是逐步深入的,发展到今天,软件工程已是一门交叉性学科,它是解决软件问题的工程,对它的理解不应是静止的与孤立的,软件工程是应用计算机科学、数学及管理科学等原理,借鉴传统工程的原则、方法来创建软件,从而达到提高质量、降低成本的目的。其中,计算机科学和数学用于构造模型、分析算法,工程学用于制定规范、明确样例、评估成本、确定权衡,管理科学用于进度、资源、质量、成本等的管理。对于软件工程所包含的内容,也不是一成不变的,随着人们对于软件系统的研制开发和生产的理解,也应该用发展的眼光来看待它。只有这样才能客观、公正地反映出它的内涵和外延。

软件工程的目标是明确的,就是研制开发与生产出具有良好的软件质量和费用合理的产品。费用合理是指软件开发运行的整个开销能满足用户要求的程度,软件质量是指该软件能满足明确的和隐含的需求能力的有关特征和特性的总和。软件质量可用 6 个特性来评价,即功能性、可靠性、易使用性、有效性、可维护性和易移植性。

软件工程的基础是一些指导性的原则,到目前为止已提出了 4 条基本原则:其一,必须认识软件需求的变动性,并采取适当措施来保证结果产品能忠实地满足用户要求。其二,采用稳妥的设计方法能大大方便软件开发,以达到软件工程的目标。要做到这一点,软件工具与环境对软件设计的支持很重要。其三,软件工程项目的质量与经济开销直接取决于对工程提供支撑的质量与效用。其四,有效的软件工程只有在对软件过程进行有效管理的情况下才能实现。

事实上,人们对软件工程的认识是随着科学技术的发展而不断发展、完善的。

过去常把软件开发理解为"编程序"。为了保证软件的质量,需要重新给出"软件"这个词的新定义,软件是程序以及开发、使用和维护程序所需的所有文档,即:软件=程序+文档。为此,在软件开发过程中,及时地按照一定准则产生各种文档是软件开发工作的有机组成部分,必须给予重视。

9.1.3　软件生存周期

既然软件不再仅指程序,那么软件开发也不仅是"编程序"了,其含义也需要相应地扩充,因此有必要说明"软件生存周期"这一概念。

在一般工程中,各种有形产品都存在生存周期,它要经过分析、设计、实现、运行等几个阶段。同样地,为了用工程化方式有效地管理软件的全过程,软件生存周期也可以划分为几个阶段。由此逐步形成"软件生存周期"的概念,即它是一个从用户需求开始,经过开发、交付使用,在使用中不断地增补、修订,直至让位于新的软件的全过程。简言之,软件生存周期就是软件产品的一系列相关活动的全周期。软件生存周期是指软件产品从考虑其概念开始,到该软件产品不再能使用为止的整个时期。一般包括概念阶段、需求阶段、设计阶段、实现阶段、测试阶段、安装阶段以及交付使用阶段、运行阶段和维护阶段。从经济学的意义上讲,考虑到软件庞大的维护费用远比软件开发费用要高,因而开发软件不能只考虑开发期间的费用,而且应考虑软件生存期的全部费用。因此,软件生存期的概念就变得特别重要。

9.2　软件开发模型

在整个软件开发的发展过程中,为了要从宏观上管理软件的开发和维护,就必须对软件的发展过程有总体的认识和描述,即要对软件过程建模。几十年来,软件开发生存周期模型的发展有了很大变化,提出了一系列的模型以适应软件开发发展的需要。软件开发模型可定义为:它是软件开发全部过程、活动和任务的结构框架。软件开发模型能清晰、直观地表达软件开发全过程,明确规定了要完成的主要活动和任务,用来作为软件项目开发工作的基础。不同的软件系统,采用不同的开发方法,使用不同的程序设计语言,以及利用各种不同技能的人员,采取不同的管理方法和手段,等等,它还应允许采用不同的软件工具和不同的软件工程环境。本节简要介绍软件开发的模型。

9.2.1 瀑布模型

瀑布模型(waterfall model)是 1970 年 Winston Royce 提出的最早出现的软件开发模型。它将软件开发过程中的各项活动规定为依固定顺序连接的若干阶段工作,形如瀑布流水,最终得到软件系统或软件产品。它将软件开发过程划分成若干个互相区别而又彼此联系的阶段,每个阶段中的工作都以上一个阶段工作的结果为依据,同时为下一个阶段的工作提供前提。可以把瀑布模型的全过程归结为:制订计划、需求分析和定义、软件设计、程序编写、软件测试、运行和维护 6 个步骤(见图 9-1)。瀑布模型规定了上述 6 个工程活动,并规定了它们自上而下、相互衔接的固定次序,如同瀑布流水,逐级下落。然而,软件开发的实践表明,上述各项活动之间并非完全是自上而下,呈线性图式。实际情况中,每项开发活动大都具有以下特点:

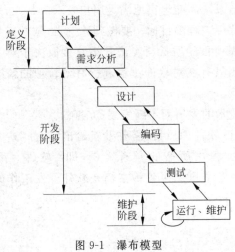

图 9-1 瀑布模型

(1) 从上一项开发活动接受该项活动的工作对象,作为输入。

(2) 利用这一输入,实施该项活动应完成的工作内容。

(3) 给出该项活动的工作成果,作为输出传给下一项开发活动。

(4) 对该项活动的实施工作成果进行评审。若其工作成果得到确认,则继续进行下一项开发活动,如图 9-1 中的向下箭头所表示;否则,返回前一项,甚至更前项的活动。

20 多年来瀑布模型广泛流行,这是由于它在支持开发结构化软件、控制软件开发复杂度、促进软件开发工程化方面起到了显著作用;由于它为软件开发和维护提供了一种当时较为有效的管理模式,根据这一模式制订开发计划,进行成本预算,组织开发人员以阶段评审和文档控制为手段,有效地对软件开发过程进行指导,从而对软件质量有一定程度的保证。我国曾在 1988 年依据该开发模型制定并公布了"软件开发规范"国家标准,对软件开发起到了促进作用。

瀑布模型在实践中也暴露了它的不足和问题,由于是固定的顺序,前期阶段工作中所造成的差错越拖到后期阶段则造成的损失和影响越大,为了纠正它而花费的代价也越高。

9.2.2 渐增模型

渐增模型(incremental model)又称有计划的产品改进型,它从一组给定的需求开始,通过构造一系列可执行中间版本来实施开发活动。第一个中间版本纳入一部分需求,下一个中间版本纳入更多的需求,以此类推,直到系统完成。每个中间版本都要执行必要的过程、活动和任务。

这种模型在开发每个中间版本时,开发过程中的活动和任务顺序地或部分平行地使用。当相继中间版本在部分并行开发时,开发过程中的活动和任务可以在各中间版本间平行地采用。

9.2.3 演化模型

演化模型(evolutionary model)主要针对事先不能完整定义需求的软件项目开发。许多软件开发项目由于人们对软件需求的认识模糊,很难一次开发成功,返工再开发难以避免。为此,对需要开发的软件给出基本需求,进行第一次试验开发,其目标仅在于探索可行性和弄清需求,取得有效的反馈信息,以支持软件的最终设计和实现。通常把第一次试验性开发出的软件称为原型(prototype)。这种开发模型可以减少由于需求不明给开发工作带来的风险,有较好的效果。

演化模型有多种形式。"丢弃型"方式为当原型开发后,已获得了更为清晰的需求反馈信息,原型无须保留而丢弃,开发的原型仅以演示为目的,它往往用在软件的用户界面的开发上;"样品型"方式为原型规模与最终产品相似,只是原型仅供研究用;"渐增式演化型"把原型作为最终产品的一部分,它可满足用户的部分需求,经用户试用后提出精化系统,增强系统能力的需求,开发人员根据反馈信息,实施开发的迭代过程。如果一次迭代过程中,有些需求还不能满足用户的要求,可在下一迭代中予以修正,当实现了所有用户需求后软件才可最终交付使用。图 9-2 是演化模型的例子。

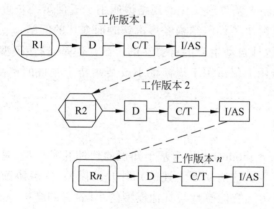

R: 需求 D: 设计 C/T: 编码/测试 I/AS : 安装和验收支持

图 9-2 演化模型示例

9.2.4 螺旋模型

螺旋模型(spiral model)是由 TRW 公司的 B. Boehm 于 1988 年提出的,螺旋模型将瀑布模型和演化模型结合起来,并且强调其他模型均忽略了的风险分析。

螺旋模型更适合于大型软件的开发,应该说它对于具有高度风险的大型复杂软件系统的开发是较为实际的方法。该模型通常用来指导大型软件项目的开发,它将开发划分为制订计划、风险分析、实施开发和客户评估 4 类活动。沿着螺旋线每转一圈,表示开发出一个更完善的新的软件版本,如果开发风险过大,开发机构和客户无法接受,项目有可能就此终止;多数情况下,会沿着螺旋线继续下去,自内向外逐步延伸,最终得到满意的软件产品。

9.2.5　喷泉模型

喷泉模型(fountain model)是由 B. H. Sollers 和 J. M. Edwards 于 1990 年提出的一种新开发模型。喷泉模型主要用于采用对象技术的软件开发项目,喷泉一词本身就体现了迭代和无间隙的特性。软件的某个部分常常被重复使用多次,相关对象在每次迭代中随之加入渐进的软件成分。无间隙指在各项活动之间无明显边界,例如分析和设计活动之间没有明显的界线。由于对象概念的引入,表达分析、设计、实现等活动只用对象类和关系,从而可以较为容易地实现活动的迭代和无间隙,使其开发自然地包括复用。

9.2.6　转换模型

转换模型的主要思想是用形式化的方法自动生成程序,转换的主要步骤如下:
(1) 采用形式化的规格说明书。
(2) 通过自动系统自动地变换成代码。
(3) 必要时进行优化,改进性能。
(4) 交付用户使用。
(5) 根据使用的经验来调整形式化的规格说明书。返回第一步重复整个过程。

转换模型的优点是解决了代码结构经多次修改而变坏的问题;减少了许多中间步骤,如设计、编码、测试等,是软件自动生产的有意义的尝试。但是,转换模型仍有较大的局限性。

自动转换在实际应用上仅适用于规模很小或某些特定领域的产品。另外,它还需要庞大的支持体系。

9.2.7　智能模型

智能模型(intelligent model)也称为基于知识的软件开发模型,是知识工程与软件工程在开发模型上结合的产物。它有别于上述的几种开发模型,并可协助软件开发人员完成开发工作。图 9-3 充分表示了智能模型与其他模型的不同,它的维护并不在程序一级上进行,这样可以大大降低问题的复杂性,从而可以把精力更多集中于具体描述的表达上,即维护在功能规约一级进行。具体描述可以使用形式功能规约,也可以使用知识处理语言描述等,由于要将规则和推理机制应用到开发模型中,所以必须建立知识库,将模型本身、软件工程知

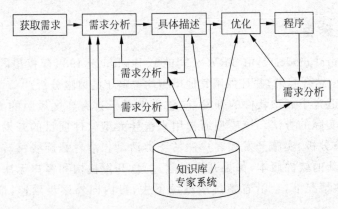

图 9-3　智能模型

识和特定领域的知识分别存入知识库,由此构成某一领域的软件开发系统。

9.3　软件开发方法

由于软件和程序是两个不同的概念,因此软件开发方法与程序设计方法也是不同的概念。

软件开发方法有些是针对某一活动的,属于局部性的软件开发方法。但实践证明,针对分析和设计活动的软件开发方法更为重要。除此之外,还有覆盖开发全过程的全局性方法,这是人们注意的重点。

如何评价一种具体的软件开发方法?一般地说,要看下面4个方面的特征。

(1) 技术特征:即支持各种技术概念的方法特色,如层次性、抽象性、并行性、安全性、正确性等,抽象性包括数据抽象和过程抽象。

(2) 使用特征:即用于具体开发时的有关特色,如易理解性、易转移性、易复用性、工具的支持、任务范围、使用的广度、活动过渡的可行性、产品的易修改性、对正确性的支持等。

(3) 管理特征:即增强对软件开发活动管理的能力方面的特色,如易管理性、支持或阻碍集体工作的程度、中间阶段的确定、工作产物、配置管理、阶段结束准则、费用估计等。

(4) 经济特征:即软件机构产生的在质量和生产力方面的可见效益,如分析活动的局部效益、全生存周期效益、获得该开发方法的代价、使用它的代价、管理的代价等。

不管如何评价,一切方面都好的开发方法并不存在;反之,也没有一种开发方法能适合所有软件开发之需。本节所介绍的几种方法是在各个时期典型的方法。

9.3.1　模块化方法

把一个待开发的软件分解成若干较为简单的部分,这些简单的部分称为模块(modules),每个模块分别独立地开发、测试,最后再组装出整个软件。这种开发方法是对待复杂事物的"分而治之"的一般原则在软件工程领域的具体体现,即将软件开发的复杂性在分解过程中降低。因此,系统如何分解成模块和模块设计的规则成为模块化方法的关键。

把系统分解成模块,应遵循以下规则:

(1) 在一个模块内部体现最大程度的关联,只实现单一功能的模块具有这种特性。

(2) 最低的耦合度,即不同的模块之间的关系尽可能弱。

(3) 模块的层次不能过深,一般应尽量控制在7层以内。

(4) 接口清晰,信息隐蔽性好。

(5) 模块大小适度。

(6) 尽量采用已有的模块,提高模块复用率。

9.3.2　结构化方法

结构是指系统内各组成要素之间的相互联系、相互作用的框架。结构化方法就是强调结构的合理性以及所开发的软件的结构合理性,由此提出了一组提高软件结构合理性的准则,如分解和抽象、模块的独立性、信息隐蔽等。针对不同的开发活动,有结构化分析、结构化设计、结构化编程和结构化测试。

结构化分析方法给出一组帮助系统分析人员产生功能规约的原理和技术。一般利用图形表示用户需求，以数据流图和控制流图为基础，伴以数据词典，并配上结构化语言、判定表和判定树等手段，从而达到为解决问题建立模型。

数据流图以图形的方式表达问题中信息的变换和传递过程。它有4个基本要素，即数据流、加工、文件、数据源（或数据宿主）。数据流由一组固定成分的数据组成，它有名字和流向；加工是对数据流的变换；文件是可储存的信息；数据源（或数据宿主）是存在于计算机系统之外的实体，分别表示数据处理过程的数据来源及数据去向。可以采用分层的数据流图来表示一个数据处理系统，以数据流图分解及抽象手段来控制需求分析工作的复杂性。

与数据流图配合使用的是数据词典，数据词典对数据流图中出现的所有数据元素给出逻辑定义，以使数据流图中的各要素得到确切的解释。

结构化分析的步骤如下：

（1）分析当前情况，做出反映当前物理模型的数据流图。

（2）推导出等价的逻辑模型的数据流图。

（3）设计新的逻辑系统，生成数据词典和基元描述。

（4）建立人机接口界面，提出可供选择的目标系统的物理模型数据流图。

（5）确定各种方案的成本和风险等级，据此对各种方案进行分析。

（6）选择一种方案。

（7）建立完整的需求规约。

结构化设计给出一组帮助设计人员在模块层次上区分设计质量的原理与技术，它通常与结构化分析衔接起来使用，以数据流图为基础得到软件模块结构。结构化设计方法适用于变换型结构和事务型结构的目标系统。在结构图中的模块以矩形表示，在矩形框内可以标以名字，模块间如有箭头或直线相连则表明它们之间有调用关系。对于两个处在不同位置的有调用关系的模块，通常把上面的称为调用模块，下面的称为被调用模块。调用线附近的小箭头表示模块调用时模块间的数据传送，小箭头的方向表示了传送的方向，也可用适当的名字来标识传送的数据。

9.3.3 面向数据结构方法

可以说，面向数据结构方法是结构化方法的变形，它注重数据结构而不是数据流。应用领域的信息域一般包括信息流、信息内容和信息结构等部分。在软件需求分析过程中，根据对信息域分析的侧重点不同，形成不同的开发方法。结构化方法以分析信息流为主，用数据流图来表示信息流；面向数据结构方法，是从数据结构方面分析，即分析信息结构，并用数据结构图（特指该类方法所用的图形描述工具，如 Jackson 结构图、Warnier 图）来表示，再在此基础上进行需求分析，导出软件的结构。

面向数据结构的开发方法包括分析和设计活动。由于一些应用领域的信息都有层次分明的信息结构，如输入数据、内部存储数据和输出数据都有层次性，因此在分析活动时可以用数据结构来分析和表示问题的信息域，在设计活动时，不同性质的数据结构可以用具有相应控制结构的程序来处理。例如，重复性数据可用循环控制结构的程序，选择数据可用具有条件控制结构的程序，因此可以把具有层次性的数据结构映射到结构化的程序。

面向数据结构方法很多，有 Warnier 法、Jackson 法和 DSSD（数据结构系统开发）方法等。

9.3.4 面向对象方法

在软件开发过程中把面向对象的思想运用其中并指导开发活动的系统方法称为面向对象方法(object-oriented method),简称 OO 方法。对象是由数据和允许的操作组成的封装体,与客观实体有直接的对应关系。所谓面向对象,就是基于对象概念,以对象为中心,以类和继承为构造机制,来认识、理解、刻画客观世界和设计、构建相应的软件系统。用面向对象方法开发的软件,其结构基于客观世界界定的对象结构,因此与传统的软件相比较,软件本身的内容结构发生了质的变化,其易复用性和易扩充性都得到了提高,而且能支持需求的变化。

1. 面向对象方法的历史

面向对象的方法起源于面向对象的编程语言。20 世纪 60 年代后期在 Simula-67 语言中出现了类和对象的概念,类作为语言机制用来封装数据和相关操作。20 世纪 70 年代后期,A. Kay 在 Xerox 公司设计出 Smalltalk 语言,奠定了面向对象程序设计的基础,1980 年 Xerox 公司推出了商品化的 Smalltalk-80,标志着面向对象的程序设计进入实用阶段。后来相继出现了一系列面向对象的编程语言,如 C++、Object-C、Clos、Eiffel 等。自 20 世纪 80 年代中期到 90 年代,面向对象方法的研究重点已经从语言转移到设计方法学方面,其中具有代表性的工作有:B. Henderson-Sellers 和 J. M. Edwards 提出的面向对象软件生存周期的“喷泉”模型以及面向对象系统开发的 7 点框架方法;G. Booch 提出的面向对象开发方法学;P. Coad 和 E. Yourdon 提出的面向对象分析(OOA)和面向对象设计(OOD);J. Rumbaugh 等提出的 OMT 方法学,等等。这些方法在具体表示上不够一致给使用者带来许多不便。统一建模语言(unified modeling language,UML)的出现,使面向对象技术领域内有了占主导地位的标准建模语言。由于过去数十种面向对象的建模语言都是相互独立的,UML 可以消除一些潜在的不必要的差异,以免用户混淆;其次,通过统一语义和符号表示,能够稳定面向对象技术市场,使项目植根于一个成熟的标准建模语言,从而可以拓宽所研制与开发的软件系统的适用范围,提高其灵活性。

2. 面向对象分析

面向对象分析是从问题陈述入手,分析和构造所关心的现实世界问题的模型,并用相应的符号系统表示,明确抽象目标系统必须做的事,而不是如何做。具体分析步骤如下:

(1) 确定问题域,包括定义论域、选择论域以及根据需要细化和增加论域。

(2) 区分类和对象,包括定义对象、定义类、命名。

(3) 区分整体对象及其组成部分,确定类的关系及结构,包括一般—具体结构、整体—部分结构、多重结构。

(4) 定义属性,包括确定属性、安排属性以及确定实例联结。

(5) 定义服务,包括确定对象状态、确定所需服务、确定消息联结。

(6) 确定附加的系统约束。

3. 面向对象设计

因为面向对象方法设计的软件系统结构本质上是并行的,并且突出相对稳定的数据结构,因此面向对象方法与传统的以功能分解为主的方法学的设计内容和步骤有所不同。具体设计步骤如下：

（1）应用面向对象分析对用其他方法得到的系统分析的结果进行改进和完善。

（2）设计交互过程和用户接口，包括描述用户及任务并根据需要分成子系统、把交互作用设计成类、设计命令层次、设计交互作用过程及接口并用相应符号系统表示。

（3）设计任务管理，包括根据前一步骤确定是否需要多重任务、确定并发性、确定以何种方式驱动任务、设计子系统及任务之间的协调与通信方式、确定优先级。

（4）设计全局资源协调，包括确定边界条件、确定任务或子系统的软硬件分配。

（5）设计类等，包括各个类的存储和数据格式、设计实现类所需的算法、将属性和服务加入到各个类的存储对象中、设计对象库或数据库。

4. 面向对象的实现

设计阶段所设计的对象和关联最终都必须用具体的编程语言或数据库实现。使用面向对象语言来实现面向对象设计相对比较容易，因为语言的构造与设计的构造是相似的，面向对象语言支持对象、运行多态性和继承。

在传统的面向功能的方法学中，强调的是确定和分解系统功能，这种方法虽然是目标的最直接的实现方式，但由于功能是软件系统中最不稳定、最容易变化的方面，因而获得的程序往往难于维护和扩充，面向对象方法首先强调认识来自应用域的对象，然后围绕对象设置属性和操作。用面向对象方法开发的软件，其结构源于客观世界稳定的对象结构，与传统软件相比，软件本身的内部结构发生了质的变化，易重用性和易扩充性都得到提高。围绕对象来组织软件和进行软件设计，可将现实世界模型直接自然地映射到软件结构中，可望从根本上解决软件的复杂性问题。并且基于这种新的软件结构，可使软件通过构造的方法自动生成，从而提高软件的生产率和质量。

总之，面向对象的开发方法不仅为人们提供了较好的开发风范，而且在提高软件的生产率、可靠性、易重用性、易维护性方面有明显的效果，已经成为当代计算机界最为关注的一种开发方法。

9.3.5 统一建模语言

由于出现了多种面向对象的方法，每种方法都有自己的表示法、过程和工具，甚至各种方法所使用的术语也不尽相同。这一现状导致开发人员经常为选择何种面向对象方法而引起争论，但是每种方法都各有短长，很难找到一个最佳答案，统一建模语言（UML）的初衷就是结束面向对象领域中的方法大战，该项工作在 1995 年至 1997 年取得了前所未有的进展，UML 在这个时期脱颖而出，形成了大家公认的一套建模方法。可以说，在世界范围内，UML 将是面向对象技术领域内占主导地位的标准建模语言。采用 UML 作为统一的建模语言的重要性还体现在，过去数十种面向对象的建模语言都是相互独立的，而 UML 可以消除潜在的不必要的差异，以免用户混淆；其次，通过统一语义和符号表示，能够稳定面向对象技术市场，使项目植根于一个成熟的标准建模语言，从而可以大大拓宽所研制与开发的软件系统的适用范围，并大大提高其灵活程度。

统一建模语言的内容以后还有比较详细的介绍，本节只介绍 UML 中最基本的 9 种图（diagram）的含义。

1. 用例图

用例图（use-case diagram）展示各类外部行为者与系统所提供的用例之间的连接。一个用例是系统所提供的一个功能（或者系统所提供的某一特定用法）的描述，行为者是指那些可能使用这些用例的人或外部系统，行为者与用例的连接表示该行为者使用了哪个用例。用例图给出了用户所感受到的系统行为，但不描述系统如何实现该功能。

2. 类图

类图（class diagram）展示了系统中类的静态结构，即类与类之间的相互联系。类之间有多种联系方式，例如，关联（相互连接）、依赖（一个类依赖或使用另一个类）、泛化（一个类是另一个类的特殊情况）或包（把若干个相关的类包装在一起作为一个单元，相当于一个子系统）等。一个系统可以有多张类图，一个类也可以出现在几张类图中。

3. 对象图

对象图（object diagram）是类图的实例，它展示了系统执行在某一时间点上的一个可能的快照。对象图使用与类图相同的符号，只是在对象名下面加下画线，同时它还显示了对象间的所有实例链接关系，如图 9-4 所示。

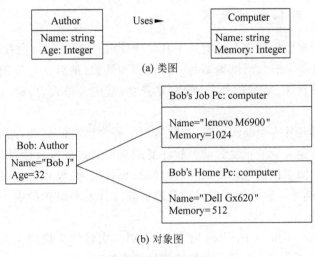

(a) 类图

(b) 对象图

图 9-4　类图和对象图

4. 状态图

状态图（state diagram）通常是对类描述的补充，它说明该类的对象所有可能的状态以及哪些事件将导致状态的改变。一个事件可以是另一个对象向它发送的一条消息，或者是满足了某些条件。状态的改变称为迁移（transition），一个状态迁移还可以有与之相关的动作，该动作指出状态迁移时应做什么。

5. 时序图

时序图（sequence diagram）展示了几个对象之间的动态协作关系，主要用来显示对象之间发送消息的顺序，还显示了对象之间的交互，即系统执行的某一特定时间点所发生的事。

6. 协作图

与时序图一样，协作图（collaboration diagram）也展示了对象间的动态协作关系，它除了说明消息的相互作用外，还显示出对象间的关系，通常可在时序图或协作图中选择一个来表示协作关系。协作图可画成对象图,图中的消息箭头表示对象间的消息流,消息箭头上可以附加标记,说明消息发送的顺序,还可显示条件、重复和回送值等。

7. 活动图

活动图(activity diagram)展示了连续的活动流,活动图通常用来描述完成一个操作所需要的活动。活动图由动作状态组成,它包含完成一个动作的活动的规约(即规格说明)。当一个动作完成时,将离开该动作状态活动图中的动作部分还可包括消息发送和接收的规约。

8. 构件图

构件图(component diagram)以代码构件为单位展示了代码的物理结构。UML 中的构件可以是源代码构件、二进制构件或可执行构件。

9. 部署图

部署图(deployment diagram)展示了系统中硬件和软件的物理结构,计算机和设备用结点表示,图中显示出它们之间的相互连接以及连接的方式,在结点内部可以分配可执行构件和对象,并表示这些构件和对象在这个结点上运行。

9.3.6 软件复用和构件技术

长期以来,由于多数软件都是针对某个具体的应用开发的,大量的软件开发都是从头开始,即从需求分析开始,经过设计、编写每一行代码和测试,最后交付使用,从而出现了大量的同类软件(如财务软件、MIS 软件等)的重复开发,造成大量人力、财力的浪费,而且软件的质量也不高。

然而,在工业界开发一个新产品时,往往使用了许多已有的部件,而不是什么都从头开始设计,这样可以避免大量的重复劳动。软件复用是指通过对已有软件的各种有关知识来建立新的软件,这些知识包括领域知识、开发经验、设计经验、设计决定、体系结构、需求、设计、编码、测试和文档等。软件复用的目的是降低软件开发和维护的成本,提高软件开发效率,提高软件的质量。

软件复用是 1968 年由 D. Mcllroy 在 NATO 第一次软件工程会议上首先提出的,他提出建立生产软构件工厂,用产品目录上的软构件组成复杂的系统。

早期的软件复用主要是程序代码的复用,以后逐步扩大到设计、需求规约或模型、体系结构、代码、测试件、文档等的复用,Caper Jones 定义了下面可作为复用候选的 10 种软件制品。

(1) 项目计划:软件项目计划的基本结构和许多内容(如进度表、风险分析)都可以跨项目复用,以减少用于制订计划的时间。

(2) 成本估计:由于不同的项目中经常含有类似的功能,所以有可能在极少修改或不修改的情况下,复用对该功能的成本估计。

(3) 体系结构:某些应用软件的体系结构非常相似,因此有可能创建一组公共的体系结构模板,并将那些模板作为可复用的设计框。

(4) 需求模型和规约:用传统软件工程方法开发的分析模型(如数据流图)是可复用的。

(5) 设计:用传统方法开发的体系结构,系统设计和对象设计是可复用的。

(6) 源代码：经验证的程序代码可复用。

(7) 用户文档和技术文档：即使特定的应用有所不同，但经常可复用部分用户文档和技术文档。

(8) 用户界面：这是最广泛被复用的软件制品，如图形用户界面(GUI)软件经常被复用，由于用户界面部分约占一个应用软件的60%的代码量，因此其复用效率极高。

(9) 数据：在大多数经常被复用的软件制品中，可复用的数据包括内部表、记录结构以及文件和完整的数据库。

(10) 测试案例(test case)：一旦设计或代码被复用，则其相应的测试案例也可被复用。

20世纪90年代软件开发技术的一个重要进展就是构件化。这是由于现在的系统规模越来越大，一个系统要求完成的功能很多，因此软件复用和集成更加具有非同寻常的意义。构件模型是新一代软件技术发展的标志。为了提高软件生产力、更合理地开发应用程序，设计开发人员应尽可能地利用可复用的软件构件，组装构造新的应用软件系统。

1. 构件技术的形成

开发和使用可复用的构件是从面向对象的技术发展而来的一项重要技术，通过构件达到全面应用对象技术与概念，成为开发出高效、低成本应用程序重要的现实途径。当今软件开发技术的主流已是基于构件的技术。软件构件是指在软件系统设计中能够重复使用的建筑模块。构件包装了一系列互相关联的操作和服务。软件构件与其他可复用软件模块的区别在于，它既能够在设计时使用或进行修改，也能够在二进制执行模块时使用或修改。一个以二进制形式实现的软件构件能够有效地嵌入其他开发商开发的构件之中。

有人分析了20世纪60年代末以前的大型软件项目，认为半数以上的复杂软件项目是失败的。程序员竭尽全力试图写出可复用代码，但即使在最好的情况下，也仅有一小部分代码实现了可复用功能。很久以来，软件工程师就一直梦想拥有可复用的商业对象(如收账、信用估价、工资单等)，或者是其他一些标准的商业对象(如顾客对象、发票对象等)。

所以，为了获得更高的效率和更好质量的产品，计算机软件工业的生产模式也应该像生产硬件那样，软件的开发也许最终将像硬件一样成为对各种构件的组装。

2. 构件技术的特点

构件技术的基本思想在于，创建和利用可复用的软件构件来解决应用软件的开发问题。构件是一种可复用的一小段软件(可为二进制形式)。构件的概念范围广阔，小到图形界面中的按钮，大到复杂的构件如文字编辑器和电子表格。构件对于用户来说，可以是可见的或不可见的。预先由开发商编制好一系列易于理解和应用的模型——构件，这些构件具有种种优点，如模块性、可复用性、可靠性等；然后只花很少的工作量就可以接插不同厂商的构件。

与面向对象编程语言不同，构件技术是一种更高层次的对象技术：它独立于语言和面向应用程序，只规定构件的外在表现形式，不关心其内部实现方法；它既可用面向对象编程语言实现，也可用非面向对象的过程语言实现。只要遵循构件技术的规范，各个软件开发商就可以用自己方便的语言去实现可被复用的构件，应用程序的开发人员就有可能实现在计算机硬件领域早已实现的梦想：挑选构件，组合新的应用软件。用户也可以在这些构件的基础上，根据需要编制自己的应用程序。利用构件技术，应用程序的开发变得简单、快速，并且成本低廉。

这样的应用软件系统不再是一种固化的整体性系统,而是通过构件间互相提出请求及提供服务的协同工作机制来达到系统目标。由于构件的良好接插特性,使其变得极为灵活。

推动构件技术发展的最大动力之一是软件复用。软件复用就是利用已有的软件成分来构造新的软件,它可以减少软件开发所需要的费用和时间,有利于提高软件的可维护性和可靠性。

构件技术是一种社会化的软件开发方法,它使得开发者可将由不同语言、不同供应商开发的构件组合在一起来构造软件。

总之,构件软件必须解决两个重要问题:一是复用,即构件具有通用的特性,所提供的功能能为多种系统使用;二是互操作,即不同来源的构件能相互协调、通信,共同完成更复杂的功能。

构件技术主要有以下优点:

(1) 提高开发速度。由于构件开发商已经编制好了大量的构件模型,因此减少了用户开发的工作量,使开发周期大大缩短。

(2) 降低开发成本。由于用户进行软件开发的工作量大大降低,因此开发成本也相应减少。从某种意义看,构件模型软件的费用相对于传统方法开发的成本来说是微不足道的。

(3) 增加应用软件的灵活性。由于应用软件是在构件上编制的,因此对于使用者的不同需要,往往通过更换、修改应用中的一个或几个构件就可以实现。

(4) 降低软件维护费用。由于基于构件的应用软件修改起来比较简单,一般都是通过修改构件来实现,而不需要对整个软件进行全方位、大规模修改,因此软件的维护费用也大大降低。

3. 软件产品线

软件产品线是软件企业实现系统化复用的有效方法。所谓"产品线",可以定义为具有一组能管理的公共特征的软件密集型系统的集合,这些系统能满足特定任务或市场需求,并且按照预先定义的方式基于一个公共的核心资产集(如构件、领域模型及其架构等)进行开发而形成。基于产品线的软件产品开发,其特点就是维护公共软件资产库,在开发新产品的过程中复用这些软件资产。

由于众多的软件公司分别服务于各个不同的领域,所以绝大部分公司都有自己的软件产品线。在实际的软件系统开发过程中,可以看到许多比较复杂的系统开发能够在短时间内实现,正是利用了公司积累的软件产品线。

4. 可信软件

提高软件生产效率和质量是软件生产领域的重大课题,生产"可信"软件就成为各行各业的一致诉求。所谓"软件可信性",可以定义为软件的行为和结果符合用户预期要求的程度。具体可以用可用性、可靠性、安全性、实时性、可维护性和可生存性 6 个方面来衡量。传统开发技术主要解决系统功能获取、实现、验证、测试和确认,可信软件技术则注重提高软件产品的安全性、可靠性及可维护性等方面的内容,使软件系统的质量有更进一步的提高,它是在传统开发技术基础上的发展。由于可信软件开发技术的重要性逐渐被业界认识,许多国家都把开发高可信软件放到重要位置,我国及国外一些国家都有关于可信软件开发的研究实施计划,并且在此基础上提出了下一代软件工程的构想。

9.4　软件过程和过程改进

9.4.1　软件过程

软件过程的概念在 20 世纪 80 年代被正式提出和明确定义,进入 20 世纪 90 年代,国际标准化组织(ISO)和国际电气与电子工程师学会(IEEE)分别推出《软件过程标准》,软件过程(software processes)是指软件生存周期中的一系列相关过程。过程是活动的集合,活动是任务的集合,任务则起到把输入加工成输出的作用。活动的执行可以是顺序的、迭代的(重复的)、并行的、嵌套的或者是有条件地引发的。

扩展后的软件过程概念所涵盖的范围,已不再仅限于传统意义上的软件开发及管理问题,它从合同、工程、运作、管理等视角对软件生存期中所涉及的各种过程、活动进行了探讨。根据 IEEE 对软件过程概念的解释,软件过程涵盖了软件采购、软件开发、软件维护、软件运作、软件获取、软件管理、软件支持 7 类软件活动;而 ISO 12207 则分别将这 7 类活动划归到基本过程、支持过程和组织过程 3 类中。不论软件过程的概念如何解释、如何划分,软件过程应当包含以下 3 个含义:一是个体含义,即指软件或系统在生存周期中的某一类活动的集合,如获取过程、供应过程、开发过程、管理过程等;二是整体含义,即指软件或系统在所有上述含义下的过程的总体;三是工程含义,即指解决软件过程的工程,它应用软件工程的原则、方法来构造软件过程模型,并结合软件的具体要求进行实例化,并在用户环境中运作,以此进一步提高软件开发率、降低成本。

在上述含义中,软件过程的工程含义还可以包含如下几个方面:

(1) 软件过程不仅要有工程视面,也要有合同视面,软件过程应当涉及获取过程和供应过程。

(2) 软件过程包含管理视面,提高生产率和软件质量这两个目标能否实现,其关键还在于管理和支持能力,为此软件过程应当涉及管理过程和支持过程。

(3) 软件过程应包含运作视面,需要考虑与软件运作相关的问题,运作过程要从工程过程中单独考虑,形成相对独立的过程。

(4) 由于参与软件过程人员类型不同,例如管理者从管理层面参与的是管理过程,用户和操作人员按其运作层面参与的是运作过程,开发和维护人员按其工程层面参与的是开发过程和维护过程,介入支持活动的人员(如培训工程师、设备管理员等)按他们支持的目标负责支持过程的某些工作,等等,因而软件过程研究的对象应扩展到从事软件活动的各类人员上。

9.4.2　软件过程工程

对一个软件项目而言,软件过程可被视为开展与软件开发相关的一切活动的指导性的纲领和方案,因而软件过程的优劣对软件的成功开发起决定作用。软件过程工程就是为建立软件过程所必须实施的一系列工程化的活动。它涉及与此有关的方法、工具和环境的研究。如何建立那些对软件项目的开发具有积极意义的软件过程,便是"软件过程工程"所涉及和研究的内容。因此,"软件过程工程"就是为建立软件过程所必须实施的一系列工程化的活动,它涉及与此有关的方法、工具和环境的研究。

"软件过程工程"是"软件工程"理论中新形成的一个重要内容,而"软件过程"则是"软件过程工程"的基本概念。因此,以工程化的思维方式,去理解"软件过程"概念及其他相关概念、构成软件过程的各项内容以及构造一个软件过程的各项活动等,对了解和理解"软件过程工程"并进而对"软件过程工程"理论进行研究尤为重要。

9.4.3 软件过程模型

软件过程模型是对软件过程的结构及其属性的抽象描述与定义,是"软件过程工程"中过程定义活动的结果。过程模型可以是形式化的,或者是半形式化的,甚至是非形式化的。例如,利用 Petri 网构造的过程模型可以是形式化的过程模型,而利用结构化语言或图形来描述的软件过程就是一种半形式化的过程模型。

过程模型通常反映了描述软件过程的一定高度或深度的抽象层次,同时也表达了看待软件过程的一种特定观点。一个过程模型包括活动模型、角色模型、产品模型、资源模型、约束模型等子模型,这些子模型分别抽象描述软件过程的基本成分的类型、结构和属性。

过程模型首先具备的是普遍性特征,因为它并不仅仅针对某个特定的软件项目,而是概括了一类软件过程的共同的结构和属性;同时它也具备特殊性特征,因为它描述了这一类软件过程所具备的区别于其他类软件过程的结构和属性。

一个理想的过程模型应该是定义完整的过程模型,它描述了某一类软件项目的软件开发活动的一切重要的过程细节,而且必须具备可操作性。传统的软件开发模型(如瀑布模型、演化模型、渐增模型、螺旋模型等)也是一种过程模型,但这类模型仅指明软件开发活动的范围和进展顺序,没有对过程进行明细分解和细节描述,缺乏可操作性。

过程建模是指通过过程设计和过程定义而建立过程模型的活动,过程建模活动是软件过程工程整个系列活动中最主要的活动之一,所有其他的工程活动都是基于过程建模活动的结果来进行的。

过程建模的目的有以下几点:

(1) 支持对软件过程的理解和交流。任何一个软件过程都具有其复杂性,要做到对它有一个全面的理解是非常困难的,即使针对同一个软件过程,背景、经历不同的人对它的理解也可能会不同。通过过程建模可以使人们相对容易地对软件过程有全面的了解和理解,同时还可以使不同的人对软件过程达到一个共同的认知度,并在此基础上进行交流。

(2) 支持对软件过程的分析。通过对软件过程进行形式化或非形式化的过程建模活动,为进行软件过程分析提供基础。人们可以对软件过程活动以及活动之间的相互关系进行分析、比较和预测,以评估和改进软件过程的有效性。

(3) 支持对软件过程中的通信。由于软件过程都是由多个人员在一定时间阶段内执行,软件过程所涉及的人员之间存在着大量信息交流活动。过程模型可以为这些有关人员、小组和项目团体提供必要的过程信息和通信支持,使他们之间的信息交流和工作协调更为有效。

(4) 支持对软件过程的管理。过程模型可以帮助过程管理人员制订针对软件过程实施的计划,控制和协调实施活动的进程。

(5) 支持对软件过程的度量。过程模型可以作为软件过程度量的基础,通过它来定义度量点、度量内容等。

(6) 支持对软件过程的改进。通过对过程模型的分析,可以识别软件过程中各个成分的功效,同时找出其可能的未完善部分,对过程模型进行修改,并在过程模型实际修改前,通过分析过程模型中各个成分之间的关系来预计由于修改而产生的影响,以使软件企业能够积累有效的软件过程的改进知识。

(7) 支持软件过程的复用。通过对不同的软件项目进行分析比较,可以使基于该过程模型的软件过程在不同的软件项目之间进行必要的重新剪裁、扩充,使之适合在新的软件项目上的复用要求。

9.4.4 软件过程实施

在软件过程工程中,过程实施是针对特定的软件项目将过程模型转化为过程实例,并执行过程实例,同时不断优化软件过程的一系列工程化的活动,主要包括过程实例化、过程模拟、过程运作等基本活动。一个过程模型以某种形式化或半形式化的方式和一定的抽象层次描述了某一类型的软件过程。但是,这种软件过程不是一个可执行的软件过程,原因如下:

(1) 过程模型对软件过程中基本成分的描述都是抽象的、参数化的,也是通用的,而任何一个特定的软件项目,它所涉及的活动、人员、资源和产品等都具有具体且特定的属性,因此由于没有对这些属性的具体描述,过程模型无法投入实际的执行运作。

(2) 过程模型针对实际软件项目通常所具有的高度的动态性和不确定性无法一一描述,即有许多软件过程的细节是无法事先计划好的。例如,对于一些管理性很强的软件过程,或是无法精确地描述或定义,或是与其运作时的具体情况密切相关,或是依赖于人的感觉、政策和满意程度。又如,对于软件过程中的有些技术性子过程,如设计和评审过程需要有专家的参与或判断,事先无法预测其活动细则。

(3) 软件过程在实际运作中,由于受到不可预见的外部压力,如客户要求、市场的压力等,不得不终止或改变。

为了使过程模型转变为与某个特定软件项目相吻合的可执行的软件过程(过程实例),也为了使过程实例投入实际的运作,并在执行运作中使软件过程得到改进和完善,过程实施阶段所涉及的各项活动的开展是必要的,这些活动的主要内容如下:

(1) 通过过程实例化活动对过程模型加以剪裁和实例化,使其真正转化为过程实例。

(2) 在过程运作之前,通过过程模拟活动,虚拟执行该过程实例,并以虚拟执行所产生的过程信息为依据,再次通过过程实例化活动改进和完善过程实例,并通过该活动的反复进行而得到改进和优化了的过程实例,同时这些过程信息还可以作为改进和优化过程模型所进行的各项活动的依据。

(3) 将过程实例投入实际的执行和运作中,使特定项目的软件开发进入实际的运作过程。

(4) 通过过程运作活动,在监控、管理和辅助等活动的同时,收集有关过程实例的反馈信息,这些信息将为过程实例及过程模型的改进和优化等诸多活动的持续开展提供依据。

在软件过程工程中,过程建模阶段和过程实施阶段中的各项工程化活动的目标是一致的,其中过程建模阶段活动是过程实施阶段活动的基础,两者之间的不同点如下:

（1）从抽象层次的角度看,过程建模阶段活动的结果是对软件过程进行抽象的描述,而过程实施阶段活动所面对的是对软件过程的具体描述和具体的执行运作。

（2）从普遍性和特殊性的角度来看,过程建模阶段活动针对的是非特定的软件项目,也就是某一特定的软件项目所属的一类软件项目,其结果是针对该类软件项目,具有普遍性和通用性;而过程实施活动所针对的是某一个特定的软件项目,其过程实例只能独用,其实际运作情况是相对特殊的,其最终结果也是区别于其他的软件而特有的。

（3）从适用性角度来看,过程建模阶段活动的结果对实际的执行运作具有指导意义,但是不可直接投入实际的执行运作,而过程实施阶段活动将过程模型转化为过程实例并投入实际的执行运作,其最终结果是软件。

（4）从软件项目工程的角度来看,过程建模阶段活动是软件项目工程活动得以开展的基础,而过程实施阶段活动具体而直接地支持软件项目工程活动的开展。

在软件过程周期中,软件过程工程活动就是围绕着软件过程(包括过程模型和过程实施)的建立和发展而持续进行的。软件过程在其过程周期中的螺旋上升的发展规律决定了过程实施阶段活动主要是以"建立→改进和优化→执行运作→改进优化→执行运作→……"这种循环往复的持续方式进行的。因此,在过程实施阶段中,以上述主要活动为基本内容,其他诸如过程度量、过程评价和过程改进、包括过程建模等各项活动也将围绕软件过程的建立和发展同时展开。所有这些活动,其目的都是为了使软件项目工程的活动达到"优质、高效和低成本"这一软件工程所追求的最终目标。

9.4.5 软件过程改进

所谓软件过程改进,就是在软件过程工程中为了更有效地达到优化软件过程的目的所实施的改善或改变其软件过程的一系列活动。

在讨论软件过程改进时,还必须介绍两个与此密切相关的概念,即过程质量和过程评价。质量的传统定义为"某一事物的特征和属性",作为一个事物的属性,质量往往指的是事物的可度量的特征,且这些特征都是可以与已知标准进行比较的。软件过程和软件产品一样,都是属于知识或信息实体,对其在质量方面的定义和描述具有一定的复杂性。尽管如此,软件过程质量的表现形式体现在静态和动态两个方面:当软件过程(无论是过程模型或过程实例)仅以某种特定的描述形式存在时,过程质量就表现为静态的一面,此时的过程质量实际上就是软件过程描述本身所具备的属性;当软件过程在执行运作时,过程质量就表现为动态的一面,此时的过程质量是以软件过程所表现出的过程运作能力来衡量,其中包括过程运作能否达到所预定的目标、是否保证了软件产品的质量等。

鉴于事物的普遍联系性,即便是一个软件机构有着完备的、自成一体的过程体系,它也无法摆脱与其他商业机构的交往,同时任何一个软件过程,其执行运作都是发生在某个软件机构的内部,或者是由某个软件机构去执行运作的。因此,过程质量的动态方面,不完全是由这种软件过程自身的过程能力所表现的,同时也受到其他过程的影响。这也是在涉及过程能力时,往往要与软件过程的执行运作所在的软件机构相联系的直接原因。当考虑过程质量的静态方面时,过程评价就是对过程建模方法的评价;当考虑过程质量的动态方面时,过程评价就是对过程能力的评价。

对于任何一个软件机构而言,从产品评价发展到软件企业认证,再从软件企业认证发展到软件过程评价,其目标是非常明确的,也就是使软件产品的质量得到更可靠的保证。

过程改进的实施,就是在认知现有软件过程的基础上,利用过程运作所获得的反馈信息,发现软件过程存在的问题和缺陷,提出改进的意见,进而实现软件过程的改进和完善。由此不难看出,过程改进的关键是发现软件过程中所存在的问题和缺陷,而过程度量正是发现问题和缺陷的必备手段。

9.4.6 软件能力成熟度模型

软件开发的研究在很大程度上取决于如何提高软件的质量,但是随着计算机应用的发展,软件质量的意义也在变化。在计算机应用的早期,把质量理解为"与规格说明一致"。以后,人们认识到质量应该意味着"用户满意"。这样一来,开发出的软件即使"与规格说明一致",用户也可能仍不满意。这就增加了质量的新特征:要有利于使用,与用户友好等。但进入20世纪90年代,面对快速变动、高度竞争的商业社会环境,质量的标准又有了新发展,要求有新的特征来适应质量的新发展。要求软件能提供比用户自己考虑得更周详的服务。甚至,当用户还没有意识到需求时,软件开发商就提供了别人所提供不了的、具有能满足特定需要的产品或服务。软件的高质量意味着不仅是"与规格说明一致",也不仅与用户友好,而且要进一步地想用户所想,指导用户的应用方向。这就给软件开发人员和软件开发技术提出了更高的要求。

1. ISO 9000 对软件开发过程的影响

随着工业界对 ISO 9000 标准的认可和软件工程发展的自然要求,人们越来越认识到应尽可能地在开发的早期,而不是在开发的结束之时才来检查质量问题的重要性。因此,质量的观点已从产品、服务等简单地只注重结果的方面出发,转变为注重软件体系和软件生产过程等的观点。软件过程对软件产品的作用很大,必须考虑从软件过程中提高其能力和成熟性,才能最终保证软件产品的可靠。

ISO 9000 标准肯定了软件过程对于软件质量的影响程度,好的过程意味着高质量的软件,反之亦然。好的软件过程还意味着用低的开销来产生高质量的产品,所以对软件过程的研究是提高软件质量的关键。

2. 软件能力成熟度模型

1)背景

30年前提出的软件危机问题,到了20世纪80年代还没有真正缓解。这种说法也许不十分公正,因为在此期间软件技术的确也得到很大的发展。但是,要求软件解决的问题的复杂性增加得更快,速度超过人们开发及维护软件的能力。要求在经费、时间和性能的约束下交付可以使用的软件成为一种挑战。例如,有些软件公司常常在宣布推出新产品的日期后,迫不得已宣布推迟。一般说来,平均28个月的工作往往会推迟好几个月,经费高,质量不理想更是常事。在工业界、政府和军界都有类似问题。20多年来,运用新的软件开发方法与技术,并没有满足对于软件生产率与质量的期望。有人提出了"软件发展的主要问题是管理问题,而不是技术问题"的看法。

软件能力成熟程度模型(capability maturity model for software,CMM)是基于 Watts Humphrey 的设想,由 Jim Withey、Mark Paulk 和 Cynthia Wise 在 1990 年提出的草案。1991 年 8 月,Mary Beth Chrissis 和 Bill Curtis 帮助 Mark Paulk 校订,提出了 CMM 的 1.0

版本,其后 Mark Paulk 提出 CMM 模型的 1.1 版。经过 4 年软件过程成熟度框架在广泛范围内的实施,根据软件过程评估中获得的知识和从工业和政府获得的大量反馈,不断改进,1991 年推出了 CMM 1.0 版,1993 年推出了 CMM 1.1 版,1998 年初推出了 CMM 2.0 版。通过详细阐述成熟度框架得到的模型,为各软件机构提供了更有效的指导来建立过程改进计划。

2)CMM 简介

为了正确而有序地进行软件过程中的活动,必须为软件过程建立一种能够良好地描述和表示的模型。有了这种模型,就可以更容易地确定各个阶段所需要完成的任务和实现任务的评估方法,表达各个阶段之间的次序和关系。

随着软件技术多年的发展,软件过程的模型也经历了多个发展阶段,从最初简单的编码加修正模型发展出多种适应不同需要的软件过程模型,例如瀑布模型、转换模型、演进式开发模型等,这些模型各有利弊,并不能够十全十美地描述软件过程,因为软件过程本身就是一种复杂的过程,不可能被简单、轻易地表示和确定。

虽然软件工程师和管理人员知道其问题所在,但是哪些问题需要改进是当前最重要的问题。由于缺乏一个有组织的改进策略,管理人员和专业人员之间在采取什么改进措施上很难达成一致意见。经过深入的调查和研究,终于认识到软件过程的改进不可能一朝一夕就能成功,需要持续不断地进行软件过程改进,软件过程改进是在一系列微小的、不断发展的创新步骤中实现的。为了从过程改进努力中取得持久的结果,有必要设计一个改进路线来一步步地改进软件机构的成熟度。软件过程成熟度框架将这些步骤排序,任一阶段的改进都为下一阶段提供了基础。因此,从软件成熟度框架中得出的改进策略为连续的过程改进提供了路标。

CMM 模型可以指导软件机构在开发和维护软件时如何控制其过程,怎样改进其软件工程和管理,指导软件机构通过确定其现在的成熟度等级,确定对于提高其软件质量和过程至关重要的问题,并选择过程改进策略。

CMM 模型为较全面地描述和分析软件过程能力的发展程度,建立了描述一个组织的软件过程成熟程度的分级标准。利用它,软件组织可以评估自己当前的过程成熟程度,并通过提出更严格的软件质量标准和过程改进,来选择自己的改进策略,以达到更高的成熟程度。CMM 模型提供了 5 个成熟度级别(见图 9-5),各级别的主要特征如下。

(1)初始级:软件过程的特点是杂乱无章,有时甚至混乱,几乎没有明确定义的步骤,成功完全依赖个人努力和英雄式核心人物。

(2)可重复级:建立了基本的项目管理过程来跟踪成本、进度和机能。必要的过程准则可重复用于同类项目。

(3)确定级:管理和工程的软件过程已文件化、标准化,并综合成整个软件开发组织的标准软件过程。所有的项目都采用根据实际

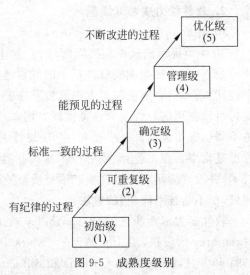

图 9-5 成熟度级别

情况修改后得到的标准软件过程来发展和维护软件。

(4) 管理级：制定了软件过程和产品质量的详细的度量标准。软件过程和产品的质量都被开发组织的成员所理解和控制。

(5) 优化级：加强了定量分析，通过来自过程质量反馈和来自新观念、新科技的反馈使过程能够不断持续地改进。

基于这种级别的划分，可以标识软件组织的过程能力，还可以方便和有步骤地实现软件过程改进。这是因为每种级别都提供了一个软件过程改进层次，达到成熟性结构的每一个层次都是通过实现软件过程中的一些具体标准来实现的。这种方法同样使软件组织的软件能力得到提高。

基于 CMM 模型的产品包括一些诊断工具，可以应用于软件过程评价和软件能力评估小组以确定一个机构的软件过程实力、弱点和风险。最著名的是成熟度调查表。软件过程评价和软件能力评估的方法和培训也依赖于 CMM 模型。

3) 软件组织的成熟与不成熟

在不成熟的软件组织中，软件过程一般并不预先计划，而是在项目进行中由实际工作人员及管理员临时计划。甚至有的时候，即使软件过程已经计划好，仍不按照计划执行。不成熟的软件组织没有一个客观的基准来判断产品质量，或解决产品和过程中的问题；对软件过程步骤如何影响软件质量，则一无所知，产品质量得不到保证。而且，一些提高质量的环节，如检查、测试等，经常由于要赶进度而减少或取消。产品在交付前，对客户来说，一切都是不可见的。

不成熟的软件组织没有长远目标，管理员通常只关注解决当前的危机。由于没有实事求是地估计进度、预算，因此经常超支、超时。当最后期限临近，往往在功能性和质量上妥协，或以加班加点方式赶进度。在交付产品前，用户对产品所知甚少。

成熟的软件组织具有全面而充分的组织和管理软件开发以及维护过程的能力。在成熟的软件组织中，管理员监视软件产品的质量以及生产这些产品的过程。

成熟的软件组织还制定有一系列客观基准来判别产品质量，并分析产品和过程中的问题。进度和预算可以按照以前积累的经验来制定，结果可行。预期的成本、进度、功能与性能和质量都能实现，并达到目的。

成熟的软件组织能准确及时地向工作人员通报实际软件过程，并按照计划有规则地工作。凡规定的过程都编成文档，可以执行。

成熟的软件组织中，软件过程和实际工作方法相吻合。必要时，过程定义会及时更新，通过测试，或者通过成本—利润分析来改进过程。全体人员普遍地、积极地参与改进软件过程的活动。在组织内部的各项目中，每人在软件过程中的职责都十分清晰而明确，每人各守其责，协同工作，有条不紊，甚至能预见和防范问题的发生。

本 章 小 结

软件工程和软件生存周期的概念是每个信息技术从业人员都应该掌握的。软件的开发方法和软件开发项目的工程化管理是以后学习和职业生涯中所会遇到的重要内容之一，本章除了介绍软件开发所采用的几个主要开发模型外，也介绍了软件开发的各种方法。统一建模语言(UML)是面向对象技术领域内占主导地位的标准建模语言，在以后的课程体系内会有关于统一建模语言技术的详细介绍。软件过程和过程改进是软件企业十分重视的软件项目管理内容,本章对软件开发能力成熟度模型的5个级别等内容进行了简要介绍。软件开发能力成熟度模型目前是软件开发管理中的一个热点,了解并充实这部分内容对以后的学习是有益的。

1992年图灵奖获得者——巴特勒·兰普森 1992年度的图灵奖授予当时任DEC公司高级研究员和主任设计师的巴特勒·兰普森(Butler Wright Lampson)。兰普森1943年12月23日生于华盛顿。曾在美国哈佛大学就读,学习文科。1964年获得文学学士学位之后进入加州大学伯克利分校研究生院,改修理工科,于1967年获得博士学位。兰普森从1987年起担任麻省理工学院的兼职教授,并被选为美国科学院和美国工程院院士。目前他在微软拥有"首席技术官"的头衔,已经为微软贡献了6项重大成果;其中一项是和麻省理工学院合作开发的用于Internet信息安全的加密算法,在网络日益普及的情况下,这项成果意义十分重大。兰普森还在1996年获得IEEE的"计算机先驱"奖。

习　题

一、简答题

1. 软件工程的核心思想是什么? 你能说出它的定义吗?

2. 什么是软件工程? 请叙述软件生命期的各个阶段。

3. 为什么要提出软件开发模型的概念? 请叙述瀑布模型所包含的6个工程活动。

4. 简述结构化分析的步骤,并根据你的理解思考每个步骤所应包含的内容。

5. 请叙述面向对象方法的具体含义。

6. 什么是面向对象的程序设计? 说出你所了解的3种面向对象的程序设计语言。

7. 对象最明显的特征是什么? 请举例说明。

8. 使用统一建模语言(UML)的重大意义是什么?

9. 软件复用的意义何在? 请简述基于构件技术的特点。

10. 简述软件过程包含的3个含义。

11. 请思考过程建模阶段和过程实施阶段活动的关系和内涵。

12. 为什么要对软件产业界提出"软件能力成熟度模型"? 你能说出"软件能力成熟度模型"的5个等级吗?

13. 成熟的软件组织与不成熟的软件组织的主要区别在哪里?

二、上机与上网实践

1. 软件工程希赛网 http://se.csai.cn 是一个比较全面地介绍软件工程及相关知识的网站,它包罗了几乎有关软件工程的大部分领域,访问这个网站可以了解更多知识。

2. 如果在软件工程领域有什么高见,可以到软件工程研究与实践论坛(SE Forum China)http://www.seforum.net 上去发表意见。

3. 以研究软件工程著称的院校是美国卡耐基—梅隆大学,它的软件工程学院是赫赫有名的,请浏览卡耐基—梅隆大学软件工程学院网站 http://www.sei.cmu.edu。

4. 统一建模语言(UML)是目前十分流行的建模工具,有一个关于该专题的网址为 http://www.uml.org.cn 的中文网站,可以到该网站查询所需要的信息。

三、探索题

1. 请收集资料,进一步说明为什么提出软件工程的理由。

2. 能否就本章介绍的6个开发模型组织一个讨论,介绍自己对每个方法的理解。

3. 讨论软件复用的可能性及实现的困难,能否提出一些实现软件复用的建议?

第 **10** 章

计算机信息安全技术

本章首先介绍信息社会所面临的主要问题：信息安全和计算机病毒，包括计算机系统和信息所面临的各种攻击手段和主要的计算机病毒。然后重点介绍各种防御计算机信息受到攻击的技术。通过本章的学习，要求掌握目前计算机尤其是 Internet 所可能面临的安全保密问题，了解各种保密技术、防御技术、审计与监控技术以及病毒防治技术等防御措施。

10.1 计算机信息安全面临的威胁

信息时代的工具和产品并不只存在于它们自己的世界中。正如第 1 章所述，一个计算机系统不仅包括软件、硬件、数据和程序，也包括人。因为人的缘故，计算机系统可以被用于好的或坏的目的。如今有大量的个人计算机正在被使用。这种技术大规模普及的现状所带来后果是，技术上使得他人侵入个人隐私成为可能。

10.1.1 信息安全的重要性

信息安全的需求在过去几十年中发生了很大变化。在数据处理设备(特别是计算机)广泛使用以前，企事业单位主要通过物理手段和管理制度来保证信息的安全。各单位一般是通过加锁的铁柜来保存敏感信息，通过对工作人员政治素质等方面的监督确保信息的不泄漏。

随着计算机技术的发展，人们越来越依赖于计算机等自动化设备来储存文件和信息。但是，计算机储存的信息特别是分时的共享式系统的信息都存在一种新的安全问题。

分布式系统和通信网络的出现和广泛使用，对当今信息时代的重要性是不言而喻的。随着全球信息化过程的不断推进，越来越多的信息将依靠计算机来处理、储存和转发，信息资源的保护又成为一种新的问题。它不仅涉及传输过程，还包括网上复杂的人群可能产生的各种信息安全问题。

10.1.2 安全问题的现状

随着计算机网络特别是 Internet 的普及，它所产生的负面影响也越来越大。黑客(hackers)阵营的悄然崛起，使得像美国国防部这样安全措施非常周密的计算机网络都会遭受攻击；网上黄毒泛滥，给世界范围内的青少年身心成长带来极其恶劣的影响；网上病毒(virus)的传播，时时刻刻都在威胁用户的数据；网上偷盗之风的盛行，使众多银行、商家、行政机关都延缓了上网的计划。

另一方面,系统的安全漏洞和系统的加密系统已经不再像以前一样仅为为数不多的专业人士知道。在 Internet 上,有数以万计的黑客站点在不停地发布这些信息,并提供各种工具和技术以利用这些漏洞和破解保密体系。

一个普通的计算机用户,只要能上 Internet 网络,就能轻易地获取这些信息,轻松地变为一个具有很大威胁的黑客。

计算机安全问题应该引起极大的重视,因为甚至当还没有想到自己也会成为攻击的目标时,威胁就已经出现了。一旦威胁发生,常常措手不及并造成极大的损失。因此,应该像每家每户的防火防盗一样,做到防患于未然。

10.1.3　计算机信息安全的定义及威胁信息安全的手段

为了便于理解信息安全尤其是网络安全的技术和手段,本节着重介绍影响网络安全的人为因素和技术因素,同时较详细地描述网上存在的各种攻击手段。

1. 计算机信息安全的定义

信息系统安全是一个宏观意义上的概念,它包括很多方面。信息系统的安全问题是一个十分复杂的问题,可以说信息系统有多复杂,信息系统安全问题就有多复杂;信息系统有什么样的特性,信息系统安全就同样具有类似的特性。同时要实现这样的"安全",也不是某个技术能够解决的,它实际上是一个过程。就目前而言,很难对计算机信息安全下一个确切的定义,我们可以理解成:信息安全是指信息网络的硬件、软件及其系统中的数据受到保护,不受偶然的或者恶意的原因而遭到破坏、更改、泄露,系统连续可靠正常地运行,使信息服务不中断。信息安全是一门涉及计算机科学、网络技术、通信技术、密码技术、信息安全技术、应用数学、数论、信息论等多种学科的综合性学科。从广义来说,凡是涉及网络上信息的保密性、完整性、可用性、真实性和可控性的相关技术和理论都属于信息安全的研究领域。

从另一个角度,可以参照美国国防部开发的计算机安全标准,即可信任计算机标准评估准则(Trusted Computer Standards Evaluation Criteria)-橙皮书(Orange Book)。该标准将计算机安全分为 8 个等级,由低到高分别为 D1、C1、C2、B1、B2、B3、A1 和 A2。各等级主要考虑系统的硬件、软件和存储的信息免受攻击的程度。这些级别均描述了不同类型的物理安全、用户身份认证(authentication)、操作系统软件和用户应用程序的可信任性。

2. 安全的需求与威胁手段

计算机信息安全的需求可以分为以下几个方面。

(1) 真实性:对信息的来源进行判断,能对伪造来源的信息予以鉴别。

(2) 保密性:保证机密信息不被窃听,或窃听者不能了解信息的真实含义。

(3) 完整性:保证数据的一致性,防止数据被非法用户篡改。

(4) 可用性:保证合法用户对信息和资源的使用不会被不正当地拒绝。

(5) 不可抵赖性:建立有效的责任机制,防止用户否认其行为,这一点在电子商务中是极其重要的。

(6) 可控制性:对信息的传播及内容具有控制能力。

(7) 可审查性:对出现的网络安全问题提供调查的依据和手段。

许多安全问题是由一些恶意的用户希望获得某些利益或损害他人而故意制造的。根据他们攻击的目的和方式可以将威胁手段分为以下几种。

(1) 窃取：非法用户通过数据窃听的手段获得敏感信息。

(2) 截取：非法用户首先获得信息，再将此信息发送给真实接收者。

(3) 伪造：将伪造的信息发送给接收者。

(4) 篡改：非法用户对合法用户之间的通信信息进行修改，再发送给接收者。

(5) 拒绝服务攻击：攻击服务系统，造成系统瘫痪，阻止合法用户获得服务。

(6) 行为否认：合法用户否认已经发生的行为。

(7) 非授权访问：未经系统授权而使用网络或计算机资源。

(8) 传播病毒：通过网络传播计算机病毒，其破坏性非常高，而且用户很难防范。

10.1.4　计算机信息安全的因素

威胁计算机信息安全的因素包括计算机犯罪、计算机病毒、电子入侵、自然的和其他的危害。

1. 计算机罪犯的类型

计算机犯罪是一种违法行为，实施这种违法行为的人称为计算机罪犯。计算机罪犯使用了有关计算机技术和专业知识进行违法的行为。计算机罪犯有 4 种类型。

(1) 雇员：大部分的计算机罪犯是能够最轻易地进入计算机系统的人，即雇员。有时候雇员只是简单地从雇主那儿偷东西(装置、软件、电子基金、所有者信息或者计算机时间)。有时候雇员则会出于愤恨而犯罪。

(2) 外部使用者：不仅是雇员，有时一些供应商或客户也会侵入一个公司的计算机系统。例如，银行客户可以通过使用自动出纳机以达到恶意目的。跟雇员一样，这些授权的用户可以获取机密的密码或找到其他进行计算机犯罪的方法。

(3) 黑客和解密者：一些人认为这两类人是相同的，其实不然。黑客是那些出于乐趣和挑战而未经授权进入一个计算机系统的人。解密者干的是同样的事，但却是出于恶毒的目的。他们可能要偷取技术信息或向系统导入一个被称为"炸弹"的破坏性计算机程序。

(4) 有组织的犯罪：有组织犯罪集团的成员可以像合法企业中的人一样使用计算机，但却是出于非法的目的。例如，计算机有助于跟踪被盗的货物或者非法的赌债。此外，造假者使用微型计算机和打印机制造外表复杂的诸如支票和驾驶执照等文件。

2. 计算机犯罪的形式

计算机犯罪主要有以下几种形式。

(1) 破坏：雇员有时会试图损坏计算机、程序或者文件。黑客和解密者因为创建和传播称为病毒的恶意的程序而臭名昭著。

(2) 偷窃：偷窃的对象可以是计算机硬件、软件、数据或者是计算机时间。窃贼偷取设备是自然的，但是也有白领犯罪。窃贼可能会偷取机密信息中的诸如重要用户列表之类的数据，也使用公司中的计算机时间来干其他的事。未经授权而复制程序以用于个人营利的偷窃行为被称为软件盗版。

(3) 操纵：找到进入他人计算机网络的途径并留下一句笑话看起来可能很有趣，然而这样做也是违法的。而且，即使这样的操纵看起来无害，它也可能会引起极大的焦虑，并浪费网络用户的时间。1986 年美国的计算机反欺诈和滥用法案认为未经授权的人即使是通过计算机越过国境来浏览数据也是一种犯罪,更不要说复制和破坏了。这项法律也禁止非法使用由联邦保障的金融机构的计算机和政府的计算机。

(4) 其他的危害:对于计算机系统和数据库而言,除了人为犯罪外还有很多其他的危害,主要包括以下的内容。

① 自然危害:包括火灾、洪水、大风、飓风、龙卷风和地震等。即使是家庭计算机用户也应该保存好程序和数据的备份磁盘,将它们放在安全的地方以防火灾或者暴风雨对它们造成损坏。

② 内战和恐怖活动:世界部分国家的内战、暴乱和其他形式的争执是真正的风险。即使在发达国家人们也应该记住可能会有破坏行动存在。

③ 技术失误:硬件和软件并不一直做它们应该做的事。例如,瞬间的电压太低会导致内存中数据的丢失;电流过大(如闪电或其他电流紊乱)时会影响电力线,结果可能会导致电压涌浪,或者电压尖峰;超额的电流可能会毁坏计算机中的芯片或其他电子部件。微型计算机用户应该使用一个涌浪保护器(surge protector),用来将计算机和墙上的电源插头中的电源隔离开。当产生电流涌浪时,会激活涌浪保护器中的一个电路中断器,从而保护了计算机系统。另一种技术上的灾难是硬盘驱动器突然"崩溃"或失效,可能是由于它被无意地撞击。如果用户忘记了给硬盘上的数据作备份,数据就有可能丢失。

④ 人为错误:人犯错误是不可避免的。数据输入错误可能是最普遍的,程序员发生错误的频率很高。一些错误是由于设计错误引起的,而一些错误可能是由于过程繁杂引起的。

10.1.5 信息安全的策略与网络安全体系结构

信息安全策略是指为保证提供一定级别的安全保护所必须遵守的规则。实现信息安全,不但靠先进的技术,而且也得靠严格的安全管理、法律约束和安全教育。

先进的信息安全技术是网络安全的根本保证。用户对自身面临的威胁进行风险评估,决定其所需要的安全服务种类,选择相应的安全机制,然后集成先进的安全技术,形成一个全方位的安全系统。

严格的安全管理。各计算机网络使用机构,企事业单位应建立相应的网络安全管理办法,加强内部管理,建立合适的网络安全管理系统,加强用户管理和授权管理,建立安全审计和跟踪体系,提高整体网络安全意识。

制定严格的法律、法规。计算机网络是一种新生事物。它的许多行为无法可依、无章可循,导致网络上计算机犯罪处于无序状态。面对日趋严重的网络犯罪,必须建立与网络安全相关的法律、法规,使非法分子慑于法律,不敢轻举妄动。

一个完整的安全体系结构主要由 4 个层次组成:实体安全、网络安全、应用安全和管理安全。

(1) 实体安全:是指保证网络中单个结点设备的安全性。例如,保证计算机、服务器、路由器等安全性。常见的措施是通过增加操作系统的安全性来增强主机的安全性;通过安装防病毒软件来保证主机系统不受病毒破坏等。

(2) 网络安全:是指保证整个网络的数据传输和网络进出的安全性。例如,可以在网络中增加数据链路层加密和网络层加密,使网络中的所有数据信息以密文传输,以保证数据传输的安全性;可以通过设置防火墙或安全代理服务器来对非法用户对网络访问加以限制。

（3）应用安全：主要保证各种应用系统内部的安全性，如身份认证、访问控制等。例如，CA 安全认证系统；在应用系统中也可增加加密或加密读卡器来保证交易数据的完整性、交易活动的不可抵赖性、交易双方的身份认证等。

（4）管理安全：主要保证整个系统包括设备、网络系统以及各种应用系统的运营维护时的安全性。例如，可以通过入侵检测系统（intrude detection system，IDS）实时监控网络和动态保护网络；可以通过安全审计系统来保证系统发生安全问题以后进行分析调查等安全管理工作。

在 TCP/IP 协议中，将网络结构分为 5 个层次：物理层、数据链路层、网络层、传输层和应用层。每一层都有可能存在安全隐患，为了保证高强度的网络安全性，针对不同层次均有不同的安全解决方案。

对于数据链路层，可以采用加密保证数据链路层中传输数据的安全性；在网络层，可以采用 IP 层加密来保证 IP 层数据传输的安全性，也可以采用防火墙、VPN 技术在 IP 层次上保证用户对网络的访问控制；在应用层，可以采用加密来保证应用数据的保密性，也可以采用数字签名、身份认证等技术增加应用的安全性。

10.2　保　密　技　术

密码是一门古老的技术，已有几千年的历史。自从人类社会有了战争就出现了密码，但 1949 年以前的密码只是一种艺术而不是科学，那时的密码专家常常凭直觉和经验来设计和分析密码，而不是靠严格的理论证明。1949 年，Shannon 发表了题为"保密系统的通信理论"一文，引起了密码学的一场革命。在这篇文章中，他把密码分析与设计建立在严格的理论推导基础上，从而使得密码真正成为一门科学。密码学按其目的可分为密码编码学和密码分析学。密码编码学的目的是伪装信息，就是对给定的、有意义的数据进行可逆数学变换，将其变为表面上杂乱无章的数据，使得只有合法的接收者才能恢复原来有意义的数据，而其余任何人都不能恢复原来的数据。密码分析学的基本任务则是研究如何破译加密的消息或者伪装的消息，而保密技术一般指保密防护技术和发现泄密（窃密）技术。

10.2.1　保密防护技术与泄密发现技术

1. 保密防护技术

一般保密防护技术可以分为涉密载体（涉密物体）保密技术和涉密信息（信息处理和信息传输）保密技术。

（1）涉密载体保密技术：这类技术主要是对有形的涉密信息载体（即实物）实施保护，使之不被窃取、复制或丢失。例如，磁盘信息消除技术，文件箱防窃、防丢报警技术，室内防盗报警技术，防复印复制技术，油印蜡纸字迹去除技术，文件粉碎机，密码锁、指纹锁、眼底锁等。载有秘密信息的文件资料和物品的印制、生产、传输、使用、保管、销毁等各个环节都可应用这类保密技术。

（2）涉密信息保密技术：这类技术主要是对涉密信息的处理过程和传输过程实施保护，使之不被非法入侵、外传、窃听、干扰、破坏和复制。对信息处理主要有两种技术：一种是计算机软、硬件的加密和保护技术，例如计算机口令字验证、数据库存取控制技术、审计跟踪技术、密码技术、防病毒技术等;另一种是计算机网络保密技术,主要指用于防止内部网秘密信息非法外传的保密网关、安全路由器、防火墙等。对信息传输也有两种技术:一种是对信息传输信道采取措施,例如专网通信技术、跳频通信技术(扩展频谱通信技术)、光纤通信技术、辐射屏蔽和干扰技术等,以增加窃听的难度;另一种是对传递的信息使用密码技术进行加密,使窃听者即使截获信息也无法知悉其真实内容。常用的加密设备有电话保密机、传真保密机、IP 密码机、线路密码机、电子邮件密码系统等。

2. 泄密发现技术

泄密发现技术又称保密检查技术,它指的是在国家秘密运动过程中,检查、测试国家秘密是否发生泄露,并找出泄露的原因和渠道的技术。这类技术不同于保密防范技术,不具有直接保密的功能。它是通过技术手段检查、测试验证秘密是否泄露和能否被窃取,并查明原因和漏洞。例如,移动通信泄密检查技术,计算机网络系统信息传输检查技术,电子邮件监视技术,各类计算机、通信、会议音响设备寄生振荡电磁泄漏辐射检测技术,屏蔽效果测试技术,磁介质消磁效果验证技术,解密技术,等等。这类技术实际上是将窃密技术手段用于保密目的,为前三类保密防范技术的应用、改进、开发和发展提供依据。从这个意义上讲,保密检查技术既是保密防范技术的重要补充,又是保密检查的重要手段。

10.2.2 计算机系统的保密技术

计算机是办公自动化设备中的核心设备,它在现代办公管理领域中扮演了主要的角色,文字编辑、排版印刷、档案存储、资料检索、信息传递等都离不开计算机;一些大型的计算机系统甚至还担负着国家政治、军事、经济、科技、金融等方面或者过程的管理、控制重任。但计算机的地位和作用越是重要,它面临的信息保密问题就越为突出。计算机除了它本身固有和潜在的泄密渠道外,还面临着敌对国家或组织以及某些别有用心的人的窃密攻击。一旦重要的计算机及其系统受到攻击,将会造成不可估量的损失。

1. 计算机及其系统的泄密渠道

计算机系统本身的泄密渠道主要表现在电磁辐射、磁盘失控、非法访问、上网泄密和管理不善等几个方面。要使计算机在这几个方面具有一定的保密防御能力,必须采取相应的计算机保密技术防范措施。

计算机及其系统的泄密渠道主要有以下几个方面:

(1) 设备电磁泄漏发射泄密及防护。

(2) 媒体介质失控泄密及保密措施。

(3) 非法访问泄密(网络受攻击泄密)。

(4) 网上发布信息缺乏保密意识造成泄密。

(5) 认识管理上的漏洞造成泄密。

2. 计算机网络系统的保密

1) 物理链路的安全保密

物理链路是指用于计算机联网的通信线路,包括普通电话线路、同轴电缆线路、光纤线路、微波线路、卫星线路等。由于计算机联网大都租用电信部门的公用线路,窃密攻击者可通过搭线截收、无线监听等手段截获信息,或者直接通过公用线路对网络进行攻击。所以,物理链路是安全保密的基本问题之一。物理链路通常是采用链路加密、专网技术和通信线路管制的手段进行安全保密防护。

2）系统的安全保密

系统的安全保密是指网络的软硬件对窃密攻击者的抵御能力。防护控制措施中的数据确认、用户验证、鉴别技术、审计记录等都是靠系统的软硬件来实现的。软硬件的安全漏洞会给窃密攻击者以可乘之机。尤其是各种操作系统（如网络操作系统软件、万维网浏览软件、个人计算机操作系统软件、数据库软件等）的安全可靠性对整个网络更是关系重大，目前可以采取的措施只有"涉密信息系统不得与国际网络联网"。这在国家保密局颁布的《计算机信息系统保密管理暂行规定》中第十一条和《涉及国家秘密的通信、办公自动化和计算机信息系统审批暂行办法》中第十六条已做了明确规定。

3）信息的安全保密

信息的安全保密是指在计算机系统中存储、处理、传输的信息不被非法访问、截收、更改、复制、破坏、删除。这是做好涉密信息系统保密工作的首要问题。信息在计算机系统中表现为文件、图表、数据库数据等，信息安全保密仅靠系统提供的用户验证、口令鉴别是不够的，最根本措施是要对信息"加密"。对信息加密后再存储或传输才能确保信息的安全。加密产品设备要用我国自行研制的密码设备才更可靠。

4）设备环境的安全保密

设备环境的安全保密主要指信息设备的电磁泄漏发射是否符合 Tempest 标准、安放设备的房间是否安全可靠等。信息设备的电磁泄漏发射有可能将信息携带到空间和传导线上，窃收方采取相应的接收还原技术就可以窃取信息，获取秘密。西方和美国对这个问题都十分重视，专门制定了标准，同时还研制辐射截获还原设备以及低辐射计算机。我国对信息设备的电磁泄漏发射制定了 4 个保密标准，它是我们管理和检查这项工作的依据，在研制辐射截获还原设备以及低辐射计算机方面也取得了一定成果。

5）技术、管理、教育相结合

对抗高科技窃密需要技术手段，但技术设备最终还是由人来操作管理的。有些设备要靠人的正确设置才能发挥有效功能，有些设备要靠人的尽忠职守才能发挥作用，甚至整个系统安全保密能否万无一失，最终还要看工作人员是否有责任心和工作制度是否健全。在信息安全保密方面，究其漏洞有三：技术上的漏洞、管理上的漏洞和思想认识上的漏洞。技术手段与管理、教育相结合是做好系统安全保密工作的重要环节。管理包括立法、制定规章制度和检查监督 3 个方面。从整体上建立涉密信息系统的管理制度和检查监督机制是保密工作部门的职责。各系统还应根据各自的情况制定相应的管理制度，例如，系统安全员管理制度、涉密媒体管理制度、口令制管理制度等。思想教育应常抓不懈，除抓好保密教育外，当务之急还应抓好信息安全保密方面的科普教育。

3. 保密防范的基本措施

1）加强保密管理和保密教育

要想建立可靠的防范体系，除了在技术上采取必要的措施外，建立与之相配套的管理措施也是不可或缺的。国家保密局下发的《计算机信息系统保密管理暂行规定》（国保发〔1998〕1 号）是建立各种管理制度的依据。例如，应该对口令字加强管理；对磁盘信息加强管理；对机房环境加强管理；对通信设备加强管理；对计算机工程技术人员、计算机网络管理员加强管理等。具体包括口令密码管理、媒体介质管理、信息采集定密管理、用户权限管理、系统管理员制度、操作规程管理、机房环境管理、违章审计查处、人员思想教育等。

2）配置专职系统安全保密员

选择经验丰富的网络管理员担任系统安全保密员，以网络安全为己任。系统安全保密员的主要职责包括：负责系统安全保密整体方案的拟制，经评审通过后组织实施；处理建立安全保密防范体系中出现的技术问题；与系统管理员共同负责系统的密钥管理和权限分配；负责对系统的运行进行安全保密监视，发现异常情况，查明原因，及时处理；对系统的安全保密可信程度进行定期评估，提出风险分析报告及改进意见并组织实施；研究各项安全保密新技术和新成果，结合本系统的实际加以应用；对系统使用人员进行系统安全保密教育培训。系统安全保密员应具备的条件是：思想稳定政治可靠；具有信息技术及安全保密技术方面的基础知识和综合应用能力；有网络和系统操作及管理方面的实际经验；熟悉信息系统安全保密方面的标准、规范和政策。系统安全保密员不能兼任系统管理员，其工作对本单位保密委员会（领导小组）负责。建立系统安全保密员的目的是要建立系统安全保密的动态管理。一个黑客从尝试登录到能够进行非法访问通常都要经过一个不断试探的过程，这些不断的试探计算机系统都会有记录，有经验的网络管理员都知道这些细小的异常现象意味着什么，及时采取措施就能及时堵塞漏洞，使系统免受灾难。

3）建立防范性网络结构

在本单位内部局域网基础上再建独立存在的核心网。涉密信息集中在核心网上。只有领导和涉密较多的处室才能上核心网，核心网与单位局域网完全物理分开，两网之间由一台有双网卡的网关进行数据有条件交换。对外统一由局域网网管中心负责连接。这样的网络结构可有效地防止核心网被非法入侵造成泄密。在连接 Internet 时，也要注意应统一由一个安全防护性较高的 Internet 接入单位连接。不要多方连接上网，否则容易给入侵者提供多条路径和机会。

4. 数据加密

整体而言，计算机网络加密问题应该包括 3 个方面内容：①文件存储加密、口令存储加密、数据库数据加密、电子邮件加密等信息加密；②数据传输加密（信道加密）；③密码体制、密钥管理中心。

1）密码原理

所谓加密，就是将正常情况下可懂的文件数据输入密码机，由密码机变成不可懂的乱码，即将"明文"变成"密文"；所谓解密，就是上述过程的逆过程，即将"密文"变成"明文"。密码机可看作是一个用电子元件实现一种复杂数学运算的机器。复杂数学运算可记为：C ＝密文，p＝明文，k＝密钥，f 是密码算法。K 是自变量，C 是因变量。不同的 K 有不同的 C，对于某个密码算法 f，K 的选择范围越大，C 的变化就越多，这个密码算法被人破译的难度就越大，保密强度就越高。如何评价 K 的选择范围大小呢？一般是看 K 的位数，位数长的（如 128 位以上）选择范围大，位数短的（如 56 位）选择范围小。一个国家的密码政策，通常是用位数长的高强度密码保护国家秘密，其他用于保护商业秘密。在数据传输加密过程中，收发双方线路密码机使用的是相同的密码算法，注入了相同的密钥，发方向收方发出明文，经密码机变成密文后送上公网通信线路，到达收方后先经密码机解密再送到收方计算机上。密文在公用通信网上传输时，如果被截收，窃密方收到的是不可懂的乱码，无法窃取信息内容。在文件存储加密中，加密解密卡加解密采用同一种算法和同一个密钥，工作人员用计算机处理文件后先将文件加密再存入磁盘,以防窃密者盗用磁盘窃取文件。工作人员调用该文件时,文件先经解密后再从显示器上显示出来以供使用。

2) 密码体制

上述密码原理中,收发双方密码机的密码算法一致、密钥一致,这在密码体制中称为"对称密码体制",这是一种传统的密码体制,有系统的理论研究和完善的管理机制,技术成熟,性能稳定,国内自行研制的产品安全可靠、保密强度高,一般用于文件数据加密存储和传输。国外著名的 DES 密码就是美国政府 1977 年发布的密钥长度为 56 位的"对称密码体制"的密码。这种密码的缺陷是:仅适用于内部的、点对点方式的、事前双方已知密钥的、两点之间的加密传输,保守密钥的秘密十分重要,密钥一旦丢失,整个系统都要立即更换密钥,否则窃密者将可能轻而易举地破解密文。

随着近代计算机网络的发展,不同部门、不同单位网上交往增多,"对称密码体制"显出了它的局限性,人们很难对众多的部门和单位保管好各自不同的密钥。于是人们又发明了"公钥密码体制",它是基于一些数学问题而发明出来的密码体制。其最大特点是:每个用户的密钥由两个不同的部分组成,公开的加密密钥和保密的解密密钥,而且即使算法公开,也很难从其中一个密钥推出另一个。这样任何人都可以使用其他用户的公开密钥来对数据加密,但是只有拥有解密密钥的用户才能对加过密的数据进行解密。这样互不相识的人也可以进行保密通信。这种密码保密强度不如单密钥体制的密码强度大,一般用于通信双方的身份确认和数字签名。

RSA 是公钥密码体制中最成功的一种。其他几种著名的公钥密码体制包括:W. Deffie 和 M. E. Hellman 提出的基于求解离散对象问题困难性的密钥交换体制,Rabin 的基于整数分解困难性的 RSA 体制的变形,基于离散对象的 Diffie-Hellman 体制、EIGamal 体制等。

3) 密码管理与分配

在实用的互联网络中,各用户通过加密传输可形成一个虚拟的保密互联网。该网要由一个各用户认可的密钥管理中心来生成、管理、分发和销毁密钥,同时各用户可将自己的"公钥"也存放在密钥管理中心。各用户需进行保密通信时,先通过公钥系统进行身份确认(这个过程中密钥管理中心可起到仲裁鉴别作用),双方确认身份后由密钥管理中心分发秘密密钥,双方用得到的秘密密钥进行数据或文件的加密传输。

目前,对于密钥的管理与分配,比较流行的有两种协议:一是 Kerberos 协议,它是一个实用的认证协议,通过认证服务器(AS)和许可证服务器(TGS)完成对请求服务用户的认证和授权,系统中的每个服务器和用户都要在 KDC 中登记。公钥基础设施(public key infrastructure,PKI)是目前最热门的技术之一,它也是一个有效的、安全的电子商务基础设施的基础。简单地说,PKI 是需要发布、管理以及回收数字证书的组件和政策集合,这些证书能被用来认证企业网、外联网、因特网上的任何应用、用户、进程以及组织机构。

10.2.3 Internet 中使用的密码技术

ISO 组织推荐的 OSI 网络安全体系结构模型为网络安全提供了完整的概念框架。在该结构模型中,对等实体认证、保密性、信息流安全、完整性和数据源点鉴别等服务直接利用了加密机制。而实现防止否认服务所使用的数字签名、数据完整性和公证机构,也是密码学的应用技术。实际上在网络环境下的访问控制,也常常通过对密钥的分级管理来实现。在实际设计网络通信安全系统时,由于在所要达到的目的和期望的开销方面考虑不同,往往采取简化措施,不必实现完整的 OSI 网络安全模型,而只提供其中几种安全服务,实现其中几种安全机制。下面介绍的两种 Internet 上的安全应用,综合采用了各种密码技术,各自形成了独立的安全通信系统。

1. E-mail 安全与 PGP

PGP(pretty good privacy)是由美国的 Philip Zimmermann 设计的一种 E-mail 安全软件,目前已在 Internet 上广泛传播,拥有众多的用户。PGP 是一个免费软件,并且其设计思想和程序源代码都公开。经过不断的改进,其安全性逐渐为人们所依赖。

PGP 在 E-mail 发送之前对邮件文本进行加密。由于它一般是离线工作的,所以也可以对文件等其他信息进行加密。PGP 中采用了公钥、对称密码技术以及单向 Hash 函数。它实现的安全机制有数字签名、密钥管理、加密和完整性。

PGP 主要为 E-mail 提供以下安全服务:

● 保密性。
● 信息来源证明。
● 信息完整性。
● 信息来源的无法否认。

PGP 的密钥管理也是分散的,每个人产生自己的 RSA 公开密钥和私有密钥对。目前,PGP 的 RSA 密钥的长度有 3 种:普通级(384 位)、商用级(512 位)和军用级(1024 位)。长度越长,保密性越强,但加/解密速度也就越慢。

2. Web 安全中的密码技术

采用超文本链接和超文本传输协议(HTTP)技术的 Web 是 Internet 上发展最为迅速的网络信息服务技术。各种实际的 Internet 应用(如电子商务等)大多数是以 Web 技术为平台的。但是,Web 上的安全问题也是非常严重的。目前,解决 Web 安全的技术主要有两种:安全套接字层(secure socket layer,SSL)和安全 HTTP(SHTTP)协议。

(1) SSL 协议:是由 Netscape 公司提出的建立在 TCP/IP 协议之上的提供客户机和服务器双方网络应用通信的开放协议。它由 SSL 记录协议和 SSL 握手协议组成。SSL 握手协议在 SSL 记录协议发送数据之前建立安全机制,包括认证、数据加密和数据完整性。实现通信双方之间认证、连接的保密性、数据完整性、数据源点认证等安全服务。

(2) SHTTP 协议:是由 EIT 公司提出的增强 HTTP 安全的一种新协议,即将成为一项新的 IETF 标准(RFC)。

10.3 防御技术

防御技术是一种防止内部网络或计算机系统免受外部不可信网络或系统入侵的方法,它作为一个阻塞点来监视来自外部的申请或通过的信息。要使计算机免除或减少网络非法访问的威胁,就必须使用访问控制技术在计算机或网络内设置若干防线。访问控制技术主要分为身份鉴别、访问权限控制和审计跟踪等技术。

10.3.1 防火墙的概念

防火墙不是一个简单的路由器、主机系统组合或者对网络提供安全的各系统组合,而是一种安全手段的提供。它通过定义允许访问和允许服务的安全策略实现此安全目的。同时,该实现需要借助于一个或多个网络、主机系统、路由器和其他安全设备的策略配置。目前,流行的防火墙通常有4种结构:包过滤防火墙、双宿主机防火墙、主机过滤防火墙和子网过滤防火墙。

为了更好地理解防火墙的工作原理,在此简要回顾 Internet 上的 IP 地址作用、信息传输过程以及站点系统的定义。

IP 地址是 Internet 上最普遍的身份标识,它有静态和动态之分。静态 IP 地址是指固定不变的、一般是某台连到 Internet 上的主机地址。静态 IP 地址分为几类:其中一类能通过 Whois 查询命令得到,主要是域名服务器(DNS)、Web 服务器等最高层主机地址;另一类静态 IP 地址被分配给 Internet 中的第二和第三层主机,这些机器有固定的物理地址,通常有注册的 IP 地址(但不一定拥有注册的主机名)。动态 IP 地址是指每次动态分配给上网主机的地址,ISP 的拨号访问服务中经常使用动态 IP 地址,用户每次上网都会分配一个不同的 IP 地址。无论 IP 地址是静态还是动态,它都被用于网络传输中进行地址识别和路由。

在没有安装防御系统(防火墙等)时,信息的传输一般有以下过程:

(1) 数据从发送者网络的某处发出(如果是拨号上网方式,发送者的计算机是连在 ISP 的网络上,因此 ISP 的网络就是发送者的网络)。

(2) 数据从发送者的主机传输到 ISP 网络的某台机器上,再从这台机器传输到网络的主服务器上(如果不是拨号上网,该步骤可省略)。

(3) 主服务器将此数据递交给该网络的路由器,有路由器通过连接媒体将数据送到 Internet 上。

(4) 数据经过 Internet(可能通过多个路由器等设备)最后到达目的主机所在网络的路由器,该路由器将数据送往指定的目的主机。

如果收发双方没有采取任何安全措施,则可以认为二者之间的通路是直接的,也即在传输过程中除了路由转发外,报文不会遇到任何障碍。这是一种不安全的工作方式,为此必须改变这种工作方式,使得报文在传输过程中进行各种检查,以获得较高的安全性。

一个组织可以有多个站点,每个站点有自己的网络。如果组织比较大,它的站点就可能拥有具有不同目标的网络管理员。如果这些站点不是通过内部网络来连接的,那么每个站点可能有自己的网络安全策略。但是,如果站点是通过内部网络连接的,则网络安全策略应该涵盖所有内连站点的目标网络系统。一般而言,站点是一个拥有计算机和与网络相关资源组织的任何部分。这些资源主要包括工作站,主计算机和服务器,网关、路由器、网桥和转发器等内连设备,终端服务器,网络和应用程序软件,网络电缆,文件和数据库中的信息。

10.3.2 防火墙技术

1. 设计策略

防火墙系统的设计、安装和使用直接受到两个层次的网络策略的影响。高层次的策略特定于一个出口,称为服务访问策略(或网络访问策略)。它定义受限(或保护)网络中哪些服务是允许的,哪些服务是明确禁止的,这些服务是怎样被使用的以及对这个策略进行例外处理的条件。低层次的策略描述了防火墙实施中实际上是怎样体现实施高层次的策略,即怎样去限制访问和过滤服务,称为设计策略。

服务访问策略应该集中于特定 Internet 使用的进出口,或者所有外部网络的访问(如拨号策略、SLIP 和 PPP 连接)。该策略是关于一个组织机构的信息资源保护的整体策略。要使得防火墙成功地实现安全目的,服务访问策略必须是切合实际的和健全的,并且需要在实现一个防火墙以前进行充分的考虑和收集。一个实际可用的策略应该在保护网络免受威胁和提供用户访问网络资源之间寻求一个平衡点。同时,如果一个防火墙系统拒绝或限制服务,它通常需要加强服务访问策略来防止防火墙的访问控制被修改。而健全性是通过完善的管理来保障。一个防火墙能实现各种各样的服务访问策略。典型的策略主要包括:不允许从 Internet 访问一个内部站点,但允许一个内部站点访问 Internet;允许来自 Internet 的某些特定服务访问内部站点;允许 Internet 上一些用户访问有选择的内部主机,但这种访问只在必要的时候被许可并且要附加一些比较先进的认证手段。

防火墙设计策略一般特指针对防火墙,它定义实现服务访问策略所使用的规则。不能在真空中设计这种策略,必须彻底、透彻地理解类似于防火墙能力和局限性、TCP/IP 相关的攻击和脆弱问题。

2. 包过滤技术

包过滤用于控制哪些数据包可以进出网络而哪些数据包应被网络拒绝。IP 包过滤通常是由包过滤路由器来完成的,这种路由器除了完成通常情况下的路径选择外(对每一个通过的包做出路由决定,确定如何将包送到目的地),还可以根据路由器中的包过滤规则做出是否允许该包通过的决定。

可以使用多种过滤方法来阻塞进出特定主机或网络的连接,也可以阻塞对特定端口的连接。一个站点可能希望阻塞来自于不可信任主机的连接,而另一站点可能希望除了允许 E-mail 外,阻塞来自外部所有地址的连接请求。例如,规则约定不接收来自某公司的任何网络数据的通信请求,那么路由器便会拒绝路由 IP 地址(源地址)为 xxx.com(域名与 IP 地址一一对应)的任何数据,于是这个公司所发的数据包就无法到达内部网或内部网的任何主机。但是基于 IP 地址过滤的规则并不判断源 IP 地址的真实性,这就意味着伪装源 IP 地址的数据包能在一定程度上访问内部网或内部网服务器。

包过滤也存在着许多缺点。首先,包过滤规则的制定是相当复杂的,通常没有现存的测试工具检验规则的正确性;其次,有些路由器不提供日志记录的能力,如果路由器的规则一直让危险的包通过,则只有攻击产生明显结果后才会发现。

3. 应用网关

为了克服包过滤路由器的弱点,防火墙需要使用一些应用软件来转发和过滤像 Telnet 和 FTP 这类服务的连接,这种服务有时称为代理服务(proxy service),而运行代理服务的主机称为应用网关。这些程序根据预先制定的安全规则将用户对外部网的服务请求向外提交,转发外部网对内部网用户的访问。代理服务替代了用户和外部网的连接。

一般代理服务位于内部网络用户和外部网络的服务之间,它在很大程度上对用户是透明的。在代理服务中,内部和外部各站点之间的连接被切断了,它们必须通过代理才可相互通信。应用网关和包过滤路由器能被有效结合来提供更高的安全性和灵活性。

应用网关一般用在 Telnet、FTP、E-mail、X Windows 以及其他服务,有些 FTP 应用网关包括拒绝对特殊主机的 PUT 和 GET 命令。例如,一个外部网用户通过 FTP 应用网关和内部的一个匿名 FTP 服务器建立 FTP 会话,应用网关通过对 FTP 协议的过滤,拒绝所有对匿名 FTP 服务器的 PUT 命令来禁止该用户的上载(upload)操作,这就能确保没有任何信息上载到服务器。

而 E-mail 应用网关服务作为集中式 E-mail 系统,能收集和分发邮件到内部主机和用户。对于外部用户,所有内部用户具有 user@emailhost 地址形式,网关从外部用户接收邮件,然后根据需要转发到内部系统。内部系统用户可以直接从它们主机送出 E-mail,或者内部系统名对保护子网外部的用户在不知道的情况下先送到应用网关,通过应用网关转发到目的主机。

10.3.3　防火墙的结构

1. 包过滤防火墙

包过滤防火墙在小型、不复杂的网络结构中最常使用,也非常容易安装。然而,与其他防火墙结构相比,用户需承受它更多的缺点。通常,在 Internet 连接处安装包过滤路由器,在路由器中配置包过滤规则来阻塞或过滤报文的协议和地址。一般站点系统可直接访问 Internet,而从 Internet 到站点系统的多数访问被阻塞。无论怎样,路由器可根据策略有选择地允许访问系统和服务,通常内在危险的 NIS、NFS 和 X Windows 等服务被阻塞。

2. 双宿主网关防火墙

双宿主网关防火墙是包过滤防火墙技术较好的替代结构,由一个带有两个网络接口的主机系统组成。一般情况下,这种主机可以充当与这台主机相连的网络之间的路由器,将一个网络的数据包在无安全控制下传递到另一个网络。如果将这种双宿主机安装到防火墙结构中作为一个双宿网关防火墙,它首先使得 IP 包的转发功能失效。除此之外,包过滤路由器能被放置在 Internet 的连接处提供附加的保护,它创建一个内部的、屏蔽的子网。

注意:作为防火墙的主机系统必须是非常安全的,主机中任何脆弱的服务或技术都能导致非法闯入。如果防火墙出现问题,攻击者可以破坏防火墙并且完成攻击动作。

3. 过滤主机防火墙

过滤主机防火墙由一个包过滤路由器和一个位于路由器旁边保护子网的应用网关组成。应用网关仅需要一个网络接口,它的代理服务能传递代理存在的 Telnet、FTP 和其他服务到站点系统。路由器过滤存在内在危险的协议到达应用网关和站点系统。

4. 过滤子网防火墙

过滤子网防火墙是双宿网关和过滤主机防火墙的一种变化形式,它能在一个分割的系统上放置防火墙的每一个组件。虽然在一定程度上牺牲了简单性,但获得了较高的吞吐量和灵活性。并且由于防火墙的每一个组件仅需实现一个特定任务,这使得系统配置不是很复杂。该结构中两个路由器用来创建一个内部的过滤子网,这个子网(有时称为非军事区 DMZ)包含应用网关,当然它也能包含信息服务器、MODEM 池和其他需访问控制的系统。

5. MODEM 池

许多站点允许遍布在各点的 MODEM 通过站点进行拨号访问,这是一个潜在的"后门",它能使防火墙提供的保护失效。处理 MODEM 的一种较好方法,是把它们集中在一个

MODEM 池(pool)中,然后通过池进行安全连接。

MODEM 池可由连接到终端服务器的多个 MODEM 组成,终端服务器是把 MODEM 连接到网络的专用计算机。拨号用户首先连接到终端服务器,然后通过它连接到其他主机系统。有些终端服务器提供了安全机制,它能限制对特殊系统的连接,或要求用户使用一个认证令牌进行身份认证。当然终端服务器也能是一个连接 MODEM 的主机系统。

10.3.4 身份鉴别和访问权限控制

1. 身份鉴别

身份鉴别技术是计算机内部安全保密防范最基本的措施,也是计算机安全保密防范的第一道防线。这种技术对终端用户的身份进行识别和验证,以防止非法用户闯入计算机。身份鉴别方法有 3 种:口令验证、通行证验证和人类特征验证。

口令验证是验证用户是否合法,这种验证方法广泛地应用于各个方面。口令的生成有两种主要方法:一种是由用户自己选择口令;另一种是由计算机自动生成随机的口令。前者的优点是易记,但缺点是易猜;后者的优点是随机性好,要猜测很困难,但缺点是较难记忆。根据美国贝尔实验室的研究发现,用户一般都会选择自己居住的城市名或街道名、门牌或房间号码、汽车号码、电话号码、出生年月日等作为口令,这些口令被猜测出来的可能性为85%。所以,如果让用户自己自由地选择口令,就会增大口令泄露的机会。不过,用户自己选择口令也有一些既容易记住又不易被猜出的技巧和方法。例如,有一种分段交叉组合口令法就很简单易行。打个比方,用一个非常喜欢的小说名字和一个难以忘记的球赛记录,将这个名字和这个记录分别分成几段,然后交叉组合成一个口令。这个口令自己不容易忘记,别人也难以猜出。为了使用户既能方便地记忆口令,又能安全地使用口令,一种较为适用可靠的方法是使用双重口令。由用户自己选择一个短口令,然后由计算机自动生成一个几百字的随机长口令并记载在磁盘上。使用时用户先输入短口令,然后将载有长口令的磁盘插入计算机,由计算机读取进行验证;长口令是一次性口令,每使用一次便由计算机自动更新一次。这样既能解决用户记忆口令的问题,又能防止口令被猜测和盗取的问题。

通行证验证类似于钥匙,主要是使用磁卡和"灵巧卡"。

人类特征验证是验证用户的生物特征或下意识动作的结果。通常验证的特征有指纹、视网膜、语音、手写签名等。人类特征具有很高的个体性和防伪造性,因此这种验证方法的可靠性和准确度极高。例如,指纹、视网膜,世界上几乎没有任何两个人是一样的;语音和手写签名虽然能模仿得很像,但使用精密的仪器来分析,可以找出其中的差异。目前,国外已研制出指纹锁和眼底锁。但是,由于这些人类特征验证的设备相当复杂,造价很高,因此还不能被广泛地应用。

2. 访问权限控制

这就是计算机安全保密防范的第二道防线。访问权限控制是指对合法用户进行文件或数据操作权限的限制。这种权限主要包括对信息资源的读取、写入、删除、修改、复制、执行等。在内部网中,应该确定合法用户对系统资源有何种权限,可以进行什么类型的访问操作,防止合法用户对系统资源的越权使用。对涉密程度不高的系统,可以按用户类别进行访问权限控制;对涉密程度高的系统,访问权限必须控制到单个用户。内部网与外部网之间,应该通过设置保密网关或者防火墙来实现内外网的隔离与访问权限的控制。常见的访问控制模型有自主访问控制模型(discretionary access control model,DAC model)、强制访问控制模型(mandatory access control model,MAC model)以及基于角色访问控制模型(role based access control model,RBAC model)。

自主访问控制模型是根据自主访问控制策略建立的一种模型,允许合法用户以用户(user)或用户组(group)的身份访问策略规定的客体,同时阻止非授权用户访问客体,某些用户还可以自主地把自己所拥有的客体的访问权限授予其他用户。自主访问控制又称为任意访问控制。Linux、UNIX、Windows NT 或是 Server 版本的操作系统都提供自主访问控制的功能。在实现上,首先要对用户的身份进行鉴别,然后就可以按照访问控制列表所赋予用户的权限允许和限制用户使用客体的资源。主体控制权限的修改通常由特权用户或是特权用户(管理员)组实现。任意访问控制对用户提供的这种灵活的数据访问方式,使得 DAC 广泛应用在商业和工业环境中;由于用户可以任意传递权限,那么没有访问文件 File1 权限的用户 A 就能够从有访问权限的用户 B 那里得到访问权限或是直接获得文件 File1。因此,DAC 模型提供的安全防护还是相对比较低的,不能给系统提供充分的数据保护。

强制访问控制模型最开始为了实现比 DAC 更为严格的访问控制策略,美国政府和军方开发了各种各样的控制模型,这些方案或模型都有比较完善的和详尽的定义。随后,逐渐形成强制访问的模型,并得到广泛的商业关注和应用。在 DAC 访问控制中,用户和客体资源都被赋予一定的安全级别,用户不能改变自身和客体的安全级别,只有管理员才能够确定用户和组的访问权限。和 DAC 模型不同的是,MAC 是一种多级访问控制策略,它的主要特点是系统对访问主体和受控对象实行强制访问控制,系统事先给访问主体和受控对象分配不同的安全级别属性,在实施访问控制时,系统先对访问主体和受控对象的安全级别属性进行比较,再决定访问主体能否访问该受控对象。由于 MAC 通过分级的安全标签实现了信息的单向流通,因此它一直被军方采用,其中最著名的是 Bell-LaPadula 模型和 Biba 模型:Bell-LaPadula 模型具有只允许向下读、向上写的特点,可以有效地防止机密信息向下级泄露;Biba 模型则具有不允许向下读、向上写的特点,可以有效地保护数据的完整性。MAC 访问控制模型和 DAC 访问控制模型属于传统的访问控制模型,对这两种模型的研究也比较充分。在实现上,MAC 和 DAC 通常为每个用户赋予对客体的访问权限规则集,考虑到管理的方便,在这一过程中还经常将具有相同职能的用户聚为组,然后再为每个组分配许可权。用户自主地把自己所拥有的客体的访问权限授予其他用户的这种做法,其优点是显而易见的,但是如果企业的组织结构或是系统的安全需求处于变化的过程中时,那么就需要进行大量烦琐的授权变动,系统管理员的工作将变得非常繁重,更主要的是容易发生错误而造成一些意想不到的安全漏洞。

RBAC 作为传统访问机制的理想候选近年来得到广泛的研究,并以其灵活、方便和安全的特点在许多系统尤其是大型数据库系统的权限管理中得到应用。美国国家标准技术研究所对 28 个组织中进行的调查结果表明:RBAC 的功能相当强大,从政府机关到商业应用,适用于许多类型用户的需求。特别是,RBAC 模型非常适用于数据库应用层的安全模型,因为在应用层内,角色的逻辑意义更加明显和直接。RBAC 由于不是直接授权给用户,而是先授权给角色,然后再授予用户角色,这样在用户和权限之间引入角色,从而大大地降低了系统的复杂度,同时 RBAC 体现了系统的组织结构,简洁并具有灵活性,大大地降低了系统管理员误操作的可能性。角色之间的互斥关系可以很容易地实现任务分离,角色访问控制还支持最小权限。

10.4　虚拟专用网

随着信息安全问题,尤其是 Internet 安全问题越来越突出,各企事业单位都将保护 Intranet 安全作为首要任务。但是,对于拥有众多地理分散分支机构的大型企业,建立物理上的专用网非常困难,它们必须通过公众网进行联系,这就要求企业选择基于电信服务商提供的公众网建立虚拟的专用网(virtual private network,VPN),如图 10-1 所示。

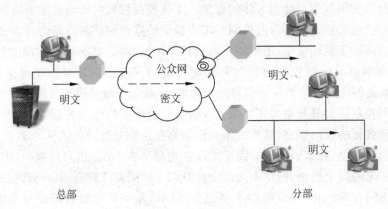

图 10-1　VPN 示意图

10.4.1　什么是 VPN

VPN 并不是一个新的名词,早在电话网络中就提出了 VPN 的概念。而本节所讨论的 VPN 专指基于公众网络,构建一个安全的、可靠的和可管理的商业间通信的通道。

采用 IP 通道技术的 VPN 服务是一种新的 VPN 服务概念,即 Extranet。所谓 Extranet,是指企业 Intranet 在公众网络上的扩展服务,包括两个方面:一是对 VPDN (virtual private dialog network)拨号服务,企业 Intranet 可通过公众网的拨号设施和服务点,为移动用户提供拨号访问企业 Intranet 的服务,而不需要采用长途拨号的方式;二是企业多个办公地点通过公众 IP 服务网络进行互联,由公众 IP 服务网络提供 IP 通道技术来实现,这样企业网络只需 N 条接入线就可形成自己的专网,这是 VPN 最大的用途所在。

基于永久虚电路(permanent virtual circuit,PVC)的 VPN 业务和基于 IP 的 VPN 业务相比,IP 层的 VPN 业务具有较大的价格优势。并且在 PVC 情况下,假设有 7 个办公点需要互联,则需要租用 49 个 PVC,显然成本高且网络复杂。当办公点更多时,PVC 就非常难于管理。而基于 IP 的 VPN 业务只需将各办公点联入 IP 公众服务网即可。从管理上,增加的是 VPN 的管理和各节点增加了相应的设备或系统设置。而利用 IP 公众服务网的 VPN 还可以充分利用网络提供的新型的接入技术,非常容易地进行网络接入带宽的升级。

在基于 IP 通道技术的 VPN 服务中,安全加密是 VPN 主要解决的问题。在公众 IP 服务网上提供专用的虚通道需要完整的加密安全机制。目前,IETF 正在制定相应的标准,常见的厂家标准有 3 种。

（1）PPTP 协议：即点对点的通道协议，它建立数据包的传送隧道。目前，ASCEND 接入服务器和 Microsoft 95/NT 都能支持这一协议。

（2）L2F 协议：是 Cisco 公司提出的，它发展为 L2TP 协议。目前，PPTP 与 L2TP 技术正结合发展。

（3）IPSec：也是 IETF 支持的标准之一。它和前两种不同之处在于它是第三层即 IP 层的加密，提供了对私用地址、身份认证、密码管理等功能，得到了众多厂家的支持。

10.4.2　VPN 的分类及其用途

1. VPN 的分类

基于 Internet 建立的 VPN，如果实施得当，可以使网络免受病毒感染、防止欺骗、防商业间谍、增强访问控制、增强系统管理、加强认证等。在 VPN 提供的功能中，认证和加密是最重要的。访问控制相对比较复杂，因为它的配置与实施策略和所用的工具紧密相关。VPN 的 3 种功能必须相互配合，才能保证真正的安全性。在连到 Internet 之前，公司应指定相应的安全策略，清楚地说明不同身份的用户可以访问哪些资源。一个安全的解决方案包括防火墙、路由器、代理服务器、VPN 软件或硬件。根据不同需要，可以构造不同类型的 VPN。不同商业环境对 VPN 的要求和 VPN 所起的作用不一样。目前主要有 3 种结构的 VPN：在公司总部和它的分支机构之间建立 VPN，称为内部网 VPN；在公司总部和远地雇员或旅行中的雇员之间建立 VPN，称为远程访问 VPN；在公司和商业伙伴、顾客、供应商、投资者之间建立 VPN，称为外部网 VPN。

2. VPN 的用途

内部网 VPN 是通过公共网络将一个组织的各分支机构的 LAN 连接而成的网络，它是公司网络的扩展。当一个数据传输通道的两个端点被认为是可信时，公司可以选择内部网 VPN 解决方案。安全性主要在于加强两个 VPN 服务器之间的加密和认证手段上。通常可以把中心数据库或其他计算资源连接起来的各个局域网看成是内部网的一部分。在子公司中有一定访问权限的用户才能通过内部网 VPN 访问公司总部的资源，所有端点之间的数据传输都要经过加密和身份鉴别。如果总公司对分公司或个人有不同的可信程度，可以通过基于认证的 VPN 方案来保证信息的安全传输，而不是靠可信的通信子网。

人们现在开始意识到通过 Internet 的远程拨号访问所带来的好处。用 Internet 作为远程访问的骨干网比传统的方案更容易实现，而且花钱更少。如果一个用户无论是在家里还是在旅途之中，若想同公司的内部网建立一个安全连接，可以用远程访问 VPN 来实现。典型的远程访问 VPN 是通过本地的服务提供商登录到 Internet 上，并在办公室和公司内部网之间建立一个加密信道。远程访问 VPN 的客户端应尽量简单，因为普通雇员一般都缺乏专门训练。客户应可以手工建立一条 VPN 信道，即当客户每次想建立一个安全通信信道时，只需安装 VPN 软件即可。在服务器端，因为要监视大量用户，有时需要增加或删除用户，这样可能造成混乱，并带来安全风险，因此服务器应该集中并且易于管理。公司往往制定一种透明的访问策略，即使在远地的雇员也能像坐在公司总部的办公室里一样自由地访问公司的资源。因此，首先要考虑的是所有端到端的数据都要加密，并且只有特定的接收者才能解密。大多数 VPN 除了加密以外，还要考虑加密密钥的强度、认证方法。这种 VPN 要对个人用户的身份进行认证，这样公司就会知道哪个用户欲访问公司的网络。认证后决定是否允许用户对网络资源的访问。认证技术可以包括用一次口令、Kerberos 认证方案、令牌卡、智能卡或者指纹。一旦一个用户同公司的 VPN 服务器进行了认证,根据其访问权限表,就有一定的访问权限。每个人的访问权限表由网络管理员制定,并且要符合公司的安全策略。

外部网 VPN 为公司合作伙伴、顾客、供应商和在远地的公司雇员提供安全保障。它应能保证包括 TCP 和 UDP 服务在内的各种应用服务的安全,例如 E-mail、HTTP、FTP、数据库的安全以及一些应用程序(如 Java、ActiveX)的安全。因为不同公司的网络环境是不相同的,一个可行的外部网 VPN 方案应能适用于各种操作平台、协议以及各种不同的认证方案和加密算法。外部网 VPN 的主要目标是保证数据在传输过程中不被修改,保护网络资源不受外部威胁。安全的外部网 VPN 要求公司在同它的顾客、合作伙伴以及在外地的雇员之间经 Internet 建立端到端的连接时,必须通过 VPN 服务器才能进行。在这种系统上,网络管理员可以为合作伙伴的职员指定特定的许可权,例如可以允许对方的销售经理访问一个受到保护的服务器上的销售报告。外部网 VPN 应是一个由加密、认证和访问控制功能组成的集成系统。通常公司将 VPN 代理服务器放在一个不能穿透的防火墙隔离层之后,防火墙阻止所有来历不明的信息传输。所有经过滤后的数据通过唯一一个入口传到 VPN 服务器,VPN 服务器再根据安全策略进一步过滤。VPN 可以建立在网络协议的上层,如应用层;也可以建立在较低的层次,如网络层。在应用层的 VPN 可以用一个代理服务器实现,即不直接打开任何公司内部网的连接,这样有了 VPN 代理服务器之后,就可以防止 IP 地址欺骗。所有的访问都要经过代理,这样管理员就可以知道谁曾企图访问内部网以及他做了多少次这种尝试。外部网 VPN 并不假定连接的公司双方之间存在双向信任关系。外部网 VPN 在 Internet 内打开一条隧道,并保证经过过滤后信息传输的安全。当公司将很多商业活动通过公共网络进行交易时,一个外部网 VPN 应该用高强度的加密算法,密钥应选在 128 位以上。此外,应支持多种认证方案和加密算法,因为商业伙伴和顾客可能有不同的网络结构和操作平台。外部网 VPN 应能根据尽可能多的参数来控制对网络资源的访问,参数包括原地址、目的地址、应用程序的用途、所用的加密和认证类型、个人身份、工作组、子网等。管理员应能对个人用户身份进行认证,而不仅仅根据 IP 地址。

10.5 审计与监控技术

一个组织的内部网络在安全保密上的一个有效方法是采取"外防"与"内审"相结合的办法。"外防"是防止外部不该进入的内容进入,不该出去的内容出去,用它屏蔽保护与外界的联系;而"内审"是对系统内部进行监视、审查,识别系统是否正在受到攻击或机密信息是否受到非法访问,如发现问题后则采取相应措施。

10.5.1 审计与监控的准则

国际标准化组织 ISO 和国际电工委员会 IEC 在 1988 年 5 月出版了《信息技术安全性评估通用准则 2.0 版》(ISO/IEC15408),俗称 CC 标准 2.0。根据该标准,一个安全的网络必须具备安全审计系统,并在 CC 标准 2.0 第二部分中详细定义了安全审计的功能。要实现比较完善的审计系统,审计事件的确定是非常重要的。根据橙皮书和红皮书,在决定审计事件时,必须仔细考虑影响安全机制的各个部分。

一般选择可审计事件的准则如下:

- 认证和授权机制的使用:对要求利用认证和授权服务进行保护的对象或实体的合法或企图非法访问进行记录。
- 增加、删除和修改对象:记录对已利用安全服务对象的改变或删除操作。
- 计算机操作员、系统管理员、系统安全人员采取的与安全相关的行动:保持一个特权人员完成动作的记录,这个记录可以仔细检查以确定策略和实际履行的不一致性。
- 识别访问事件和它的行动者:使用本地或全局同步时间识别每次访问事件的起始和结束时间及其行动者,其中行动者可能是用户或服务器。
- 识别例外条件:在事务的两次处理其间,识别探测到的安全相关的例外条件(如潜在的违反数据完整性)。
- 利用密码变量:记录密钥的使用、生成和消除,不恰当的密钥管理将导致成功的伪装攻击。
- 改变分布环境中单元的配置:它的目的是随着服务器在某个单元中的起始和终止,保持相关服务器的轨迹,然后能识别花费的时间和潜在的对有缺陷服务器的损害。
- 任何企图陷害、攻击或闯入(不管成功与否)安全机制的事件。

10.5.2 审计与监控

1. 审计与监控功能

通常,安全审计系统可由 4 部分组成:审计结点、审计工作站、审计信息和审计协议。

审计结点是指网上的重要设备(如服务器、路由器、客户机等)。每个结点运行一个审计代理软件,它对设备的运行情况进行监视和审计,产生日志文件。如果发现安全问题应及时报警,并把有关信息(事件发生的日期、时间和事件类型等)传送到审计工作站。审计代理主要有 3 种类型:一是利用数据库、操作系统等软件本身审计所产生的日志文件;二是编制专用审计代理;三是提供一些标准审计代理接口。

审计工作站是一个运行特殊审计软件的通用/专用计算机,它包含一个或多个进程,实现与网上审计结点的通信。为使审计代理尽可能简单且最大程度上减少对所在设备的影响,审计工作站应尽可能智能化。它应有一套有效的信息识别规则和智能判断功能。

审计信息和审计协议用于描述审计代理存储的审计信息格式和传输规则。

针对具体的网络拓扑和应用,上述的审计结构可进行层次式叠加,实现多级审计的效果。审计系统是一个复杂的、智能化程度较高的综合系统,它包含多方面的技术,主要的技术难点如下。

(1) 信息捕捉与还原:网络审计的关键是要能够有效捕捉各类信息。审计系统既要能收集网络传输信息,又要能收集各重要结点操作系统的运行信息,还要能收集到应用系统的运作情况。由于审计系统几乎要能收集到所有的网络传输信息以及各种操作系统、应用系统的审计信息,同时所收集的信息种类繁多,根据应用服务的不同网络传输的信息就有 Telnet、FTP、HTTP、E-mail 等信息。各种信息实时、方便地还原是发现网络安全问题的基础。为实现信息捕捉与还原,审计系统的各组成部分分工协作,审计设备收集网络传输信息,专用审计软件收集操作系统及应用系统的审计信息,而审计中心负责信息的还原。

（2）有效信息识别规则的制定和实现以及智能匹配：审计系统的主要功能是要在各种各样的信息中发现有关网络安全的可疑信息并加以捕获及处理。如何找出有效信息，这涉及有效信息识别规则的制定和实现以及智能匹配技术的实现。规则的制定需要对网络安全有深刻的认识，了解各种影响网络安全的行为，熟悉网络入侵的各种方法。

（3）实时、非抵赖的审计：审计系统要能够对网络安全实时做出反应，同时还要提供非抵赖的审计记录。它应该提供某种控制以防止由于资源的不可用而丢失审计数据。系统要能够创建、维护、访问它所保护的对象的审计踪迹，并保护其不被修改、非授权访问或破坏。

（4）智能分析技术：该技术一般是针对网络系统的特殊应用，它涉及报文内容分析和流量分析等。

目前，审计系统还没有比较完善的产品，只有一些特定平台和特殊软件中提供的简单的入侵侦察系统(intrude detection system，IDS)和 log 模块。其中，IDS 是近年来受到广泛关注的技术，这项技术目前只有 3～5 年的历史，有些商家已经宣称其 IDS 可以完全代替防火墙。但 IDS 是一种对原有安全系统的扩充手段，而不是对已有安全机制的替代。

2. IDS 系统

IDS 与防火墙不同，它并不介于网络段之间，而是设计用于在单个域中隐式地运行。它能够及时捕获所有网上的传输，把这些信息读入内存，由系统与已知的一些典型攻击性分组比较。例如，如果 IDS 注意到有一台主机在不断地向另一台主机发送 SYNC 分组，却根本不想完成连接过程，它就会认为这是一种 SYNC 攻击，并且采取适当的措施。好的 IDS 在数据库中可以存储 100 种以上的攻击类型。

IDS 具体采取的措施由用户的特定 IDS 系统和配置情况决定。所有的 IDS 系统都能够记录可疑事件。有些甚至可以保存网络传输中捕获的原始分组，供管理员分析。有些可以配置成发送警报，如电子邮件或信息页。有些产品可以与防火墙进行交互，修改过滤规则并且阻塞进行攻击的主机。

IDS 一般由驱动引擎和控制台两部分组成。驱动引擎用于捕获和分析网络传输；控制台用于管理各驱动引擎并发出有关报告。

根据系统所采用的检测模型，可以将 IDS 分为 3 类。

（1）异常检测：在异常检测中，观察到的不是已知的入侵行为，而是所研究的通信过程中的异常现象，它通过检测系统的行为或使用情况的变化来完成。在建立该模型之前，首先必须建立统计概率模型，明确所观察对象的正常情况，然后决定在何种程度上将一个行为标为"异常"，并如何做出具体决策。

（2）滥用检测：在滥用检测中，入侵过程模型以及它在被观察系统中留下的踪迹是决策的基础。所以，可事先定义某些特征的行为是非法的，然后将观察对象与之进行比较以做出判别。滥用检测基于已知的系统缺陷和入侵模式，故又称特征检测。它能够准确地检测到某些特征的攻击，但却过度依赖事先定义好的安全策略，所以无法检测系统未知的攻击行为，从而产生漏警。

（3）混合检测：这类检测在做出决策之前，既分析系统的正常行为，同时还观察可疑的入侵行为，所以判断更为全面、准确、可靠。它通常根据系统的正常数据流背景来检测入侵行为，所以也有人称其为"启发式特征检测"。Wenke Lee 从数据挖掘得到启示，开发出了一个混合检测器 RIPPER。它并不为不同的入侵行为分别建立模型，而是首先通过大量的事例学习什么是入侵行为以及什么是系统的正常行为，发现描述系统特征的一致使用模式，然后再形成对异常和滥用都适用的检测模型。

10.6 计算机病毒

有很多的计算机用户，当听到计算机病毒时都闻毒而色变。其中有些用户确实曾身受其害，但更多的是因为夸张的道听途说而致人人自危。计算机病毒只不过是一组不必要的程序。它和计算机中运行的其他程序基本相同，不同的只是它会对计算机系统造成不同程度的损害。

简单地说，计算机病毒只是一个计算机程序。它与常用的文档处理软件、常玩的计算机游戏软件一样，只不过计算机游戏软件可以让用户享受声光的刺激，文档处理软件可以让用户打字排版，而计算机病毒是设计来破坏计算机里的软件，让计算机不能正常工作。

10.6.1 计算机病毒的定义

计算机病毒是会造成伤害，但不是对人体造成伤害，而是对用户的计算机系统造成一定的伤害。

计算机病毒在《中华人民共和国计算机信息系统安全保护条例》中被明确定义，病毒是指"编制者在计算机程序中插入的破坏计算机功能或者破坏数据，影响计算机使用并且能够自我复制的一组计算机指令或者程序代码"。

计算机病毒在计算机里执行并且导致不同的影响。它可把计算机里的程序或数据删除或改变。计算机病毒与其他威胁不同，它不需要人们的介入就能由程序或系统传播出去。

病毒程序包含一套不必要的指令，当它执行时就把自己传播到其他计算机系统或程序中。首先它把自己复制在一个没有被感染的程序或文档中，当这个程序或文档执行任何指令时，该计算机病毒就会包括在指令里。根据病毒创作者的动机，这些指令可以做任何事，其中包括显示一段信息、删除文档或改变数据。某些情况下，计算机病毒并没有破坏指令的企图，但取而代之就是病毒占据磁盘空间、中央处理器时间或网络连接。

10.6.2 计算机病毒的发展

在病毒的发展史上，病毒的出现是有规律的。一般情况下，一种新的病毒技术出现后，病毒迅速发展，接着反病毒技术的发展会抑制其流传。操作系统进行升级时，病毒也会调整为新的方式，产生新的病毒技术。它可以分为下面几个阶段。

1. DOS 引导阶段

1987 年，计算机病毒主要是引导型病毒，具有代表性的是"小球"和"石头"病毒。当时的计算机硬件较少，功能简单，一般需要通过软盘启动后使用。引导型病毒利用软盘的启动原理工作，它们修改系统启动扇区，在计算机启动时首先取得控制权，减少系统内存，修改磁盘读写中断，影响系统工作效率，在系统存取磁盘时进行传播。1989 年，引导型病毒发展为可以感染硬盘，典型的病毒有"石头 2"。

2. DOS 可执行阶段

1989 年，可执行文件型病毒出现，它们利用 DOS 系统加载执行文件的机制工作，典型的病毒为"耶路撒冷"和"星期天"病毒,病毒代码在系统执行文件时取得控制权,修改 DOS 中断,在系统调用时进行传染,并将自己附加在可执行文件中,使文件长度增加。1990 年,这类病毒发展为复合型病毒,可感染 COM 和 EXE 文件。

3. 伴随、批次型阶段

1992 年,伴随型病毒出现,它们利用 DOS 加载文件的优先顺序进行工作。典型的病毒是"金蝉"病毒,它感染 EXE 文件时生成一个和 EXE 同名的扩展名为 COM 的伴随体;它感染 COM 文件时,改为原来的 COM 文件为同名的 EXE 文件,再产生一个原名的伴随体,文件扩展名为 COM。这样,在 DOS 加载文件时,病毒就取得控制权。这类病毒的特点是不改变原来的文件内容、日期及属性,解除病毒时只要将其伴随体删除即可。在非 DOS 操作系统中,一些伴随型病毒利用操作系统的描述语言进行工作,典型的病毒是"海盗旗"病毒,它在执行时,询问用户名称和口令,然后返回一个出错信息,将自身删除。批次型病毒是工作在 DOS 下的和"海盗旗"病毒类似的一类病毒。

4. 幽灵、多形阶段

1994 年,随着汇编语言的发展,实现同一功能可以用不同的方式完成,这些方式的组合使一段看似随机的代码产生相同的运算结果。幽灵病毒就是利用这个特点,每感染一次就产生不同的代码。例如,"一半"病毒就是产生一段有上亿种可能的解码运算程序,病毒体被隐藏在解码前的数据中,查解这类病毒就必须能对这段数据进行解码,这就加大了查毒的难度。多形型病毒是一种综合性病毒,它既能感染引导区又能感染程序区,多数具有解码算法,一种病毒往往要两段以上的子程序方能解除。

5. 生成器、变体机阶段

1995 年,在汇编语言中,一些数据的运算放在不同的通用寄存器中,可运算出同样的结果,随机地插入一些空操作和无关指令,也不影响运算的结果,这样一段解码算法就可以由生成器生成。当生成的是病毒时,这种复杂的病毒生成器和变体机就产生了。这类病毒的典型代表是"病毒制造机"(VCL),它可以在瞬间制造出成千上万种不同的病毒,查解时就不能使用传统的特征识别法,需要在宏观上分析指令,解码后查解病毒。变体机就是增加解码复杂程度的指令生成机制。

6. 网络、蠕虫阶段

1995 年,随着网络的普及,病毒开始利用网络进行传播,它们只是以上几代病毒的改进。在非 DOS 操作系统中,"蠕虫"是典型的代表,它不占用除内存以外的任何资源,不修改磁盘文件,利用网络功能搜索网络地址,将自身向下一地址进行传播,有时也在网络服务器和启动文件中存在。

7. 视窗阶段

1996 年,随着 Windows 和 Windows 95 的日益普及,利用 Windows 进行工作的病毒开始发展,它们修改(NE、PE)文件,典型的病毒是 DS. 3873,这类病毒的机制更为复杂,它们利用保护模式和 API 调用接口工作,删除方法也比较复杂。

8. 宏病毒阶段

1996 年,随着 Word 功能的增强,使用 Word 宏语言也可以编制病毒,这种病毒使用类 BASIC 语言,编写容易,可以感染 Word 文档文件。在 Excel 和 AmiPro 出现的相同工作机制的病毒也归为此类。由于 Word 文档格式没有公开,这类病毒查解比较困难。

9. 互联网阶段

1997 年,随着 Internet 的发展,各种病毒也开始利用 Internet 进行传播,一些携带病毒的数据包和邮件越来越多,如果不小心打开了这些邮件,机器就有可能中毒。

10. Java、邮件炸弹阶段

1997 年,随着万维网上 Java 的普及,利用 Java 语言进行传播和资料获取的病毒开始出现,典型的病毒是 Java Snake 病毒。还有一些利用邮件服务器进行传播和破坏的病毒,例如 Mail-Bomb 病毒,严重影响着 Internet 的效率。

2000 年以来,病毒的形式和种类在不断变化,比较有影响的是 Kakworm、爱虫、Apology-B、Marker、Pretty、Stages-A、Navidad、Ska-Happy99、WM97/Thus、XM97/Jin,以及红色结束符、爱情后门、FUNLOVE、QQ 传送者、冲击波杀手、罗拉、求职信、尼姆达 II、QQ 木马、CIH 和熊猫烧香。

2017 年 5 月,一种名为"想哭"的勒索病毒席卷全球,在短短一周时间里,上百个国家和地区受到影响。据美国有线新闻网报道,截至 2017 年 5 月 15 日,大约有 150 个国家受到影响,至少 30 万台计算机被病毒感染。

10.6.3 计算机病毒的检测与防治

近日全球计算机病毒猖獗,为了有效地防御计算机病毒、蠕虫病毒和特洛伊木马病毒,一般可以采取以下措施。

1. 用常识进行判断

绝不打开来历不明邮件的附件或者并未预期接收的附件。对看似可疑的邮件附件要自觉不予打开。千万不可受骗,认为知道附件的内容,即使附件看来好像是.jpg 文件。因为 Windows 允许用户在文件命名时使用多个后缀,而许多电子邮件程序只显示第一个后缀,如看到的邮件附件名称是 wow.jpg,而它的全名实际是 wow.jpg.vbs,打开这个附件意味着运行一个恶意的 VBScript 病毒,而不是.jpg 浏览程序。

2. 安装防病毒产品并保证更新最新的病毒定义码

建议至少每周更新一次病毒定义码,因为防病毒软件只有最新才最有效。需要提醒的是,所购买的诺顿防病毒软件,不仅是更新病毒定义码,而且同时更新产品的引擎,这是与其他防病毒软件所不一样的。这样的好处在于,可以满足新引擎在侦破和修复方面的需要,从而有效地抑制病毒和蠕虫。

3. 首次安装防病毒软件时,一定要对计算机做一次彻底的病毒扫描

首次在计算机上安装防病毒软件时,一定要花费些时间对机器进行一次彻底的病毒扫描,以确保它尚未受过病毒感染。功能先进的防病毒软件供应商现在都已将病毒扫描作为自动程序,当用户在初装其产品时自动执行。

4. 插入软盘、光盘和其他可插拔介质前,一定对它们进行病毒扫描

确保计算机对插入的软盘、光盘和其他的可插拔介质,以及对电子邮件和互联网文件都会进行自动的病毒检查。

5. 不要从任何不可靠的渠道下载任何软件

这一点比较难于做到,因为通常无法判断什么是不可靠的渠道。比较容易的做法是认定所有较有名气的在线图书馆未受病毒感染,但是提供软件下载的网站实在太多了,无法肯定它们一定都采取了防病毒的措施,所以比较保险的办法是对安全下载的软件在安装前先进行病毒扫描。

6. 警惕欺骗性的病毒

如果收到一封来自朋友的邮件,声称有一个最具杀伤力的新病毒,并希望将这封警告性质的邮件转发给其他人,这十有八九是欺骗性的病毒。建议访问防病毒软件供应商,例如赛门铁克的网站 www.symantec.com/avcenter,证实确有其事。这些欺骗性的病毒,不仅浪费收件人的时间,而且可能与其声称的病毒一样具有杀伤力。

7. 使用其他形式的文档

常见的宏病毒使用 Microsoft Office 的程序传播,减少使用这些文件类型的机会将降低病毒感染风险。例如,尝试用 Rich Text 存储文件,这并不表明仅在文件名称中用.rtf 后缀,而是要在 Microsoft Word 中,用“另存为”指令,在对话框中选择 Rich Text 形式存储。尽管 Rich Text Format 依然可能含有内嵌的对象,但它本身不支持 Visual Basic Macros 或 JScript。而 pdf 文件不仅是跨平台的,而且更为安全。当然,这也不是能够彻底避开病毒的万全之计。

8. 不要用共享的软盘安装软件,或者更为糟糕的是复制共享的软盘

这是导致病毒从一台机器传播到另一台机器的方式。同时,该软件没有注册也会被认为是非正版软件,可以较为合理地推断,复制非法软件的人一般对版权法和合法使用软件并不在乎,同样对安装和维护足够的病毒防护措施也不会太在意。盗版软件是病毒传染的最主要渠道。

9. 禁用 Windows Scripting Host

Windows Scripting Host(WSH)运行各种类型的文本,但基本都是 VBScript 或 JScript。换句话说,Windows Scripting Host 在文本语言之间充当翻译的角色,该语言可能支持 ActiveX Scripting 界面,包括 VBScript、JScript 或 Perl,以及所有 Windows 的功能,包括访问文件夹、文件快捷方式、网络接入和 Windows 注册等。许多病毒或蠕虫,例如 Bubble Boy 和 KAK.worm 使用 Windows Scripting Host,无须用户单击附件就可以自动地打开一个被感染的附件。

10. 使用基于客户端的防火墙或过滤措施

如果使用互联网,特别是使用宽带,并总是在线,那就非常有必要用个人防火墙保护个人隐私并防止不速之客访问系统。如果系统没有加设有效防护,个人的家庭地址、信用卡号码和其他个人信息都有可能被窃取。

10.7　无线传感器网络与智能卡的安全

10.7.1　无线传感器网络的安全

无线传感器网络综合应用了传感及传感器技术、网络和无线通信、嵌入式计算技术、分布式数据处理技术等,是近年发展起来的一种全新的信息获取平台,它能够通过大量微型传感器节点,实时监测和采集无线网络节点分布内的各种检测对象信息,通常布置在无人值守的区域内,自主完成监测,通过网关节点的汇聚,实现指定范围内目标检测与跟踪,有着广阔的应用前景。

传感器网络在各个网络层次上容易受到各种攻击,例如拥塞攻击、碰撞攻击、耗尽攻击、汇聚节点攻击、黑洞攻击、物理破坏等。虽然传感器网络的安全技术与传统的网络安全技术存在不同,但是在控制安全的出发点方面内容接近,除了传统网络的可用性、可认证性(消息认证、组播/广播认证)、完整性和机密性以外,还要解决信息的无复制性、可存活性、新鲜性、自组织性、访问控制、入侵检测等问题。无线传感器网络协议栈分为物理层、数据链路层、网络层、应用层和传输层,其安全也基本围绕着这些层次展开。

虽然无线传感器网络具有广泛的应用前景,但是由于缺乏充分的安全机制保护,节点容易受到攻击。由于节点资源受限和无线传感器网络自身的特点,其安全问题也面临着挑战。

10.7.2 智能卡的安全

"智能卡"(smart card)在人们的日常生活中随处可见,几乎人人拥有,常常又被称为 IC 卡、智慧卡(intelligent card)、微芯片卡(microchip card)等。国际标准化组织使用集成电路卡(integrated circuit card,ICC)来表示所有符合 ISO ID1 定义的封装集成电路的塑料卡片,通常卡的外形尺寸是 85.6mm×53.98mm×0.76mm,与人们钱包里的银行卡相同,除此以外,这样的智能卡已经走入平常百姓家,第二代居民身份证、手机 SIM 卡、市政公交一卡通、社保卡、电子护照、USBKey 等已经得到非常广泛的应用。当然,智能卡也并非都是一个形状,根据使用场合和个性化喜好的不同,也可将其封装为标签、纽扣、钥匙、饰物等特殊形状,同样也被称为智能卡。

智能卡通常包括 3 个部分:塑料基片(有或没有磁条)、接触面和集成电路。常用的智能卡大致分 4 种:存储卡、加密存储卡、CPU 卡和超级智能卡。实际上,只有具备了微处理器的 IC 卡才是智能卡,但是人们习惯上把 IC 卡统称为智能。

1972 年法国的罗兰·莫雷诺(Roland Moreno)最先提出 IC 卡的概念和设想,1976 年法国 BULL 公司研制出世界第一张 IC 卡,之后 IC 卡得到迅速的发展。1987 年 ISO 专门为 IC 卡制定了 ISO7816-1、ISO7816-2、ISO7816-3、ISO7816-4、ISO7816-5、ISO7816-6 等一系列的国际标准和规范。目前,IC 的使用已经遍布全球,2000 年全球发行 IC 卡 36 亿张,2003 年发行达 63 亿张。在智能卡推出之前,磁卡得到了广泛应用,为了兼容,现在很多智能卡背面仍贴有磁条,正面可以印刷各种文字、图案、照片等,但是卡的尺寸、触点位置与用途、磁条的位置及数据格式等均遵循相应的国际标准。

智能卡系统拥有其他卡系统无法比拟的安全可靠性,通常具备保密性、完整性、可获取性和持久性等信息安全的典型特征。威胁智能卡安全主要来自两方面:人为因素与非人为因素,主要包括:截取卡信息传输信息流,增加、删除、修改信息,使用伪造智能卡,以及持卡人的非法使用等。智能卡的安全技术主要包含以下几方面。

(1) 芯片安全技术:这是智能卡安全的基础,通常可能遭受物理攻击和探测,例如测试探头读取存储器内容、扫描电子显微镜分析读取芯片内部逻辑等。采取物理反攻击的方法有对存储器的逻辑加密保护、使用监控程序等。

(2) 卡基安全技术:主要有荧光安全图像印刷、微线条技术、激光雕刻签名、安全背景结构等,这些技术制作难度较大,制作印刷设备价格高昂,因此在国内这些技术目前仅用于信用卡、身份证等有极高防伪要求的场合。

（3）软件安全技术：主要有智能 IC 卡与读写器的相互认证、软硬件测试功能、个人身份识别管理、密钥管理、随机数产生和传输、加密、解密等。

此外，智能卡一般都会有防插拔处理功能，可以对正在处理卡片的用户数据进行保护。例如，持卡人突然将卡从读写器中拔出或移开，就有可能造成卡内用户数据出错，为了保证数据的完整性，智能卡操作系统(COS)本身应该具备处理这种突发事件的能力，也就是具有防拔插处理的能力。同时，智能卡在使用时，要与读写器相互确认，以防止伪卡或插错卡，确保智能卡的安全使用。

本 章 小 结

计算机信息安全问题是伴随着社会信息化而产生的新问题，甚至可能是信息化发展的绊脚石。本章初步介绍了涉及计算机信息安全的各种现象以及相关技术，重点描述了各种保密技术、防御技术、无线传感器及智能卡安全技术以及病毒防治技术。

由于信息安全是一个比较新的领域，其攻击和防御手段将会不断地发展与变化，因此需要密切注视新的技术，及时掌握病毒、黑客等不断变化的攻击，并予以有效的防御。

习　　题

一、简答题

1. 计算机是怎样威胁个人的隐私？如何确保个人隐私？

2. 计算机罪犯有哪 4 种？

3. 说明对称加密与非对称加密的主要区别。

4. 简要说明病毒产生的原因。

5. 请说明 CIH 病毒发作的日期、症状以及后果。

二、选择题

1. 绝大部分的计算机罪犯是_____。

A. 黑客　　　　　　B. 学生　　　　　　C. 雇员　　　　　　D. 数据库管理员

2. 计算机宏病毒最有可能出现在_____文件类型中。

A. .c　　　　　　　B. .exe　　　　　　C. .doc　　　　　　D. .com

3. 防止内部网络受到外部攻击的主要防御措施是_____。

A. 防火墙　　　　　B. 杀毒程序　　　　C. 加密　　　　　　D. 备份

4. 蠕虫病毒主要通过_____媒体传播。

A. 软盘　　　　　　B. 光盘　　　　　　C. Internet　　　　　D. 手机

三、上机与上网实践

1. PGP 是最流行的加密软件，为了学习更多关于隐私的权利和需求，请访问 Web 站点 https://www.symatec.com，浏览该网站，并打印所需的 PGP 网页。写一篇文章，讨论有关工作环境中隐私的权利。

2. 计算机病毒无处不在，并且已产生重大的影响。为学习更多计算机病毒的知识，请访问著名的搜索引擎 cn.yahoo.com 或者百度，输入关键字"病毒"，浏览并查找当今最流行、危害较大病毒的资料，写一篇文章，描述每一种病毒的危害。同时，介绍国内三大杀毒软件公司。

3. 就像现实社会一样，Internet 上也存在犯罪，最好的防御的方法是了解更详细的犯罪事实。请访问百度，输入关键字 Internet Crime、E-mail fraud 和 Web police，打印每个搜索结果的首页。

4. 防御病毒的最好方法是安装防/杀毒软件。请访问搜索防/杀毒软件，了解可以免费下载的软件。

四、探索

1. 当前，许多计算机用户在机器上都安装有诸如 306 杀毒、金山毒霸等系列防/杀毒软件。请探讨安装了防/杀毒软件后计算机是否还会受到病毒的攻击，为什么？

2. 对于一些典型的货物仓库，例如军械弹药库、粮库、烟草仓库，库内的温度和湿度的控制在很大程度上影响着库内货物的品质，请讨论有什么较好的方法可以跟踪和预报仓库内实际的温度和湿度情况，以达到货物的最佳存储状态。

3. 智能卡随处可见，给我们日常的学习、生活、娱乐、交友、健身、交通、购物、零售、就医等带来了很大的便捷，请讨论智能卡与身份认证的关联。

第11章 计算机的应用领域

计算机的诞生是人类科学技术发展史上的一个里程碑,它极大地增强了人类认识世界、改造世界的能力,并对社会和生活的各个领域产生了深远的影响,促进了当今社会从工业化向信息化发展的进程。由于计算机具有速度快、精度高、存储容量大、逻辑判断能力强等特点,所以其应用领域非常广泛。计算机的应用领域主要有科学计算、数据处理、自动控制、人工智能等。本章将从行业的角度,介绍计算机在制造业、商业、银行与证券业、交通运输业、办公自动化与电子政务、教育、医学、科学研究、艺术与娱乐以及人工智能等领域中的综合应用。其中既包括传统的应用,也包括许多新的应用领域,同时也概要介绍将计算机应用于各行各业所使用的主要技术和方法。通过本章的学习,应该全面了解计算机在国民经济中的传统应用领域和新的应用领域所使用的主要技术,拓宽视野,提高实践能力。

11.1 制 造 业

制造业是计算机的传统应用领域。在制造业的工厂中使用计算机,可以减少工人数量、缩短生产周期、降低生产成本、提高企业效益。计算机在制造业中的应用主要有计算机辅助设计(CAD)、计算机辅助制造(CAM)以及计算机集成制造系统(CIMS)等。

11.1.1 计算机辅助设计

计算机辅助设计(computer aided design,CAD)是使用计算机来辅助人们完成产品或工程的设计任务的一种方法和技术。CAD使得人与计算机均能发挥各自的特长,它利用计算机对大量信息的存储、检索、分析、计算、逻辑判断、处理等能力以及图形图像的输入与绘制等功能,并与人的设计策略、经验、判断力和创造性相结合,共同完成产品或者工程项目的设计工作,实现设计过程的自动化或半自动化。目前,建筑、机械、汽车、飞机、船舶、大规模集成电路、服装等设计领域都广泛地使用了计算机辅助设计系统,大大提高了设计质量和生产效率。

由于计算机辅助设计需要利用计算机来进行绘图、计算、工程管理等,因此对计算机硬件有较高的要求,即运算速度要快、存储容量要大、显示器的屏幕要大并且需要配置绘图仪、扫描仪等输入输出设备。以前的CAD系统都是运行在大型计算机或小型计算机上的。随着微型计算机性能的提高,目前CAD软件已经可以在高性能微型计算机或者工作站上运行。根据所采用的模型不同,CAD系统可分为二维CAD系统和三维CAD系统。二维CAD所采用的数学模型是二维几何模型,系统将产品和工程设计图看成由点、线、圆、弧、文本等图素构成,模型描述了这些图素的几何特征。三维 CAD 系统的核心是三维几何模型,模型描述了产品三维几何结构的有关点、线、面、体的各种信息。三维模型的描述经历了从线框模型、表面模型到实体模型的发展,其中实体模型能够更完整和准确地表达实际产品的构造和加工制造过程。

目前,应用比较广泛的 CAD 软件是 Autodesk 公司开发的 AutoCAD。该软件具有完善的图形绘制和图形编辑功能,可采用多种方式进行二次开发或用户定制,可进行多种图形格式的转换,具有较强的数据交换能力,同时支持多种硬件设备和操作平台。它所具有的精确快捷的绘图、个性化造型设计功能以及开放性的设计平台,可以适应众多不同行业的设计需求。

AutoCAD 自 2004 年起每年都会发布新的版本,每次升级都会带来一次功能较大的提升。目前,比较流行的 AutoCAD 版本是 AutoCAD2012。该版本除继承了先前版本的强大功能和特性之外,又增强或增添了许多新的功能。例如 AutoCAD 设计中心(ADC)、多文档设计环境(MDE)、Internet 驱动、新的对象捕捉功能、增强的标注功能以及局部打开和局部加载的功能等,从而使 AutoCAD 系统更加完善。此外,新版本还将直观的概念设计和视觉工具结合在一起,进一步完善了三维曲面、网格和实体建模工具,实现了三维实体的绘制、由二维对象生成三维实体、创建网格曲面,以及三维实体的编辑、着色、渲染、输出等功能,促进了二维设计向三维设计的转换。

对于国产 CAD 软件而言,在刚开始发展的相当长一段时间内,都难以与 AutoCAD 相抗衡。经过多年的发展,在国家相关部门的大力支持和业内众多专家的共同努力下,国产 CAD 软件与 AutoCAD 的兼容性已经得到了根本解决,并且从界面、命令、功能和操作方法等各方面都已经表现得和 AutoCAD 高度一致。由于国产 CAD 软件不仅在性能价格比上具有优越性,而且其本土化、人性化的服务更是受到了广泛的欢迎,并且正在向三维 CAD 发展,现已成为企业的现实生产力。

目前,CAD 技术已进入智能化、网络化的阶段。专家系统、人工神经网络等人工智能技术融入 CAD 系统中,形成了各种智能型的 CAD 系统,大大提高了系统功能和设计自动化水平,促进了产品和工程的创新开发。基于 Internet 和企业内部网的网络化 CAD 系统可以支持产品信息共享和分布计算,可以在网络环境下异地、多人协同进行产品的定义与建模、产品的分析与设计、产品的数据管理与数据交换等,是实现协同设计的重要手段。

11.1.2 计算机辅助制造

计算机辅助制造(computer aided manufacturing,CAM)是使用计算机辅助人们完成工业产品的制造任务。通常可定义为能通过直接或间接地与工厂生产资源接口的计算机来完成制造系统的计划、操作工序控制和管理工作的计算机应用系统。也就是说,利用 CAM 技术,从对设计文档、工艺流程、生产设备等的管理,到对加工与生产装置的控制和操作,都可以在计算机的辅助下完成。

计算机辅助制造是一个使用计算机以及数字技术来生成面向制造的数据的过程。计算机辅助制造的应用可分为以下两大类。

(1)计算机直接与制造过程连接的应用:这种应用系统中的计算机与制造过程及生产装置直接连接,进行制造过程的监视与控制。例如,计算机过程监视系统、计算机过程控制系统以及数控加工系统等。

320

（2）计算机不直接与制造过程连接的应用：这种应用系统中的计算机只是用来提供生产计划、作业调度计划，发出指令和有关信息，以便使生产资源的管理更加有效，从而对制造过程进行支持。

由于生产过程中的所有信息都可以利用计算机来存储和传送，而且可以把 CAD 的输出（即设计文档）作为 CAM 设备的输入，所以 CAD 系统与 CAM 系统相结合能够实现无图纸加工，进一步提高生产的自动化水平。一个 CAD/CAM 系统除了主机、外存储器、I/O 设备和通信接口之外，其软件一般包括 3 个部分：设计用的交互图形系统和支持软件，数控编程软件和工艺与夹具等生产辅助软件，为设计和制造服务的工程数据库。

11.1.3 计算机集成制造系统

1. CIMS 的定义

将计算机技术、现代管理技术和制造技术集成到整个制造过程中所构成的系统称为计算机集成制造系统(computer integrated manufacturing system, CIMS)。它是在新的生产组织概念和原理指导下形成的一种新型生产方式，代表了当今制造业组织生产、进行经营管理走向信息化的一种理念和标志。

CIMS 的目标是将先进的信息处理技术贯穿到制造业的所有领域，它把传统企业中相互分离的各种自动化技术，如计算机辅助设计、计算机辅助制造、计算机辅助生产管理、自动物料管理、柔性制造技术、计算机辅助质量管理、数控机和机器人等，通过计算机和计算机网络有机地结合起来，形成一个统一的整体，对企业的各个层次提供计算机辅助和控制，使得企业内部互相关联的活动能够快速、高效、协调地进行。

2. CIMS 的组成

CIMS 的组成如图 11-1 所示。其中集成制造数据库是集成化的综合数据库，它处于系统的中心，是一个数据库群，并具有标准的数据访问接口，能为系统中的工程设计、生产制造、制造工程以及信息管理等各部分应用提供数据共享。

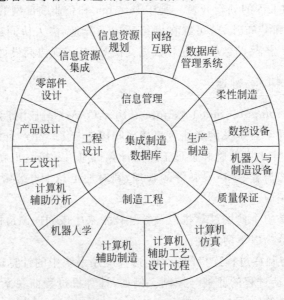

图 11-1 CIMS 的构成

3. CIMS 的有关技术

在 CIMS 中集成了众多先进技术,其支撑技术是数据库和计算机网络。下面介绍 CIMS 的部分相关技术。

(1) 材料需求计划(material require planning,MRP):是制造业的一种管理模式,它强调由产品来决定零部件(即成本的需求),最终产品的需求决定了主生产计划,通过计算机可以迅速地完成对零部件需求的计算。

(2) 制造资源计划(manufacturing resource planning,MRPII):是一种推动式的生产管理方式,即在闭环 MRP 完成对生产的计划与控制的基础上,进一步将经营、生产、财务和人力资源等系统结合,形成制造资源计划,主要由主生产计划、材料需求计划、能源需求计划、财务管理以及成本管理等子系统组成,其发展方向是 ERP。

(3) 企业资源计划(enterprise require planning,ERP):是企业全方位的管理解决方案,主持企业混合制造环境,可移植到各种硬件平台,采用 DBMS、CASE 和 4GL 等软件工具,并具有 C/S 结构、GUI 和开放式系统结构等特征。

(4) 准时制造(just-in-time,JIT)系统:又称及时生产系统,其基本目标是在正确的时间、地点完成正确的事情,以期达到零库存、无缺陷、低成本的理想化的生产模式。准时制造系统能够自动地对产品的存货量进行监测,从而使得制造厂家不仅能够保证准时供货,而且能够使存货量保持在最低的水平,以减少资金的占用。

(5) 敏捷制造(agile manufacturing,AM)系统:不仅要求响应快,而且要灵活善变,以便使企业的生产能够快速地适应市场的需求。它将组织、技术和人有机地集成在一起,以达到实施并行工程、制造商的动态组合、技术敏感、缩短设计生产周期、提高产品质量等目的。

(6) 虚拟制造(virtual manufacturing,VM):即采用如前所述的虚拟现实技术提供一种在计算机上进行而不直接消耗物质资源的能力。其实质是以计算机支持的仿真技术和虚拟现实技术为工具,对设计、制造等生产过程进行统一建模,对未来的生产过程进行模拟,并对产品的性能、技术等进行预测,以达到降低成本、缩短设计和生产周期、质量最优、效率最高的目的。

计算机图形学之父——伊万·萨瑟兰 伊万·萨瑟兰(Ivan Edward Sutherland)1959 年在美国卡耐基—梅隆大学获得电气工程学士学位,并于第二年在加州理工学院获得硕士学位。在麻省理工学院攻读博士学位时,完成了题为"三维的交互式图形系统"的博士论文,并开发了著名的 Sketchpad 系统,其中首次成功地使用了光笔。他在哈佛大学工作时开发了许多图形工具;在犹他大学工作时使该大学计算机系成为当时计算机图形学的研究中心,促进了图形和动画技术的完善。他十分重视将研究成果商品化,曾办过两个公司,主要产品是飞行训练器、计算机图形学产品和 CAD 产品,还不定期出版刊物,刊登计算机仿真技术等方面的文章。1988 年获得图灵奖。他还是美国工程院兹沃里金奖的第一位得主,因开发了著名的 Sketchpad 系统而获得了 ACM 授予的软件系统奖,因在计算机图形学领域所做出的突出贡献而获得考恩斯奖等。

11.2 商 业

商业也是计算机应用最为活跃的传统领域之一,零售业是计算机在商业中的传统应用。在电子数据交换基础上发展起来的电子商务则将从根本上改变企业的供销模式和人们的消费模式。

11.2.1 零售业

计算机在零售业中的应用改变了购物的环境和方式。在大型超市中,琳琅满目的商品陈列在货架上供顾客自由地挑选,收银机自动识别贴在商品上的条形码标识的品名和价格,并快速地打印出账单。商场内所有的收银机均与中央处理机的数据库相连接,能够自动地更新商品的价格、计算折扣、更新商品的库存清单。此外,收银机采集的数据还可用来供商场的管理人员统计销售情况,分析市场趋势。

许多商店允许顾客使用信用卡、借记卡等购物。读卡装置读取卡上的信息,并通过计算机和网络,自动地将顾客在发卡银行账号下的资金以电子付款的方式转入商店的账号。大型的连锁超市利用计算机和计算机网络,将遍布各地的超市、供货商、配送中心等连接在一起,建立良好的供货、配送、销售体系,改变了传统零售业的面貌。

11.2.2 电子数据交换

电子数据交换(electronic data interchange,EDI)是现代计算机技术与通信技术相结合的产物。20 世纪末以来,EDI 技术在工商业界获得了广泛应用,并不断地完善与发展。特别是在 Internet 环境下,EDI 技术已经成为电子商务的核心技术之一。

1. EDI 的定义

EDI 是计算机与计算机之间商业信息或行政事务处理信息的传输,同时 EDI 应具备 3 个基本要素:用统一的标准编制文件、利用电子方式传送信息以及计算机与计算机之间的连接。

商业信息和行政事务处理信息的内容十分广泛,主要包括产品、规格、询价、采购、付款、计划、合同、凭证、到货通知、财务报告、贸易伙伴、广告、税收、报关等。商业信息的表现形式也非常丰富,它们可以是文字、图表、图像或声音。使用 EDI 可以保证信息通过网络正确地传送,而且由于 EDI 与企业的管理信息系统的密切结合,接收的信息可以直接保存在数据库中,需要发送的信息也可以从数据库中提取,从而大大提高了工作效率,节省了时间和经费,减少了出错的可能性。

2. EDI 的发展

EDI 产生于 20 世纪 60 年代末,美国的航运业首先使用了 EDI 技术进行点对点的计算机与计算机间通信。

随着计算机网络技术的发展,使 EDI 技术日趋成熟,应用领域逐步扩大到了银行业、零售业等,出现了许多行业性的 EDI 标准。此后,美国 ANSI X.12 委员会与欧洲一些国家联合研究了 EDI 的国际标准(UN/EDIFACT),推进了 EDI 跨行业应用的发展。进入 20 世纪 90 年代,出现了 Internet EDI,从而 EDI 由使用专用网扩大到 Internet,使得中小企业也能够进入应用 EDI 技术的行列。

我国 EDI 的发展是从 20 世纪 90 年代才开始的,国务院电子信息系统推广应用办公室会同国家有关部委联合成立了"中国促进 EDI 应用协调小组"和"中国 EDIFACT 委员会"。这些机构的建立,促进了 EDI 在我国迅速、有序地发展。

3. EDI 应用系统的功能

EDI 应用系统主要包括数据处理和网络通信两个方面。EDI 的数据来源于企业管理信息系统的数据库。应用系统必须具有对原始数据进行收集、抽取和加工的功能,并能够按照 EDIFACT 标准的要求进行翻译,使数据转换为可以进行交换的 EDI 报文,然后才能将报文发送给接收方。对于接收方,则需要将接收到的 EDI 报文进行反向翻译,使其转换为企业管理信息系统或管理人员能够理解的形式。EDI 的网络通信功能是指通过网络把从发送方发出的 EDI 报文传送到接收方。

4. EDI 系统的构成

EDI 系统主要包括 4 个部分:EDI 硬件、EDI 软件、EDI 通信网络和 EDI 标准。

(1) EDI 硬件:EDI 系统在用户端所需要的硬件环境可以有多种形式,例如单机方式、主机方式、局域网方式以及客户机/服务器方式等。EDI 系统所需要的硬件设备包括计算机、调制解调器和通信线路。

(2) EDI 软件:其主要功能是实现用户应用系统数据库文件与 EDI 报文之间的翻译、转换与传输,主要由转换软件、翻译软件、通信软件和数据库维护软件等组成。

(3) EDI 通信网络:由于基于 Internet 的 EDI 应用系统容易实现、通信成本低且覆盖面广,因此目前广泛采用在 Internet 上实施 EDI。

(4) EDI 标准:一般由国际、国家(或地区)和行业的权威性有关机构负责制定和颁布。在现行 EDI 标准的制定中发挥重要作用的国际性机构是联合国 EDIFACT 标准化组织,该组织制定的 UN/EDIFACT 已经成为全世界共同的 EDI 标准。

11.2.3 电子商务

电子商务作为信息技术与现代经济贸易相结合的产物,已经成为人类社会进入知识经济、网络经济时代的重要标志。

1. 电子商务的定义

所谓电子商务(electronic commerce,EC),是组织或个人用户在以通信网络为基础的计算机系统支持下的网上商务活动,即当企业将其主要业务通过内联网(Intranet)、外联网(Extranet)以及因特网(Internet)与企业的职员、客户、供应商及合作伙伴直接相连时,其中所发生的各种商业活动。

电子商务是通过计算机和网络技术建立起来的一种新的经济秩序,它不仅涉及电子技术和商业交易本身,而且涉及金融、税务、教育等其他领域。它包括了从销售、市场到商业信息管理的全过程,任何能利用计算机网络加速商务处理过程、减少商业成本、创造商业价值、开拓商业机会的商务活动都可以纳入电子商务的范畴。

电子商务的广泛应用将彻底改变传统的商务活动方式,使企业的生产和管理、人们的生活和就业、政府的职能、法律法规以及文化教育等社会的诸多方面产生深刻的变化。

2. 电子商务的特点

电子商务不仅具有传统商务的基本特性,还具有以下特点。

(1) 对计算机网络的依赖性:无论是网上广告、网上销售、网上洽谈、网上订货、网上付款、网上服务等商务活动都依赖于计算机网络。

(2) 地域的高度广泛性:基于 Internet 的电子商务可以跨越地域的限制,成为全球性的商务活动。

（3）商务通信的快捷性：电子商务采用了计算机网络来传递商务信息，使得商务通信具有交互性、快捷性和实时性，大大提高了商务活动的效率。

（4）成本的低廉性：电子商务可以实现无店铺销售，消费者可以从网上的虚拟商店中选购商品，通过网上支付实现交易。

（5）电子商务的安全性：网上交易的安全性是影响电子商务普及的关键因素。目前，从技术上到法律上都在不断地完善，以保证电子商务活动安全可靠地进行。

（6）系统的集成性：电子商务涉及计算机技术、通信技术、网络技术、多媒体技术以及商业、银行业、金融业、物流业、法律、税务、海关等众多领域，各种技术、部门、功能的综合与集成是电子商务的又一个重要的特点。

3. 电子商务的分类

按照电子商务的交易对象可分为以下 3 种类型。

（1）企业与消费者之间的电子商务（business to customer，B to C）：它类似于电子化的销售，通常以零售业和服务业为主，企业通过计算机网络向消费者提供商品或服务，是利用计算机网络使消费者直接参与经济活动的高级商务形式。

（2）企业与企业之间的电子商务（business to business，B to B）：由于企业之间的交易涉及的范围广、数额大，所以企业与企业之间的电子商务是电子商务的重点。

（3）企业与政府之间的电子商务（business to government，B to G）：该类电子商务包括政府采购、税收、外贸、报关、商检、管理条例的发布等。

4. 电子商务的系统框架

电子商务的系统框架如图 11-2 所示，图中给出了顾客、认证机构、网上银行、网上电子商务系统等与 Internet 之间的联系。

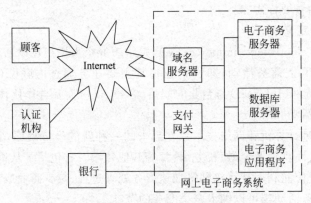

图 11-2 电子商务的系统框架

（1）Internet：它是目前实现电子商务的最底层的网络基础设施，由主干网、城域网以及局域网组成，从而使任何一台联网的计算机联为一体。

（2）域名服务器：Internet 中为其中的每一个网络和主机都分配一个地址，以反映互联网的层次结构和主机的位置。Internet 中的地址类型有 IP 地址和域名地址两种。域名服务器（DNS）用来进行域名地址和 IP 地址之间的转换。

（3）电子商务服务器：它除了具有基本的 Web 服务器的功能之外，还需要提供具有电子商务处理功能的构件,包括网上产品目录管理功能构件、网上电子交易安全监控功能构件、网上订货功能构件、电子收款机功能构件、银行支付网关功能构件等。

(4) 电子商务应用服务器:在所提供的网络基础设施、信息传播基础设施以及电子商务服务基础设施的支持下,进一步开发的电子商务应用系统,包括供货链管理、网上市场、网上广告、网上零售、有偿信息服务、网上银行等。

(5) 数据库服务器:提供对大量数据进行有效的存储、组织、管理、查询、检索等功能。由于电子商务是在 Internet 上的一种数据密集型的应用,必须将数据库技术与网络技术及多媒体技术结合,以满足电子商务中对多媒体信息服务的动态性、实时性和交互性的需求。

(6) 支付网关:所谓网关是在计算机网络中实现两种不同协议之间转换的设备。由于目前银行和金融机构大都使用专用网络,所以网上的电子商务系统通常使用支付网关与银行或金融机构相连接。支付网关是银行金融系统和 Internet 之间的接口,它实现电子交易的有关信息在顾客、销售商与银行之间安全、无缝隙地传送,从而使网上银行的电子支付功能得以实现。

(7) 认证机构:认证中心是由有关部门指定的负责确认进行电子商务交易双方的身份、信誉度的权威性机构,它必须具有一定的法律效力。认证中心在 Internet 上设立网点,接受用户数字凭证的申请并提供相关的服务。

(8) 电子商务客户机:它是顾客使用的终端机,实际上就是一个扩展了电子商务功能的浏览器,为用户提供获得动态信息、个人化的交互服务。

11.3 银行与证券业

计算机和网络在银行与金融业中的广泛应用,为该领域带来了新的变革和活力,从根本上改变了银行和金融机构的业务处理模式。

11.3.1 电子货币

货币是一种可以用来衡量其他任何商品的价值并可以用来交换的特殊凭证。随着人类社会经济和科学技术的发展,货币的形式从商品货币到金属货币和纸币,又从现金形式发展到票据和信用卡等。

电子货币是计算机介入货币流通领域后产生的,是现代商品经济高度发展要求资金快速流通的产物。由于电子货币是利用银行的电子存款系统和电子清算系统来记录和转移资金的,所以它具有使用方便、成本低廉、灵活性强、适合于大宗资金流动等优点。目前,银行使用的电子支票、银行卡、电子现金等都是电子货币的不同表现形式。

1. 电子支票

电子支票即电子资金传输,它与纸面支票不同,是购买方从金融中介方获得的电子形式的付款证明。电子支票需要有电子支票系统或称为电子资金传输系统环境的支持。该系统目前一般采用专用的网络系统和设备,并通过相应的软件以及规范化的用户识别、数据验证、数据传输等协议,实现电子汇兑和清算、通过自动取款机(ATM)进行现金支付等功能。

2. 银行卡

银行卡是由银行发行的专用卡,可以提供电子支付服务。由于服务业务的不同,银行卡有信用卡(credit card)、借记卡(debit card)及专用卡等多种类型,其中最常用的是信用卡。

在银行和金融业务中使用的各种卡可以使用不同的介质,例如磁条卡、IC 卡和光卡等。IC 卡是在塑料卡中加入集成电路芯片作为记录信息的载体。由于 IC 卡具有保密性好、抗干扰能力强、存储容量大、读卡设备简单、操作速度快等优点,目前在通信、交通、医疗、保险等许多领域得到了广泛应用,特别是智能型 IC 卡的功能强大,可以实现多个应用的所谓"一卡通",具有广阔的应用前景。光卡是一种最近几年才出现的、采用光学器件作为介质的卡。光卡具有存储容量大、安全性能好、抗干扰、可防止伪造、可靠性高等优点,它还可以与磁条、IC 芯片集成在一张卡中,从而使光卡与原来的磁条卡、IC 卡兼容。由于可以将持卡人的照片、指纹及签字等特征记录在光卡中,所以它比磁条卡、IC 卡更安全,在个人证件、金融、医疗、保险、交通等领域得到广泛的应用。

3. 电子现金

电子现金又称数字现金,是纸币现金的电子化。使用电子现金不仅具有纸币现金的方便性、匿名性和交易的保密性,而且又具有电子货币的灵活方便、节省交易费用、防伪造等优点。

11.3.2　网上银行与移动支付

网上银行的建立和银行卡的广泛使用,代表了计算机网络给银行业带来的变革。随着移动数据通信技术的发展而产生的移动支付服务方式,为移动用户进行电子支付带来了极大的便利。

1. 网上银行

所谓网上银行,是指通过 Internet 或其他公用信息网,将客户的计算机终端连接至银行,实现将银行服务直接送到企业办公室或者家中的信息系统,是一个包括网上企业银行、网上个人银行以及提供网上支付、网上证券和电子商务等相关服务的银行业务综合服务体系。

网上银行的主要业务是网上支付,并逐步实现电子货币、电子钱包、网上证券和电子商务等应用。它使客户接受银行服务可以不受地理位置、上班时间、空间距离及物理媒介的限制,客户足不出户就能享受银行所提供的各种服务,了解自己的账户情况、进行资金调拨、支付各种账单和费用等。

2. 移动银行与移动支付

计算机网络和无线通信技术的发展,使得电子支付迎来了一个新的发展机遇。无线数据通信技术向社会公众提供迅速、准确、安全、灵活、高效的信息交流的有力手段,使得用户不仅可以在任何时间而且可以在任何地点进行信息交流。在银行业中无线数据通信技术被成功地应用于移动银行和移动商务,其中核心功能是移动支付。移动银行可以向移动用户提供的服务包括移动银行账户业务、移动支付业务、移动经纪业务以及现金管理、财产管理、零售资产管理等业务。

移动银行的各项服务可以利用无线数据通信技术将移动电话与 Internet 拨号连接来实现。目前,无线数据通信技术应用于移动支付的主要有 GSM 短信息技术和 CDPD 技术。

在采用 GSM 短信息技术的移动支付系统中,当发生交易时,数据以短信息的方式传送到各个发卡银行,发卡银行的计算机经过后台处理后将结果返回到商店的销售点终端,操作十分便捷。CDPD 是"蜂窝数字分组数据"(cellular digital packet data)的英文缩写,是目前公认的最佳无线公用网络数据通信规程。

11.3.3　证券市场信息化

证券交易是筹集资金的一种有效方式。计算机在证券市场中的应用为投资者进行证券交易提供了必不可少的环境。证券网络系统的建设和网上证券交易的实现是证券市场信息化的主要特征。

1. 证券网络系统

由于证券网络系统的使用对象和行业的特殊性,因而对系统的功能和性能提出了更高的要求,例如高可靠性、高安全性、高可扩展性、高可维护性、实时传送和高速响应等。

证券网络系统是一个利用 Internet、局域网、移动通信网、CDPD 网、寻呼网、声讯网以及传真网等多种网络资源构筑而成的为证券交易和证券信息共享等提供服务的综合性网络,是多种网络资源的集成。

2. 网上证券交易系统

网上证券交易系统是建立在证券网络系统上的一个能提供证券综合服务的业务系统,证券投资者利用证券交易系统提供的各种功能获取证券交易信息和进行网上证券交易。

证券交易系统的功能包括信息类服务、交易类服务和个性化服务 3 种。

(1) 信息类服务:能提供证券的即时报价、行情图表、新闻信息、个股资料、板块资料、券商公告和排行榜等信息,并提供对证券市场行情及个股进行各种分析的功能,例如大盘分析、报价分析、技术指标分析、涨跌幅分析、成交量分析、资金流向分析、券商公告分析等。

(2) 交易类服务:能提供实时交易、网上交易、委托下单、交割以及交易与资金查询等服务功能。

(3) 个性化服务:能提供为个人"度身定制"各种证券服务的功能,包括按终端用户的个人需求设定系统参数、技术分析参数、自选股、板块股以及首页等。

11.4　交通运输业

交通运输业可以比喻为是现代社会的大动脉。航空、铁路、公路和水运都在使用计算机来进行监控、管理或提供服务。交通监控系统、坐席预订系统、全球卫星定位系统以及智能交通系统等都是计算机在交通运输业中的典型应用。

11.4.1　交通监控系统

飞机是一种能够实现快速旅行或运输的交通工具。为了保证飞行的安全,空中交通控制(ATC)系统十分必要。随着空中交通量和机场业务量的剧增,依靠人工来进行空中交通控制已无法满足实际需求,必须使用计算机来进行控制。利用计算机,地面指挥人员可以掌握空中的被控飞机的飞行轨迹和飞行状况,飞机上安装有接收/发送装置,负责与地面的 ATC 系统进行通信。飞机上可以安装防碰撞系统,用来自动躲避接近的其他飞行物。飞机上的计算机中还可以存储气象信息,以保证在恶劣天气环境下飞行安全。

在铁路交通中列车监控系统同样重要。例如,铁路车站的微机连锁系统能够密切监控车站的股道占用情况、道岔开闭状态、信号灯显示状态以及列车的运行情况,并给出列车进站、出站或通过的进路和相应的信号显示,以保证列车运行的绝对安全。

在公路交通中的监控系统通过各种传感器、摄像机、显示屏等来监视公路网中的交通流量和违章车辆,并通过信号灯系统指挥车辆的行驶。智能化的公路交通监控系统可以最大限度地发挥道路的利用率,保障行车的安全。

11.4.2 坐席预订与售票系统

以前要购买火车票或者飞机票,需要到车站、机场或指定的售票点购买。而且售票人员难以全面、准确地掌握车次、航班以及已售票和待售票的情况。这样,不仅给旅客带来了不便,而且可能会造成坐席的冲突或空闲。使用计算机联网的坐席预订与售票系统则可以圆满地解决这些问题。

坐席预订与售票系统是一个由大型数据库和遍布全国乃至全世界的成千上万台计算机终端组成的大规模计算机综合系统。计算机终端可以设在火车站、机场、售票点、旅馆、旅行社、大型企业,也可以是家庭的个人计算机。坐席预订与售票系统的主机通过计算机网络与分布在各地的计算机或者订票终端相连接,接收订票信息,并通过专门的管理软件对大型数据库中的票务信息进行实时、准确的维护与管理。

坐席预订与售票系统不仅给旅客带来了方便,而且提高了运输的效率。坐席预订系统所提供的信息还可以用来规划航空公司或铁路有关部门的工作。例如,可以根据坐席的预订情况,动态地调整车次、航班;合理地安排工作人员以及食品、燃料的供应等。目前,预订机票已经无须取送或邮寄机票,而是可以使用所谓的"电子机票",即购票的全部信息已经存储到计算机的数据库中,购票人只要记住所订机票的日期、航班,到机场后报出自己的姓名并出示有效证件,经机场人员在计算机上查询确认无误后即可登机,从而给旅客带来更大的方便。

11.4.3 全球卫星定位系统

全球卫星定位系统(global positioning system,GPS)最初是由美国提出并实施的一项庞大的宇宙及航天工程,其目的是为美国军方提供服务。随着 GPS 的发展,人们越来越意识到它的重大作用和广阔的应用领域。除了军事应用外,它已被应用于航空、航天、航海、公路交通、测量、勘探等诸多领域,如今已经发展成为一个高科技的产业。

1. GPS 的特点

GPS 具有以下特点:

(1) 全球、全天候工作。GPS 能为用户提供连续、实时的三维位置、三维速度和精确时间。

(2) 精度高。GPS 采用精密码测距技术、载波测距技术和各种事后处理技术,使得三维位置定位以及速度和时间的测量达到很高的精度。根据需要,三维位置定位精度可在 10m 之内,甚至可以达到厘米级、毫米级精度的静态定位,米级甚至亚米级精度的动态定位;速度测量精度可达亚米级甚至厘米级;时间测量精度可达毫微秒级。

(3) 保密性强。GPS 卫星发射信号采用伪码加密技术、抗干扰技术和各种防窃用技术，使其具有很强的保密性、抗干扰性、防窃用性和防欺骗性。

2. GPS 的组成

GPS 一般由定位卫星、地面站组和用户设备 3 个部分组成。

(1) 定位卫星：GPS 的空间部分使用了 24 颗定位卫星，卫星高度约 20 200km，分布在 6 条轨道面上，每条轨道上均匀分布 4 颗卫星，轨道赤道倾角 55°，轨道面赤道倾角距 60°。地球上任何地方至少同时可看到 4 颗卫星，从而使 GPS 能够覆盖全球。在卫星上安装有遥测发射机、遥控接收机、精密时钟、发射天线阵列和电源等设备。

(2) 地面站组：包括主控站、多个监测站和注入站。其中，主控站是整个地面站组的控制中心，它根据各监测站发送来的数据计算各卫星时钟修正参数、电离层修正参数、大气修正参数等，然后将数据传送给注入站；监测站在主控站的控制下跟踪接收各卫星发射的导航定位信号，测量卫星至监测站的距离及距离的变化率，并收集当地的气象数据经预处理后传送给主控站；注入站负责将主控站发来的信息注入卫星，并对卫星接收信息的情况进行监测。

(3) 用户设备：包括天线、GPS 卫星接收机和 GPS 卫星导航仪。

3. GPS 的应用

近年来，GPS 在陆地交通、水运、航空、航天等领域显示出广阔的应用前景。使用 GPS 可以进行车辆交通引导、海空导航、导弹制导、精确定位、速度与时间测量等。

(1) GPS 在陆地交通中的应用：在车辆调度监控系统中，由于在任何时刻、地球上任何地点的任何目标都能通过 GPS 获得其三维定位坐标、速度和时间，因此如果在火车、汽车等车辆上安装有 GPS 接收机，就能够实时地知道它的位置、运行速度和方向，以完成对车辆的调度、控制和管理。目前，GPS 已经广泛地应用于铁路机车车辆、警车、银行运钞车、消防车、出租车以及矿山采掘车等特种车辆的监控、调度与管理。

(2) GPS 在水运中的应用：在海洋中的各种船舶只要安装了 GPS 接收设备，就可以在全球任何地点通过接收导航卫星信号进行高精度定位和测速，使得船舶可以按照预定的航线航行。在先进的船舶上所使用的 GPS 接收机含有能够显示海图的大屏幕，除了能显示船舶的位置、航线、航途基准点、危险点和其他重要标志外，还能大大简化导航数据的输入和显示。对于内河船舶利用 GPS 接收设备，在狭窄航道和汇流区域，即使在黑夜或雾天能见度下降的情况下，也能够实施准确的引航或进行水上交通管制，以保障船舶的安全。此外，GPS 在海上协同作业、海洋测量、石油勘测、海底管线的铺设、海洋捕鱼、暗礁测定等领域也发挥了重要的作用。

(3) GPS 在航空航天中的应用：飞机是高速飞行的动态用户，若配置了 GPS 系统，则对于飞机中途导航、进场、着陆、空中加油以及空中交通管制等都具有重要的意义。可以说，GPS 是实现飞机导航、着陆以及空中交通管制等系统必不可少的基础。GPS 还可以用于空间技术，例如导弹的中途制导、校正与弹道测量，火箭、飞船、空间探测器以及航天飞机的定位与控制等。

4. 北斗卫星导航系统

北斗卫星导航系统是我国自主研发并能与世界其他卫星导航系统兼容的全球卫星导航系统。该系统既能提供高精度、高可靠的定位和导航服务，还具备短报文通信和差分服务，是我国经济和社会发展以及国家安全不可或缺的空间信息基础设施。北斗卫星导航系统包括北斗一号和北斗二号两代导航系统。其中,北斗一号是用于中国及其周边地区的区域导航系统,北斗二号是类似美国 GPS 的全球卫星定位与导航系统。

北斗卫星导航系统由以下 3 个部分组成。

(1) 定位卫星:包括 5 颗地球静止轨道卫星和 30 颗非静止轨道卫星。地球静止轨道卫星分别位于东经 58.75°、80°、110.5°、140°和 160°。非静止轨道卫星由 27 颗中圆轨道卫星和 3 颗同步轨道卫星组成。

(2) 地面站组:包括主控站、卫星导航注入站和监测站等若干个地面站。主控站主要任务是收集和处理各个监测站的观测数据,生成卫星导航电文和差分完好性信息,实现系统运行管理与控制等。注入站主要任务是在主控站的调度下,完成卫星导航电文、差分完好性信息注入和有效载荷的控制管理。监测站接收导航卫星信号并发送给主控站,实现对卫星的跟踪、监测。

(3) 用户设备:包括北斗系统用户终端以及与其他卫星导航系统兼容的终端。系统采用卫星无线电测定(RDSS)与卫星无线电导航(RNSS)集成体制,既能像 GPS 等系统一样为用户提供卫星无线电导航服务,又具有位置报告以及短报文通信功能。

自 2000 年 10 月 31 日,在西昌卫星发射中心成功发射北斗导航试验卫星北斗-1A 起,又陆续成功发射了 3 颗北斗导航试验卫星,建成了北斗卫星导航试验系统,使中国成为继美国、俄罗斯之后世界上第三个拥有自主卫星导航系统的国家。

2007 年 4 月 14 日,在西昌卫星发射中心用"长征三号甲"运载火箭,成功地将第 1 颗第二代北斗导航卫星送入太空。此后,截至 2012 年 10 月 25 日,在西昌卫星发射中心分别用"长征三号丙""长征三号甲"和"长征三号乙"运载火箭,成功地将共计 16 颗北斗导航卫星送入太空预定轨道,其中第 14 颗和第 15 颗北斗导航卫星是以"一箭双星"的方式,成功发射升空并送入预定转移轨道。2012 年 10 月 25 日,成功发射的第 16 颗北斗导航卫星是一颗地球静止轨道卫星,它与先期发射的 15 颗北斗导航卫星组网运行,形成了覆盖亚太大部分地区的服务能力。北斗卫星导航系统于 2013 年向亚太大部分地区提供正式服务,2020 年左右将发射 30 余颗北斗三号卫星,建成北斗三号系统,即北斗全球系统,向全球提供服务。

11.4.4 地理信息系统

1. 什么是 GIS

地理信息系统(geographical information system,GIS)是在计算机软件和硬件的支持下,运用系统工程和信息科学的理论与技术,科学管理和综合分析具有空间内涵的地理数据,以提供交通、规划、管理、决策和研究等所需信息的系统。

GIS 是一个处理地理空间数据的信息系统。所谓地理信息,是指表征某一地理范围固有要素或物质的数量、质量、分布特征、联系和规律的文字、数字、图形和图像的总称。由于地理空间数据的类型复杂性、层次嵌套性和空间延伸性,使其完整性表示和管理变得十分困难。因此,对于地理空间数据模型的研究和空间数据库的建立,是解决复杂空间问题的关键。通常,根据地理空间的差异性可将空间划分为大陆、地区、地方和地点,并用地质、地形、气候、水文、植物、资源、社会等地理空间数据来表示地理空间实体的空间要素和属性要素。

这些数据存储在空间数据库中进行统一的控制和管理。

2. GIS 的组成

GIS 一般由以下 5 个部分组成。

(1) 数据输入与检查模块:其功能是通过输入设备将收集的图形、图像和文字资料转换为计算机能够接受的形式,并进行编辑和检查。

(2) 数据存储和管理模块:其功能是建立与管理空间数据库,它是 GIS 的核心,是保证地理要素的几何数据、拓扑数据和属性数据的有机联系和合理组织,以便于用户有效地进行提取、检索、更新和共享。

(3) 数据处理和分析模块:是 GIS 系统功能的主要体现,其功能是根据应用的实际需求,对已有的地理信息进行处理、分析和格式转换。

(4) 数据显示和传输模块:其功能是以各种恰当的形式将处理的结果提供给用户或传送到指定的位置。

(5) 用户界面模块:是用户与系统交互的工具,可为用户提供友好、方便的操作环境。

3. GIS 的应用

GIS 虽然发展的时间不长,但已成为一个活跃的研究和应用领域。特别是随着计算机网络和信息高速公路的飞速发展和广泛应用,基于网络的分布式 GIS 已成为当前研究的热点。GIS 不仅在交通运输业中能够发挥重要的作用,而且可广泛应用于地理学、地图制图学、摄影测量与遥感、土地管理、城市规划等领域,它也是国家空间基础设施、全球空间数据基础设施以及数字地球等信息系统的支撑技术。

11.4.5 智能交通系统

智能交通系统(intelligent transport system,ITS)是将计算机、通信、电子传感以及人工智能等大量的先进技术应用于交通运输领域的综合与集成,以提高交通基础设施的运用效率、改善交通运输环境、缓解交通拥挤、保障交通运输安全、改善运输服务质量以及减少交通运输对环境的不利影响。

ITS 的研究主要围绕以下几个方面进行:智能型交通监控系统、安全和事故预防系统、高速公路自动收费系统、车载 GPS 智能导航系统、交通运输信息服务系统、智能型交通运输调度系统、停车场自动管理系统、交通运输需求预测与分析系统以及灾害危机管理系统等。下面仅简要介绍智能型公路交通监控系统和高速公路收费系统,下一小节将介绍车载 GPS 智能导航系统。

1. 智能型公路交通监控系统

在智能型公路交通监控系统中,通过计算机化的数据采集和智能化的处理,能够实时地进行交通流量的监控、交通事故的监测与管理,并能及时地向公众传播交通信息,以减少周期性和非周期性的交通拥堵而造成的不利影响。

在智能型公路交通监控系统中,交通流量和事故的自动监测信息是通过探测站提供的。这些探测站由设置在高速公路上的探测器组成,负责动态地测定交通特征。专用的软件对这些探测数据进行处理,并将异常情况警示系统操作人员。车辆拥挤管理是通过对所管辖道路的交通流的监控来实现的。由流量监控软件探测和分析在各道路中行驶车辆速度的变化,然后发出路况信息,从而有助于缓解或避免交通拥挤现象的发生。事故验证需要采用闭路电视系统。当需要对事故做出响应时,操作人员启动相应的部门间事故协调响应程序,高速公路交通管理系统会根据要求做出响应。交通信息传播系统负责向行车人员提供交通信息,警示前方的路况和出现的交通问题。交通信息传播系统接收探测站和操作人员输入的信息,并根据系统中所构建的专家系统自动地形成一个建议响应方案,以便于行车人员对自己的行车路线做出相应的决策。系统还能够自动地将交通信息定时或不定时地传送给广播电台或电视台等媒体,使得更多的公众能够了解当前的交通信息。

2. 高速公路收费系统

高速公路计算机联网收费系统是智能交通系统的重要组成部分,是实现高速公路收费从人工到半自动直到自动化的关键。一个高速公路收费系统通常包括:车道收费与控制子系统、收费站收费子系统以及资金清算子系统。

按收费方式,车道收费与控制子系统又可细分为停车收费和不停车收费两种。停车收费系统通常由中央控制系统和各个收费站工作系统组成。每个收费站工作系统可由一台服务器、若干台工业控制计算机和交通控制器组成一个局域网。

不停车收费系统一般由车辆识别系统和收费管理系统组成。车辆自动识别的方法很多,常用的方法是采用电子标签和短程微波接入网技术来实现不停车收费。

11.4.6 车载 GPS 智能导航系统

1. 什么是车载 GPS 智能导航系统

如前所述,利用 GPS 的定位功能可以进行车辆的调度、指挥、监控和管理。除此之外,GPS 与 GIS 以及人工智能等技术相结合还可以实现智能导航。所谓导航,就是引导车辆、飞机、船舶及个人(统称为运输载体)安全、准确地沿着选定的路线,准时到达目的地的一种手段。导航的基本功能是可以告诉你:我现在在哪里? 某处在哪里? 怎么去?

导航是人类从事政治、经济和军事活动所必不可少的信息技术。当今,随着人类活动的发展,对导航的要求越来越高。按照运输载体可分为车载、手持、船载、航空机载、航天(弹载、箭载、星载)等多种类型。导航功能需由导航系统来完成,该系统包括装在运输载体上的导航设备以及装在其他地方与导航设备配合使用的导航台。要构成这样的导航系统,除了必须具备精确的卫星定位能力,同时还需要一组高质量的电子地图以及高智能化的导航软件。

车载 GPS 智能导航系统是集 GPS 技术、GIS 技术、通信技术以及计算机网络技术于一身的新兴科技产品。由于它具有精确定位、准确导航、立即寻址等优点,因而越来越受到人们的青睐,目前已从高端机密性的军事应用走向普及。随着社会经济的快速发展,汽车已成为人们在日常工作和生活当中不可缺少的最常用的交通工具。自从我国加入 WTO 后,国产汽车产量日益增长,汽车的进口量逐年增加,私家车拥有量持续增长,对车载 GPS 智能导航系统的需求也与日俱增。

2. 车载 GPS 智能导航系统的功能

车载 GPS 智能导航系统主要具有以下一些功能。

(1) 定位功能:通过内置的 GPS 天线接收的卫星信号,系统可动态地确定车辆所在的准确位置,并可以在地图上相应的位置用一个记号标记出来。同时,GPS 还可以显示方向、海拔高度等信息。

（2）导航功能：使用者在车载智能导航系统上任意选定出发地和目的地后，系统便会自动地进行智能化路线规划，即根据当前的位置，为使用者设计最佳路线，并引导使用者按照规划的路线行驶。有些系统还有修正功能，假如使用者因为不小心错过路口，车辆位置偏离了车载 GPS 导航系统推荐的最佳线路轨迹，则系统会根据车辆所处的新位置，为使用者设计一条回到主航线的路线，或是重新为用户设计一条新位置到目的地的最佳线路，使驾车者不再为迷路而苦恼。

（3）电子地图功能：电子地图作为空间信息特别是交通信息的可视化产品，可将交通路线及周围环境以视觉感受的方式传递给用户。电子地图的数据量与详细程度是十分重要的，除了丰富的城市地图外，全国的公路网图也是不可或缺的。在车载 GPS 智能导航系统中，通常都存储了全国、省、市和城际等电子地图。在显示屏上可实时显示当前区域的地图以及移动目标的位置和状态，当目标移动到屏幕边缘时，电子地图将自动调整使目标显示在画面的中心。通过智能化的动态注记功能，使在当前窗口内可动态注记途经路线上的街道、河流等地物。通过图层控制功能，可对图层可见性与图层显示优先性进行控制。在显示屏上显示的地图可以快速无级缩放，也可在地图上选取一定区域进行缩放。此外，还具有电子地图浏览、查询等功能。

（4）语音提示功能：系统具有全程的语音提示功能，即在路途中可用语音提示正确的行驶方向，引导驾驶者直达目的地。例如，如果前方遇到路口或者转弯，系统将给出相应的转向语音提示。这样可以避免使用者在驾驶过程中频繁地观察显示屏而分散注意力，使得行车更加安全、舒适。此外，甚至可能给出城市交通中的单行线、禁止左转、禁止右转以及速度限制等路况信息的语音提示。

（5）其他功能：系统通常还具有精确测速、显示航迹、地物查询、超速报警、求助报警、防盗、日志管理、车辆档案管理等其他一些辅助功能。

3. 车载 GPS 智能导航系统的组成

车载 GPS 智能导航系统一般由以下 3 部分组成。

（1）监控中心：包括信息网关、服务中心、数据中心和客户端。其中，信息网关主要功能是处理信息上传、下发，并对控制中心进行监控和管理；服务中心主要功能是对受控车辆进行管理，包括车辆用户配置、监控终端的协调、车辆上传数据的派发、监管终端相关命令的接收发布等；数据中心主要存储全国、省、市区以及城际之间等地图数据和地理信息，并完成对车辆行车轨迹数据记录、存储、检索、历史回放等功能；客户端主要实现车辆监管、行车路线规划、车辆在电子地图中的实时显示管理、报警提示、下发命令等。

（2）无线通信链路：包括中心监控到移动服务器和车载终端的无线通信链路、各分中心与总中心的 Internet 链路以及客户端与分中心的 Internet 链路。

（3）车载终端：包括 GPS 接收机、通信单元、中央控制模块、语音控制模块和外接设备等。其中，GPS 接收机是安装在车辆上的小型装置，用于接收相关卫星的定位信号，以获得确定车辆当前位置的数据信息，交由中央控制模块处理；通信单元主要负责将中央控制模块传递来的车辆数据信息发送给监控中心，同时将所接收到的由监控中心发送来的命令转送给中央控制模块；中央控制模块由单片机及控制电路组成，配合相应的软件，负责对车辆数据信息及相关命令的处理，完成指定的功能；语音控制模块用于完成声音控制及语音服务等功能；外接设备包括显示屏、视频、天线、防盗器等。

11.5 办公自动化与电子政务

在当今信息化的社会中,每时每刻都在生成大量的信息,面对浩如烟海的信息,如何管理和利用信息是计算机的重要应用领域。无论是政府、执法部门以及企业等都需要使用计算机对信息进行有效的管理。

11.5.1 办公自动化

1. 什么是办公自动化

所谓办公自动化,就是利用计算机和其他各种电子的、机械的办公设备,辅助办公工作的进行,以提高办公室工作的效率和质量。

办公自动化系统是一个人机交互系统,它使办公室工作改变了以纸张为信息传送媒体的落后方式,实现办公的自动化,并逐步实现"无纸办公",即将所有信息存储在计算机内,由计算机进行管理、加工、处理、传输和打印,组成一个处理效率高、数据安全性好的信息系统。

2. 办公自动化系统的层次

办公自动化系统可以分为 3 个层次:事务型办公自动化系统、管理型办公自动化系统和决策型办公自动化系统。

(1)事务型办公自动化系统:可以是仅支持办公室基本业务处理的办公事务处理系统,也可以是能够支持一个机构内部所有行政事务的网络型行政事务处理系统,其功能包括文字处理、工作日程安排、文档管理、行文管理、邮件处理、排版与印刷和视频会议。

(2)管理型办公自动化系统:是较高层次的办公自动化系统,它除了具有事务型办公自动化系统的全部功能之外,还需要完成本部门的信息管理,是既能支持各种办公事务工作又能进行信息管理的办公自动化系统。

(3)决策型办公自动化系统:决策型办公自动化系统是最高层次的办公自动化系统,它以事务处理和信息管理为基础,主要提供辅助决策支持的功能。决策型办公自动化系统除了需要数据库之外,还需要有知识库、模型库、方法库以及专家系统的支持,从而构成一个智能型的决策支持系统。

3. 办公自动化系统的组成

办公自动化系统由办公自动化硬件和办公自动化软件两大部分集成而成。

(1)办公自动化硬件:包括计算机、计算机网络、终端设备和其他专用设备。

(2)办公自动化软件:包括系统软件、办公自动化通用软件(如文字处理软件、电子表格处理软件、文档管理软件、电子出版系统、语音处理、图形图像处理软件等)以及办公自动化专用软件。

11.5.2 电子政务

1. 什么是电子政务

所谓电子政务,就是政府机构应用现代信息技术,将管理和服务通过计算机网络技术进行集成,在互联网上实现政府组织结构和工作流程的优化重组,并向社会提供优质、全方位、规范的管理和服务。

电子政务系统的实施有利于组织和规范各级政府的管理和服务,提高政府工作的透明度,降低办公费用,提高办事效率;有利于勤政、廉政建设,提高政府工作的信息化水平和促进政府部门由管理型向服务型转化;可将政府公开信息面向社会、企业和公众,有利于提高政府服务质量。

2. 电子政务系统的组成

电子政务系统由硬件设备和软件系统两大部分组成。

(1) 硬件设备:包括计算机和办公自动化设备、内部局域网、外部互联网、通信设备和专用线路等。

(2) 软件系统:包括网络管理软件、大型数据库管理系统、办公自动化系统平台、信息发布平台、信息传输平台、信息查询和交互平台、安全管理平台,以及实现各种服务的电子政务应用系统等。

3. 电子政务应用系统

电子政务应用系统涉及的内容非常广泛,按照其应用对象通常可以分为3种类型:政府内部和政府间的电子政务、政府对企业的电子政务以及政府对公众的电子政务。一个完整的电子政务应用系统,应该是这3类系统的有机结合。

(1) 政府内部和政府间的电子政务:主要包括电子办公系统、电子法规政策系统、电子公文系统、电子财政管理系统、电子培训系统和业绩评价系统等。

(2) 政府对企业的电子政务:是指政府通过计算机网络系统快捷迅速地为企业提供各种信息服务。例如,电子采购与招标、税务、证照办理、咨询服务等。

(3) 政府对公众的电子政务:是指政府通过计算机网络和各种应用系统为公众提供的各种服务。例如,公众信息服务、就业服务、医疗服务、社会保险服务、公众电子税务和电子证件服务等。

11.6 教育领域

计算机在教育领域的典型应用有校园网、远程教育、计算机辅助教育和计算机辅助教学管理等,这些应用加快了教育信息化的进程。

11.6.1 校园网

1. 校园网的构成

校园网是在学校内部建立的计算机网络,一般是建立一个主干网,下联多个有线子网或无线子网,使全校的教学、科研和管理能够在网上运行。此外,校园网还应该具有开放性和可扩展性,能够和中国教育科研网(CERNET)以及Internet相连接,以充分共享网络资源,并能够随着学校的发展而扩展。目前,我国的高等院校及部分中学已建立了校园网,在提高教学质量、科研水平和管理效率方面发挥了重要的作用。

2. 校园网的功能

信息化社会和现代科学技术的发展对教育提出了新的要求,培养计划、课程体系、教学内容、教学方法、教学手段和教学管理等都必须进行全面的改革。而校园网正是实现这一系列改革的有力工具。归纳起来校园网有以下几个方面的功能。

(1) 为教师提供利用网络进行教学的条件:教师可以制作各门课程的课件,部分课程可以进行网上授课,并能实现交互式教学;可以利用校园网进行远程教育,为实现开放式教育提供条件。

(2) 为学生提供自主学习的条件:学生可以通过校园网进入 Internet,方便地浏览网上丰富的信息资源,阅读国内外其他院校、科研机构等最新的科技信息,扩大视野、提高自学能力;可以在校园网上建立电子阅览室,学生可以阅读大量的文献、资料、论文,获取更多的知识。

(3) 为教师科学研究提供信息查询与发布的条件:教师可以通过校园网查询科学研究有关领域的最新研究成果,了解该领域的最新发展,避免重复他人已经做过的工作,并可以通过校园网发布自己的科技成果,扩大影响力。

(4) 为学校提供现代化管理的条件:通过校园网可以将学校的各个校区、各个部门连接为一个统一的整体,实现信息交换和信息共享。在校园网上可以开发各种管理信息系统,例如教学管理信息系统、科研管理信息系统、财务管理信息系统、设备管理信息系统、行政管理信息系统等,从而使学校管理实现信息化、网络化和科学化,提高工作效率和工作质量。

11.6.2 远程教育

现代远程教育是教育事业发展的一个重要方向和现代模式,为教育的大众化、终身化开辟了广阔的前景。远程教育的运作环境基于校园网和 Internet,它可以打破时间、地域的限制,充分利用师资、设备等资源,实现集文字、语音、图像、动画于一体的现代交互式教学模式。目前,许多高校成立了网络学院,专门从事远程教育。远程教育主要有以下几种方式。

(1) 实时远程教学:是利用公众多媒体通信网进行"点对点"或"点对多点"的远程教学方式。教师在主播室内授课,学生在另一个远端多媒体教室听课,主播室的声音、板书、图像、课件等信息可以实时地传送到远程的各个教室,异地教室中的学生情况也可以反馈到主播室,教师与学生、学生与学生之间可以进行实时的交互。

(2) 虚拟教室教学:是在网络的服务器上存放各门课程的课件,利用网上教学管理软件来模拟教室的环境,如教师上课、指定作业、学生学习、学生提问、教师答疑等。学生通过 Internet 登录到网上教育的站点,并以合法的用户名和密码登录到远程教育系统,即可以根据学生个人的需要进入虚拟教室进行学习。与实时远程教学不同的是学生无须集中到多媒体教室上课,可以在任何时间、任何地点,只要能通过 Internet 与远程教学系统相连接,就可以在个人计算机前进行学习和交流。

(3) 远程考试:是一种基于数据库和 Internet 的远程在线实时测试方式。远程考试系统包括学生考试系统、教师批阅系统和题库管理系统等。该系统将大量的试题、试卷、用户信息等都存储在数据库中,能够随机地自动生成不同的试卷,一般还具有自动阅卷的功能。远程考试系统的优点是学生能够在任何地点进行实时考试,并在考试完成后立即得到成绩;教师也可以立即统计和分析本次考试学生的成绩,评价学生的学习情况。

(4) 教学反馈:学生的学习情况和学习中存在的问题必须反馈给教师,教师针对提问的答疑必须传递给学生。在远程教学中这个功能可由教学反馈和答疑系统来实现。在该系统中,提供了具有智能搜索引擎的数据库系统,其中存放了学生在学习过程中普遍存在的问题和解答。对于学生提出的问题,系统能够通过关键字匹配、搜索算法和问题关联技术,自动地在数据库中寻找最合适的答案。

11.6.3　计算机辅助教育

　　计算机辅助教育所涉及的范围很广,从儿童的智力开发到中小学教学直至大学教学,从辅助学生自学到辅助教师授课,都可以在计算机的辅助下进行。

　　儿童的早期教育可以从学习形状、色彩、数字、字母和单词开始。使用多媒体以及动画技术开发的课本图、文、声并茂,直观形象地给儿童适度的视觉刺激,并给他们一个能够主动参与的学习环境。

　　在传统的中小学教育中,使用计算机来辅助教学可以做到每个学生按照自己的进度学习,如果发现某一部分尚未掌握,则可以反复地学习,直到通过测试为止。另外,计算机可以使抽象的概念、公式、理论及方法变得直观、具体,寓教于乐,使学生更加容易掌握。

　　基于计算机的学习方式对于高中生和大学生也是有益的。针对这些学生的教学软件的娱乐性相对要低一些,而更加强调知识性以及实际技能与创新能力的培养。智能指导程序可以根据每一个学生的薄弱环节以不同的方式反复地学习和测试,对于已经掌握的内容则可以跳过。许多大学中的各个专业也提供了计算机课件,学生可以在网上下载、阅读。

　　对于教师授课,计算机也是一个很好的助手。助教型的计算机课件以图文并茂的形式改变了传统的"黑板＋粉笔"的授课模式。不仅形式喜闻乐见、易于接受,而且可以提高课堂教学的信息量,使学生在单位时间内学到更多的知识。特别是像电子、机械、生物、医学等涉及大量图表或动物解剖内容的课程,使用计算机辅助教学软件可获得更好的教学效果。

　　计算机辅助实验是计算机在教育中应用的又一个重要的方面。电工、电子、数字逻辑、力学、机械等实验一般都需要大量的实验设备和材料。生物、医学等专业课程的解剖实验还需要许多动物的标本。使用计算机辅助实验系统则可以提供一个仿真的实验环境,在与计算机的交互过程中提高判断、思维和创新的能力。

11.6.4　计算机教学管理系统

　　教学管理是各级学校都必须进行的一项复杂和细致的工作。特别是在高等院校中,学生规模大,地域分散,院、系、专业、课程繁多,更增加了教学管理的难度。使用计算机教学管理系统,可以很好地解决以上问题。

　　从学生选课到教师教学任务的安排,从教室的分配到课程表的编制,从学生学习成绩的记载到学籍的管理,从招生到毕业生就业指导和就业率以及就业去向的统计等,都可以使用计算机来完成,从而提高学校的管理水平和工作效率。

11.7　医学领域

　　计算机在医学领域中也是必不可少的工具。它可以用于患者病情的诊断与治疗、控制各种数字化的医疗仪器、病员监护和健康护理、医学研究与教育,以及为缺医少药的地区提供医学专家系统和远程医疗服务。

11.7.1 医学专家系统

专家系统是计算机在人工智能领域的典型应用。所谓专家系统,就是将某一领域专家的知识存储在计算机的知识库内,系统中配置有相应的推理机构,根据输入的信息和知识库中的知识进行推理、演绎,从而获得结论。

将专家系统应用于医学是十分适宜的。医学专家系统可以将著名医学专家或医生的知识和经验存储到知识库中,并且建立从病情表述和检测指标到诊断结论以及治疗方案的推理机构。这样,根据患者的病情和各种检测数据,就可以诊断出所患的疾病并且做出治疗方案。对于缺医少药的地区或者不具备某种医疗能力的医院,医学专家系统可以为患者提供当地医院无法提供的医疗服务。

11.7.2 远程医疗系统

远程医疗系统和虚拟医院是计算机技术、网络技术、多媒体技术与医学相结合的产物,它能够实现涉及医学领域的数据、文本、图像和声音等信息的存储、传输、处理、查询、显示及交互,从而在对患者进行远程检查、诊断、治疗以及医学教学中发挥重要的作用。

远程医疗系统是一个开放的分布式系统,它由远程医疗网络和远程医疗软件两大部分组成。远程医疗网络是远程医疗系统的基础设施,目前通常采用 Internet 来实现。远程医疗软件主要包括远程诊断、专家会诊、在线检测、信息服务和远程教学等子系统。

(1)远程诊断与专家会诊子系统:该子系统一般有实时会诊与电子信函会诊两种服务模式。实时会诊是医生、医学专家与患者通过视频系统实时地讨论病情,并给出会诊意见;电子信函会诊则是医生和医学专家根据远程医院通过电子信函传输过来的患者病情给出会诊意见,然后将会诊意见以电子信函的形式反馈给远程医院。

(2)在线检测子系统:医疗检测设备通常十分昂贵,许多医院往往无法提供某些必要的检测服务,在线检测子系统可以提供医疗检测设备的共享。

(3)信息服务:远程的医学专家或者医学专家系统可以接受远程的咨询,实时地提供远程医疗信息服务。目前,有许多疑难杂症的患者在计算机网络上寻医问药,有的已经获得了满意的结果。

(4)远程教学:在远程医疗系统中存放有大量的病例、案例、医学教材、学术论文和各种珍贵的照片、影像等资料,可供远在各地的医务人员学习使用。

11.7.3 数字化医疗仪器

一些现代化的医疗检测仪器或治疗仪器已经实现了数字化,在超声波仪、心电图仪、脑电图仪、核磁共振仪、X 光摄像机等医疗检测设备中由于嵌入了计算机,可以采用数字成像技术,使得图像更加清晰。而且,数字化的图像可以使用图像处理软件来进行处理,例如截取和放大所关心部位的图像、增强图像边缘轮廓线、调整图像的灰度以及为图像增添彩色等,使医疗仪器向智能化迈出了重要一步。

使用计算机可以对治疗设备的动作进行准确的控制。例如,由计算机控制的 γ(伽马)刀,可以在不切开人体表面的情况下切除脑颅或人体内部的肿瘤;使用超微型的医用机器人,可以顺着血管进入人体的心脏,去精心"修补"心脏的缺损;使用计算机控制的激光仪可以治疗白内障等。

目前,医疗检测仪器或治疗仪器的研制和生产正在向智能化、微型化、集成化、芯片化和系统工程化发展。利用计算机技术、仿生学技术、新材料以及微制造技术等高新技术,将使新型的医疗仪器成为主流,虚拟仪器、三维多媒体技术以及通过 Internet 进行仪器和信息共享等新技术也将进一步实用化。

11.7.4 病员监护与健康护理

使用由计算机控制的病员监护装置可以对危重病人的血压、心脏、呼吸等进行全方位的监护,以防止意外的发生。

患者或者医务人员可以利用计算机来查询病人在康复期应该注意的事项,解答各种疑问,以使病人尽快地恢复健康。使用营养数据库可以对各种食品的营养成分进行分析,为病人或者健康人提出合理的饮食结构建议,以保证各种营养成分的均衡摄入。

11.7.5 医学研究

计算机是医学研究的重要工具。医学数据库中存储了大量医学研究成果的信息,研究人员在开展某项研究之前可以先进行查询,以继承前人的研究成果,避免进行重复劳动和走弯路。例如,美国国立医学图书馆(The National Library of Medicine, NLM)开发了一个称为MEDLINE 的数据库,该数据库是国际上最权威的生物医学文献数据库,其中收录了自1966 年以来世界 70 多个国家和地区出版的 3400 余种生物医学领域期刊的近 960 万篇文献,并以每年 30 万至 35 万条记录递增,供医学研究人员查询最新的研究成果和典型的案例。

案例分析是医学研究的重要方面。案例分析需要长期地跟踪患者群的治疗效果并进行大量的数据处理,使用计算机是进行统计分析最为理想的工具。

使用计算机还可以进行药物的成分分析和大量的分组试验,从而以最小的代价获得疗效最好、副作用最小的药物。至于生物医学中的大量新的发现,更是离不开计算机。例如,人类基因组计划是在全世界范围内各个国家的科学家共同进行的一项重大的研究课题,该项研究试图获得人类全部的基因组合(大约有 30 亿对)。找出人类基因片断及其对人类的作用,是人类基因组计划的研究目标。该项研究的许多成果都是在计算机的帮助下取得的,各个国家的科学家还可以通过计算机网络和数据库,交流研究成果,以共同实现人类这一宏伟的目标。

11.8 科 学 研 究

科学研究是计算机的传统应用领域。主要用来进行科技文献的存储与查询、复杂的科学计算、系统仿真与模拟、复杂现象的跟踪与分析以及知识发现等。

11.8.1 科技文献的存储与检索

1. 信息爆炸

科技文献的检索与查询是开展科学研究工作的先导。在进行任何一项科学研究工作之前都必须对该课题国内外的研究状况有一个全面、深入的了解,避免花费不必要的精力去重

340

复做他人已经做过的工作或者重蹈他人已经失败的覆辙。

当今社会处于知识更新十分迅速的知识经济时代,"信息爆炸"是信息化社会的一个重要特征。2007 年 3 月,国际数据公司(IDC)做了一项主题为《膨胀中的数字世界》的研究,试图对全球信息增长状况做一个定量化的统计分析。研究结果表明,到 2006 年底,全球数字信息的总量达到 161EB(1EB=10^{18}B),相当于已出版的书籍量的 300 万倍。未来几年全球信息量的年复合增长率将达到 57%,到 2020 年,全球信息总量将达到 40EB。有关资料还显示,现在全世界每分钟都有一本新书出版,目前仅我国社科院网上就有140 余万种哲学社会科学的书籍。在这浩如烟海的信息世界里,如果不使用计算机来存储和检索信息,将无法正常地进行科学研究和科技成果的交流。

2. 文献存储与检索系统

传统的文献、资料都是印刷型的,随着微电子技术和光电技术的发展,出现了大量的非印刷型资料,如微缩、视听、光盘、软件、数据库等电子型的出版物。电子出版物的出现为使用计算机进行存储和检索创造了良好的条件。

目前,图书馆已经从传统的印刷型图书馆发展到利用计算机进行编目、检索、查询和流通管理的自动化图书馆,又从自动化图书馆发展到电子图书馆。电子图书馆使信息的载体和服务方式发生了重大的变化。读者可以利用 Internet 的在线信息服务功能,在图书馆、办公室、实验室甚至自己的家中,通过联网的计算机查询各个网上图书馆数据库中的信息。这些信息可以是文献目录或全文,也可以是图像、声音等多媒体信息。

在国外有许多专用的科技文献检索系统,例如,美国的 DIALOG 国际联机情报检索系统、美国国立医学图书馆建立的医学文献分析与检索系统(MEDLARS)、欧洲空间组织情报中心的联机情报检索系统(ESA-IRS)等。我国也已经充分利用中国教育与科研网(CERNET)、中国科学院网(CASNET)以及其他公众通信网络,将遍及全国的大学、研究机构和地方的图书馆和情报检索中心连接起来,并且与 Internet 互联,从而共享全球的信息资源。

11.8.2 科学计算

所谓科学计算,就是使用计算机完成在科学研究和工程技术领域中所提出的大量复杂的数值计算问题,是计算机的传统应用之一,自从计算机诞生以来它就成了科学计算的有力工具。目前,从微观世界的揭示到宇宙空间的探索,从数学、物理等基础科学的研究到导弹、卫星等尖端设备的研制,以及在船舶设计、飞机制造、建筑设计、电路分析、地质探矿、天气预报、生命科学等国民经济各个领域中的大量数值计算,都可以使用计算机来完成。时至今日,现代科学技术研究成果的取得都是建立在计算机的基础之上的。

随着计算机的普及和科学计算问题的日益复杂及多样化,编制程序的困难日益突出。为了避免重复性劳动、方便用户和提高科学计算的水平,人们对用于科学计算的标准程序库和软件包的需求日趋迫切。长期以来,已经由专门从事计算方法研究的科技工作者研究出许多高效率、高精度的用于科学计算的算法,积累了许多科学计算用的程序,并且将这些程序汇集成为软件包,供科技工作者选用。当在科学研究和工程技术中需要进行某一数学问题的求解或计算时,可以在软件包中选择所需要的程序进行计算。使用者只要按照规定给出调用这些程序的有关参数及原始数据,即可获得满意的计算结果,而无须自己编写程序。

MATLAB 是目前被广泛使用的一个科学计算软件包,其含义是矩阵实验室(matrix laboratory),其中包括被称为 Toolbox(工具箱)的各类应用问题的求解工具。最初的系统主要用于矩阵的存取和运算,经过不断地扩充和完善,已经可以提供曲线拟合、正交分解、特征值和特征向量计算、滤波算法、快速傅里叶变换、数值积分、微分方程求解、非线性方程求解以及绘制曲线、曲面、三维立体图和生成复杂图形等功能。它可以广泛地用于各领域中数学问题的求解。

11.8.3 计算机仿真

在科学研究和工程技术中需要做大量的实验,要完成这些实验往往需要花费许多人力、物力、财力和时间。使用计算机仿真系统来进行科学实验是一条切实可行的捷径。

计算机仿真可以应用于用其他方法需要进行繁复的实际实验或者无法进行实际实验的场合。国防、交通、制造业、农业中的科学研究是仿真技术的主要应用领域。例如,在军事上,可以利用计算机对坦克的机动性进行仿真,系统能够生成具有与真实坦克相同特征的虚拟对象,即表现出其加速性能、制动性能、转向性能和爬坡性能等,供设计制造中分析研究;在铁路交通中,可以对其基础设施、控制方式、列车运行调度等进行仿真,为铁路基础设施的改扩建以及运营组织提供决策支持;在汽车制造业中,可以对汽车的碰撞性能进行仿真,从而大大节省实验的成本。

11.9 艺术与娱乐

艺术家如果以计算机为工具来进行音乐、舞蹈、美术、摄影、电影与电视等艺术创作,则能够创作出更具特色、效果更佳的作品。形形色色的计算机游戏软件不仅可以休闲、娱乐,而且可以训练人的反应能力和熟练操作计算机的能力。

11.9.1 音乐与舞蹈

使用计算机控制的电子合成器可以模拟一种或多种乐器的声音。这种声音或者由管乐器、吉他、打击乐器以及音乐家演唱所产生的声音经过乐器数字接口(MIDI)输入计算机中存储和处理,然后由音序器播放。音乐家可以使用 MIDI 来创作音乐作品,为电影、电视、多媒体演示或计算机游戏等配音。

由于三维动画技术的不断完善,使得由计算机来辅助进行舞蹈创作成为可能。舞蹈创作者可以先使用序列编辑器创作和录制个人的舞蹈动作,这些动作可以加快、放慢、停止、旋转等。创作并录制了各个角色的个人舞蹈动作之后,可以通过舞台视图进行合成,在模拟的舞台上观看其效果,并调整角色之间的配合与时间。这种新颖的创作方式对舞蹈家而言确实是一个有趣的挑战。

11.9.2 美术与摄影

艺术家可以使用专门的软件作为工具来创作绘画、雕塑等艺术作品。一些绘画工具就像画笔、铅笔一样使用,有的则可以将图库中的图画单元重新构想、组合为一幅图画。在雕塑创作时,可以利用三维动画软件从各个角度观察作品,直到满意为止。

在摄影方面,数字化相机现在已经普及。通过专门的接口可以将数字相机存储器中的数字照片输入计算机,然后使用专门的软件(如 Photoshop)按照自己的意愿进行编辑、修饰、加工、裁剪、放大和存储,加工后的照片不仅可以用高精度的彩色打印机输出或者在屏幕上显示,而且可以制作成为 CD 光盘永久保存。如果将在大学学习、生活、聚会等的数字照片在毕业时制作成为 CD 光盘,这将比用普通的胶片照相机拍一张毕业照更具有纪念意义和保存价值。

11.9.3　电影与电视

在影片制作过程中利用计算机可以获得过去无法获得的效果。以前的一些惊险特技镜头需要由演员或者替身演员冒着风险来完成,而使用计算机就要方便得多,而且效果更加逼真。利用计算机还可以通过镜头的合并、人物的变形等数字化技术,使得在历史纪录片中不同时期的历史人物出现在同一个画面中,使得四肢健全的演员逼真地扮演一个截肢者,年老的演员以更年轻的形象出现在银幕上等。

计算机在电视剧和电视节目制作中的应用与在电影制作的应用类似。但是,电视点播系统更吸引人,传统的电视节目都是由电视台预先安排好的,观众只能在不同的电视台之间或者不同的时段中去选择喜欢的节目。如果在电视台、有线电视台或者居民小区中安装了由计算机控制的电视点播系统,而在家庭中安装了电视点播终端,那么只要在家中选择计算机数据库中的节目,就可以在家中的电视机上播放了。在电视点播系统的中央计算机中设有大型的数据库,其中存储了大量的影视节目,并能够不断地添加和更新。电视点播系统的专用软件负责对影视节目数据库进行维护,并实时地响应用户的点播请求。

11.9.4　多媒体娱乐与游戏

多媒体技术、动漫技术以及网络技术使得计算机能够以图像与声音的集成形式提供最新的娱乐和游戏的方式。在计算机上可以观看光盘上的影视节目,可以播放以 MP3 形式刻录在光盘上的歌曲和音乐,其效果不亚于普通的电视机和音响设备。许多影视节目、歌曲和音乐也可以从计算机网络上下载,供人们欣赏。

由于计算机技术的发展,使得计算机游戏已经从简单的纸牌、棋类等发展到带有故事情节和复杂动画画面的视频与音频相结合的游戏。许多计算机游戏是由剧本作家、影视导演、动画师以及计算机专业人员联合开发的,其故事情节更引人入胜、画面更壮观自然、人物或动物的动作更协调逼真、声音更美妙动人。

计算机游戏可以刻录在光盘上,供人们选购、使用,也可以是在计算机网络上供用户下载;可以在个人计算机上独自娱乐,也可以在网络上多个人一起来玩或进行比赛。计算机游戏可以激发人们使用计算机的兴趣,并能够锻炼人的集中注意力、手眼脑协调能力以及使用鼠标和键盘的能力,培养解决问题的能力,提高想象力。但是,一些游戏并不适宜于儿童,需要由家长进行必要的限制与引导。大、中学生玩计算机游戏也应该适度,不能沉溺于计算机游戏之中而荒废学业。

目前,多媒体技术和动漫技术的广泛应用,使其已经发展成为一种新型的产业,即动漫产业。动漫产业不同于其他的传统产业,它是一种文化产业,以创意为资源,不消耗能源,不污染自然环境,既能满足人类日益增长的文化娱乐需要,又能促进经济发展,弘扬本土文化。

在我国,动漫企业主要有3类:第一类是从事网络游戏的开发和运营;第二类是从事动画影视作品的原创或代加工;第三类是以动漫为表现形式的广告制作。目前,国家重点扶持的是第二类企业,并以原创作品为主要扶持方向。为了促进我国动漫产业的发展,国务院办公厅转发了财政部等10部委《关于推动我国动漫产业发展若干意见的通知》(国办发[2006]32号),从政策上加大对动漫产业发展的鼓励和支持力度,推动动漫产业的发展。广电总局、文化部和新闻出版总署等有关部门现已在全国各地建设了20余个国家动漫基地,进行动漫开发平台的研发以及高水平动漫作品的创作与制作。

11.10 人 工 智 能

11.10.1 人工智能概述

人工智能是一门利用计算机模拟人类智能行为科学的统称,它涵盖了训练计算机使其能够完成自主学习、判断、决策等人类行为的范畴。关于人工智能、机器学习、深度学习三者的关系,简单来说,机器学习是实现人工智能的一种方法,深度学习是实现机器学习的一种技术。机器学习使计算机能够自动解析数据、从中学习,然后对真实世界中的事件作出决策和预测;深度学习是利用一系列"深层次"的神经网络模型来解决更为复杂问题的技术。

人工智能发轫于1956年在美国达特茅斯(Dartmouth)学院举行的"人工智能(artificial intelligent,AI)夏季研讨会",在20世纪50年代末和80年代初先后两次步入发展高峰,但因为技术瓶颈、应用成本等局限性而均落入低谷。当前,在新一代信息技术的引领下,数据快速积累,运算能力大幅提升,算法模型持续演进,行业应用快速兴起,人工智能发展环境发生了深刻变化,跨媒体智能、群体智能、自主智能系统、混合型智能成为新的发展方向,人工智能第三次站在科技发展的浪潮之巅。

人工智能按照其应用范围又可细分为专用人工智能与通用人工智能。

专用人工智能,即在某一个特定领域应用的人工智能,例如会下围棋且也仅仅会下围棋的AlphaGo。专用人工智能是真正在第三次人工智能浪潮中起到影响作用的主角。

通用人工智能是指具备知识技能迁移能力,可以快速学习,充分利用已掌握的技能来解决新问题,达到甚至超过人类智慧的人工智能。通用人工智能是众多科幻作品中颠覆人类社会的人工智能形象,但在理论领域,通用人工智能算法还没有真正突破,在可见的未来,通用人工智能既非人工智能讨论的主流,也还看不到其成为现实的技术路径。

简单来说,人工智能的研究就是要通过智能机器,延伸和增强人类在改造自然、治理社会的各项任务中的能力和效率,最终实现一个人与机器和谐共生共存的社会。这里说的智能机器,可以是一个虚拟的或者物理的机器人。与人类几千年来创造出来的各种工具和机器不同的是,智能机器有自主的感知、认知、决策、学习、执行和社会协作能力,符合人类情感、伦理与道德观念。

11.10.2 人工智能发展历程

人工智能从诞生至今,已有60多年的发展历史,经历了3次浪潮。第一次浪潮为20世纪50年代末至80年代初;第二次浪潮为20世纪80年代初至20世纪末;第三次浪潮为21

344

世纪初至今。在人工智能的前两次浪潮中,由于技术未能实现突破性进展,相关应用始终难以达到预期效果,无法支撑起大规模商业化应用,最终在经历过两次高潮与低谷之后,人工智能归于沉寂。随着信息技术的快速发展和互联网的快速普及,以 2006 年深度学习模型的提出为标志,人工智能迎来第三次高速发展。

1. 人工智能第一次浪潮

人工智能第一次浪潮:人工智能诞生并快速发展,但技术瓶颈难以突破。

1956 年到 1974 年是人工智能发展的第一个黄金时期。科学家将符号方法引入统计方法中进行语义处理,出现了基于知识的方法,人机交互开始成为可能。科学家发明了多种具有重大影响的算法,如深度学习模型的雏形贝尔曼公式,这一概念是由贝尔曼(Bellman)在 1961 年首先提出的。除了在算法和方法论方面取得新进展,科学家们还制作出具有初步智能的机器。例如,能证明应用题的机器 STUDENT(1964),可以实现简单人机对话的机器 ELIZA(1966)。人工智能发展速度迅猛,以至于研究者普遍认为人工智能代替人类只是时间问题。

由于数学模型存在局限,人工智能步入低谷。1974 年到 1980 年,人工智能的瓶颈逐渐显现,逻辑证明器、感知器、增强学习只能完成指定的工作,对于超出范围的任务则无法应对,智能水平较为低级,局限性较为突出。造成这种局限的原因主要体现在两个方面:一是人工智能所基于的数学模型和数学手段被发现具有一定的缺陷;二是很多计算的复杂度呈指数级增长,依据现有算法无法完成计算任务。先天的缺陷是人工智能在早期发展过程中遇到的瓶颈,研发机构对人工智能的热情逐渐冷却,对人工智能的资助也相应地缩减或取消,人工智能第一次步入低谷。

2. 人工智能第二次浪潮

人工智能第二次浪潮:模型突破带动初步产业化,但推广应用存在成本障碍。

数学模型实现重大突破,专家系统得以应用。进入 20 世纪 80 年代,人工智能再次回到公众的视野。在人工智能相关的数学模型领域取得了一系列重大发明成果,其中包括著名的多层神经网络(1986)和 BP 反向传播算法(1986),这进一步催生了能与人类下象棋的高度智能机器(1989)。其他成果包括通过人工智能网络来实现能自动识别信封上邮政编码的机器,精度达 99% 以上,已经超过普通人的水平。与此同时,卡耐基—梅隆大学为 DEC 公司制造出专家系统(1980),这个专家系统可帮助 DEC 公司每年节约 4000 万美元的费用,特别是在决策方面能提供有价值的内容。受此鼓励,很多国家包括日本、美国都再次投入巨资开发所谓的第五代计算机(1982),当时称为人工智能计算机。

由于成本高且难维护,人工智能再次步入低谷。为推动人工智能的发展,研究者设计了 LISP 语言,并针对该语言研制出 Lisp 计算机。该机型指令执行效率比通用型计算机更高,但价格昂贵且难以维护,始终难以大范围推广普及。与此同时,在 1987 年到 1993 年间,苹果和 IBM 公司开始推广第一代台式机,随着性能不断提升和销售价格的不断降低,这些个人计算机逐渐在消费市场上占据优势,越来越多的计算机走入个人家庭,价格昂贵的 Lisp 计算机由于古老陈旧且难以维护逐渐被市场淘汰,专家系统也逐渐淡出人们的视野,人工智能硬件市场出现明显萎缩。同时,政府经费开始下降,人工智能又一次步入低谷。

3. 人工智能第三次浪潮

人工智能第三次浪潮:信息时代催生新一代人工智能,但未来发展存在诸多隐忧。

新兴技术快速涌现,人工智能发展进入新阶段。随着互联网的普及、传感器的发展、大数据的涌现、电子商务的发展以及信息社区的兴起,数据和知识在人类社会、物理空间和信息空间之间交叉融合、相互作用,人工智能发展所处的信息环境和数据基础发生了巨大而深刻的变化,这些变化构成了驱动人工智能走向新阶段的外在动力。与此同时,人工智能的目标和理念出现重要调整,科学基础和实现载体取得新的突破,类脑计算、深度学习、强化学习等一系列的技术萌芽也预示着内在动力的成长,人工智能的发展已经进入一个新的阶段。

人工智能水平快速提升,人类面临潜在隐患。得益于数据量的快速增长、计算能力的大幅提升以及机器学习算法的持续优化,新一代人工智能在某些给定任务中已经展现出达到或超越人类的工作能力,并逐渐从专用型智能向通用型智能过渡,有望发展为抽象型智能。随着应用范围的不断拓展,人工智能与人类生产生活的联系愈发紧密,一方面给人们带来诸多便利,另一方面也产生了一些潜在问题:一是加速机器换人,结构性失业可能更为严重;二是隐私保护成为难点,数据拥有权、隐私权、许可权等界定存在困难。

11.10.3　人工智能的应用

人工智能是研究、开发用于模拟、延伸和扩展人类智能的理论、方法、技术及应用系统的科学。迄今为止,出现了机器定理证明、机器翻译、专家系统、机器学习、机器人与智能控制等一系列研究成果。随着人工智能理论和技术的日益成熟,应用范围不断扩大,既包括城市发展、生态保护、经济管理、金融风险等宏观层面,也包括工业生产、医疗卫生、交通出行、能源利用等具体领域。专门从事人工智能产品研发、生产及服务的企业迅速成长,真正意义上的人工智能产业正在逐步形成并不断丰富,相应的商业模式也在持续演进和多元化。

目前,对人工智能的认识相对较为统一,但人工智能产业的概念有待进一步明确,对人工智能的核心产业和人工智能带动的相关产业也需要进行有效区分。可以将围绕人工智能技术及衍生出的主要应用形成的具有一定需求规模、商业模式较为清晰可行的行业集合,视为人工智能在当前的核心产业。随着潜在需求的逐渐明确和商业模式的日渐成熟,人工智能核心产业的边界与范围将逐步扩展。而通过人工智能核心产业发展所形成的辐射和扩散效应,获得新提升、新增长的国民经济其他行业集合,均可视为人工智能带动的相关产业。

从应用层面来说,人工智能主要涉及智能机器人、智能金融、智能医疗、智能安防、智能驾驶、智能搜索、智能教育、智能制造系统和智能人居等产业。

1. 智能机器人

智能机器人是指具备一定程度类人智能,可实现"感知—决策—行为—反馈"闭环工作流程,可协助人类生产、服务人类生活且可自动执行工作的各类机器装置,主要包括智能工业机器人、智能服务机器人和智能特种机器人。

2. 智能金融

金融行业与整个社会存在巨大的交织网络,每时每刻都能产生金融交易、客户信息、市场分析、风险控制、投资顾问等多种海量数据。促进人工智能技术与金融行业融合,在前端可以增强用户的便利性和安全性,在中端可以支持授信、各类金融交易和金融分析中的决策,在后端可以用于风险防控和监督。这将大幅改变金融行业现有的格局,推动银行、保险、理财、借贷、投资等各类金融服务的个性化、定制化和智能化。随着智能客服、金融搜索引擎以及身份验证入口级产品的广泛普及和应用,全球智能金融产业规模在2020年将接近52

亿美元,我国将达到 8 亿美元。

3. 智能医疗

促使智能机器和设备代替医生完成部分工作,更多地触达用户,只是智能医疗功用的部分体现。运用人工智能技术对医疗案例和经验数据进行深度学习和决策判断,显著提高医疗机构和人员的工作效率并大幅降低医疗成本,才是智能医疗的核心目标。同时,通过人工智能的引导和约束,促使患者自觉自查、加强预防,更早发现和更好管理潜在疾病,也是智能医疗在未来的重要发展方向。

4. 智能安防

随着高清视频、智能分析、云计算和大数据等相关技术的发展,传统的被动防御安防系统正在升级成为主动判断和预警的智能安防系统。安防行业也从单一的安全领域向多行业应用、提升生产效率、提高生活智能化程度方向发展,为更多的行业和人群提供可视化、智能化解决方案。随着智慧城市、智能建筑、智慧交通等智能化产业的带动,智能安防也将保持高速增长,预计在 2020 年全球产业规模实现 106 亿美元,我国会达到 20 亿美元。

5. 智能驾驶

智能驾驶通过车上搭载传感器,感知周围环境;通过算法的模型识别和计算,辅助汽车电子控制单元或直接辅助驾驶员做出决策,从而让汽车行驶更加智能化,提升汽车驾驶的安全性和舒适性。根据智能化水平的不同,同时参考 SAE(Society of Automotive Engineers,美国汽车工程师学会)的评级标准,可将智能驾驶由低到高分为 5 个级别,依次是驾驶支援、部分自动化、有条件自动化、高度自动化、完全自动化。在未来各国智能驾驶相关政策法规逐渐成形、行业内技术不断完善、智能驾驶企业积极推动应用落地的情况下,智能驾驶产业规模将保持持续扩大趋势。

6. 智能搜索

智能搜索是结合人工智能技术的新一代搜索,除了能提供传统的快速检索、相关度排序等功能外,还能提供用户角色登记、用户兴趣自动识别、内容的语义理解、智能信息化过滤和推送等功能,具有信息服务的智能化、人性化特征,允许采用自然语言进行信息的检索,为用户提供更方便、更确切的搜索服务。

7. 智能教育

智能教育侧重于启发与引导,关注学生个性化的教育和交互,学生能够获得实时反馈和自动化辅导,家长可以通过更为便捷和成本更低的方式看到孩子实时学习情况,教师能收获更丰富的教学资源和学生个性化学习数据来实现因材施教,学校也能提供高质量的教育,政府则更容易为所有人提供可负担、更均衡的教育。自动化辅导优先通过搜题的应用取得爆发式增长,预计 2020 年全球智能教育产业规模可达 108 亿美元,我国将接近 10 亿美元。

8. 智能人居

智能人居以家庭住宅为平台,基于物联网技术和云计算平台构建由智能家居生态圈,涵盖智能冰箱、智能电视、智能空调等智能家电,智能音箱、智能手表等智能硬件,智能窗帘、智能衣柜、智能卫浴等智能家居,智能人居环境管理等诸多方面,可实现远程控制设备、设备间互连互通、设备自我学习等功能,并通过收集、分析用户行为数据,为用户提供个性化生活服务,使家居生活安全、舒适、节能、高效、便捷。

11.10.4　人工智能的未来发展

短期内,构建大型的数据集将会是各企业与研究机构发展人工智能的重要方向。同时,机器学习技术会更注重迁移学习与小样本学习等方向,近期 AlphaGo Zero 在无监督模式下取得的惊人进步充分体现了此方向的热度。长期来看,通用型人工智能的发展将依赖于对人脑认知机制的科学研究,其发展前景目前尚处于无法预测的状态。

在商业应用方面专用型人工智能短期内将会在数据丰富的行业、应用场景成熟的业务前端(如营销、服务等)取得广泛的应用。长期来看,正如国际人工智能领域著名学者 Michael I. Jordan 所说,人工智能技术将能在边际成本不递增的情况下,将个性化服务普及到更多的消费者与企业,从细分行业的特定应用场景应用到更加普世化的情景。

本 章 小 结

本章按照国民经济中的不同行业,介绍了计算机在制造业、商业、银行与证券业、交通运输业、办公自动化与电子政务、教育、医学、科学研究以及艺术与娱乐等领域中的应用。其中既包括了传统的应用,也包括了许多新的应用领域,同时也介绍了将计算机应用于各行各业所使用的主要技术和方法。

通过本章的学习,应该全面地了解计算机在国民经济中的传统应用领域和新的应用领域及其所使用的主要技术,拓宽视野,提高将计算机应用于实际的能力。

习　　题

一、简答题

1. 计算机在制造业中有哪些应用?

2. CAD 与 CAM 有什么区别和联系? 什么是 CIMS?

3. 计算机在商业中有哪些应用?

4. 什么是 EDI? 什么是电子商务? 二者有什么区别和联系?

5. 电子商务系统框架由哪些基本构件组成? 试阐述各基本构件的主要功能。

6. 计算机在银行与证券业中有哪些应用?

7. 计算机在交通运输业中有哪些应用?

8. 什么是 GPS? 它由哪几部分组成?

9. 什么是 GIS? 它由哪几部分组成?

10. 什么是办公自动化系统? 什么是电子政务?

11. 计算机在教育中有哪些应用?

12. 计算机在医学中有哪些应用?

13. 计算机在科学研究中有哪些应用?

14. 计算机在艺术与娱乐中有哪些应用?

15. 计算机游戏有何益处和弊端? 怎样正确对待计算机游戏?

二、选择题(多项选择)

1. 以下_____组含有互相没有隶属关系的事项。

A. 售货点终端、通用商品代码、借记卡

B. 电子商务、电子数据传输、自动柜员机

C. 虚拟现实、电子资金转账系统、电子购物

D. 电子资金转账系统、银行业、电子商务

2. 在教育机构中计算机可以用于以下_____项工作。

A. 学生成绩管理　　　　B. 学生档案管理　　　　C. 编排课程表　　　　D. 以上全部

3. 以下_____方式使得学生不到学校来也能够上课。

A. 计算机游戏　　　　B. 专家系统　　　　C. 远程教育　　　　D. 以上都不是

4. 以下_____系统中带有统计数据和由专门软件使用的地图。

A. 数字化地图绘制系统　　B. 地理信息系统　　C. 全球定位系统　　D. 地图规划系统

5. 以下_____工作可以通过计算机来帮助侦破案件。

A. 保存罪犯的历史记录　　　　　　　　　　B. 保存案件中线索的记录

C. 保存和鉴别指纹　　　　　　　　　　　　D. 以上全部

6. 以下_____具有能够随时点播电视和电影节目的功能。

A. 有线电视系统　　　　B. 计算机游戏　　　　C. 电视点播系统　　　D. 数据库系统

三、上网练习

1. 访问一个 CAD 的网站 http：//www.cadkey.com，浏览该站点的信息并学习关于 CAD 的知识。将感兴趣的页面打印出来，并写一段文字来描述为什么许多公司要用 CAD 来设计以及怎样来设计。

2. 访问一个 GPS 的网站 http：//www.delorme.com，浏览该站点的信息并学习关于 GPS 的知识，将感兴趣的页面打印出来，并写一段文字来描述 GPS 产品和讨论它的精确度。

3. 试进入一个电子商务网站，浏览其网上超市、网上商店等信息，并了解网上购物的过程。

四、探索题

1. 试分析电子商务的发展需要进一步解决的问题，并描述电子商务的发展前景。

2. 怎样才能使交通监控系统更加智能化？

3. 计算机在农业中可能有哪些应用领域？其中将要用到哪些技术？

4. 计算机还可能有哪些新的应用领域？其中将要用到哪些技术？

第 **12** 章

职业道德与择业

本章介绍信息产业界的道德准则以及和计算机科学技术领域密切相关的职业种类与择业原则,包括"绿色"信息产业、计算机专业人员的道德标准、企业道德标准、用户道德标准、安全与隐私、信息产业的法律法规、计算机软件产权保护、软件价值评估、专业岗位和择业等。通过本章的学习,了解"绿色"信息产业并能注意健康保护,理解信息产业企业的道德准则和从业人员道德准则,了解与计算机科学技术软件有关的法律法规,了解与计算机科学技术有关的职业、职位以及择业的基本原则,懂得终生学习的重要性并树立终生学习的理念。

12.1 信息产业界的道德准则

道德学是哲学的一个分支,是一定社会调整人与人之间以及个人与社会之间关系的行为规范的总和,它以善和恶、正义和非正义、公正和偏私、诚实和虚伪等道德概念来评价人们的各种行为以及调整人与人之间的关系;通过各种形式的教育和社会舆论的力量,使人们逐渐形成一定的信念、习惯、传统。道德行为就是按照基于伦理价值而建立的一套道德原则行事处世。

本节主要介绍有关信息产业界道德准则的内容,但不容忽视的另一个问题是计算机产业在带给人类巨大效益和便利的同时,又会给人带来诸如环境保护、对人体的某些危害等问题,因而应该关注"绿色"信息产业问题。

12.1.1 "绿色"信息产业

所谓"绿色"信息产业,其含义有两重意思:一是在进行工业化生产及使用计算机系统时,要注意对环境的保护;二是要让计算机用户知道长时间在计算机显示器面前工作,会产生潜在的健康问题。

1. 计算机与环境

计算机技术的发展,使人类彼此间的距离越来越近,互联网已把人们连在一起,虽然居住在不同的街道、不同的乡村或城市、不同的国家,但都有一个共同的地址——地球。因而,保护地球、保护环境,也是从事计算机工业的人必须重视的一个方面。计算机产业曾经被认为是一个"洁净"的工业,它在制造中产生相对较小的污染。但是,随着计算机数量的急剧增加,带来了许多问题,其中能源消耗是一个主要问题,因而使用屏幕保护程序是一个比较好的节能方法。如果要较长时间离开计算机时,关掉显示器也是节能的好办法。计算机使用的增多还对能源消耗产生间接影响,由于计算机产生热量却又需要温度较低的工作环境,所以需要额外的电能来冷却办公室。

软盘、U 盘及移动硬盘可以被重复格式化并反复使用。如果保存及维护较好的话,这些存储设备可以使用数年,但每年废弃的软盘、U 盘及移动硬盘对环境造成的污染却仍是很大的。另外,今后大量废弃、淘汰的计算机也将会对环境产生不利影响,应尽可能考虑对这些废弃机器的环保处理。

当计算机刚开始普及的时候,人们都在议论所谓"无纸办公"的问题,但纸的用量实际上却并未减少。为此用户应当注意节省纸张,在打印一个文件前,应该尽可能做好编辑工作,还应该使用打印预览功能看输出结果是否符合要求。如果纸张只用了一面,也可翻过来再用。

激光打印机的可回收墨盒不仅对环境有益,还可以省钱。回收利用墨盒的成本不到新墨盒的一半。以上做法对计算机用户来说只是举手之劳,只要稍加注意,就可以减少环境污染。总之,无论是计算机的生产企业还是用户,都应该想到"我们只有一个地球",要为"绿色信息产业"做贡献。

2. 计算机与健康

也许没有人会考虑每年每周有 40~50 小时坐在显示器前会产生什么样的潜在健康问题,事实上计算机对健康产生负面影响已被大部分人所认同。首先,计算机的显示器会产生辐射;其次,日复一日地使用计算机会有损健康,会引起眼睛疲劳和压迫损伤。但是,只要采取必要的预防措施,上述问题还是可以避免的。

(1) 辐射的危险:阴极射线管(CRT)显示器会发出低强度的电磁场,这种电磁场与许多疾病有关。由于有严格的辐射法规,许多制造商都设计出了辐射很低的符合标准的新型显示器。使用机器时应该注意不要坐得离显示器太近,那里的电磁场强度最高。现在如果使用液晶显示器(LCD)可以避免辐射。

(2) 计算机视觉综合征:许多长时间使用计算机的人都会感到视线模糊和眼睛疲劳。这些问题大都是由于长时间近距离的注视造成的。造成眼睛疲劳的其他因素还包括较暗的光线和闪烁。单色显示器会造成视网膜的光化学变化,这会导致轻度的色盲。隔行扫描显示器同非隔行扫描显示器相比更易闪烁,这也是造成眼睛疲劳和头痛的一个原因。要保护眼睛,除了使用品质好的显示器外,每工作一段时间后应让眼睛有一个放松的间歇,此时可以做眼保健操或远眺,这对于眼睛从疲劳中恢复是有好处的。

(3) 其他损伤:在使用键盘的过程中,腕部的活动受到了限制,导致腕部紧张,因此就有可能发生多种损伤。其中最常见的是腕管综合征,腕管综合征可导致刺痛、麻木和疼痛。使用可以以不同方式放置从而调节腕部位置的人体工程学键盘,有利于减少或防止腕管综合征发生的危险。由于不合理的工作场所设计,经常会使人感到腰酸背痛,头颈僵直,这对于健康是很不利的,应注意采用人体工程学座椅使得用户能够调整座位高度、靠背和扶手。椅子应当可以调节得使人的双脚平展地放在地面或脚垫上,并且背垫应支撑背的下部。良好的姿势对于避免背部、颈部及肩部酸痛极为重要。另外,应把显示器安放在使脖子和眼睛比较舒适的高度,并且距离合适。

12.1.2　计算机科学与技术专业人员的道德准则

　　职业道德是一个严肃而又容易被忽视的话题。在许多人眼里,职业道德显得模糊且抽象,没有规章制度的约束,全凭个人的素养与操守。实际生活中不乏私用公款、商业间谍、收受回扣等状况的发生。这就需要职业道德来约束职员的行为,教化职员的思想,让职员在内心深处形成一种道德观念,并可在一定程度上防范违背道德行为的发生。

　　信息道德一方面指在使用信息资源的过程中应遵守的道德规范,另一方面是指有自主抵御有毒信息的意识。在信息搜集、整理、分析判断、加工处理、表达应用中,应尊重知识产权,注重保护个人隐私、商业机密、国家秘密,维护信息安全;有毒信息往往混杂在浩瀚的信息资源中,利用信息时代信息传播的便捷条件横行霸道,计算机病毒会让成千上万的计算机瘫痪,网络色情暴力会造成极其恶劣的社会影响。

　　信息技术行业是一个日新月异的行业,每时每刻都在产生新思想、新技术,信息技术逐渐渗透到各个行业、各个领域,并且逐渐成为人们工作和生活中必不可少的一部分。而从事与计算机专业有关的人士为了适应这个行业的特点,必须具备逻辑思维活跃、勤于钻研、善于交流、善于团结合作的基本素养,才能得到持续的发展。作为一个与计算机科学技术密切相关的专业人员,在本领域的处世行事中都会遇到一些特殊的道德问题。这些问题大到涉及国家机密,小到涉及个人信誉,每一个人都必须正视并遵守以下最基本的道德准则:

- 尊重他人隐私,不伤害别人。
- 注意保护自己的知识产权,尊重别人的知识产权。
- 注意保护国家、企业、单位的相关机密。
- 诚实守信,为社会进步做贡献。

　　俗话说,"最难防范的人是内部有知识的雇员"。这句话说出了关于计算机安全系统的弱点所在。计算机专业人员包括程序员、系统分析员、计算机设计人员以及数据库管理员。计算机专业人员有很多的机会可以使用计算机系统,因此系统的安全防范在很大程度上寄希望于计算机专业人员的道德素质。因此,计算机专业人员除了遵循上述最基本的道德准则外,还应遵循以下道德准则。

1. 专业准则

　　专业准则包含几个方面,其中最重要的是资格和职业责任。资格要求专业人员应该跟上行业的最新进展。由于计算机行业涵盖了众多领域并且发展迅速,因此可以说没有一个人在所有领域都是行家里手。这就要求计算机专业人员应尽力跟上自己所属的特殊领域的技术发展。

　　职业责任提倡尽可能做好本职工作,即使用户目前不能立即意识到最好的工作同较差工作之间的差别,也要尽心尽职地做好工作。要确保每一个程序应尽可能正确,即使没有人能在近期内发现它存在的错误,也要尽一切可能排除错误的隐患。职业责任的另一个重要方面是,离开工作岗位时应保守公司的秘密。当离开公司时,专业人员不应该带走本人为该公司开发的程序,也不应该把公司正在开发的项目告诉别的公司。

　　计算机专业人员有机会接触公司的数据以及操作这些数据的设备。计算机专业人员也具有使用这些资源的知识,而大多数公司都没有检查公司专业人员行为的措施。要保持数据的安全和正确,公司在一定程度上依赖于计算机专业人员的道德。

2. 程序员的责任

即使最好的程序员也会写出有错的程序。大多数复杂的程序有许多条件组合,要测试程序的每一种条件组合是不可能的。有经验的程序员都知道程序无论大小都可能存在错误。程序员的责任在于明白哪些错误是可以原谅的,哪些是由于程序员的疏忽造成而不可原谅的。一个尽责的程序员应配合大家对工作进行多层次的复查,以确保尽最大努力排除程序出错的可能性。

12.1.3 企业道德准则

一个企业或机构必须保护它的数据不丢失或不被破坏,不被滥用或不被未经许可的访问。否则,这个机构就不能有效地为它的客户服务。

要保护数据不丢失,企业或机构应当有适当的备份。一个公司或机构有责任尽量保持数据的完整和正确,要使所有的数据绝对正确是不可能的,但如果发现了错误,就应该尽快更正。

雇员在数据库中查阅某个人的数据并在具体工作以外使用这个信息是不允许的。公司应该制定针对雇员的明确的行为规范,并且严格执行。如果发现雇员在工作之外使用数据,就应该对其警告甚至解雇。

12.1.4 计算机用户道德

用户或许没有想到坐在一台计算机前会产生道德问题,但事实的确如此。例如,几乎每一个计算机用户迟早都会碰到关于软件盗版的道德困惑。其他的道德问题则包括色情内容和对计算机系统的未经授权的访问等。

1. 软件盗版

对于计算机用户来说,最迫切的道德问题之一就是计算机程序的复制。有些程序是免费提供给所有人的,这种软件称为自由软件,用户可以合法地复制或下载自由软件。

另一种类型的软件称为共享软件。共享软件具有版权,它的创作者将它提供给所有的人复制和试用。作为回报,如果用户在试用后仍想继续使用这个软件,软件的版权拥有者有权要求用户登记和付费。

大部分软件都是有版权的软件,软件盗版包括非法复制有版权的软件,法律禁止对这些软件不付费的复制和使用。大多数软件公司会为软件做备份,以便在以后磁盘或文件破坏时备用。但是,用户不应该制作备份以送给他人或出售。

随着计算机和网络的普及,各种各样的信息可以通过网络及其他存储介质来散布。这些信息包括杂志上的文章、文字作品、书的摘录、Internet 上的作品等。每个人应该养成负责而有道德地使用这些信息,无论自己的作品是对这些信息的直接引用还是只引用了大意,都应该在引文或参考文献中注明出处,指出作者的姓名、文章标题、出版地点和日期等。

大学或研究所等拥有很多台计算机的机构,可以用较低的单台价格为所有计算机购买软件。这种称为场所许可的协议是用户同软件出版商达成的一种合同,这个合同允许在机构内部对软件进行多份复制使用。

写一个软件包需要很多的时间和精力。通常,从项目的启动到开始取得销售收入需要 2～3 年或更长的时间,软件盗版增加了软件开发及销售的成本,并且抑制了新软件的开发。

从总体上来说于人于己都是不利的。

2. 不做"黑客"

"黑客"最初是用来称呼那些通过计算机程序测试能力极限的计算机用户。实际上未经授权的计算机访问是一种违法行为,当某些人尝试非法访问计算机系统时,新闻媒体用"黑客"来指称那些试图对计算机系统进行未经授权访问的人。另一个词"闯入者"(cracker)则被用来称呼访问未经授权系统的计算机犯罪者。"黑客"和"闯入者"的行为都是错误的,因为它违反了"尊重别人隐私"的道德准则。

3. 公用及专用网络自律

随着在线信息服务、公用网络(如 Internet)、博客和 BBS 的增长,资料的在线公布已成为现实。最具爆炸性的问题就是色情内容,现在常被称为计算机色情。目前存在最大问题的领域是 Internet,因为它没有统一的管理机构,也没有能力强化某些规则或标准。Internet 的力量就在于它是一个开放的论坛,它不可能受到检查。只要还没有限制从网上获取资料的方法,上述问题就不可能彻底解决,只能靠成年人来保护未成年人使他们不受计算机色情危害以及避开有色情内容的 Internet 地址。目前,有些软件专营店还出售可以对网址进行选择及屏蔽的过滤软件。当然,重要的还是用户的自律,不要在网上制造和传播这类东西。

12.1.5 安全与隐私

上网时,或许会看到一份调查表,它承诺只要填了表并将它寄出就可以得到免费的物品或某些优惠。如果填了调查表并把它发了出去,发广告的公司就会把用户回信输入计算机数据库中,然后将这些信息卖给那些需要用户信息的公司,回信后的几个星期,用户可能会收到赠品,但垃圾邮件从此便开始充满用户的邮箱。许多公司知道用户的一些基本信息并不断地给用户发信息,这说明这些公司已经侵犯了用户的隐私。

1. 隐私权

如果所有的交易都是以现金形式进行的,那么企业没有必要了解它的客户的任何情况。而在今天,企业必须能够核实支票和信用卡的有效性,并且能对信息进行快捷而简单的存取。同样,个人也希望能向政府部门或企业请求查询个人情况,例如银行卡账单上有多少钱等。大型的信息数据库对于社会的正常运转是必不可少的。阿兰·韦斯廷在他的《隐私和自由》一书中把隐私定义为"人们控制关于自己的信息散布的权利……"。按照这个定义,对隐私的侵犯包括以信息所涉及的人反对的方式收集或散布信息。许多人把对个人信息的数据收集看作对隐私的一种侵犯,认为这些信息有可能被不恰当地使用,从而对他们会形成一种潜在的侵犯。例如,有人可能将医疗数据库和保险数据库相结合以获知那些在特定药物试验中呈阳性的投保人的姓名,保险公司会根据试验结果取消该人的保险单。虽然许多国家有法律禁止对政府机构数据库中的数据进行公开或交叉匹配,但并没有相应的法律对私人部门数据库中保存的数据进行保护。为保护隐私,需要制定更严格的法律,限制市场商人对信息的潜在的滥用。

电子资金转账(EFT)系统保存着所有涉及用户账目的交易的全部记录。例如,当工资存到资金卡账户上以后,这笔业务就被记录下来。当用户从一台自动取款机提款后,这笔业务也被记录下来。显然系统要跟踪所有这些业务,但最后所有的记录非常清楚地显示了用户的收入和支出情况。关于谁有权访问个人 EFT 记录的问题是目前尚有争议的问题，因为获得这种信息的同时往往也伴随着侵犯隐私的可能性。在欧洲一些国家，包括瑞典、法国和德国，已经通过立法来设立委员会，向计算机数据库拥有者发放许可证，接受市民投诉并实施隐私权。

有些拥有数据库的公司采取了一系列"公平信息原则"，作为公司及职员用以建立和遵守根据消费者的需求平衡隐私与安全的政策。这些公司也明白存在着从公司外部对数据库进行非法访问的可能性。为排除这种可能性，这类公司采用的安全措施包括电子存取系统、闭路电视监视、数据加密和逻辑数据存取控制等。此外，数据库中还应用了许多软件保护技术，例如人工智能监视系统以及用于检测欺诈性应用、可疑地址和社会保险卡号码的服务。

2. 安全

个人存储在计算机上的数据必须受到保护。计算机系统本身也同样需要保护，以防范自然灾害、破坏、偷窃及非法访问行为。这个问题无论是对家庭计算机系统还是对机构的计算机系统都适用。

用户要主动采取预防措施，在计算机系统中安装防病毒软件；要定期检查计算机系统内的文件是否有病毒，如果发现病毒，应及时用杀毒软件清除以确保计算机系统的正常运行。

对于经常发生断电的地区或者计算机系统对于机构的运行不允许中断的部门，应该考虑使用不间断电源（UPS）。一旦断电，UPS 可以为系统提供几个小时的电力供应。重要的机房为了防止火灾，应当安装烟火监测器以及灭火系统。有些企业间往往会签订一个互助灾害应急合约，以便某一家公司的计算机系统出问题时该公司可以应用另一家公司的计算机系统进行重要的处理。

（1）访问控制：重要部门通常会限制人们进入设备所在的区域以保护计算机系统的安全，装有重要数据的计算机房应该安装安全监控系统。大多数大型计算机系统都要求用户在登录及使用系统时输入用户名和密码。同样，大多数局域网也需要用户输入用户名和密码。在独立的微型计算机上可以安装对程序访问甚至个人文件访问进行密码检查的程序。在离开工作场所时，应锁好门或为正在运行的计算机系统"上锁"。另一种限制访问某些地方的手段，就是让员工佩戴可以跟踪他们所处地点的"活动证件"。员工们佩戴着发射红外线或无线电信号的活动证件，一个中央系统接收这些信号。这些证件随时报告控制系统员工在任何时间所处的准确位置。因此，活动证件可以防止未经准许的员工访问特定领域。

（2）数据备份：计算机系统和软件容易受到来自自然灾害、破坏、偷窃和非法访问行为的损坏。为了防止数据丢失，计算机专业人员和用户都应该定期对程序和数据进行备份。重要数据的备份存放应该远离相应的计算机系统，以免它们受到和系统同样的灾害。在商务环境中备份通常应该每天进行一次。大多数公司对于备份大型系统和文件服务器的工作都做得很好。难点在于对散布在整个机构内的所有台式计算机中所存储的重要数据进行备份。如果有一个能够将机构内所有硬盘上的所有存储内容都自动备份到指定的备份服务器上的程序，一定会很受欢迎。对许多大型机构来说，制订灾难恢复计划是十分必要的，这样万一灾难发生时该计划可以指导恢复工作的有序执行。

（3）网络控制：网络方便了文件的共享，也带来了安全问题。大多数网络可以通过多种方式从异地访问。计算机文件很容易受到未经授权个人的破坏。大多数网络可以支持私人用户的账号和密码。密码的使用对闯入者进入网络设置了屏障。防火墙是目前常用的用于防止文件和数据被非法访问的软件,用于防止通过 Internet 对局域网进行未经许可的访问。很多软件公司提供的防火墙软件通常有多项保护功能。另外,对专用网信息进行编码加密,未经授权的用户就无法阅读。上述措施可以起到防止数据被滥用及系统被破坏的重要作用。

3. 计算机病毒

计算机病毒是一种改变或破坏计算机系统中所存数据的程序。计算机病毒是因为它的行为很像真正的病毒而得名的。计算机病毒通常先将自己复制在硬盘或 U 盘上,然后再对计算机系统进行攻击或破坏。病毒对计算机系统构成了严重威胁。现在有上千种计算机病毒,而且每天还有人编制新的病毒,这样便使得保护计算机系统变得很困难。反病毒软件包可以用来检测和防止病毒的感染,也可以采取一些预防措施,例如对重要的磁盘设置写保护等,防止计算机系统受病毒的破坏。

12.2　信息产业的法律法规

由于信息产业涵盖面十分广泛,本节只对与计算机科学技术有关的法律法规作简要介绍,以期使读者能在今后从事该领域中的工作时能有法制观念和版权意识,避免不必要的麻烦。

12.2.1　与计算机知识产权有关的法律法规

近年来,国际、国内广泛采用的计算机知识产权保护手段,是通过制定相应的法律法规,包括著作权法(或版权法)、专利法、商标法及保护商业秘密法、中华人民共和国知识产权海关保护条例、反不当竞争法等。计算机软件作为人类智力劳动的创造性成果,具有开发难、复制易等特点,对软件知识产权的保护成为广大软件开发者、所有者、经营者、使用者特别关心的问题。

近年来,中国的计算机产业的飞速发展,尤其是个人计算机的广泛应用特别是进入家庭生活,以及超大容量、超高速智能专业计算机的出现并广泛应用于国民经济的各个领域,极大地推动了科学技术和社会经济的发展与进步。计算机软件作为一项新兴信息产业工程也取得了突飞猛进的发展和长足的进步。在这样的技术、经济和社会背景下,我国颁布了如下与计算机知识产权保护有关的法律法规:

- 1990 年 7 月颁布了中华人民共和国著作权法。
- 1991 年 6 月 4 日颁布、1991 年 10 月 1 日开始实施了"计算机软件保护条例"。
- 1992 年 4 月 6 日颁布了"计算机软件著作权登记办法"。
- 1992 年 9 月 4 日修订后颁布实施了中华人民共和国专利法。
- 1992 年 9 月 25 日颁布、同年 9 月 30 日施行了"实施国际著作权条例的规定"。
- 1992 年 12 月 12 日颁布了中华人民共和国专利法实施细则。
- 1993 年 2 月 22 日修订后颁布实施了中华人民共和国商标法。
- 1993 年 2 月 22 日通过了关于惩治假冒注册商标权犯罪的补充规定。
- 1993 年 7 月 15 日修订了中华人民共和国商标法实施细则。

- 1993 年 9 月 2 日通过了中华人民共和国反不正当竞争法。
- 1994 年施行了关于执行《商标法》及其《实施细则》若干问题的补充规定。
- 1994 年 1 月 1 日起施行了关于中国实施《专利合作条例》的规定。
- 1994 年 7 月 5 日颁布了"关于惩治侵犯著作权的犯罪的决定"。
- 1994 年 7 月 22 日通过了北京市反不正当竞争条例。
- 1995 年 10 月 1 日起执行了中华人民共和国知识产权海关保护条例。
- 1998 年 7 月颁布实施了计算机软件产品办法。

在上述各项计算机软件的法律保护手段中，究竟采用哪一种法律法规能够更为有效而适用地对计算机软件进行保护，国际上仍是仁者见仁、智者见智，至今尚无定论。有关专家指出，在采用商标法、专利法和著作权法等对计算机软件进行保护方面，客观上存在着保护力度问题。

12.2.2　计算机软件保护

对于计算机软件的保护在法律上是指如下两个层面，即以法律手段对计算机软件的知识产权提供保护和为支持计算机软件的安全运行而提供的法律保护。

计算机软件知识产权是指公民或法人对自己在计算机软件开发过程中创造出来的智力成果所享有的专有权利，包括著作权、专利权、商标权和制止不正当竞争的权利等。对计算机软件知识产权加以保护是为保护智力成果创造者的合理权益，以维护社会的公正，维护软件开发者成果不应无偿占用的原则，鼓励软件开发者的积极性，推动计算机软件产业以及整个社会经济文化的尽快发展。

软件的权利人可拥有以下 3 个方面的知识产权：该软件的表达（如程序的代码、文档等）方面的权利——著作权；该软件的技术设计（如程序的设计方案、处理问题的方法、各项有关的技术信息等）方面的权利——专利权和制止不正当竞争的权利；该软件的名称标识方面的权利——商标权。

1. 计算机软件的著作权

著作权又称版权，是指作品作者根据国家著作权法对自己创作的作品的表达所享有的专有权的总和。我国的《著作权法》规定，计算机软件是受著作权保护的一类作品。《计算机软件保护条例》作为著作权法的配套法规，是保护计算机软件著作权的具体实施办法。我国的法律和有关国际公约认为：计算机程序和相关文档、程序的源代码和目标代码都是受著作权保护的作品。

按照法律规定，软件开发者在一定的期限内对自己软件的表达（如程序的代码、文档等）享有的专有权利，包括：发表权，开发者身份权，以复制、展示、发行、修改、翻译、注释等方式使用其软件的使用权，使用许可权，获得报酬权，转让权。国家依法保护软件开发者的这些专有权利。对软件权利人利益的最主要的威胁是擅自复制程序代码和擅自销售程序代码的复制品，这是侵害软件权利人的著作权的行为。因此，软件的著作权是软件权利人的最主要的权利。

著作权的原理是保护作品的表达，即作品本身，著作权法不保护作品的构思。对软件的著作权保护不能扩大到开发软件所用的思想、概念、发现、原理、算法、处理过程和运行方法。因此，参照他人程序的技术设计，独立地编写出表达不同的程序的做法并不违反著作权法。

不过,对软件进行修改属于软件著作权人的专有权利。如果有人在他人程序著作权有效期内,擅自对他人程序进行修改改编,所产生的程序并没有改变他人程序设计构思的基本表达,在整体上与他人程序相似,则虽然在代码文字表达方面存在不同,仍属于侵害他人程序著作权的行为。

2. 与计算机软件相关的发明专利权

专利权是由国家专利主管机关根据国家颁布的专利法,授予专利申请者或其权利继受者在一定的期限内实施其发明以及授权他人实施其发明的专有权利。世界各国用来保护专利权的法律是专利法,专利法所保护的是已经获得了专利权、可以在生产建设过程中实现的技术方案。各国专利法普遍规定,能够获得专利权的发明应该具备新颖性、创造性和实用性。中国的《专利法》已经于 1984 年 3 月颁布。一般来说,计算机程序代码本身并不是可以申请发明专利的主题,而是著作权法的保护对象。不过,同设备结合在一起的计算机程序可以作为一项产品发明的组成部分,同整个产品一起申请专利。此外,一项计算机程序无论是否同设备结合在一起,如果在其处理问题的技术设计中具有发明创造,在不少国家这些与计算机软件相关的发明创造可以作为方法发明申请专利,很多有关地址定位、虚拟存储、文件管理、信息检索、程序编译、多重窗口、图像处理、数据压缩、多道运行控制、自然语言翻译、程序编写自动化等方面的发明创造已经获得了专利权。在我国,不少有关将汉字输入计算机的发明创造也已经获得了专利权。一旦这种发明创造获得了国家专利主管机关授予的专利权,在该专利权有效期内,其他人在开发计算机程序时就不能再擅自实施这种发明创造,否则将构成侵害他人专利权的行为。

3. 有关计算机软件中商业秘密的不正当竞争行为的制止权

如果一项软件的技术设计没有获得专利权,而且尚未公开,这种技术设计就是非专利的技术秘密,可以作为软件开发者的商业秘密而受到保护。一项软件的尚未公开的源程序清单通常被认为是开发者的商业秘密,有关一项软件的尚未公开的设计开发信息,如需求规格、开发计划、整体方案、算法模型、组织结构、处理流程、测试结果等都可被认为是开发者的商业秘密。对于商业秘密,其拥有者具有使用权和转让权,可以许可他人使用,也可以将其向社会公开或者申请专利。不过,对商业秘密的这些权利不是排他性的。任何人都可以对他人的商业秘密进行独立的研究开发,也可以采用反向工程方法或者通过拥有者自己的泄密行为来掌握它,并且在掌握之后使用、转让、许可他人使用、公开这些秘密或者对这些秘密申请专利。然而,根据我国 1993 年 9 月颁布的《反不正当竞争法》,商业秘密的拥有者有权制止他人对自己商业秘密从事不正当竞争行为,这里所说的不正当竞争行为包括:以不正当手段获取他人的商业秘密,使用以不正当手段获取到的他人的商业秘密,接受他人传授或透露了商业秘密的人(如商业秘密拥有者的职工、合作者或经商业秘密拥有者许可使用的人)违反事前约定滥用或者泄露这些秘密。一项信息成为商业秘密的前提在于其本身是秘密。一项商业秘密一旦被公开就不再是商业秘密。为了保护商业秘密,最基本的手段就是依靠保密机制,包括在企业内部建立保密制度、同需要接触商业秘密的人员签订保密协议等。

4. 计算机软件名称标识的商标权

对商标的专用权也是软件权利人的一项知识产权。所谓商标,是指商品的生产者、经销者为使自己的商品同其他人的商品相互区别而置于商品表面或者商品包装上的标志,通常用文字、图形或者两者兼用组成。

国际软件行业现在十分重视商标的使用。有些商标用语标识提供软件产品的企业,如 IBM、HP、联想、CISCO、MS 等,它们是对应企业的信誉的标志。有些商标则用于标识特定的软件产品,如 UNIX、OS/2、WPS 等,它们是特定软件产品的名称,是特定软件产品的功能和性能的标志。在一般情况下,一个企业的标识或者一项软件的名称未必就是商标。然而,当这种标识或者名称的商标管理机关获准注册、成为商标后,在商标的有效期内,注册者对它享有专用权,他人未经注册者许可不得再使用它作为其他软件的名称。否则,就构成冒用他人商标、欺骗用户的行为。很多国家颁布了商标法以保护商标注册者的这种专用权,我国的《商标法》已经在 1982 年 8 月颁布。

12.2.3 软件资产价值评估

计算机软件资产同其他无形资产一样,由于其自身的特性,主要服务于内部运营和对外投资、转让。因此,软件资产的价值评估目的主要有两种:一是把软件资产用于转让、投资;二是按照有关财经法规的规定,对其进行价值补偿和价值保全。软件资产价值评估已经广泛地运用于企业的商品经营、生产经营、资产经营等各种经营活动中。

软件资产价值评估有其重要的社会职能,这就是要为软件资产业务和资本市场提供价值尺度。而价值尺度,始终是资源配置的导向信号,又是资本业务各方利益均衡化的关节点。如果资本价值失准,其结果必然是对软件资源配置产生误导,从而降低社会资源配置的效率。同时,又造成产权交易和各类资本业务的误区,损害交易双方的正当权益,影响资本市场的安全、繁荣和稳定。大量的评估实践证明,确认资产是包括软件资产价值评估在内的实际起点,它具有包括软件资产在内的资产评估的基本功能,就是要根据软件资产业务本身的性质和评估目的的特定内涵,界定被量化价值的软件资产的对象、范围和属性,即确认资产。界定价值是对软件资产的价格尺度的定性过程。软件资产同其他无形资产一样,有着不同的价值属性。从市场的角度看,有生产成果(即产品、劳务)价值和生产条件(即资本)价格;从资产运营过程来看,有投入价格和退出价格。商品市场和生产条件市场这两大市场和投入产出这两大过程,孕育出反映资产价值属性的如下几种基础价值:重置成本价格、收益先值价格、变现价格和清算价格。量化价值是在确认资产、界定价值的基础上,运用多种技术、手段、参数、资料和方法进行具体价值计量的过程。资产计量的技术方法、手段、途径是多种多样的,在一定程度上又关系着资料、参数等条件的制约,因而其计量会有差异。

综上所述,客观地反映软件资产的价值,既是资本市场安全、有序、有效运转的需要,也是评估业赖以生存的功能条件。一个具有较高职业水准的软件资产评估人员和评估机构,不仅要立足于客观地反映软件资产价值,而且要着力于科学地"发现"资产价值。这是因为,软件资产价值具有隐蔽性、组合性、次生(伴升)性等特性。

1. 计算机软件的特点

在计算机软件价值评估中,应该关注计算机软件所具有的独创性(即原始性)、无形性、复制性及复杂性等特点。

(1) 独创性:软件是由一个人或许多人共同完成的高强度智力劳动的结晶,是建立在知识、经验和智慧基础上的具有独创性的产物。所以,软件同一般物质性的商品有着明显的差别。但是,由于软件是使用程序语言来表达特定的逻辑思维,而不像文学艺术作品那样,使用自然语言而且侧重于表达情绪和感性,因而软件开发可以工程化,软件生产经营可以工厂化。所以,软件具有一般工程设计图纸等无形资产,又同其他具有创造性的精神产品有着明显差异。当前,在发达国家,软件开发的工程化水平和软件生产经营的工厂化水平都有了很大提高,但也要看到,软件仍带有相当突出的手工艺劳动特点。

由于软件具有独创性(即原始性),所以软件著作权人对软件产品依法享有发表权、开发者身份权、使用权、许可权、获得报酬权以及转让权。也就是说,软件交易不同于一般商品交易,软件转让只转让其使用权、许可权和获得报酬权,但不能转让其开发身份权。软件受让者有权许可他人取得使用权并收取费用,但不改变该软件著作权的归属。

(2) 无形性:软件产品是无形的,既没有质量,也没有体积及其他物理性质,它只收藏在某种有形的载体中,如磁盘等介质,而且是通过该载体进行交易。也就是说,带有软件的磁盘的交换价值,是磁盘自身价值和软件价值之和,而且主要是软件的价值。

(3) 复制性:软件产品的复制(批量生产)是极其简单的,其复制成本同其开发成本比较,几乎可以忽略不计。另外,文学艺术作品由于受个人风格影响容易辨别,而由不同公司按照同一特定目标开发的软件产品,尽管都是单件生产,但由于使用程序语言,仍有可能是极其相似的。所以,软件产品容易被剽窃和复制。为保护软件产品的著作权,软件产品的著作权必须依法登记取得。依据著作权法不保护思想概念的原则,任何人都有权使用现有程序的功能设计,但不能使用其逻辑步骤和组合方式,否则就意味着侵权。美国为防止改头换面的抄袭,规定只要两个程序在表现形式上存在实质相似性,而且又能证明被告接触过原告的软件,就可定为侵权。

(4) 复杂性:软件产品维护同硬件产品维护的含义有明显差别。软件几乎没有有形损耗,但有无形损耗。由于软件自身的复杂性,在软件开发和维护中,都难免隐藏一些错误。即使可行性要求高的软件,也仅表明其隐错相对少一些。为了改正在运行中新发现的隐错,软件需要维护,即要进行改正性维护。由于软件对其硬件、软件环境有依赖性。当改变其硬件、软件环境时,软件也要维护,即要进行适应性维护。由于需求不断变化,往往要随时增强软件功能和提高软件性能,为此软件也要维护,即要进行完善性维护。软件维护过程是一个价值增值过程,软件维护费用相当昂贵。软件公司不断以升级的新版本代替旧版本软件,也是软件的一个显著特点。

(5) 非价格的创新竞争:是计算机软件的又一特点。计算机软件产品品质的可变弹性极大,产品创新的平均周期很短,从而使其非价格的创新竞争成为主流竞争方式。有的行业,如粮食行业,其品质可变弹性的余地很小,产品创新的平均周期更是长得无法论及,在这种情形下,其价格竞争自然成为基本竞争方式。即使在同一信息产业,彩电与软件在品质的可变弹性和产品创新的平均周期上也有很大差异。因此,非价格的创新竞争也就成为计算机软件的主要方式。

2. 计算机软件价值评估的特殊性

在计算机软件的价值评估中存在着特殊性,应该关注如下几个因素:

(1) 可行性研究报告和软件技术鉴定书是价值评估的重要依据。对于一项委托评估的计算机软件,通常具有立项申请书、项目可行性研究报告和软件技术鉴定书等技术经济类报告书。这些文件反映了计算机软件的技术可行性论证结果、计划采取的可行方案及技术水平。

（2）权属关系必须清晰。对于以作价入股为目的的计算机软件，由于是所有权的转让，评估时必须要明确权属关系和法律上的稳定程度，必须要有相关的法律文件和证明文件，例如计算机软件著作权登记证书、软件产品登记证书、鉴定书、专利证书、海关备案公告、商标权证书等。同时，在相关协议中应该有软件整体转让的内容、方式、时间等的明确规定。

（3）软件的新颖性、创造性和实用性。这是评估中应予关注的核心内容，计算机软件的价值评估是以对该软件的技术评定为基础的。在资产价值评估中，不仅要借助于软件评审和专家鉴定意见，还要充分了解软件技术实施的可行性、市场前景及其经济效益。对计算机软件应该坚持搞好对其实质性内容的评定，有效地保护投资者权益并且减少评估的盲目性和失误。

（4）注意与商誉与商标等无形资产价值评估的区别。对软件的评估通常在有一定的经济行为发生时，如有交易（或使用）对象、有一定的生产规模和明确的用途，才进行价值评估。在评估方法的选择上，可能与商誉、商标一类的无形资产评估有所不同。

（5）评估对象。计算机软件价值评估一般是针对具体的软件应用者、软件的使用范围、使用规模以及用途等加以评定估算。要确定是自行研制开发还是引进的，是多次转让还是一次性转让，其价值都可能不同。

3．软件产品的价格构成

软件作为一种商品，其价格形成的客观基础是消耗在该软件产品上的一般人类劳动——价值。若从资金的耗量角度来观察，软件的价格是以价值的转化形态——生产价格（即成本价格＋平均利润）为基础的。其基本公式为：

$$K = C + V$$

其中，K 为生产价格；C 为成本价格；V 为平均利润。

以上述公式为基础研究软件价格的构成时，应该注意以下几点：

（1）生产价格是指社会平均生产价格，它是以社会成本价格为依据的，而不是以个别成本价格为依据。

（2）对发展软件产业和推广计算机应用有全局意义的软件产品的生产交换，应该由相关部门有计划地制订推广计划和指导价格。

（3）软件的市场价格与生产价格之间既有联系又有差别，软件的市场价格随市场供求关系而变化，不断地以生产价格为中心而上下波动。

软件开发价格与工作量、商务成本、国家税收和企业利润等有关，为方便起见，给出计算公式如下：

$$软件开发价格 = 开发工作量(人月数) \times 开发费用 / 人月 \qquad (12\text{-}1)$$

软件开发工作量与估算工作量经验值、风险系数和复用系数等相关，因此可用如下公式表示：

$$软件开发工作量 = 估算工作量经验值 \times 风险系数 \times 复用系数 \qquad (12\text{-}2)$$

关于工作量的估算，可按照国家《GB/T 8566－2001 软件生存周期过程》规定的软件开发过程的各项活动来估算工作量。一般是以一个开发人员在一个月内能完成的工作量为单位（人月），该工作量既包含了软件的开发，也包含了软件开发环节的各项测试活动。由于软件开发的各个环节以及开发人员对用户需求的理解可能产生偏差，工作量的估算也会产生风险，根据经验，风险系数可以设定为：

$$1 \leqslant 风险系数 \leqslant 1.5$$

如果企业已经拥有类似项目的开发积累,有些企业拥有自己的"产品线",那么可以减少软件开发工作量,因此可以设定复用系数为:

$$0 \leqslant 复用系数 \leqslant 0.75$$

根据企业的利润预算以及国家对企业员工应交费用的各项要求,可以估算出以人月为基本单位的开发费用,具体公式如下:

$$开发费用/人月 = (P + Q + R) \times S \times T$$

其中,P 是人头费(工资、奖金及缴纳的"四金"等),Q 为办公费用,S 为管理人员费用,T 为优质系数(按软件企业资质可以分别计算)。

有了"开发费用/人月"的值,就可以利用公式计算出一项软件工程项目的价格。

这个方法对于今后参与具体软件项目开发时的成本估算是比较有效的。

4. 计算机软件价格的影响因素及制约因素

软件的市场价格,首先决定于它所耗费的社会必要劳动时间,或者说决定于开发该软件所花费的社会平均生产经营成本、营业费用(包括销售费用、管理费用和财务费用)以及各种流转税、附加税费。应该指出,各软件的生产批量不同,或者说各软件的服务对象不同,其成本计算方法也不同。有的软件只提供了一个用户使用,其开发成本就是产品成本;有的软件可供千百个用户使用,其单件产品成本是以预测销售量(总销售量或当年销售量)除以软件的开发成本。近年来国内还有一些软件是依靠政府拨款(主要是科研经费拨款)或低息贷款开发的,所以它们的实际开发成本是比较低的。此外,软件的市场价格还决定于市场的需求状况。

市场若按其性质来划分,有的软件有多个卖者,又有千百个买者,这样的市场是竞争性市场,其供需情况对软件市场有较大影响;有的软件只有一个或少数几个卖者,即卖方具有垄断性,其价格往往偏高;有些软件只有一个或几个买者,其价格往往决定于双方的谈判。一般说来,一项软件技术的创造水平愈高,其垄断性愈强,被其他技术所替代所需要的时间也愈长,即其技术经济寿命也会较长,从而使其在未来收益的价格也较高。计算机软件的价值,只有在一定的法律保护下才能充分体现,无论是受著作权法保护的软件,还是受专利法保护的专利或受商标法保护的商标等均是如此。同时,计算机软件作为一个评估对象,其在评估基准日的法律状态(包括权属状态、尚可使用年限、转让情况与其他软件的关系等)对其价值评估均有相当大的甚至是决定性的影响。

12.3 专业岗位与择业

人们从小就被问及长大后想干什么。但小时候的志向和今后人生工作岗位能一致的微乎其微,在现代社会大部分人在一生中会有改变自己职业的可能,但无论职业如何变换,计算机都会成为人们工作和生活的一部分。

由于计算机在各行各业的广泛使用,许多原来似乎和计算机科学技术联系不多的领域(如医学、广告)变得越来越离不开计算机了。在未来的年月中,计算机行业相关的工作岗位的数量肯定会急剧增加,但是整个社会对此的接受程度却是一个艰难的过程,因为劳动力中90%以上不具备真正的计算机应用及开发能力。因而,对现有劳动力的培训也是十分紧迫的任务。

12.3.1 与计算机科学与技术专业有关的职业种类

一般说来,与计算机科学与技术专业有关的职业可以分成4个领域:计算机科学、计算机工程、软件工程和计算机信息系统。这些领域中的职业在工作性质、专业训练等方面都有不同的要求。

1. 计算机科学

计算机科学领域内的计算机科学技术工作者把重点放在研究计算机系统中软件与硬件之间的关系,开发可以充分利用硬件新功能的软件以提高计算机系统的性能,此外,研究与开发操作系统、数据库管理系统、语言的编译系统等,一些工具软件(如字处理软件、图形处理软件、网络通信软件等)的开发也应由受过计算机科学技术严格训练的人员来担任。这个领域内的职业包括研究人员及大学的专业教师。他们在专业方面的发展机会多于被提升到管理岗位的机会。这类专业人员对数学训练的要求相对高一些。

2. 计算机工程

计算机工程领域中所从事的工作比较侧重于计算机系统的硬件,注重于新的计算机和计算机外部设备的研究开发及网络工程等。计算机工程师也要进行程序设计,但开发软件不是他们的主要目标。计算机工程涉及的行业也很广泛,有对计算机硬件及外部设备的开发,也有专门设计电子线路(包括CPU)的。这些行业的专业性要求也很高,除了计算机科学与技术专业的学生可以胜任该类工作外,电子工程相关专业的学生也是比较合适的人选。

3. 软件工程

顾名思义,软件工程师的工作是从事软件的开发和研究。他们可以注重于计算机系统软件的开发(如操作系统、数据库管理系统、语言编译系统等),也可以从事工具软件的开发(如办公软件、辅助设计软件、客户管理软件、电子商务软件等)。除此之外,社会上各类企业的相关应用软件也需要大量的软件工程师参与开发或维护。这类人员除了需要有较好的数学基础和程序设计能力外,对软件生产过程中管理的各个环节也应熟知并掌握。如果这些人除了软件工程的知识还具有相关专业领域的知识,他们必定会在这个领域中大受欢迎。

4. 计算机信息系统

计算机信息系统领域的工作涉及社会上各种企业的信息中心或网络中心等部门。这些工作包括处理企业日常运作的数据,对企业现有软硬件设施的技术支撑维护,以保证企业的正常运作。这类工作人员一般要求对商业运作有一定基础。计算机专业的学生在学习一些商科知识以及目前“管理信息系统”专业的学生能胜任此类工作。如果是企业信息部门的主管,那么在对商业运作的了解和对计算机系统的熟悉方面要求更高,软件工程硕士比较适合此类岗位。

12.3.2 与计算机科学与技术专业有关的职位

与计算机科学与技术专业有关的职位很多,比较能体现专业特色的职位有以下几种。

1. 系统分析员

对系统分析员的要求很高。作为一个系统分析员应该具有比较丰富的项目开发经验,能和需要开发信息系统企业中的有关人员一起做出该企业的要求分析并且设计达到这些需求的计算机软件系统和硬件配置,最后能和开发人员一起实现这个信息系统。

2. Web 网站管理员

目前需求量最大的工作之一就是 Web 网站管理员。Web 网站管理员的职责主要是设计、创建、监测及评估更新公司的网站。随着网络的扩展,越来越多的企业使用 Internet 和公司内部局域网,Web 网站管理员的重要性以及需求一直在不断增加。Web 网站管理员如果能在 Internet 的应用中结合一些美工特长,会更受欢迎。

3. 数据库管理员

数据库管理员在企业中有着非常重要的作用。他们负责数据库的创建、整理、连接以及维护内部数据库。除此之外,他们还要存取和监控某些外部(包括 Internet 数据库在内的)数据库。作为一个数据库管理员,可能还需要一些比较专业的数据库技术,例如数据挖掘和数据仓库等。

4. 程序员

另一个要求比较高的职业是程序员。程序员的工作是和系统分析员紧密联系在一起的,程序员应能开发一个软件或是修改现有程序。作为一个程序员,要学会使用几种程序设计语言,例如 C++ 和 Java,许多系统分析员往往也是从程序员做起的。

5. 技术文档书写员

技术文档书写员主要是写文档以解释如何运行一个计算机程序。一个技术文档书写员的工作是和系统分析员以及用户紧密相连的,将信息系统文档化以及写一份清楚的用户手册是技术文档书写员的职责,有些技术文档书写员本身也是程序员。

6. 网络管理员

一个企业中几乎所有的信息系统都是与网络连接的。网络管理员应能确保当前信息通信系统运行正常以及构建新的通信系统时能提出切实可行的方案并监督实施。在大多数企业中,随着 Internet 在企业通信方面作用的增强,这种职业的重要性也日趋增强。作为一个网络管理员,还要确保计算机系统的安全和个人隐私。

7. 计算机认证培训师

在信息领域工作,有些企业要求有一些与工作相关的证书,许多计算机公司就其产品提供了各种认证书,有关专业技术人员只要通过了这些公司所指定的考试课程就可以获得有这些公司授权的机构颁发的证书。获得这些证书对就业有很大帮助。于是,计算机认证书培训师就成了一个十分引人注目的行当。这些培训师往往对大公司的产品有深入的了解和丰富的使用经验,他们也具有教学经验,成为职业培训师可以获得比较高的薪酬。现在微软公司、Cisco 公司、Oracle 公司等都颁发认证证书。我国信息产业部也已开始推行信息化工程师认证证书的工作。

12.3.3 终生学习

当选择了信息产业中的某项职业后,意味着今后将面临技术的不断变化和不断的学习。因为在这一领域工作的人所面临的最大挑战就在于要紧跟飞速发展的技术。因此,在信息技术领域工作的人一定要树立"终生学习"的概念,不断学习新技术,学会对新事物产生兴趣。进行学习和紧跟新技术的方法很多,以下面几种方法是目前常常可以遇到的。

1. 参加研讨会

有关计算机新技术的研讨会很多,特别在一些大城市,每个月都会有几场精彩的新技术报告会,争取参加这样的研讨会是了解新技术的很好途径。

2. 参加培训

有些专题培训对用户来讲是很重要的,这样培训可以帮助用户了解所使用的计算机系统有哪些新的改进和新的功能,有些大公司还会在培训后颁发关于他们产品的认证证书。这种培训机会也是应该努力争取的。

3. 在线学习

Internet 上每天都会发布有关新技术的信息。可以利用搜索引擎了解和自己的工作领域相关的新技术,并设法掌握它。

4. 阅读专业杂志、报纸

信息技术类的专业杂志和报纸非常丰富。各类出版物的定位也不一样,有专业性强的(如各类学报),也有综合信息类的(如计算机世界、中国计算机用户等),可以针对感兴趣的某一领域,选择和自己的职业最接近的杂志或报刊作为重点阅读对象。

5. 参加学术年会及展览会

计算机学会的各专业委员会每年会举办学术年会,在这些会议上可以了解到某一专业领域中目前所做的前沿工作,启发自己的学习或研究兴趣。另外,有些大型展示会也是许多公司及产品制造商展示新产品的年会,例如每年秋季在美国拉斯维加斯举办的 COMDEX 展览会,会展出最新产品并预测技术发展的倾向。

本 章 小 结

本章简要介绍了信息产业界的道德准则,它所包括的对专业人员道德准则、用户道德准则和企业道德准则是每个从业人员或企业都应遵守的基本准则。企业和个人都应该用这些准则来约束自己在信息产业界的行动。关于安全与隐私也应引起重视。应对软件保护及其法律法规有所了解。另外,对软件价值的评估方法应基本掌握,这对于正确衡量一个软件产品的价值是十分重要的。

作为一个计算机科学技术专业的学生对今后的职业和择业应有所了解,本章介绍的职业种类和具体职位可作为择业的参考。在这一领域工作的人应该牢牢树立终生学习的观念,否则会跟不上技术的发展,本章还介绍了终生学习的重要性和各种途径。

ALGOL 语言和计算机科学的"催生者"——艾伦·佩利 艾伦·佩利(Alan J. Perlis)由于在 ALGOL 语言的定义和扩充上所做出的重大贡献,以及在创始计算机科学教育,使计算机科学成为一门独立的学科上所发挥的巨大作用而成为首届图灵奖当之无愧的获得者。

佩利 1922 年 4 月生于美国宾夕法尼亚州。在卡耐基理工学院(现卡耐基—梅隆大学)学习化学,1942 年毕业获得学士学位。二战结束后他进入加州理工学院研究生院继续深造,改学数学,于 1947 年取得硕士学位,然后又到麻省理工学院(MIT)攻读博士学位,于 1950 年取得该学位。

佩利 1952 年在普渡大学创建了全美大学中第一个计算机中心,并出任该中心的第一任主任。佩利作为计算机程序设计语言的先行者,在 1957 年 ACM 成立程序设计语言委员会以便与欧洲的同行合作设计通用的代数语言的时候,被任命为该委员会的主席。1958 年,在苏黎世举行的 ACM 小组和以当时联邦德国的应用数学和力学协会(GAMM)为主的欧洲小组的联合会议上,两个小组把他们关于算法表示法的建议综合为一,形成了 Algol 58。在 Algol 58 的基础上,1960 年在巴黎举行的软件专家参加的讨论会上,确定了程序设计语言 Algol 60,发表了"算法语言 Algol 60 报告"。1962 年又发表了"算法语言 Algol 60 的修改报告"。Algol 60 是程序设计语言发展史上的一个里程碑,它标志着程序设计语言由一种"技艺"转而成为一门"科学",开拓了程序设计语言的研究领域,又为后来软件自动化的工作以及软件可靠性问题的发展奠定了基础。

与此同时,在佩利的积极组织下,卡耐基理工学院率先在大学生中开设程序设计课程。在此之前,有关程序设计的知识是作为"数值分析"课程内容的一部分予以介绍的。程序设计课的开设是计算机科学教育的开端。这引起了计算机的最大用户——美国国防部的重视,由它的高级研究计划署(ARPA)出面,出资资助对计算机科学及其教育立项研究,其结果是 20 世纪 60 年代中期首先在卡耐基理工学院、斯坦福大学、麻省理工学院等少数大学建立了计算机科学系和计算机科学研究生院,使计算机科学脱离电气工程、数学等学科而成为一门独立的学科。鉴于佩利在其中所起的巨大作用,佩利被称为"使计算机科学成为独立学科的奠基人"。1990 年 2 月佩利去世,享年 68 岁。

习　题

一、简答题

1. 列出 ACM 为计算机专业人员和用户制定的一般性道德规则。
2. 为什么软件盗版被认为是一种犯罪行为?
3. 黑客和闯入者的区别是什么?
4. 为什么职业道德规范对于计算机专业人员来说非常重要?
5. 什么是程序员责任? 程序员责任这个问题是怎样出现的?
6. 请说出 3 个以上和计算机软件有关的法律法规。
7. 说明计算机软件的著作权、发明专利权及名称标识商标权主要含义。
8. 软件评价的主要职能是什么?
9. 计算机软件评估时如何对软件分类?
10. 请写出软件产品价格的基本公式并作简要说明。
11. 你准备将来在什么领域任职? 为此你准备做哪些努力?
12. 你是否赞同"终生学习"? 为实践这一理念你在今后几年的学习生活中准备怎么做?

二、多项选择及填空题

1. 您能合法复制如下的_____。
A. 自由软件　　　B. 共享软件　　　C. A 和 B　　　D. 复制任何软件都是非法的

2. 如果一个企业按照道德准则维护它的数据,当在数据中发现一个错误时,下列_____论述是正确的。

A. 违反了道德准则

B. 企业应被罚款

C. 企业将采取正确的步骤去更正数据

D. A 和 B

3. 下列_____是与计算机有关的潜在健康问题。

A. 与压迫有关的损伤

B. 由显示器的电磁场导致的问题

C. 视力模糊及头痛

D. 以上都是

4. 腕托和人—机工程学键盘有助于防止_____。

A. 辐射危险 　　　 B. 腕管综合征 　　　 C. 视力模糊 　　　 D. 以上都不是

5. 许多长时间使用计算机的人有以下_____症状。

A. 头痛 　　　 B. 视力模糊 　　　 C. 眼睛疲劳 　　　 D. 以上都是

6. 软件盗版是_____。

7. 购买一份软件拷贝装入您的台式计算机并将另一份拷贝装入您的笔记本电脑通常是_____。

8. 对有版权的软件进行非法复制称为_____。

9. 以较低的平均价格购买软件并且可以在一个机构内部复制使用软件的协议称为_____。

三、上机与上网实践题

1. 道德规范和隐私

美国中央情报局(FBI)一直以来使用法院批准的搭线窃听方式在电话线上监视被怀疑罪犯的通信。你认为 FBI 也搭线窃听计算机网络上的电子通信吗？你认为雇主监视送往内部网络的 E-mail 吗？当你在 Internet 上发送 E-mail 或其他类型的电子信息时,其他人能看到它吗？你认为在什么条件下监视电子通信是可以接受的和合乎道德的？这些条件怎样被实施？

在你访问 Web 站点期间,该站点一般要收集关于你的信息。这个信息通常以文件形式存放在硬盘上,当再一次访问该站点时,它被再一次读取和使用。你认为什么类型的信息被收集？为什么推断站点收集信息？站点是否有道德上的义务在使用他们的计算机资源前通知访问者？这一活动是否侵犯了你的隐私？为什么？

2. 中国的软件行业协会是一个具有全国性社团法人资格的社会团体。协会由软件产业界企业和个人组成,是唯一代表中国软件产业界的全国性行业组织。请访问这个协会的网站 http://www.csia.org.cn。

3. 国外有介绍计算机专业人员的职业道德和责任的专门网站,读者可以参考。一个比较著名的网站是 http://www.cpsr.org/。

4. 中国人才网是一个为广大高校毕业生和用人单位服务的 Internet 信息系统,若对求职有兴趣,那么就到这个网站 http://www.rencai.net 看看吧。

5. The Software & Information Industry Association 是美国的一个行业性学会,它经常会颁布一些行业规范,为了了解国外在这个领域的情况,可以浏览 http://www.spa.org。

6. 刚进学校就可能会想到毕业,不妨到应届生招聘网 http://www.jobuu.com 浏览一番。

7. 世界范围内的求职有一个网站 http://www.aces-fr.com 可以参考,大家可以到那里去体会一下如何在国际范围内求职。

参 考 文 献

[1] 黄国兴,陶树平,丁岳伟. 计算机导论[M]. 3 版. 北京:清华大学出版社,2013.

[2] The Joint Task Force on Computing Curricula Association for Computing Machinery IEEE-Computer Society. In:Computer Science Curricula 2013 Ironman Draft(Version 1. 0),February 2013.

[3] ACM 和 IEEE 计算机学会. 计算机科学课程体系规范 2013 (Computer Science Curricula 2013)[M]. ACM 中国教育委员会,教育部高等学校计算机类专业教学指导委员会,译. 北京:高等教育出版社,2017.

[4] 中国计算机科学与技术学科教程 2002 研究组. 中国计算机科学与技术学科教程 2002[M].北京:清华大学出版社,2002.

[5] 朱忠英,等. 软件技术发展趋势研究[M]. 上海:上海交通大学出版社,2011.

[6] 朱三元,钱乐秋,宿为民. 软件工程技术概论[M].北京:科学出版社,2002.

[7] Roberta Baber, Marilyn Meyer. 计算机导论[M].汪嘉旻,译.北京:清华大学出版社,2000.

[8] 赵致琢. 计算科学导论[M]. 3 版. 北京:科学出版社,2004.

[9] 张全伙. 计算科学与工程导论[M].北京:中国铁道出版社,1994.

[10] 上海教育委员会. 计算机应用基础[M].修订本.上海:华东师范大学出版社,1997.

[11] 《计算机科学技术百科全书》编撰委员会. 计算机科学技术百科全书[M]. 3 版. 北京:清华大学出版社,2018.

[12] 崔林,吴鹤龄,等. IEEE 计算机先驱奖—计算机科学技术中的发明史[M].北京:高等教育出版社,2002.

[13] 周之英. 现代软件工程[M].北京:科学出版社,1999.

[14] 阎金山,等. 计算机软件价值评估[M].北京:经济科学出版社,2000.

[15] Tony Greening. 21 世纪计算机科学教育[M].麦中凡,等译.北京:高等教育出版社,2001.

[16] 北京东方人华科技有限公司. Office XP 入门与提高[M].北京:清华大学出版社,2001.

[17] Date C J. 数据库系统导论[M].孟小峰,等译.北京:机械工业出版社,2000.

[18] 廖疆星,等. 中文 Access 2002 数据库开发指南[M].北京:冶金工业出版社,2001.

[19] 何守才,丁岳伟,等. 网络通信技术实用大全[M].上海:上海科学技术文献出版社,1999.

[20] 曹文君,丁岳伟,等. 互联网应用理论与实践教程[M].西安:电子科技大学出版社,2001.

[21] 钟玉琢,等. 多媒体技术基础及应用[M].北京:清华大学出版社,2000.

[22] 吴鹤龄,等. ACM 图灵奖(1966~1999)——计算机发展史的缩影[M].北京:高等教育出版社,2000.

[23] Timothy J O'Leary, Linda I O'Leary. Computing Essentials[M]. New York:Mc Graw-Hill, 1999.

[24] William M,Fuori, Louis V Gioia. Computers and Information Processing[M]. Upper Saddle River:Prentice Hall, 1991.

[25] Andrew S Tanenbaum. Computer Networks[M]. 5th. Upper Saddle River:Prentice Hall,2015.

[26] Ralf Steinmetz,Klara Nahrstedt. Multimedia:Computing, Communications & Applications[M]. Upper Saddle River:Prentice Hall, 1996.

普通高等教育"十一五"国家级规划教材
21世纪大学本科计算机专业系列教材

近期出版书目

- 计算概论(第2版)
- 计算概论——程序设计阅读题解
- 计算机导论(第4版)
- 计算机导论教学指导与习题解答
- 计算机伦理学
- 程序设计导引及在线实践(第2版)
- 程序设计基础(第2版)
- 程序设计基础习题解析与实验指导(第2版)
- 程序设计基础(C语言)(第2版)
- 程序设计基础(C语言)实验指导(第2版)
- C++程序设计(第3版)
- Java程序设计(第2版)
- 离散数学(第3版)
- 离散数学习题解答与学习指导(第3版)
- 数据结构与算法
- 算法设计与分析(第2版)
- 算法设计与分析习题解答与学习指导(第2版)
- 数据结构(STL框架)
- 形式语言与自动机理论(第3版)
- 形式语言与自动机理论教学参考书(第3版)
- 数字逻辑
- 计算机组成原理(第4版)
- 计算机组成原理教师用书(第4版)
- 计算机组成原理学习指导与习题解析(第4版)
- 微型计算机系统与接口(第2版)

- 计算机组成与系统结构(第2版)
- 计算机组成与体系结构习题解答与教学指导(第2版)
- 计算机组成与体系结构(第2版)
- 计算机系统结构教程
- 计算机系统结构学习指导与题解
- 计算机操作系统(第2版)
- 计算机操作系统学习指导与习题解答
- 数据库系统原理
- 编译原理
- 软件工程(第3版)
- 计算机图形学
- 计算机网络(第4版)
- 计算机网络教师用书(第4版)
- 计算机网络实验指导书(第3版)
- 计算机网络习题解析与同步练习(第2版)
- 计算机网络软件编程指导书(第2版)
- 人工智能
- 多媒体技术原理及应用(第2版)
- 算法设计与分析(第4版)
- 算法设计与分析习题解答(第4版)
- 面向对象程序设计(第3版)
- 计算机网络工程(第2版)
- 计算机网络工程实验教程
- 信息安全原理及应用